现代光通信技术丛书

光网络规划与优化

■ 黄善国　张杰　韩大海　罗沛　张治国　郭秉礼　编著

人民邮电出版社

北　京

图书在版编目（CIP）数据

光网络规划与优化 / 黄善国等编著. -- 北京：人
民邮电出版社，2012.1
（现代光通信技术丛书）
ISBN 978-7-115-25797-0

Ⅰ．①光… Ⅱ．①黄… Ⅲ．①光纤网 Ⅳ.
①TN929.11

中国版本图书馆CIP数据核字(2011)第165345号

内 容 提 要

全书以最新的国际标准和研究资料为基础，辅以作者多年来对光通信技术的研究成果以及参与国家相关重大项目的经验，系统全面地介绍了光网络的规划与优化所涉及的各关键问题，具体内容包括：光网络的发展与规划、光网络规划与优化原理、光网络的资源优化技术、传输网络分析评估技术、多层联合网络规划与优化技术、城域分组传送网规划与优化、光接入网现状及发展趋势、网络模拟与网络仿真工具。

本书适合从事光网络规划与优化的工程技术人员及管理人员阅读参考。

现代光通信技术丛书
光网络规划与优化

- ◆ 编　　著　黄善国　张　杰　韩大海　罗　沛　张治国
　　　　　　　郭秉礼
　　责任编辑　杨　凌

- ◆ 人民邮电出版社出版发行　　北京市崇文区夕照寺街 14 号
　　邮编　100061　电子邮件　315@ptpress.com.cn
　　网址　http://www.ptpress.com.cn
　　三河市海波印务有限公司印刷

- ◆ 开本：787×1092　1/16
　　印张：24.5
　　字数：594 千字　　　　　　　2012 年 1 月第 1 版
　　印数：1 — 3 000 册　　　　　　2012 年 1 月河北第 1 次印刷

ISBN 978-7-115-25797-0
定价：69.00 元
读者服务热线：**(010)67170985**　印装质量热线：**(010)67129223**
反盗版热线：**(010)67171154**

前　言

近年来，我国加快了信息网络建设的步伐。据统计，2000 年以来我国干线业务量和带宽的实际年增长率均超过了 200%。来自中国电信、中国联通等公司的数据表明，"十一五"期间随着清晰度高、交互性强的视频通信，实时流畅的流媒体点播，高可靠性、安全性和实时性的远程服务，虚拟现实环境，网格计算等网络新业务的兴起，以话音、视频、数据和交互业务为主流的四重播放业务，已逐步在现网中大量应用。2010 年，我国主要城市（如上海、广州）网络单节点的交换容量已达到数 Tbit/s 乃至几十 Tbit/s 以上。这将对信息网络的传送能力提出重大的挑战。在日益增长的业务流量中，不收费和低收费的 IP 业务越来越占据绝对的优势，P2P 的广泛应用，进一步导致业务流量的剧增，使得网络的建设和扩容的成本与运营效益的矛盾日益突出。因此，研究新的业务模式和网络流量模式给网络资源利用带来的影响，探讨网络规划与资源优化的新方法，以较少的投资满足日益剧增的带宽需求，成为网络发展重要的研究课题，也吸引了国内外众多的关注。

当前网络建设取得了大量优秀成果，但也存在着一些问题：（1）在建设初期缺乏整体规划，通信建设主要为速度型、粗放型。往往重视通信能力的增强而缺乏对全网发展细致、周详的规划、协调，对通信发展需求分析深度不够，估计不足，不少工程的配套项目未能同步建设；（2）网络大、机型多，信号配合不畅，影响了全网电话接通率的提高；（3）管理意识、管理方式、管理手段和管理机制及支撑网建设仍跟不上电话业务高速发展的要求，网络运行维护技术和维护手段仍较落后。为了克服以上困难，更好地使用新兴技术，同时考虑业务分布模式、变化的经济条件，以及新的网络概念，有效的网络规划和设计是必要的。所谓规划与优化，是指为实现一个系统的总目标及其变动所需要使用的资源、能源、信息，以及全面指导获得使用和配置这些资源、能源、信息的政策所作出决策的全过程。其目标是减少投资和运营费用，同时改善业务质量和灵活性。为了传送有竞争力的业务，有效的方案必须能平衡各种优化标准，如费用经济性和网络可靠性等。在网络规划与资源优化的具体实现中，目前一般是离线进行的，把优化后的数据逐条下载到网管上实现对网络的优化管理。在引入自动交换光网络（ASON）后，自动交换功能改变了传统光网络的业务配置方式。通过控制平面的引入，由路由控制器（RC）和连接控制器（CC）分别完成路由的动态计算和配置，能够实现实时、在线的资源优化。

应该说，正是通信技术的复杂性以及更新快的特点，推动着传送网的发展。光网络规划与优化问题必须解决和克服以下几种新的特点。

1. 网络所承载的业务已从单一业务向多业务的方向发展，不仅要传送话音、数据业务，还要传送图像等多媒体业务，分组业务需求的日益显现，需要在 SDH/WDM 网的基础上研发分组传送网（PTN）技术，以满足各种业务所要求的不同的服务质量(QoS)。在此背景下，网络传送信息容量的消耗迅速增大，为满足在带宽上的要求，原有的以 SDH 为物理层的网络应该被光传送网（OTN）/波分复用（WDM）光网络所取代，并正向 ASON 以及波分交换网络（WSON）的方向演进。由于业务转型的基础在于网络转型，其特点是从目前传统网络结构向弹性网络结构转变。传送网的转型以前主要关注速率、容量、距离，现在重点关注业务、智能、管理，主要是外在指标的转型，尤其需要考虑针对业务的动态、突发、分布式等特性的有效承载技术，因此，考虑如何满足多业务、高带宽的智能光组网的规划与优化是当前的重要内容。

2．网络技术日趋复杂，支撑这样一个网络的技术也从单一技术向多种技术共存的方向发展，呈现出多层面的网络结构。当前已经形成了：接入网中的光进铜退无源光网络（PON）新技术，包括 EPON、GPON、10G PON 以及 WDM PON 等；城域中原来基于 SDH 的多业务传送平台（MSTP）与支持分组传送的分组传送网（PTN）（T-MPLS/PBT/MPLS-TP）混合组网；骨干网中 OTN 以及 WSON 组成的大容量光传送组网。因此，光缆网、SDH、PTN、WDM/OTN 和 ASON/WSON 等技术在同一个多层传输网中的综合，使得多层之间的资源协调问题日益明显；如何在新网络技术形势下，降低传送成本，提升网络管理和维护能力，又是一个亟待解决的问题。

3．传送网/光网络规划通常包含着多学科的综合，并涉及大量各种类型的设计变量和约束。采用传统的整体优化方法求解这样一种大型规划问题，将是非常困难和耗时的。同时，规划问题的标准会因网络的技术体制、管理运维条件等不同而有所不同，这使得对传送网的统一的规划与优化工作更加复杂，在规划过程中往往陷入局部或部分的最优解，难以达到规划的最优结果。而如果简单地将问题划分为小的子问题来解决，当子问题较多时，很难控制规划问题的全局最优解，因为在这种情况下，优化不仅依赖于解决子问题算法的效率，而且依赖在全局优化过程中子问题的协调关系。

4．在具体的规划与优化因素中，规划活动受网络层特征的影响很大，例如选定的体系、可用的功能和设备、技术限制、应用的选路、保护恢复方案及资源部署策略等。集中体现在两个重要的方面：路由及生存性。由于规划问题的复杂性，导致传送网选路和资源分配多采用启发式算法，而保护恢复的计算中，则多考虑单层中的可靠的保护恢复资源的利用。因此，存在多层网络的资源联合路由及生存性问题，使得网络资源能够更有效的利用，同时，应该降低启发式算法的复杂度，提高规划路由算法的准确性。要求规划具有前瞻性和超前建设性，这就需要根据网络的动态性对网络进行评价与评估，设定最新的、合适的评价标准，包括设置网络各元素的权重，以及经济性分析等，以便网络规划的执行结果能够更加准确和可靠。

综上所述，需要深入研究和探讨光网络的规划与优化技术，揭示其原理与规律，给出相应的方法和策略，以应对未来高速信息网络对于光网络的要求，指导传送网的演进与建设。

全书以最新国际标准和研究资料为基础，辅以作者多年对光通信技术的研究成果和参与国家相关重大项目的经验，系统全面地介绍了光网络的规划与优化所涉及的各关键问题。全书共分 8 章。第 1 章概述了光网络的发展历程和演进方向，介绍了光网络规划与优化技术；第 2 章深入阐述了光网络的规划与优化原理；第 3～5 章则从光网络规划与优化的具体实现技术及其应用角度，详细介绍了光网络的资源优化、网络评估与评价、多层联合规划与优化等内容；第 6 章则介绍了城域分组传送技术的主要内容及组网规划；第 7 章重点关注接入网的规划与优化；第 8 章介绍了光网络的规划与优化工具，对其主要形式及内容等进行了阐述。

作者所在课题组自 20 世纪 90 年代中期开始研究全光通信网，先后承担并圆满完成过多项国家关于光网络的科研项目和实验示范网的建设，在研究中积累了较丰富的经验。本书就是在承担国家"973"计划、国家"863"计划和国家自然科学基金等的研究过程中完成的。

在此，作者对国家"973"计划、"863"计划和国家自然科学基金委员会等多年的资助表示最衷心的感谢。

本书还凝聚了作者所在单位，包括信息光子学与光通信国家重点实验室（筹）和所在课题组等近年来的研究成果，这里需要感谢研究室的各位博士和硕士们，特别是参与资料提供与整理的所有同事和同学包括赵永利、曹徐平、郑滟雷、尹珊、李新、吕琳、韩娟、刑迎新、黄浩天等。同时，还要感谢顾畹仪教授和陈雪教授的审阅和大力支持。

本书作者和北京大学、清华大学、上海交通大学、北京交通大学等多所高校，以及中国电信、中国移动、工业和信息化部传输标准所与规划所、华信设计院、交通部科学研究院、朗讯贝尔实验室、中兴、华为等单位的相关研究组一直保持良好的合作关系，并得到了他们的大力支持。在长期的合作过程中，他们为本书的完成提供了大量有益的建议和帮助，在此一并致以诚挚的谢意。

光网络的规划与优化涉及网络的各个方面，内容繁杂。由于作者水平有限，难以做到一书概全，疏漏与不足之处，恳请同行和读者批评指正。

作者

2011 年 10 月于北京邮电大学

目　　录

第 1 章　光网络的发展与规划

随着互联网与物联网技术的飞速发展，传送网的规模不断扩大，业务种类不断增多，组网模式日益复杂。为了适应这种变化，光网络也正朝着更加高速、智能、灵活、透明、优质和安全的方向加速演进。

本章首先介绍了光网络的基本概念和构成，给出了光网络近年来的特征和发展趋势，回顾了近年来光网络的发展历程，并对其涉及的关键技术进行了探讨，同时介绍了当今国内外对光网络的研发概况，最后着重对光网络的规划与优化问题进行了重点阐述。

1.1　光网络基本概念与构成

1.1.1　光网络的基本概念

21 世纪之初，网络泡沫的破灭使全球电信业陷入空前的困境，光纤通信首当其冲。幸运的是，电信的内在需求没有根本改变，人们没有少打电话，也没有少上网，移动短信业务如火如荼，网络电视（IPTV）业务蓄势待发，电信业务市场仍然继续成长，全球网络带宽需求的年增长率依然高达 50%～100%，我国在过去几年里的干线业务量和带宽需求的年增长率也超过了 200%。显然，当前的困境只是放慢了发展的速度，绝不会也不可能停止电信技术和业务的发展。电信业经过几年的调整后正开始步入正常的理性发展轨道。

从光纤通信技术本身的发展看，光网络是当前最活跃的领域。然而，"光网络"不是一个严格意义上的技术术语，而是一个通俗用语。光网络（Optical Network）是一个简单通俗的名称，包容十分广泛。仅从字面上理解，它兼具"光"和"网络"两层含义：前者代表由光纤提供的，大容量、长距离、高可靠的链路传输手段；后者则强调在上述媒质基础上，利用先进的电子或光子交换技术，引入控制和管理机制，实现多节点间的联网，以及针对资源与业务的灵活配置。从历史上看，光网络可以分为三代。第一代光网络中光仅仅是用来实现大容量传输，所有的交换、选路和其他智能化的操作都是在电层面上实现的，SDH 就是这种第一代光网络中的典型代表，而光传送网（OTN）和全光网络（AON）可以认为是第二代光网络。OTN 在功能上类似于 SDH，其出发点是在子网内实现透明的光传输，在子网边界处采用光/电/光（O/E/O）的 3R 再生技术，从而构成一个完整的光网络，而 AON 则不同，此时传送、复用、选路、监控和有些智能将在光层面上实现。从更广义的角度看，光网络还应该覆盖城域网和接入网领域，这两个领域的光网络则不仅具有更加丰富多彩的技术选择，而且技术特征上也有很大的不同。最近几年，OTN 和 AON 又由于器件和交换技术的不断完善，包括智能光网络的发展，而又成为研发的热点之一。第三代光网络则应该为以自动交换光网络（ASON）为代表的智能光网络。智能化的 ASON 在

ITU-T 的文献中定义为：通过能提供自动发现和动态连接建立功能的分布式（或部分分布式）控制平面，在 OTN 或 SDH 网络之上，实现动态的、基于信令和策略驱动控制的一种网络。

1.1.2 光网络的基本构成

光网络由光传输系统和在光域内进行交换/选路的光节点构成，光传输系统的容量和光节点的处理能力非常大，电子处理通常在边缘网络进行，边缘网络中的节点或节点系统可采用光通道通过光网络进行直接连接，如图 1.1 所示。

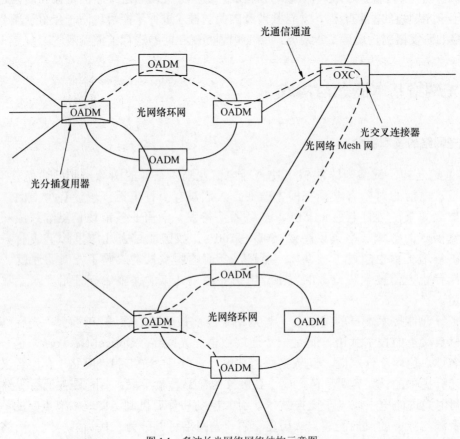

图 1.1 多波长光网络网络结构示意图

光网络节点（ONN，Optical Network Node）提供了交换和选路功能，它们控制、分配光信号的路径和创建希望的源和目的之间的连接。网络中的光电和光子器件主要集中在业务上路和下路节点上，主要有激光器、检测器、耦合器、光纤、光交换和放大器等。这些器件同光纤一起协同工作以产生某个连接所需要的光信号。这些潜在的光电和电子技术目前还没有很好地得到发展，因此还不很成熟，也没有像电器件那样的便宜。但是这些领域正在不断取得巨大的进步，随着相关光子技术的逐渐成熟，组建规模较大的光网络在经济上必将是可行的。

随着波长/光分插复用器 WADM/OADM（Optical Add/Drop Multiplexer）和波长/光交

叉连接器 WXC/OXC（Optical Cross-connector）技术的成熟，当与 WDM 技术相结合后，不但能够从任意一条线路中任意上下一路或几路波长，而且可以灵活地使一个节点与其他节点形成连接，从而形成 WDM 光网络。另外，动态、可重构型 OADM 和 OXC 能够使 WDM 光网络对不同输入链路间的波长在光域上实现交叉连接和分插复用的动态重构能力，增加网络对波长通道的灵活配置能力，提高网络通道的使用效率。总之，OADM 和 OXC 的使用使得光纤通信逐渐从点到点的单路传输系统向 WDM 联网的光网络方向发展。多波长光网络的基本思想是，将点到点的波分复用系统用光交叉互连节点和光分插复用节点连接起来，组成以端到端为基础的光传送网。波分复用技术完成 OTN 节点之间的多波长通道的光信号传输，OXC 节点和 OADM 节点则完成对光通道的交换配置功能。OXC 相当于一个模块，它具有多个标准的光纤接口。图 1.2 所示为两种基于空间光开关矩阵和波分复用/解复用器对的 OXC 结构，它们利用波分解复用器将链路中的 WDM 信号在空间上分开，然后利用空间光开关矩阵在空间上实现波长交换，完成空间变化后各波长信号直接经波分复用器复用到输出链路中，结构（a）中无波长变换器，因此它只能支持波长通道。结构（b）中每个波长的信号经过波长变换器实现波长交换后，再复用到输出链路中，因此它支持虚波长通道。OXC 可以把输入端的任一光纤信号（或其各波长信号）可控制地连接到输出端的任一光纤（或其各波长）中去，并且这一过程是完全在光域中进行的。通过使用光交叉连接设备，可以有效地解决现有数字交叉连接（DXC）设备中的电子"瓶颈"问题。

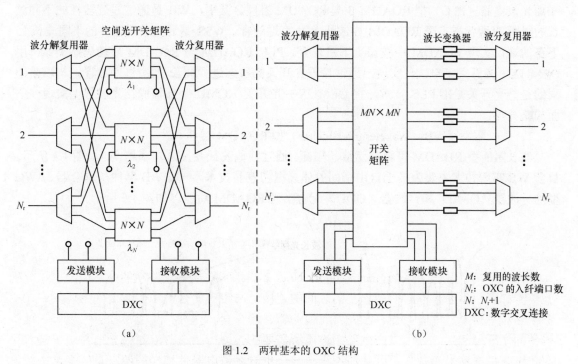

图 1.2　两种基本的 OXC 结构

OADM 是构成全光网的重要器件，使用 OADM 可以减少光通道上信息的处理和等待时间，减少节点设备的复杂性，还可以使光信号透明地传输和上下路，特别是应用在光环网上，还增加了生存性。OADM 的主要功能是从传输设备中有选择地下路（DROP）通往本地的光信号，同时上路（ADD）本地用户发往另一节点用户的光信号，而不影响其他波长信道的传输。如图 1.3 所示，OADM 在节点上对上下路波长进行复用和解复用处理，通过节点的波长同样在光层进行一次复用和解复用过程。从功能上看，OADM 可以看作是 OXC 的特例。

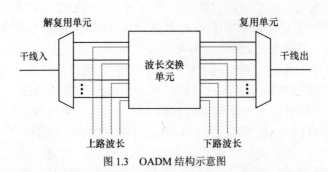

图 1.3　OADM 结构示意图

以上所述的光网络节点也称为固定光分插复用器（FOADM），它仅能实现固定波长上下，在上下波长改变时，需更换设备，升级困难，因此随着光器件的发展，近年来出现了灵活波长上下的可重构分插复用（ROADM）设备。它可灵活地进行波长调度，节点的集成度提高，ROADM 设备已经开始商用。

从器件实现方式上来分，目前有波长阻断（WB）型、波长选择开关（WSS）型和集成平面光波电路（PLC）型 ROADM 3 类 ROADM 器件。其中，WB 是通过设置器件的不同波长的阻断/直通状态实现 ROADM 中波长上路/直通设置。WSS 是通过设置器件的不同波长上/下路的端口实现 ROADM 中波长上下路设置。PLC ROADM 与 ROADM 最初思路类似，用 DEMUX + 光开关 + MUX 实现，通过设置光开关的状态进行波长上路/直通设置。与以前不同的是，光开关是用 PLC 技术，将 DEMUX + 光开关 + OMU 全部集成在光波导上实现。下面简略介绍。

1. 波长阻断（WB，Wavelength Blocker）型 ROADM 器件

波长阻断型 ROADM 可将任意波长阻断，通过其他波长并使之功率均衡，如图 1.4 所示。目前 WB 实现技术主要为基于自由空间的体光栅和液晶技术。一般 WB 器件与耦合器、AWG 型的分波器（OMU）和合波器（ODU）配合实现 ROADM 功能。如图 1.5 所示。

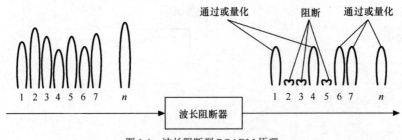

图 1.4　波长阻断型 ROADM 原理

2. 波长选择开关（WSS，Wavelength Selective Switch）型 ROADM 器件

WSS 型 ROADM 首先把波长分开，然后经过独立的衰减器和切换开关。通过独立的衰

减器可以对每一个波长进行功率调整。通过切换开关可以把任意一个波长指配到任意一个输出端口。由于图 1.6 所示的 9 个输出端口任一波长均可输出，一般称 WSS 的端口为 colorless。实现原理如图 1.7 所示。

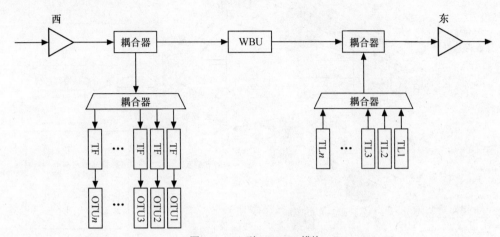

图 1.5　WB 型 ROADM 模块

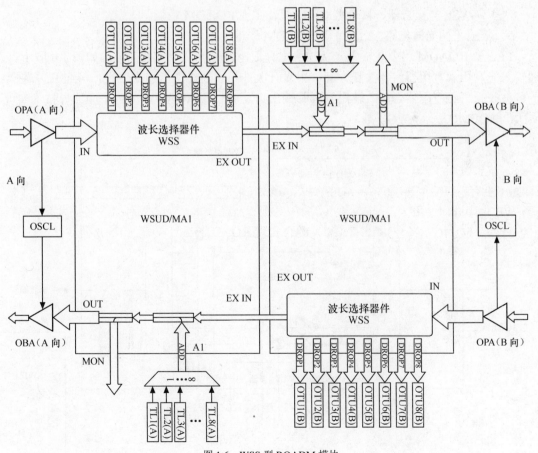

图 1.6　WSS 型 ROADM 模块

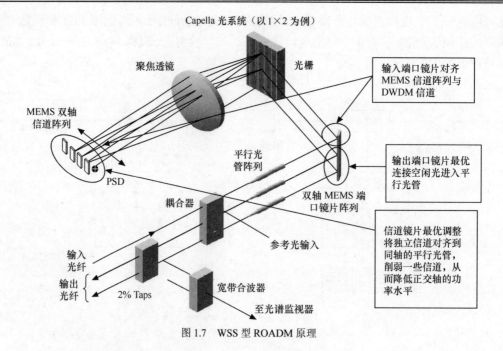

图 1.7 WSS 型 ROADM 原理

一般，WSS 与耦合器、耦合型 OMU 配合实现 ROADM 功能。

3. 集成平面光波电路（PLC）型 ROADM 器件

PLC 型 ROADM 将公共输入光从功率上分成下路光和直通光两部分，如图 1.8 所示。直通输入光利用解复用器将各波长分开，用光开关选择直通光或上路光通过，经光开关选择后的各波长光再经复用器合波后输出到公共输出口。PLC 型 ROADM 采用平面波导技术实现，MUX 和 DEMUX 为 AWG。

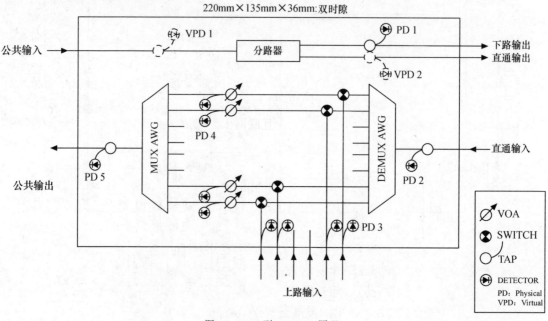

图 1.8 PLC 型 ROADM 原理

　　以上 3 种 ROADM 中，基于 WSS 型的 ROADM 由于器件的成熟度、成本、交换容量等方面的原因，是当前主流的 ROADM 实现技术。

　　总之，通过多波长光路来联网的光网络利用波分复用和波长路由技术，将一个个波长作为通道，全光地进行路由选择。通过可重构的选路节点建立端到端的"虚波长"通路（由一系列不同波长连接起来的一条光路），实现源和目的之间端到端的光连接，这将使通路之间的调配和转接变得简单和方便。在多波长光纤网络中，由于采用光路由器/光交换机技术，极大地增强了节点处理的容量和速度，它具有对信息传输码率、调制方式、传送协议等透明的优点，有效地克服了节点"电子瓶颈"的限制。因此，只有 WDM 多波长光纤网络才能满足当前和未来通信业务量迅速增长的需求。也正基于这些原因，近年来在国际上形成了对高速宽带光网络的研究热潮，其中尤以美国、欧洲最为突出。美国在美国国防部先进研究项目署（DARPA，Defense Advanced Research Project Agency）的资助下，组成一系列协作集团，建设国家规模的全光网；欧洲正在实施欧洲"先进通信技术和业务"（ACTS，Advanced Communications Technologies and Services）计划，根据这一计划要建设连接欧洲各主要城市，直径 3 000km 的光纤通信网。与此同时，包括国际电联电信标准化部门（ITU-T）、ANSI T1X1.5 协会、光互联网论坛（OIF，Optical Internetworking Forum）和因特网工程任务组（IETF）在内的标准化组织也都积极致力于对可重构型多波长光纤网络的研究。

1.2　未来传送网的发展需求

1.2.1　规模化需求

　　信息技术是当今世界创新速度最快、通用性最广、渗透性最强的高技术之一，并已渗透到各个学科和领域，有力地带动着物质科学、生命科学以及新能源、新材料、航空航天等工程技术的进展，促进了各学科广泛交叉、融合发展。目前我国已经拥有世界上最大的固定电话网（4 亿用户）、最大的移动电话网（8.3 亿用户）、最大的互联网（网民 3.9 亿），已敷设的通信光缆总长度超过 600 万公里，所用光纤总长度超过 1 亿公里。网络通信已经从人到人（P2P）的通信发展到人与机器之间以及机器与机器之间（M2M），人们将生活在无所不在（Ubiquitous）的网络中，物联网技术将成为互联网大发展的有力助推器。而作为承载网的未来光传送网必将面临着规模化的需求。

　　1．超高速率与超大容量

　　未来光传送网规模化体现在广覆盖（Ubiquitous）、超高速（Tbit/s）、大容量（Pbit/s）、多粒度（1～100Gbit/s）等方面。目前，电信网中以 GE/10GE、2.5G/10G/40GPOS 接口为代表的大颗粒宽带业务大量涌现，SAN 领域也出现了 1G/2G/4G/10GFC 的大带宽传送需求。飞速增长的 IP 流量需求直观地反映在了光传送网层面。根据市场预测，在未来 5 年之内，光传送网的带宽将以每年 50% 以上的速度增长；2010 年，骨干网截面带宽流量已达到 50Tbit/s 以上，其中 97% 以上为数据带宽。超长距离、超大容量和超高速率是骨干网络层面上的必然发展趋势。图 1.9 给出了光传输技术的发展趋势图。

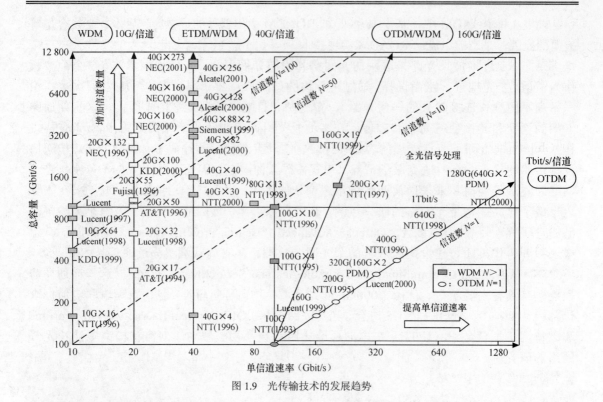

图 1.9　光传输技术的发展趋势

同时，随着"光进铜退"的发展，光纤将逐步取代其他的有线传输手段，并延伸到每一个角落，大到跨大陆、跨海域的光缆，小到片上光互连，而随之带来的是光纤链路和光传送节点的非线性增长，最终形成规模异常庞大的网络群体，呈现广覆盖的态势。而随着用户带宽需求的爆炸式增长，传送网的链路和节点面临着巨大考验，预计未来 10～15 年干线节点容量将达到 Pbit/s 量级，链路速率达到 Tbit/s 量级。另外，未来业务的多样性和时变性要求传送网具有更加灵活的带宽接入能力，这就意味着未来传送网需要提供多种粒度的业务接口。

伴随着 2004 年左右路由器 40Gbit/s POS 接口的推出和传送网络带宽的持续增长，40Gbit/s 技术已经逐步成熟并走向规模商用，前两年国内运营商在传送网上开展了不同规模的试验和小规模商用，从 2010 年开始，中国电信和中国联通等运营商相继在干线网络上大规模引入 40Gbit/s WDM 系统，标志着基于 40Gbit/s 的 WDM 系统已经逐步进入规模商用阶段。随着 100GE 标准的确立，100Gbit/s 的高速传输技术成为业界关注的下一个高速速率平台。100GE 的标准已于 2010 年 6 月 17 日正式通过，100GE 的信号速率为103.125Gbit/s±100ppm，需要满足 10×10G 信号在屏蔽铜缆上至少传输 7m，在多模光纤上至少传输 100m；4×25G 信号在单模光纤上至少传输 10km 和至少传输 40km 这两种传输距离的需求。

40Gbit/s 和 100Gbit/s 等高速传输在技术上给网络的传输与交换带来了很多要求。从调制格式和复用方式来看，100Gbit/s 除了基于偏振复用结合多相位调制的调制方式，如偏振复用—（差分）四相相移键控（PDM-（D）QPSK）之外，还包括多级相位和幅度调制的调制码型，如 8/16 相相移键控（8PSK/16PSK）、16/32/64 级正交幅度调制（16QAM/32QAM/

64QAM），以及基于低速子波复用的正交频分复用（OFDM）。从调制编码解调来看，目前主要可采用直接解调和相干解调两种方式，其中相干解调主要采用数字信号处理（DSP）技术来实现，显著降低了相干通信中对于激光器特性的要求。综合考虑系统性能要求、实现复杂性和性价比等多种因素，对于 100Gbit/s 传输商用设备，业界一般看好的长距传输码型为采用相干接收的 PDM-QPSK。另外，由于目前模/数转换器（ADC）和 DSP 芯片等处理技术水平的限制，几乎所有高速电信号处理芯片都没有商用解决方案，目前基于 100Gbit/s 信号的实时相干接收处理等尚待技术突破，这是 100G WDM 系统走向商用的最大技术瓶颈。

2．多层多域大规模组网

在网络向超高速率和超大容量演进的同时，随着电信 IP 化、宽带化、移动化成为全球发展趋势，网络视频、实时流媒体通信、大容量文件传输、存储区域网络等各种宽带数据业务迅速兴起，电信用户的数量和带宽需求也在不断增长，这就导致光网络的规模和传送容量飞速发展。而随着光网络的大规模扩展，一系列问题就会不断涌现。比如：大量路由和信令对网络资源的共享冲突；大量信息泛洪对网络设备造成冲击；跨运营商的网络控制与管理困难；仅支持有限的分级分层，难以体现多约束和优先策略；分布式资源调度、负载均衡与保护恢复困难，等等。这一系列问题将会导致光网络趋向层次化、区域化。

多层多域大规模智能光网络是未来传送网的发展趋势，在大规模光网络中，对"域"的分割一般都依据不同运营商或同一运营商网络的不同地理位置，或者是不同的交换技术而定。而对"层"的划分则存在两种方式：一种是从流量工程的角度，将小交换粒度相关的实体抽象成一个层网络，而将较大交换粒度的实体抽象成较低的层网络，即所谓的"Multi-Layer"（多层）；另一种是从拓扑抽象的角度，将网络的一组物理或逻辑节点抽象成一个上层实体进而构成高层网络，即所谓的"Multi-Level"（多级），如图 1.10 所示。两种层次划分技术是针对路径计算复杂化和路由控制分级化问题而提出的，二者互不矛盾反而相辅相成。

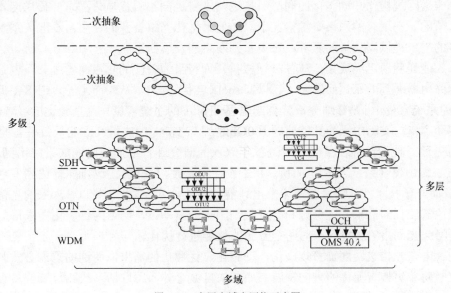

图 1.10　多层多域光网络示意图

1.2.2　动态化需求

长期以来，骨干网分为两层：骨干路由器 IP 承载网（IP 层）和骨干光传送网（光层），两层一直分别独立地发展。两者的联系集中在光层为 IP 层提供静态配置的物理链路资源，其他的联系却很少。IP 层看不到光层的网络拓扑和保护能力；光层也无法了解 IP 层的动态业务需求。随着业务的迅速增长，IP 层的路由器面临着巨大的扩容与处理压力。

这一现象的存在与光层在智能方面的发展滞后于 IP 层密切相关。我们看到，目前智能光网络的发展十分迅速。业界在大容量的 SDH 骨干传送网上支持通用多协议标签交换（GMPLS）智能调度后，新一代的 OTN/DWDM 系统又实现了跨越多层、对不同颗粒（波长/子波长）的动态与智能化调度。一些运营商业已明确提出了对基于 OTN/DWDM 的 GMPLS/ASON 智能控制平面的需求；多个厂家也宣称已能支持基于 OTN/DWDM 的 GMPLS/ASON 智能控制平面。这一切都为在 IP 层和光层之间实现基于智能控制平面的统一调度奠定了基础。

另外，目前大型骨干 IP 承载网的组网模式一般是边缘路由器 PE 双归属到核心节点的 P 路由器上，P 路由器完成 PE 路由器之间的业务转发和疏导。通过对骨干网络流量的分析，发现在经过 P 路由器的业务流量中，大约有 50%以上属于"过境"的转发流量。这些"过境"流量大大加重了 P 路由器的负担。而且，这些"过境"流量对本地来说是不增值的。使用昂贵的路由器线卡处理这类流量，造成了网络成本和功耗的快速增长。实际上，这些"过境"流量完全可以通过光传送管道进行旁路，以降低 P 路由器的处理压力。这一切都必须实现 IP 层和光层的协作互动来解决。目前，这种 IP 层与光层之间的融合与统一调度已经成为一种趋势。由此可见，在 IP 业务多样性和突发性的驱动下，未来的光传送网必然面临着动态化需求，迫切需要增强光网络的智能性。

1.2.3　优质化需求

在光传送网规模化和动态化的同时，传送网本身也面临着优质化需求。传送网本身的资源总是有限的。在现有的网络资源情况下，如何最优化网络资源的使用，不但关系到是否能够为更多的用户提供高质量的服务，还关系到网络的发展稳定。

另外，能耗问题已经成为全球各个领域科研人员最为关注的热点问题之一，也是目前超大规模电路由器遇到的瓶颈问题之一。以 Cisco CRS-1 为例，从表面上看，CRS-1 拥有高达 92Tbit/s 的系统容量，可是仔细分析就会发现，92Tbit/s 的系统容量只是理论上的或者峰值的，而不是实际容量。实际中因为耗能问题不可能达到 92Tbit/s 的容量。在能量效率方面 Juniper 公司走得更远，他们已经在节能领域进行了深入的研究并把他们的研究成果应用到 Juniper T1600 核心路由器（系统容量 1.6Tbit/s）的设计中，使 T1600 的比特能耗达到了创纪录的 6.2nJ/bit。而光学技术被认为是解决未来电耗能的主要技术手段[2]。所以，未来的光传送网也面临着绿色低能耗的需求。在资源和能耗限制因素的驱动下，网络的优质化需求日益凸显，迫切需要增强光网络的智能性来对两个方面的性能进行优化。

总之，未来光传送网面临着规模化、动态化、优质化的需求，而这些需求必然驱动未来的光传送网向着更加智能化的方向发展，如图 1.11 所示。

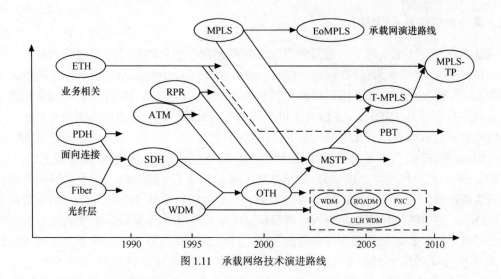

图 1.11 承载网络技术演进路线

1.3 网络形式及关键技术

SDH 网络可以算是第一代的光网络，它的特点是以点到点波分复用（WDM）传输系统为基础，提供大容量、长距离、高可靠的业务传送，但所有的交换和选路在电层实现。20 世纪 90 年代中期发展的密集波分复用（DWDM）光网络技术进一步挖掘了光纤的带宽潜力，提高了网络的传输性能，但在联网技术上没有实现统一。ITU-T 于 20 世纪末提出的 OTN 可以认为是第二代光网络，主要特点是在光层实现交换、选路等功能，从而成为真正意义上的"光"网络。OADM、OXC 等光节点技术的成熟为 OTN 的发展铺平了道路，光网络的拓扑形式从环网向格形网演化，一些复杂的网络功能（如保护和恢复）也随之得以实现。目前，实际运营中的光网络正处于这一阶段。理论上讲，WDM、光时分复用（OTDM）、光码分复用（OCDM）等各种复用方式都可以用作 OTN 的实现手段。由于 WDM 应用的显著优势和已取得突破性进展，选择基于 WDM 的 OTN 方案最具发展前景，也是当前标准化的焦点。WDM 光传送网采用光波长作为最基本的交换单元，以波长为单位完成对客户信号的传送、复用、选路和管理。

当前，在互联网业务高速增长所带来的巨大冲击下，光网络的变革正在深入，其发展的一个重要方向是 IP 层和光层技术的智能融合。这一点可以从各大标准组织的近期工作动向看出端倪。ITU-T 酝酿并提出了"自动交换光网络（ASON）"的概念，其核心思想是在光网络中引入独立的控制层面。另外，IETF 将多协议标签交换（MPLS，Mutli-Protocol Label Switch）技术与光交换技术的有机结合，发展了 GMPLS 技术，其实质是想将日益成熟的 IP 协议族应用于光网络。这些不谋而合的举措显示了光网络朝着智能化方向发展的一个新趋势。

光传送网由于 ASON 技术的引入，其分层模型正在从传统的两层结构（管理平面和传送平面）向三层结构（控制平面/管理平面/传送平面）转变，控制平面具备传统光传送网管理面的智能控制，业务提供由集中式人工配置演变为分布式自动提供。

1.3.1 同步数字体系（SDH）

随着光纤通信在电信网中的普及应用，开发高速数字系列的光纤同步网成为世界各国的共识。1985 年，美国贝尔通信研究所（Bellcore，后更名为 Telcorida）最早提出同步光网络（SONET）的概念；1988 年原国际电报电话咨询委员会（CCITT，即 ITU-T 的前身）将其发展成为同步数字体系（SDH），并建立了世界性的统一标准。此后，SDH/SONET 开始在各国大规模建设，它标志着现代光网络的兴起。

SDH 由一整套分等级的标准数字传送结构组成，称为同步传送模块 STM-N（$N=1$，4，16，64，…）。其中最基本的模块为 STM-1，传输速率为 155.520Mbit/s；相邻等级的模块速率之间保持严格的 4 倍关系。SDH 具备块状帧结构，每帧包含 $9\times270\times N$ 字节，帧重复周期固定为 125μs，按功能划分成段开销、净负荷和管理单元指针 3 个区域。段开销区存放与网络运行、管理、维护和指配功能相关的附加字节；净负荷区存放用于电信业务的比特及少量用于通道维护管理的通道开销字节；管理单元指针用来指示净负荷区域内的信息首字节在 STM-N 帧内的准确位置，以便接收时能正确分离净负荷。指针技术是 SDH 的重要创新。

SDH 规范了一整套特殊的复用方法，描述现有的各种数字信号，包括 PDH、ATM 和 IP 等，以及将未来未知格式的新的信号类型可能采取何种路线、经历怎样的途径被载入同步传送模块中，因而具有广泛的兼容性。如图 1.12 所示，不同业务在进入 SDH 帧结构时需要经过 3 个基本步骤，即映射、定位和复用。映射是一种在 SDH 网络边界处使各支路适配进虚容器的过程，其实质是各支路信号与相应的虚容器同步，以便使虚容器成为可以独立地传送、复用和交叉连接的实体；定位是一种将帧偏移信息收进支路单元或管理单元的过程，它通过支路单元指针或管理单元指针功能来实现；复用是一种把多个低阶通道层信号适配进高阶通道层，或者把多个高阶通道层信号适配进复用段层的过程。

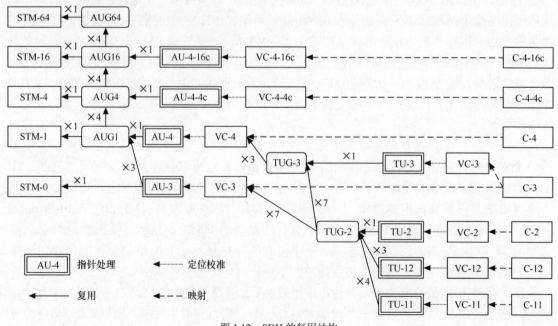

图 1.12　SDH 的复用结构

SDH 提出了一套完整而严密的传送网解决方案，是目前传送网应用最成功的范例。SDH 传送网指由一些 SDH 网元组成的，在传输媒质上（如光纤、微波等）进行同步信息传输、复用、分插和交叉连接的网络。SDH 通道层支持一个或多个电路层网络，为电路层网络节点之间提供透明的通道连接。包括低阶通道层和高阶通道层，其传送实体分别是不同种类的虚容器。传输媒质层支持一个或多个通道层网络，为通道层网络节点之间提供合适的传输容量。包括段层和物理层，前者涉及为提供通道层节点间信息传递的所有功能，又可细分为复用段层和再生段层；后者涉及具体支持段层网络的物理媒质类型，与开销无关。

综上所述，SDH 既是一套新的国际标准，又是一个组网原则，也是一种复用方法。最重要的是，它提供了一个在国际上得到广泛认可的标准框架，在此框架基础上可以构建出灵活、可靠、易管理和可持续发展的新型电信传送网络，不仅为新业务的开发提供了兼容的传输解决方案，还使得不同厂商设备之间的互通成为可能。

SDH 体系以其良好的性能得到了大家的公认，但它代表的毕竟是一项发起于 20 世纪 80 年代末的传送技术，在今天看来它的很多做法都明显带有那个时代的印迹以及认知上的局限性。SDH 之所以 10 多年来一直焕发着勃勃生机，一个原因应归功于其优异的性能表现、业界的一致认同和广泛应用，另一个重要原因就是 SDH 拥有"自身造血"的本领，其开放化的体系结构、层次化的组织方式、模块化的处理过程，都保证了能够在 SDH 已有范畴之内，通过直接引入新的技术，或者与其他一些先进技术相融合，提供原先不具备的网络传送功能，开辟出新的应用领域，从而推动了 SDH 技术的可持续发展。SDH 未来的演变趋势可以概括为如下 3 个方面。

（1）高速化。光电器件的最新进展加快了 SDH 迈向超高速应用领域的步伐，大容量和高速化的新一代 SDH 设备成为主流。10Gbit/s 系统已完全成熟并大量商用，人们正在围绕 40Gbit/s 技术展开激烈竞争。

（2）数据化。IP 业务爆炸式增长的势头不容小觑，业务天平已经开始由传统的话音服务向数据方向倾斜，主体业务的易位可能只是一个时间早晚的问题。为了满足 SDH 网同时支持分组数据传输的要求，POS、VCAT、GFP、LCAS 等一系列技术概念和解决方案脱颖而出，正推动 SDH 向新一代的数据化多业务传送平台（MSTP）的方向不断发展。

（3）智能化。随着 ASON 概念的提出，支持自动交换的智能新型传送网解决方案逐步形成，并且在全球开始掀起一场新的高潮。这种影响对 SDH 而言将是深远和革命性的，其作用现在还无法完全估量。

1.3.2　光传送网（OTN）

SDH 属于第一代光网络。其本质上是一种以电层处理为主的网络技术，业务只有在再生段终端之间转移时保持光的形态，而到节点内部则必须经过光/电变换，在电层实现信号的分插复用、交叉连接和再生处理等。换句话说，在 SDH 网络中，光纤仅仅作为一类优良的传输媒质，用于跨节点的信息传输，光信号不具有节点透过性。此时，整根光纤被笼统地视为一路载体，就像是一条宽阔的高速公路，由于没有划分车道，所以只能安排一组车流的通过。信号传输与处理的电子"瓶颈"极大地限制了对光纤可用带宽的挖掘利用。

第二代光网络的核心是解决上述电子"瓶颈"问题，20 世纪 90 年代中期，人们首先提出了"全光网"的概念。发展全光网的本意是信号直接以光的方式穿越整个网络，传输、复用、再生、选路和保护等都在光域上进行，中间不经过任何形式的光/电转换及电层处理过程。

这样可以达到全光透明性，实现任意时间、任意地点、传送任意格式信号的理想目标。全光网络能克服电子瓶颈，简化控制管理，实现端到端的透明光传输，优点非常突出。然而，由于光信号固有的模拟特性和现有器件水平，目前在光域很难实现高质量的 3R 再生（再定时、再整形、再放大）功能，大型高速的光子交换技术也不够成熟。人们已逐渐认识到全光网的局限性，提出所谓光的"尽力而为"原则，即业务尽量保留在光域内传输，只有在必要的时候才变换到电上进行处理。这为二代光网络——"光传送网"的发展指明了方向。

1998 年，ITU-T 正式提出了 OTN 的概念。从功能上看，OTN 的出发点是在子网内实现透明的光传输，在子网边界处采用光/电/光（O/E/O）的 3R 再生技术，从而构成一个完整的光网络。OTN 开创了光层独立于电层发展的新局面，在光层上完成业务信号的传送、复用、选路、交换、监视等，并保证其性能指标和生存性。它能够支持各种上层技术，是适应各种通信网络演进的理想基础传送网络。全光处理的复杂性使得光传送网成为当前历史时期的必然选择，随着技术和器件的进步，人们期待光透明子网的范围将会逐步扩大至全网，在未来最终实现真正意义上的全光网。

OTN 是由功能结构的描述提出的一种网络模型，与所采用的具体技术无关。理论上讲，WDM、OTDM、OCDM 等各种复用方式都可以用作 OTN 的实现手段。由于 WDM 应用的显著优势和已取得突破性进展，选择基于 WDM 的 OTN 方案最具发展前景，也是当前标准化的焦点。WDM 光传送网采用光波长作为最基本的交换单元，以波长为单位完成对客户信号的传送、复用、选路和管理。

根据传送网的通用原则，OTN 被分解为若干独立的层网络，为反映其内部结构，每一层网络又可分割成不同子网和子网间链路。一般分为全功能和弱化功能光传送模块（OTM）接口，如图 1.13 所示，OTN 中的光层结构自底向上依次为光传输段层（OTS）、光复用段层（OMS）和光信道层（OCH）。ITU-T G.709 建议进一步规定，基于数字包封技术的 OCH 层又可细分为光信道的净荷单元（OPU）、数据单元（ODU）和传输单元（OTU）。这种面向子层的划分方案既是出于多协议业务适配到光网络传输的实际需要，也是考虑到网络维护管理的简单性而得出的必然结果。

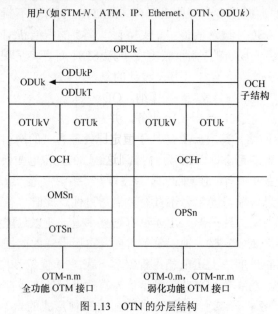

图 1.13　OTN 的分层结构

（1）光传输段层。该层为光复用段信号在不同类型的光媒质（如 G.652、G.653、G.655 光纤等）上提供传输功能。由光复用段和光监控信道（OSC）构成，OSC 用来支持光传输段开销信息、光复用段开销信息，以及非随路的光信道层开销信息。整个光传送网架构在最底层的物理媒质基础上，即物理媒质层网络应当是光传输段层的服务者。

（2）光复用段层。该层保证相邻两个波长复用传输设备之间多波长复用光信号的完整传输，为多波长信号提供网络功能。它可以处理光复用段开销，保证多波长光复用段适配信息的完整性；实施对光复用段的监控，支持段层的维护和管理；解决复用段生存性问题等。OADM、OXC 等 OTN 设备的线路端口均工作在此层。

（3）光信道层。该层通过位于接入点之间的光信道路径给客户层的数字信号提供传送功能，负责为不同类型的客户建立连接并维护端到端的光通道，处理相关的光信道开销，如各类连接监视、自动保护倒换等信息。光信道层是支持上层业务透明适配的关键层次，其灵活的组网能力也是 OTN 最重要的一项功能。

严格地说，凌驾于光层之上的业务层网络不是 OTN 的组成部分，但作为一种多协议兼容的综合化网络平台，OTN 应当支持各种客户类型的传送。这些客户对象包括 SDH/SONET、ATM、Ethernet、IP、帧中继、FDDI 等，可以归为面向连接和面向无连接两类情况。

2004 年以前定义的 OTN 能够为客户层信号提供传送、复用、保护和监控管理等功能，支持 STM-N、ATM 和通过 GFP 映射支持吉比特以太网（GE）信号。不久，人们发现 OTN 在承载以太网业务时表现出不适应。第一，针对 GE 业务没有相匹配的速率等级，若将两个 GE 映射到一个 ODU1 中进行调度，则要求两个 GE 业务同时终结。第二，OTN 不能很好地满足 10GE 的比特透明传送，10GE 的线路速率为 10.312 5bit/s，而相应速率等级的 ODU2 的净负荷速率只有 9.995Gbit/s，低于 10GE 信号的速率。为此，2006 年 ITU-T 制定了补充文件来定义 OTN 传送 10GE 信号，包括超频和采用 GFP-F 等 5 种解决方案。但要么破坏了信号的比特透明性，对未来的业务（如同步以太网等）带来了隐患，运营商不能接受，要么存在与 STM-N 互联互通问题。

随着如 ETH、GPON 等多业务接口的应用，现有的 OTN 容器以及传统的映射方式（AMP 和 BMP）已经不能满足 OTN 全业务承载需求。2007 年，华为首次提出了灵活的传送容器 ODUflex 概念，为 IP 业务和将来业务的承载提出了新思路。同年，提出了数据时钟分离和多字节映射的全新 GMP 架构，简化了 ODUflex 设计的复杂度。经过多次会议的讨论，ODUflex 和 GMP 方案于 2009 年 10 月被 ITU-T 正式接纳。ODUflex 提供灵活可变的速率适应机制，使得 OTN 能够高效地承载包括 IP 在内的全业务，并最大限度地提高线路带宽利用率。目前 ITU-T 定义了两种形式的 ODUflex，一种是基于恒定比特速率（CBR）业务的 ODUflex，速率可以是任意的，CBR 业务通过同步映射封装到这种 ODUflex；另一种是基于包业务的 ODUflex，这种 ODUflex 的速率为 HOODU 时隙的 N 倍，包业务通过 GFP 封装到 ODUflex。ODUflex 的提出使得 OTN 具备了将来业务的承载能力。GMP 解决了客户信号到 LOODU 及 LOODU 到 HOODU 的映射，如 STM-1/STM-4、GE 等信号通过 GMP 映射到 LOODU0，以及 ODUflex 映射到 HOO-DUk（$k=2$，3，4）等。

OTN 是一项年轻的新技术，与 SDH 相比，OTN 在大颗粒度的带宽利用方面更具潜能。在未来较长的一段时间内，SDH 和 OTN 技术将互为补充、共存发展。如何协调二者的关系，甚至做到集成一体应用，是光网络建设过程中必须解决的现实问题。

1.3.3 自动交换光网络（ASON）

无论是 SDH 还是 OTN，都是典型的传送网技术。所谓传送网，是指完成电信传送功能的具体手段的集合构成的逻辑网络，它可以将客户信息双向或单向地由一点传递到另一点或其他多点，也可以转移各种类型的网络控制信息。传送网的体系结构实质上包含了传送功能和控制功能两大主线。从传送功能的实现手段来看，围绕通道层的实现技术，具体形成了 SDH 传送网、光传送网等类型；从控制功能的实现手段来看，下一代传送网已经将关注的焦点由传送的"宽带化"逐步向控制的"高性能"方向转变，形成了 ASON、自动交换传送网（ASTN）等全新的概念。ASON 已经实现了大规模的商用。

ITU-T 建议 G.8080 和 G.807 分别定义了一个与具体技术无关的 ASON/ASTN 光网络体系结构。以 ASON 为例（如图 1.14 所示），它包括 3 个独立的平面，即控制平面（CP）、传送平面（TP）和管理平面（MP）；3 个平面之间通过 DCN 相连，DCN 是一个负责路由、信令、链路资源管理以及网络管理信息传送的信令通信网。

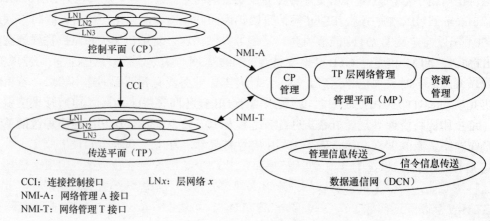

图 1.14 ASON 的体系结构

传送平面由一系列的传送实体组成，用来为不同的用户传递业务信息。这些信息的发送可以是单向的，也可以是双向的，为此传送平面需要实现客户信号的适配、随路开销信息的插入和提取、传输链路上的功率均衡、色散补偿以及链路和通道性能的监测等。除了传递用户信息以外，传送平面还可以传递部分控制信息和网络管理信息。

控制平面是整个 ASON 的核心部分，它主要执行呼叫控制和连接控制的功能。ASON 控制平面具有智能性，这些智能包括自动发现功能、路由功能和信令功能。另外，在连接出现故障的时候，控制平面能够进行快速而有效的恢复。

管理平面用来对传送平面和控制平面进行管理并对各平面的操作进行协调。管理平面可以对网元、网络进行管理，也可以对业务进行管理。通常，管理平面在智能性上不如控制平面，其部分的管理功能已被控制平面所取代。ASON 的管理平面与控制平面互为补充，可以实现对网络资源的动态配置、性能监测、故障管理以及路由规划等功能。可以说，ASON 的管理系统是一个集中管理与分布智能相结合，面向运营商的维护管理需求与面向用户的动态服务需求相结合的综合化的光网络管理方案。

虽然各个平面的功能独立，但由于它们都是对某些共同的资源进行操作，因此彼此间也必然存在一定的相互操作。由图 1.14 可以看出，这种平面之间的功能联系分为以下 3 种类型：（1）管理平面与传送平面的互操作；（2）控制平面与传送平面的互操作；（3）管理平面与控制平面之间的互操作。

管理平面与传送平面之间的交互是通过对一套信息模型进行操作来完成的，此信息模型反映了管理平面对设备的管理范围。管理平面的管理对象通过管理信息接口与各种 ITU-T G.805 所定义的原子功能模型进行交互，而每个原子功能模型代表了网元内特定传送处理功能的集合，管理对象和管理信息接口在物理上处于相同的传送资源中。控制平面与传送平面之间交互的信息模型与管理平面类似，而且，控制平面的这些信息模型与管理平面的信息模型还存在部分的重复。

控制平面中的每个组件都有一套接口来对相关策略进行监测和设置，以及对组件内部行为进行影响，这些接口都是通过管理平面来配置的。值得注意的是，管理平面并不会通过控制平面的这些组件来访问相关的资源，而只是对组件本身进行管理维护。管理平面和控制平面之间也是通过一套特定的信息模型来实现彼此之间的互操作。

为了保证智能光网络各个实体之间信息的传递，ITU-T 定义了不同的逻辑接口来规范通信规则。图 1.14 中定义了连接控制接口（CCI）、网络管理 A 接口（NMI-A）和网络管理 T 接口（NMI-T）。CCI 是控制平面和传送平面之间的接口，它负责将交换控制指令从控制平面发送到传送平面网元，以及将资源状态信息从传送平面网元发送到控制平面。NMI-A 和 NMI-T 是实现管理平面对控制平面和传送平面管理的接口，其中对控制平面的管理主要是对信令、路由和链路资源等功能模块进行配置、监视和管理，而对传送平面的管理包括基本的传送平面网络资源的配置，日常维护过程中的性能检测和故障管理等。

1.3.4　波长交换光网络（WSON）

波长交换光网络（WSON，Wavelength Switched Optical Network）是 IETF 标准组织倡导的目前 OTN 的骨干传送网和第三代全光网的智能波分智能波分标准，也就是基于 WDM 传送网的 ASON。除了传统 ASON 的功能外，主要解决波分网络中光纤/波长自动发现、在线波长路由选择、基于损伤模型的路由选择等问题。

其中，WSON 控制技术，实现了光波长的动态分配。WSON 是将控制平面引入到波长网络中，实现波长路径的动态调度。通过光层自身自动完成波长路由计算和波长分配，而无需管理平面的参与，使波长调度更智能化，提高了 WDM 网络调度的灵活性和网络管理的效率。目前 WSON 可实现的智能控制功能主要包括以下几项。

① 光层资源的自动发现：光层波长资源发现，主要包括各网元各线路光口已使用的波长资源、可供使用的波长资源等信息。

② 波长业务提供：自动、半自动或手工分配波长通道，并确定波长调度节点，避免波长冲突问题。路由计算时智能考虑波长转换约束、可调激光器、物理损伤和其他光层限制。

③ 波长保护恢复：支持抗多点故障，可提供 OCH $1+1/1:N$ 保护和永久 $1+1$ 保护等，满足 50ms 倒换要求；可实现波长动态/预置重路由恢复功能，但目前恢复时间可实现秒级。

目前，WSON 是 ASON 控制技术的一个研究方向。IETF CCAMP 工作组在制定 WSON 的需求草案，主要实现光层资源发现、波长路由计算和信令协议扩展等方面内容。目前已完成了 WSON 架构和需求，以及支持 WSON 的协议扩展等标准化工作。表 1.1 所示为 WSON 与传统 WDM 网络在系统管理上的区别。虽然 WSON 还属于正在标准化的技术，其成熟和应用还需要一定时间，但它的应用给网络带来的增加值是值得肯定的。首先，提供自动创建端到端波长业务，路由计算时自动考虑各种光学参数的物理损伤和约束条件，一方面大大降低了人工开通的复杂度，另一方面，路由计算更加合理优化，有效提高了网络资源的利用率。其次，提供较高的生存能力，可以抗多次故障，在网络运行中，降低了故障抢通时间的要求，大大缓解了日常故障抢修给维护人员带来的压力。

表 1.1　　　　　　　　　　　　WSON 与传统 WDM 系统管理对比

全业务波分的发展方向		
	传统 WDM 系统管理	WSON 网络管理
管理网元	OTM、OA	OTM、OA、ROADM 等
管理 WDM 网络结构	管理点到点系统	管理线型、环型、Mesh 型多种网络结构
可管理维护能力	可管理维护能力较低	支持 G.709 接口、提供光层开销、提高可管理维护能力
波长高度管理	不支持、系统初始配置完成后波长固定不变、不可再配置。如果修改配置需要改变物理光纤连接	具有波长调动管理、可利用网管配置波长上下
动态波长分配	不支持	运用 WSON 智能控制技术，可实现动态上下波长
保护恢复管理	支持 1 + 10MSP、1 + 10SNCP 等保护管理	利用 WSON 智能控制技术，支持更多的保护恢复类型，并提供相应的保护恢复管理

目前 ASON 设备的传送平面相对成熟，主要是基于 SDH 的 ASON 设备，它的交叉矩阵从 160Gbit/s 到 Tbit/s 不等，主要是 320Gbit/s 和 640Gbit/s，处理的颗粒为 VC-4-nC/V，部分支持 G.709。在 OTN 中，核心交叉还是基于 SDH-VC 交叉，只是增加了 OTN 封装，电层带宽颗粒为光通路数据单元（ODUk，$k = 1$，2，3），即 ODU1（2.5Gbit/s）、ODU2（10Gbit/s）和 ODU3（40Gbit/s），光层的带宽颗粒为波长，相对于 SDH 的 VC-12/VC-4 的调度颗粒，OTN 复用、交叉和配置的颗粒明显要大很多，对高带宽数据客户业务的适配和传送效率显著提升。目前的 ASON/GMPLS 控制平面技术还是以 SDH-VC 粒度的交叉为交换对象，研究业务快速配置、网络生存性以及互联互通等问题。而在波长交换光网络中交叉连接的对象是光层波长通道，控制平面在基于波长级别路径的选路和分配资源上存在两方面的挑战。

（1）波长一致性约束

在波长交换光网络中，由于全光波长交换器技术的不成熟以及造价太高，导致波长交换光网络交换节点还是以不具备全光交换能力的 ROADM（Reconfigurable Optical Add-Drop Multiplexer）设备为主。在这种不具备全光交换能力的波长交换光网络中，任何两条光路在它们共同经过的光纤链路上，不能使用相同的波长，这种约束称为波长一致性约束。

（2）物理损伤约束

波长交换光网络面临着光纤信道中模拟传输所要遇到的各种问题，特别的，在选择一个波长通道时，各种物理层的约束因素都需要考虑到，如源节点启动的功率预算、偏振模色散、色度色散、放大器自发辐射、信道间的串扰和其他非线性效应。在路径计算过程中，通常假设所有的路由都能满足信号质量，因此不需要考虑物理损伤约束。一个光网络可以分成区域大小有限的几个子网，然而，随着网络规模的扩大、传输距离的增大，一个区域太大，以至各种物理损伤将被累积，不能保证所有的波长通道都满足信号传输质量。在这种情况下，物理损伤约束应该直接包括在路由状态信息、信令信息和相关的路由算法中。这种约束被称为物理损伤约束。

当前，WSON 网络及节点设备的研发正在进行，主要是为了满足光网络规模化、动态化以及优质化的需求，实现透明的大容量光组网与光交换。

1.3.5　分组传送网（PTN）

分组传送网（PTN）是又一个智能光网络的重要发展方向。基于分组交换、面向连接的多业务统一传送技术，不仅能较好地承载电信级以太网业务，满足业务标准化、高可靠性、灵活扩展性、严格的服务质量（QoS）和完善的运行管理维护（OAM）等 5 个基本属性，而且兼顾了支持传统的时分复用（TDM）和异步传输模式（ATM）业务，继承 SDH 网管的图形化界面、端到端配置等管理功能。目前，PTN 应用在城域网范围，承载移动回传、企事业专线/专网等有 QoS 要求的业务，实现中国运营商城域传送网从 TDM 向分组化的逐步演进。

PTN 有以下两类具体实现技术。

一类是从 IP/MPLS 发展来的传送多协议标记交换（MPLS-TP）技术。该技术抛弃了基于 IP 地址的逐跳转发机制，并且不依赖于控制平面来建立传送路径；保留了 MPLS 面向连接的端到端标签转发能力；去掉了其无连接和非端到端的特性，即不采用最后一跳弹出（PHP）、标记交换路径、合并等价多路径等，因此具有确定的端到端传送路径，并增强了满足传送网需求；且具有传送网风格的网络保护机制和 OAM 能力。另一类是从以太网发展而来的面向连接的以太网传送技术，如 IEEE 802.1Qay 规范的运营商骨干桥接—流量工程（PBB-TE）。该技术在 IEEE 802.1ah 运营商骨干桥接（PBB，即 MAC in MAC）基础上进行了改进，取消了媒体访问控制（MAC）地址学习、生成树和泛洪等以太网无连接特性，并增加了流量工程（TE）来增强 QoS 能力。目前 PBB-TE 主要支持点到点和点到多点的面向连接的业务传送和线性保护，暂不支持面向连接的多点到多点之间的业务传送和环网保护。

这两类 PTN 实现技术在数据转发、多业务承载、网络保护和 OAM 机制上有一定差异。从产业链、标准化、设备商产品及运营商应用情况来看，MPLS-TP 技术发展趋势要优于 PBB-TE，因此，MPLS-TP 是目前业内关注和应用的 PTN 主流实现技术。

PTN 具有以下技术特征。

① 采用面向连接的分组交换（CO-PS）技术，基于分组交换内核，支持多业务承载。

② 严格面向连接。该连接应能长期存在，可由网管手工配置。

③ 提供可靠的网络保护机制，并可应用于 PTN 的各个网络分层和各种网络拓扑。

④ 为多种业务提供差异化的 QoS 保障。

⑤ 具有完善的 OAM 故障管理和性能管理功能。

⑥ 基于标签进行分组转发。OAM 报文的封装、传送和处理不依赖于 IP 封装和 IP 处理。保护机制也不依赖于 IP 分组。

⑦ 支持双向点到点传送路径，并支持单向点到多点传送路径；支持点到点（P2P）和点到多点（P2MP）传送路径的流量工程控制能力。

分组传送网络包括 3 个 PTN 层网络（如图 1.15 所示），分别是 PTN 虚通道（VC）层网络、PTN 虚通路（VP）层网络和 PTN 虚段层（VS）层网络。PTN 的底层是物理媒介层网络，可采用 IEEE 802.3 以太网技术或 SDH、OTN 等面向连接的电路交换（CO-CS）技术。

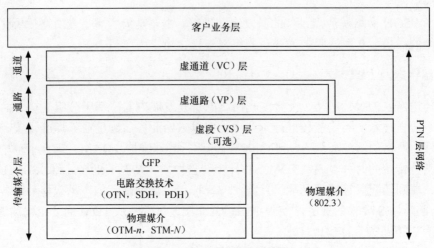

图 1.15　PTN 的网络分层结构

由于客户业务层（也称为传送业务层）与 VC 层之间的不同关系，多采用客户/服务层业务模型：将用户信号作为 PTN VC 层的客户层信号，并封装进 PTN 的 VC 信号；PTN 的 VC 和 VP 层之间、VC 和 VS 层之间、VP 和 VS 层之间、PTN VS 和物理媒介层之间是客户/服务层关系。对于没有 PTN VS 层的情况，PTN VC 和物理媒介层以及 PTN VP 和物理媒介层之间是客户/服务层关系。

当前 MPLS-TP 的标准化和产业化都在快速推进，IETF 和 ITU-T 将已基本完成 MPLS-TP 各关键技术的标准化。相信基于 MPLS-TP 技术的 PTN 可以较好地满足 3G 无线基站回传、高品质数据业务以及企事业专线/专网等电信级的业务承载需求，实现我国城域传送网从传统 TDM 机制向分组化的演进，特别是受我国运营商 3G RAN IP 化市场需求的进一步推进，PTN 产业链将走向成熟，设备性价比不断提高，逐渐达到与现有 MSTP 相当的价格水平，在我国运营商的城域传送网中进入"大规模应用"阶段。

1.4　国内外最新研究现状

1.4.1　标准进展

关于光网络国际标准的相关进展，将主要从以下几个方面进行简要介绍。

1. ASON 标准进展

ITU-T 对智能光网络的关注始于 1999 年，由 Nortel 和 Lucent 作为主要发起者，在 T1X1.5 会议上提出了 ASON 的研究点和要求，初步确定了 ASON 控制平面独立于传送平面的基本框架。之后，随着 ASTN 和 OTN 的概念的提出，ASON 被定义为"适于 OTN 的 ASTN"。迄今为止，涉及 ASON 标准化工作的组织有 ITU-T、OIF、IETF 等，一系列的 ASON 建议被制定，定义了 ASON 的总体体系结构，规范了通用功能，并给出了 ASON 核心技术（如数据通信网、分布式呼叫和连接管理、自动发现、路径计算等）的实现需求，标志着 ASON 已经酝酿成熟。ASON 标准架构如图 1.16 所示。

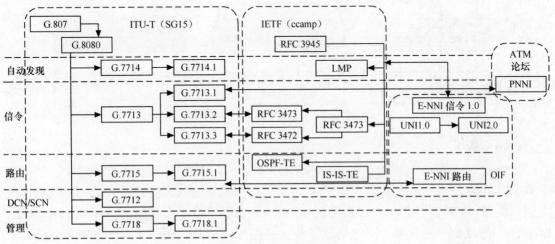

图 1.16　ASON 标准架构

2. OTN 标准进展

1998 年 ITU-T 提出 OTN 的概念取代过去 AON 的概念。从 OTN 功能上看，OTN 的一个重要出发点是子网内全光透明，而在子网边界处采用 O/E/O 技术。于是 ITU-T 开始提出一系列的建议，以覆盖光传送网的各个方面。由于 OTN 是作为网络技术来开发的，许多 SDH 传送网的功能和体系原理都可以效仿，包括帧结构、功能方案、网络管理、信息方案、性能要求、物理层接口等系列建议。2000 年之前，OTN 标准化基本采用了与 SDH 相同的思路，以 G.872 光网络分层结构为基础，分别从物理口、节点接口等几方面定义了 OTN。2000 年以后，由于 ASTN 的出现，OTN 的标准化发生了重大变化，标准中增加了许多智能控制的内容，例如自动路由发现、分布式呼叫连接管理等被引入了控制平面，以利用独立的控制平面来实施动态配置连接管理网络。另外，对 G.872 也作了比较大的修正，针对 ASON 引入的新情况，对一些建议进行了修改。涉及物理层的部分基本没有变化，例如物理层接口、光网络性能和安全要求、功能方案等。涉及 G.709 光网络节点接口帧结构的部分也没有变化。变化大的部分主要是分层结构、网络管理。另外引入了一大批新建议，特别是控制层面（Control Plane）的建议。迄今为止，随着一系列的 OTN 标准和草案被制定，OTN 技术逐渐成熟。如图 1.17 所示。

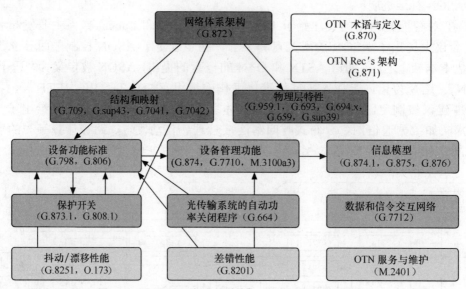

图 1.17　ITU-T OTN 标准体系结构（传送平面和管理平面）

3．WSON 标准进展

2007 年 6 月华为首次正式提出 WSON 的概念，向 IETF 组织提交 WSON 框架和需求草案，并被采纳。华为主导完成了 3 篇 WSON 重要标准草案和 7 篇 WSON 系列标准文稿。在 IETF 草案[52]中，介绍了基于 GMPLS 和路径计算单元（PCE，Path Computation Element）的控制平面框架，详细描述了波长交换光网络下关键的子系统和处理过程。子系统包含波分复用链路、可调节激光收发器、ROADM 和波长转换器。同时，对路由和波长分配过程需要的信息进行分类，提出几种备选控制平面方案。但在该草案中，没有考虑物理损伤因素。在 IETF 草案[53]中，介绍了扩展 GMPLS 信令协议支持 WSON。在 IETF 草案[54-58]中，介绍了扩展路由协议（OSPF）支持 WSON 网络，包括支持物理损伤信息的泛洪、支持信号的兼容性、定义链路信息方案、支持路由计算和波长分配算法。在 IETF 草案[59]中，介绍了 WSON 中 RWA 方案建立的相关信息，并规范了具体的编码格式。在 IETF 草案[60-62]中，介绍了扩展 PCEP（Path Computation Element communications Protocol）支持 WSON，包括路由计算和波长分配算法、物理损伤信息、信号兼容性限制。ITU-T G.680[80]标准根据放大的自发辐射（ASE）噪声、非线性损伤、色度色散、偏振模色散等因素定义了光网络单元（ONE）的物理功能转移函数。当光信道被激活或者重路由时，基于规范的各 ONE 转移函数分析得到相应劣化量，从而估算出信道误码率以判断是否满足系统性能要求。该标准的制定为未来的光网络智能连接和自适应传输提供了基础保证。ITU-T G.667[81]标准定义了与自适应色散补偿器有关的要求和关键参数，由中兴公司负责起草。该标准的制定和实施能很好地提高光网络的自适应性能以及网络的工作效率和动态性能指标。

1.4.2　研发进展

下面简要介绍近年来国内外典型的光网络重点研究项目。

1.4.2.1　国外重点项目

1. 美国

（1）GENI（全球网络创新环境）项目

2005 年 1 月，由 Tom Anderson、Larry Peterson 等 30 位美国互联网专家人发起，向美国 NSF 提交了试图重构下一代互联网的建议报告，于是 GENI 项目浮出水面。2005 年 8 月底，NSF 专家将该项目目标定为创建一个新的互联网和分布式系统架构，耗资 3 亿美元，为期 10 年。该项目的目标是利用现有网络探索新的网络架构、交换模式、控制管理及协议、算法，通过可编程、可重构的光网络设备和网络节点，支持未来各种业务，并催生新的业务和应用，从而诱导新的产业链的产生。该项目提出面向新型增值业务的智能业务提供技术，其中详细论述了网络管理系统与控制技术相结合对支撑增值业务的必要性，构建创新的互联网试验环境，为大规模和长期的互联网试验提供一个共享性、专用性和基础性的试验平台。

（2）美国 CORONET（动态多太比特核心光网络）项目

2006 年 8 月，美国国防部先进研究项目署（DARPA）发布了 Dynamic Multi-Terabit Core Optical Networks: Architecture，Protocols，Control and Management（CORONET）"动态多太比特（Tbit）核心光网络"研究项目。目的是彻底改变美国全球互联网络基础设施的可操作性、性能、生存性和安全性。更确切地说，就是寻求改善高度动态、多太比特（multi-terabit）核心光网络体系结构、协议、控制和管理的方案，并在美国建立一个面向全球范围内的网络，支持多种业务的能力是现有网络的 10 倍以上，每比特费用、设备大小和功耗将大大减小，并极大地简化网络操作程序。快速建/拆链使当前需要几天甚至几周的光链路建立缩短为 100ms，从而对网络故障和被攻击做出快速应急，保障快速、有效的网络保护和多点故障恢复，支持跨全球的各种业务和应用，使目前光网络的容量提升数 10 倍。

2. 欧洲

（1）NOBEL（下一代光宽带网络在欧洲）

欧盟于 2004 年启动的 NOBEL，分 3 个阶段实施，计划将持续到 2015 年。其目标是为灵活的智能光网络的发展和演进探索出一种创新的网络解决方案和措施。使未来的网络技术能够支持任何时候任何地点的业务接入和传送、业务服务管理和多业务综合、动态分配带宽、基于分布式的控制等，通过扩展现有协议，实现多层流量工程和保护恢复。其中，在该项目的第二阶段中针对目前多层多域光网络控制面和管理面在多业务支撑中存在的问题，明确提出了管控进行协同的目标，并且设计了管理信息模型和策略信息模型，初步实现了有效的管理面和控制面的信息交互。

（2）欧盟 BONE（构建欧洲未来光网络）项目

欧盟于 2008 年 1 月 1 日新启动的 BONE（Building the future Optical Network in Europe）项目，是欧盟重大光网络专项 e-Photon/ONe + 与 NOBEL（Next generation Optical network for Broadband European Leadership）项目之后的滚动项目，其目的是继续推进光网络基础研究，不仅仅为了推进欧盟国民经济的发展，更是为了抢占在该领域的科技制高点。该项目的目标是探索创新的光网络解决方案，研究内容包括光网络体系、快速光交换机制、宽带接入、动态流量工程、多业务、网络生存性、控制管理等角度，利用现有欧洲各国网络基础设施，探索和建立适合欧盟的下一代光网络体系新架构，支持未来的各种新业务。

（3）其他相关项目

早在 2002 年，欧盟资助的 WINMAN（WDM and IP Network Management）项目在 IP over WDM 框架下，提出了通过统一的管理体系架构来实现两层网络融合的思路，旨在提供一种快速、可靠的，支持区分业务的连接建立能力。其中提出了一种管理面对控制面操作的触发机制，以此来实现管理面特定的请求。基于 XML 和 CORBA IDL 语言来实现对异构网络间接口的描述，目的在于实现开放的、可扩展的网络管理系统，进而在 IP over WDM 网络中，基于业务的 SLA 实现通道的提供和维护。

2002 年启动的 ADRENALINE（All-optical Dynamic REliable Network hAndLIng IP/Ethernet Gigabit traffic with QoS）实验平台的研究，采用基于 GMPLS 的分布式控制平面和分布式的管理平面结构，结合管理面和控制面的交互机制，并且融合了标准的 SNMP 和基于 XML 的通信机制，目的在于到 2010 年能够建立起一套完整的动态业务管理体系，实现传统运营商管理型的网络到允许新用户参与业务提供的转变。2003 年，西班牙实施的 NetCat（Intelligent optical Network for advanced networks in Catalonia）项目，旨在设计和测试一个区域性的 DWDM 光环网和 GMPLS 控制面，以实现在多用户（可以参与光路管理）情况下的实时的、动态的光通道配置。通过平面间的交互，初步实现了毫秒级动态带宽按需提供（BoD）。

3. 日本 NWGN（新一代网络）项目

日本从 2007 年已经开始标准化并建设下一代网络（NXGN，NeXt Generation Network）。为了推进日本在光网络研究领域继续位于国际领先行列，日本已经开展 NWGN（NeW Generation Network）计划，主要应用于 2015 年之后的光网络，为未来的光网络发展预作准备。NWGN 项目的主要目的是实现光网络的控制由电层逐渐向光层转移，为后 IP 时代作技术准备。

1.4.2.2　国内研究现状

国内方面，一些大型相关的网络研究项目一直得到有关部门的高度重视。包括早期的中国高速互连研究试验网（NSFCNET），国家自然科学基金委资助；《网络与信息安全重大研究计划》，2001 年由国家自然科学基金委组织实施；2003 年启动的中国下一代互联网示范工程（CNGI），国家发改委牵头等。进入"十一五"以来，也先后启动了多项有关光传送网的重大专项，包括高可信的网络在内的一大批科技攻关项目相继实施。我国目前已经攻克了 40Gbit/s 的关键技术，在国际上首次实现了 40Gbit/s SDH 在 G.652 或 G.655 光纤上传送 560km、80 × 40Gbit/s 信号传送 800km。一些厂商的吉比特级的 OTN 设备已经商用，如 Infinera 公司的 DTN WDM 设备交叉容量达到 400Gbit/s，华为的 OSN6800 设备交叉容量可达到 320Gbit/s，太比特级的 OTN 设备也正在研发当中。国内运营商对 OTN 技术的发展和应用也颇为关注，从 2007 年开始，中国电信、中国联通和中国移动等已经或者正在开展 OTN 技术的应用研究与测试验证，而且部分省内或城域网络也局部部署了基于 OTN 技术的（试验）商用网络，组网节点有基于电层交叉的 OTN 设备，也有基于 ROADM 的 OTN 设备。

早在"十五"期间"863"计划就支持建立了高性能宽带信息网（3Tnet），引入 ASTN 功能解决网络高带宽、可运营、可管理等问题；国家发改委启动中国下一代互联网示范工程（CNGI），研究 IPv6 等新一代的互联网体系与应用；自然科学基金委发起"网络与信息安全"重大研究计划，研究太比特级 WDM 光网络及其智能节点功能。

光网络领域的研究也是"十二五"的重要研究内容。2010 年发布了"863"计划"三网融合演进技术与系统研究"重大项目的研究指南，项目的总体目标是以自主创新为核心，引领和支撑三网融合发展、推动国家信息化、培育战略性新兴产业。在网络带宽、网络安全、网络技术、新兴产业带动和试验示范等方面能与发达国家宽带计划竞争，实现我国信息网络产业从跟踪到引领的跨越。项目重点研究内容包括：面向三网融合的新型网络体系架构；支持用户带宽演进到 100Mbit/s 的光纤、无线、同轴接入网络的体系标准、核心装备和核心技术；面向三网融合的网络安全体系；面向三网融合的业务网络体系和支撑广播电视网和电信网络向三网融合演进的试验示范。

同时，国家重点基础研究计划（"973"计划）2006 年部署了"新的网络体系基础研究"重要支持方向，包括多层多域多颗粒光传送网内容；以及"十五"国家重大科技专项"重要技术标准研究专项"之一的"自动交换光网络和宽带 IP 技术的研究"，旨在提出 ASON 和宽带 IP 系列标准，用于指导自动交换光网络和宽带 IP 领域中相关设备的研制、开发与测试。值得提出的是，"973"计划 2009 年启动了两个关于光网络的研究项目，项目关注超高速光传输与光波交换/路由的基础研究，主要研究：大容量、智能化的光网络体系和光波交换/路由理论；适于长途干线超高速光传输的具有高谱效率的新型光调制/解调方式、非线性效应的抑制方法和色散管理机制；可支持 Tbit/s 速率和 Pbit/s 容量的光节点实现的关键科学问题和组网方式及路由算法，建立灵活配置、可控可管的光网络模型。

应该说，近年来，对于传送网/光网络方面的研究已成为我国信息领域的投资和研究的重点之一。通过多个国家级重大、重点项目的顺利实施，建立了高效率、可扩展、低功耗、安全性要求的超大容量光网络体系，以满足我国网络基础设施建设的重大需求。

1.5　光网络的规划与优化问题

1.5.1　概述

近几年来，光通信技术取得了飞速发展，作为下一代光传送网的主流方向之一，以 ASON 为代表的智能光网络主要采用网状网结构，通过引入控制平面完成连接的自动建立、维护与删除，从而实现网络的智能化。目前，ASON 技术已逐渐走向成熟，开始在国内外的电信网中大量应用，并取得了很好的应用效果。在传送技术不断发展的今天，为了更好地引入新兴技术，同时考虑业务分布模式、变化的经济条件，以及新的网络概念，有效的网络规划和设计是必要的，这也是未来智能光网络发展的重要技术课题之一。所谓规划，是指为实现一个系统的总目标及其变动所需要使用的资源、能源、信息以及全面指导获得使用和配置这些资源、能源、信息的政策所做出决策的全过程。其目标是减少投资和运营费用，同时改善业务质量和灵活性。而为了更好地传送网络中的业务，有效的光通信网络规划方案必须能平衡各种优化标准，如经济性和网络可靠性等。网络优化通常指根据一定的约束条件，对现网中存在的问题，比如资源利用、性能参数等方面进行优化计算，提高网络的整体运行效率。

在传送网规划与优化研究方面，目前国内外的研究成果大多基于未来业务的增长考虑，并集中于解决网络规划与优化中的最优化函数建模问题、规划与优化算法等方面，比如利用整数线性规划理论，完成网络中不确定因子的函数建模，并提出主要用于最小化目标函数以及建网设备成本的最优化路由策略；将光纤成本、WDM 节点设备成本作为网络规划的限制条件，建立相应的优化函数。由于网络规划建模是典型的多目标复杂优化过程，而规划算法的有效性与建模的全面性一样都属于评判规划方法优劣的标准之一。

在网络规划算法方面，国内外研究较少并主要集中在解决路由与资源的计算与选择问题上。在此方面，已有文献大多先利用最大不相交路径（MDP）算法、K 最短路径算法等路由搜索算法扩大路由解空间，然后利用启发式的解搜索算法在路由解空间中寻找目标函数值最优的路径，这类规划方法受限于解空间的大小，解空间的形成没有考虑规划与优化的特征，并且在规划效率方面也受到所采用路由搜索算法的效率明显制约。

在相关的专利知识产权方面，尤其在国内，已有的研究成果大多集中在网络数据处理与梳理方面，另外一些则专注于网络规划实现设备方面，比如有专利研究了如何通过有效的网络划分方法，将大规模网络的规划问题分解，从而应对大规模网络的规划与优化问题。有专利则提出了在所需区域中实现无线系统网络规划的一种方法和设备，并专注于减少网络规划所需的计算时间。有专利公开了一种网络路由管理方法，实现网络路由根据用户的规划自动调整，并根据网络规划制定控制策略并配置到路由交换设备上，然后所述路由交换设备根据所述控制策略调整路由。该方法主要用于使路由可以根据控制策略实现动态调整，细化网络管理的同时减少网络配置量和复杂度。有专利将业务选择路由与业务加载资源分步实施，预先为业务设置路由表并将具有相同属性和要求的业务绑定在相同的路由，实现业务的批量加载，而后对业务路由和资源加载分别进行优化。应该说，对于系统的网络规划与优化的理论及其应用方面的专利，包括当前多层网络演进过程中涉及的相关的国际标准方面，还需要做大量的工作。

同时，在规划与优化工具方面，现有的传送网规划软件种类繁多，比较常用的有 VPI、OPNET 和 DETECON 等，国内也有一些优秀的网络规划与优化软件。当前软件需要改进的重点是，针对网络整体做多目标的设计，在路由时不能仅简单地运用最短路径算法，要根据网络资源、业务情况灵活地改善。在进行网络模拟时存在一些与实际情况相出入的假设，因此情形被理想化。也有一些软件是从事计算机编程人员设计的，缺乏通信方面的专家级知识。

从研究现状来看，目前在光网络规划与优化方面的研究工作中，不论是研究方法、具体的关键技术，还是规划工具方面，都取得了大量的研究成果。但同时，新的问题，包括复杂化网络的规划算法、网络经济性分析、实际的软件验证与应用等方面，也有较大的研究和完善的空间。

1.5.2 智能光网络规划与优化

我们主要以 ASON 为例来阐述智能光网络的规划与优化问题。

1. ASON 网络规划

鉴于 ASON 网络的智能特性，在网络规划上，同传统的传送网规划（如 SDH）比较，具有如下区别与特点。

（1）承载粒度不同

ASON 同 SDH 网络相比承载与可交换的粒度更加灵活复杂，但最小颗粒为 155Mbit/s。

（2）保护方式

ASON 提供更加丰富多样的保护恢复策略，如永久 $1+1$、$1+1$、$1:1$、$1:N$ 等，而 SDH

网络则主要以环保护策略来实现保护。

（3）智能策略丰富

作为智能网络，ASON 在算法策略上更加丰富，相较于其他网络支持多种算法策略。这影响到了网络规划的拓扑构建、资源管理、容量测算、生存性等各个方面。

（4）多层多域策略

ASON 支持多层次网络（MLN）和多区域网络（MRN），在层、域问题上有着更加丰富与复杂的使用场景，支持多种路由模式和生存性策略，并承载多层次业务，相较于其他网络有着其固有的复杂性，需要进行联合规划与优化。

（5）循环网络规划

ASON 网络规划需要采用动态和全网的整体优化，根据业务需求、业务等级以及节点线路等要求，建立 ASON 网络模型，依据网络模型建立 ASON 网络规划的多目标函数，并设立各种约束条件。根据实际需要选用一种或几种优化算法进行网络规划和优化。

同时，ASON 投入运行后，需要借助网管系统实时监测网络资源使用状态，采集现网业务应用、网络资源占用、设备可用资源等数据，分析并提出网络优化方案，及时调整组网方案。

（6）网络规划复杂度高

ASON 通常具有业务量大、网络节点数多（最少 4 个）、节点连通度高（大于 2 个）等特点。采用传统方法进行 ASON 网络规划设计，会带来人力资源效率低、网络资源利用率低、业务负载均衡性差、缺乏网络生存性评估等问题。此外，对于较大规模网络，手工方式无法准确安排通路。

2．ASON 网络优化

随着各种业务的不断增加和网络事件的不断出现，在规划阶段处于最佳状态的智能光网络会逐步偏离最佳状态，可利用网络资源的利用率逐步下降，迫切需要定期对其进行网络优化调整，从而确保网管系统对网络资源的有效管理和网络资源的最佳利用。一般的网络优化工作包括以下几个方面。

（1）负载均衡

将业务量尽量均匀地分布到整个网络中，使得每个节点和线路的业务量较为平均，从而达到均衡的目的。为了进一步实现全网负载的均衡分布，还需要引入业务分担机制。业务分担机制是指若存在若干具有相同源宿节点和属性（保护恢复方式和可用资源类型）的业务，在规划过程中，即使存在一条路由能同时满足这批业务，也尽量避免这批业务集中在同一路由，而是将它们分担到两条或多条路由上。

（2）时隙碎片整理

一般有 3 种方式来处理该问题：一是通过提前设定的通道编制原则，按照一定的间隔进行通道排列，如 4、16 等，预留一定的传输通道用作级联通道；二是对空闲的通道进行捆绑处理，保证通过不相邻的多个 VC-4 通道实现传输通道的级联；三是通过网管系统采用类似计算机碎片整理的技术，采用人工或定期的方式对传输通道重新梳理，保证传输通道的可管理性。从网络实际应用来看，采用第一种方式有助于传输网络的通道管理。

（3）同源同宿同属性的低速业务汇聚

也可以称为业务归并。同源同宿同属性的低速业务可以汇聚成为同一高速通道，极大地提高了系统的可管理性。

（4）业务路径优化

在网络资源变化或业务情况发生变化后，业务路径可以进行调整，保证网络资源的合理利用。事实上，随着 ASON 技术的出现，对传输网络的规划提出了更高的要求，需要管理者不断地进行网络规划，才能确保整个网络的优化运行。网络规划、网络优化、系统仿真、网管系统等一起配套工作，才能保证整个系统运行在最佳状态。网络中各种组件之间的关系如图 1.18 所示。

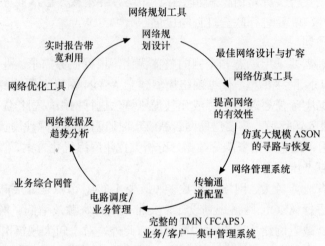

图 1.18　网络规划、网络优化、系统仿真、网管系统之间的关系

1.5.3　路由与资源分配问题

1. 路由与波长分配（RWA）

路由与波长分配（RWA）问题是典型的路由规划与优化问题，它主要实现在有光路径的建立请求时，计算如何在网络的物理拓扑结构中选择一条从业务源节点到目的节点的路由，并为路由经过的链路分配波长。在具体解决时可以综合考虑，统筹解决，但这样解决难度较大，尤其当网络规模较大时，问题更加突出。由于 RWA 问题是 NP 完备问题（NPC，Non-deterministically Polynomial Complete），为了简化问题，降低复杂性，一般将 RWA 问题分为路由问题和波长分配问题来分别研究。

针对不同的业务特性和连接请求方式，RWA 问题的研究主要可分为静态光路建立（SLE，Static Lightpath Establishment）问题和动态光路建立（DLE，Dynamic Lightpath Establishment）问题两种，简称为静态和动态 RWA 问题。如果网络中的连接请求是预先知道的，只需为这些连接计算路由和分配波长，而且计算可以是离线的（off-line），即不需要实时的计算，这类称为静态 RWA 问题；如果网络中连接请求是动态达到，而且连接在保持一定的时间后才拆除，因而光路径的建立和拆除也是动态的，即要求实时进行计算路由和分配波长，这类称为动态 RWA 问题。对于静态 RWA，其解决的核心是波长优化问题，对于动态 RWA，其解决的核心问题是连接请求的阻塞性能。在静态 RWA 问题（即 SLE 问题）中，网络内各节点间的连接请求是已知的，对各条连接的路由和波长分配计算是非实时（off-line）的。它的优化目标可以总结为：以有限的波长数尽可能地建立更多的连接，或是使用最少的波长建立一定数目的连接。对于静态 RWA 问题的研究，或者将其归结为整数线性规划（ILP，Integer Linear Programming）问题，或者依赖启发式算法以最小化需要的波长数为目标建立给定光路集合。由于 ILP 问题是 NP 完备问题，计算比较复杂，因此只适用于小规模网络，对大规模网络，必须采用启发式算法。静态 RWA 问题主要适用于长期、稳定的连接请求，因此对传统的话音业务支持较好。但随着 Internet 的飞速发展，数据业务的带宽需求正迅速增加，在这种情况下，连接建立请求和连接拆除请求的到达可能会更加频繁，因此动态 RWA 问题更显得重要了，故下面我们着重讨论动态 RWA 问题。在动态 RWA 问题中，由于连接的建立和拆除都是动态的，所以网络状态处于不断的变化之中，为了提高 WDM 网络的资源利用率，降低连接建立的阻塞率，RWA 算法应尽量有效地利用网络状态信息。

所谓动态光路建立，就是说各节点间建链请求和拆链请求的到达都是随机的。当节点收到连接建立请求后，根据当前网络的状态信息，实时地为连接选择路由并分配波长，建立光路连接。如果网络资源不足以支持连接的建立，则此请求将被拒绝，这种情况称为阻塞。在动态 RWA 问题中，路由波长分配算法的阻塞率是衡量此算法优劣的重要指标。动态的 RWA 问题是非常复杂的，因此一般都将其拆分为路由选择和波长分配两个子问题。

路由子问题的典型算法包括固定路由（FR，Fixed Routing）、固定备选路由（FAR，Fixed Alternate Routing）、备选路由（AR，Alternate Routing）等，波长分配子问题主要包括首次命中（FF，First Fit）、最小负载（LL，Least Loaded）等方法，限于篇幅不再详细介绍，请参见本书第 3 章。

2. 约束路由和损伤感知

下面我们专门针对路由与资源分配中的约束路由和损伤感知问题进行简要阐述。

我们已经提到，波长一致性约束的路由计算通常分为两个子过程：路由选择和波长分配。在智能光网络的路径计算单元（PCE）概念提出之前，网络的路由计算主要是在分布式的控制平面内完成，根据路由选择和波长分配（RWA）是否在分离完成，有路由方案（R&WA）和信令方案（R + WA）。在 PCE 的概念被提出后，网络的路由计算可以在 PCE 集中完成，路由选择和波长分配算法类似。在分布式路由计算的控制平面，由于路由方案依赖全网波长信息的准确性，在网络规模较大、业务到达率高时，路由方案的网络阻塞率要高于信令方案。而信令方案因为采用多次反向信令尝试预留策略，它的建路时延要高于路由方案。由于基于 PCE 的集中式路由计算的控制平面是对全网波长通道集中式选路和分配波长，因此它比分布式控制平面有较优的网络性能。

在物理损伤约束的路径计算过程中需要对所建光路进行物理损伤评估，满足信号传输质量的光路才能被建立，因此物理损伤感知的路由计算和波长分配（IA-RWA，Impairment-Aware RWA）方案相对要复杂，Siamak Azodolmolky 对目前研究中的 IA-RWA 方案做了总结，主要研究了网络离线时的 IA-RWA 计算问题。上述研究没有考虑动态网络中物理损伤信息通过泛洪机制或信令机制在控制平面数据通信网（DCN，Data Communication Network）发布时对网络整体性能的影响。2001 年 M. Ali 等提出扩展标准的 GMPLS 路由机制，以包含链路的物理损伤参数，并在路由计算中考虑这些损伤的约束代价来选择优化路径。2007 年，意大利的 P. Castoldi 等人又提出了基于 PCE 的集中与分布式相结合的物理损伤感知控制平面方案，以改进网络性能。2010 年欧洲 DICONET 项目组的 F.Agraz 等人通过仿真试验分析了集中式和分布式控制平面下网络性能，仿真结果显示，基于 PCE 集中式的物理损伤感知控制平面有较低的网络阻塞率和相对高的建路时延。

随着在 WSON 中引入物理损伤作为路径计算的约束条件，使得原本只考虑波长一致性约束的 WSON 控制平面 RWA 问题变得复杂起来，这种考虑物理损伤约束的 RWA 被称为 IA-RWA[20]，IA-RWA 过程可以分解成 3 个子过程：路由计算、波长分配、物理损伤评估。这 3 个子过程主要有以下 3 种组合方案：（1）计算一条路由并分配波长，然后通过物理损伤评估选择的路由是否满足传输质量；（2）在路由计算过程或波长分配过程中考虑物理损伤评估，确定一条路由并指定一个波长通道；（3）在路由计算过程或波长分配过程考虑物理损伤评估，选出 K 条路由，最后确认一条路由并指定一个波长通道。在（2）和（3）方案中，物理损伤评估值作为路由计算的一个权重被引入，如在最简单的 SPF 算法中是以跳数为权重，在这里可以用 Q 值作为权重。多种 IA-RWA 方案如图 1.19 所示。

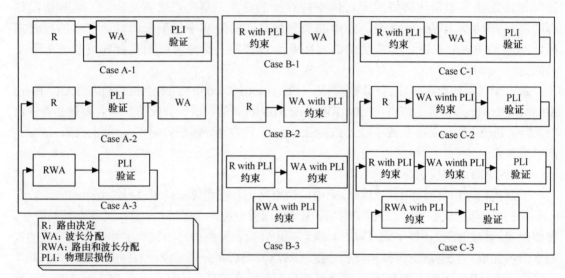

图 1.19 多种 IA-RWA 方案

1.5.4 生存性问题

网络的生存性（Survivability）定义为网络抵制故障业务中断或干扰的能力，即在网络发生任何故障后能尽快将受影响的业务重新选路到空闲资源，以减少因故障造成的社会影响和经济损失，使网络维护一个可以接受的业务水平的能力。无论是传统光网络，还是下一代智能光网络，生存性一直是一个重要指标，它对保障网络正常运行、保护和快速恢复受损业务具有重要意义。据美国 FCC 报告，每两天就有一次影响 30 000 个客户的网络故障发生，而故障修复的平均时间是 5～10 个小时。此外，传输容量达 Tbit/s 的单根光纤的失效，将影响 1 200 万对以上的电话业务。所以在通信日益发展的今天，对网络的生存性进行深入研究不仅具有重要的实用价值，而且具有深远的理论意义。

与传统网络相比，智能光网络的一大特点就是在 Mesh（格状/网状）网拓扑的基础上支持多种生存性机制。而目前我国省际、省内骨干传送网和城域传送网的核心层向 Mesh 网演进的趋势越来越明显。与传统的环形拓扑相比，格状网络连通度大，网络的抗毁性好，但由于格状拓扑的复杂性，网络中的生存性机制也更为灵活、复杂。比如首都北京作为我国通信网的核心节点之一，对信息的带宽、传输质量、安全等方面的需求迅猛，近年来，骨干网已经建起了超过 3 个大型的枢纽楼，并在城市内部和出城链路上都已形成了网状的链路连接，随着目前光设备和器件技术及其性能的提高，北京的很多 Mesh 结构的传输链路开始配置光传送单元（OTU），相信不久就能实现 Mesh 光网络的全覆盖。而且，区分生存性业务的出现也对智能光网络中的生存性机制提出了新的要求。根据业务的服务等级要求，智能光网络需要能够提供包括专用保护、共享保护、共享恢复、重路由恢复以及无保证服务在内的多种生存性机制，具体的策略与算法内容请参见本书第 3 章。

需要指出的是，现代网络正逐步朝着大容量、高速度以及多适应的（如网络业务适应、通信协议适应、传输载体适应等）综合宽带网络方向发展，为了兼容原来已经有的各种网络资源，现在网络必须接纳并拓展传输网络设计的关键技术——分层机制，将各种复杂的网络功能和服务的具体实现定位到不同的网络层次中，通常情况下，还必须向其他层次提供或者要求一定的接口以传递网络服务，根据服务的供给可以在不同网络层次之间构成"客户机/服务器"关系。实际上，结构复杂的网络中的层次经常处于不同的服务供给/功能调用关系以向用户提供各种网络应用，它的角色往往是根据当前的相关活动服务在不停地变更的。

网络生存性的实现可以基于两种策略：单层生存性和多层生存性，前者是指在整个网络中使用单一的端到端生存性技术，后者则使用了两个或多个嵌套生存性技术。网络生存性策略与网络层次的组合模式之间并不存在固定的对应关系，究竟选择哪种生存性策略仅仅与网络的实现技术、层次数目、层内复杂度以及所供给的业务种类等因素有关。那么如何针对一个具体的网络模式进行生存性策略的选择呢？

一般而言，针对层次结构简单、异构程度较低、业务种类单一的网络，首先应考虑使用单层生存性策略，这是因为：

（1）相同或者相近的网络技术对于生存性要求是一致的；

（2）结构简单的网络使得不同层次间的生存实体相互作用而失去意义；

（3）网络业务是依靠 QoS 来获得保证，不同业务的 QoS 不尽相同；若网络提供的业务单一，则根本无需其他业务生存性技术来提供对 QoS 的保障。

尽管单层生存性能够保证简单网络的生存性，但它能否满足复杂的多层次结构网络的生存性要求却值得仔细研究和考虑。例如，传输层上的生存实体能够快速有效地发现和恢复传输层与媒体层上的故障，但它不能检测业务层上的故障；相应地，业务层上的生存实体可以检测和恢复网络的所有故障，但它所需要的开销，如恢复时间、保护容量等要比传输层的生存实体大得多，使得它满足不了某些业务（如视频传输业务对恢复时间要求很短）的生存要求。多层生存性综合了不同层次的生存性实体所带来的性能优势，从而克服了单层生存性的不足。它在不同层次上根据需要配置不同的生存性实体，由于这些实体仅仅保证本层的生存性要求，因此对它们的实现技术不能施加任何限制。值得注意的是，多层生存性不是简单地将不同层次的生存实体简单叠加而成，否则多层生存性就不一定能够快速、高效、低廉地实现全局网络生存性，根本原因在于单个故障可能触发多个层次的生存实体，而这些实体又可能激活更高层次的生存实体，从而产生大量不必要的冗余生存实体套链，导致网络处于失控状态。

为了定量或者定性的分析多层生存性在现代网络中的应用，必须定义一些适当的参数以描述一个成功的多层网络生存性的策略。具体来说，多层网络生存性策略的根本目的就是能够提供比单层网络生存性更好的 QoS 保证，因此，它的基本指标参数包括以下几项。

① 恢复时间：维护可接受的 QoS 所需要的时间。

② 效率：用于实现网络生存性所需要的备份容量。

③ 维护性：生存性策略必须支持网络的正常维护操作，例如：故障环境下能够保证业务的连续性等等。

④ 扩展性：新的网络层次的引入不能受到网络生存性的阻碍，但它也不能对现行业务产生任何负面的影响；尤其是新业务和新的生存性的加入更不能影响现有的业务和生存性方案。

⑤ 灵活性：不能将网络操作人员局限于单一的解决办法，而且恰恰相反，它应该支持一系列的解决办法供操作人员重组以满足各种需求。

⑥ 成本：这是网络设计和规划自始至终必须关注的焦点，尽量在其他性能指标和价格之间寻求平衡以便获得最大的性价比。

其中，在 IP over WDM 网络中，网络的生存性问题变得尤为重要。原因是一条光路往往承载了大量的 IP 业务，光路途径的物理链路出现故障可能导致大量的损失，网络部件失效（如光纤链路断裂）对网络的影响远大于传统网络部件失效带来的影响。同时，网络结构的变化，对网络生存性也提出了许多新的要求和技术问题。

1.5.5　经济性规划方法

从语音为核心的网络到数据为核心的网络的转变，以及新技术如 DWDM 和光互联网的引入，促进了对核心和城域基础传送网络的投资热潮。当前光传送网络建设取得了大量优秀成果，但也存在着一些问题，主要体现在建设初期缺乏整体规划，通信建设主要为速度型、粗放型。往往重视通信能力的增强而缺乏对全网发展细致、周详的规划、协调，对通信发展需求分析深度不够，估计不足，不少工程的配套项目未能同步建设。为了更好地使用新兴技术，而同时考虑业务分布模式、变化的经济条件，以及新的网络概念，有效的网络规划和设计是必要的。其目标是减少投资和运营费用，同时改善业务质量和灵活性。为了传送有竞争力的业务，有效的方案必须能平衡各种优化标准，特别是网络的经济性。

光网络的经济性规划主要包括对网络结构和网元的经济性建模以及以经济性为目标的业务规划。其中，以经济性为目标的业务规划是指在网络环境与业务矩阵确定的条件下，以包含网络建设和维护成本的经济性目标函数为优化目标，为业务矩阵中的每个业务计算工作或者保护路由并配置资源，在满足业务需求的前提下最小化网络的建设成本。经济性规划是一个复杂的多目标优化问题，解决多目标优化问题的传统方法有加权法，约束法，整数线性规划法等，这些方法大多时间复杂度较高，因此在实际应用中逐渐被一些启发式算法所取代，如有文献采用遗传算法、人工免疫算法等解决通信网络的规划与优化问题。

规划经济性建模需包括网络链路成本建模和网络节点成本建模。由于网络在正常情况下的运行和损耗费用与建设费用相比很小，在规划阶段一般可忽略，所以模型中主要考虑网络的建设成本。其中，链路成本与单位长度光纤的造价相关，节点成本与节点处交换设备的结构和设备单元造价相关。

下面我们以 ASON 的经济性分析为例来介绍网络经济性分析的流程和参数，智能光网络技术经济分析的流程如图 1.20 所示。

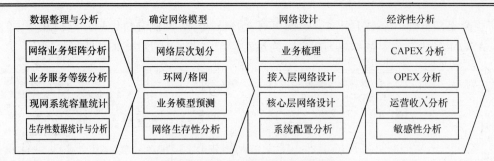

图 1.20　智能光网络技术经济分析流程

首先是数据的收集、整理和分析。包括历年的业务需求矩阵、业务等级、现有网络 OLS（Optical Line System）剩余容量统计，以及网络各链路的历史故障数据统计，各种电路的价格以及设备报价，包括 ASON 与 SDH 设备和 OLS 系统的报价等。

在网络业务模型方面，首先对目标网络的历史业务需求数据进行统计，在分析现有业务矩阵的基础上，根据预测业务模型对各年的业务矩阵进行预测，得到各年的电路需求矩阵。

网络层次划分方面，考虑将整个长途骨干网划分为两个网络层次：核心层和接入层。接入层实现本地域内（例如省内或临近省之间）的电路调度，而核心层主要由网络的枢纽节点组成，实现业务的跨域调度。智能光网络建网方案为，逐步在网络中引入 ASON 节点，第一期首先在 6～8 个骨干节点上引入 ASON 设备，第二期在全网约 50% 的节点上引入 ASON 设备。ASON 节点之间通过 WDM 链路互联，构成 Mesh 的骨干网核心调度层，负责业务的汇聚和调度。骨干接入层仍使用 SDH 设备组网。而且，在组网时充分考虑目前技术路线的平滑升级。与智能光网络进行参照对比的参考建网方案为，全网均使用现有的 SDH 设备进行优化的网络设计。

网络的生存性分析是指，根据现有的光纤路径、业务需求、网络拓扑以及历史故障信息对整个网络的生存性进行评估，确保网络的可靠运行。

在网络设计方面，我们首先对所有的接入层业务和核心层进行业务疏导，优化目标为最大化波长信道的利用效率。然后对接入层环和核心层网络分别进行优化设计。在完成核心层网络设计之后，根据建网方案进行系统配置分析。

1. 成本分析

对 ASON 设备组网和 SDH 设备组网两种方案下网络的 CAPEX 进行了分析。图 1.21 对核心层网络的 CAPEX 以及 OPEX 进行了较为详细的分析，并对 ASON 组网与 SDH 组网两种方案进行了比较。可以看出，与传统的 SDH 组网方案相比，ASON 组网方案在节点设备和光传输设备两方面，都可以不同程度地降低网络投资成本。除设备直接投资以外，在机房租金以及设备耗电方面，ASON 也可有效降低运营商的运营成本。

其中，网络的累加 CAPEX 投资主要包括构建核心层网络所需的 OLS 系统投资（DWDM 设备）、节点设备投资（ADM/ASON 设备）以及工程/辅助/安装服务支出。在设备投资方面，假定在规划期内设备价格每年将降低 10%。此例的分析显示，与 SDH 组网方案相比，ASON 组网方案在整个规划期内，可为运营商节省约 16% 的 CAPEX 成本。

网络的 OPEX 主要包括网络的市场推广/日常支出/行政管理费用 SGA（Sales，General & Administration）、网络的运营维护费用、运营人员工资支出以及机房租金支出等。对于 ASON 组网方案，还需要增加人员的培训费用（CAPEX 的 1%）。其中，SGA 支出与网络的运营收入有关，因此 ASON 组网方案略高于 SDH 组网方案。而在人员工资支出、运行维护支出以及机房租金支出方面，ASON 组网方案都可有效降低成本。此例分析显示，与 SDH 组网方案相比，ASON 组网方案在整个规划期内可为运营商节省约 6% 的 OPEX 成本。

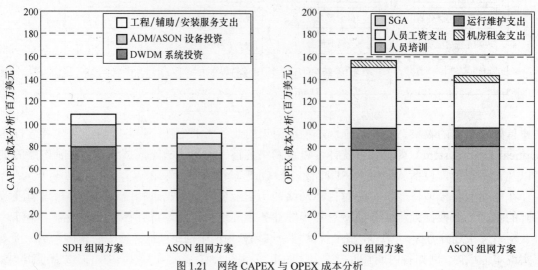

图 1.21　网络 CAPEX 与 OPEX 成本分析

2. 收入分析

图 1.22 给出了一个对规划期内网络运营累计收入的分析结果。仍然把 SDH 网络中的租用线路业务作为运营商的主要收入来源（在 ASON 方案中，租用线路业务收入占到了总累计收入的 89%），而其中 2M 租用线路业务又在其中占有相当大的比重（在 ASON 方案中，2M 租用线路业务收入占到了总累计收入的 79%）。除 2M 与 155M 租用线路业务之外，其他粒度的租用线路业务在运营收入中所占的比例非常小。数据业务收入占到全部运营收入的 11%。与租用线路业务不同，155M、622M、2.5G 以及 10G 数据业务在全部数据业务收入中都占有一定比例，而其他粒度的数据业务收入所占比例相对较小。

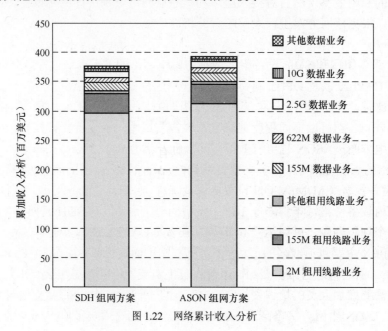

图 1.22　网络累计收入分析

与 SDH 组网方案相比，如果使用 ASON 组网方案，全网的累计收入可提高 6%。其中 5%来自于具备灵活的控制管理技术和多种生存性机制，智能光网络可以更加灵活地支持具有不同服务质量要求的新业务；1%来自于网络的快速带宽提供能力。

3. 敏感性分析

敏感性分析是指，比较各种因素变化对两种组网方案净现值（NPV，Net Present Value）所产生的影响，预测单个或多个因素变化所引起的分析结果变动，同时确定哪些因素是影响两种组网方案经济性能的主要因素，从而推动这些因素朝着有利于行业发展的方向变动。其中，NPV 是指，在考虑贴现的情况下，在规划期内所有支出（负值）和收入（正值）的代数和。NPV 是组网方案经济性能的直接体现。

图 1.23 列出了对 ASON 组网方案 NPV 影响最大的 8 个因素。在图中，假设所有因素的变化幅度都为±20%。从图中可以看出，影响 NPV 的最主要因素是 2M 租用线路业务的月收入，如果 2M 租用线路业务的月收入在（−20%，20%）之间波动，则 ASON 组网方案的 NPV 将在（−37%，37%）之间波动。在经济性分析中，假定每年的服务价格都在下降，从图中可以看出，服务价格的下降同样是影响 NPV 的重要因素。如果假定的服务价格年均降幅减小 20%，则网络的 NPV 将提升约 21%。设备价格是影响 NPV 的第三大因素，以后依次为 SGA、人员工资支出、155M 租用线路业务收入、ASON 带来的业务收入增长以及网络运营维护支出。

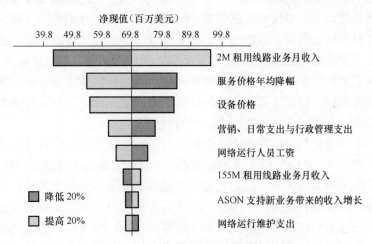

图 1.23　ASON 组网方案 NPV 敏感性分析

ASON 组网方案与 SDH 组网方案相比，可以有效地降低网络的 CAPEX 与 OPEX，同时增加网络的运营业务收入，因此，ASON 组网方案在网络的 NPV 方面具有明显的优势。为了对 ASON 组网方案在 NPV 方面的性能优势进行进一步的分析，图 1.24 中列出了影响两种组网方案 NPV 差值的主要因素。从图 1.24 中可以看出，影响两种组网方式 NPV 差值的首要因素为网络设备的价格。设备价格的上升会造成网络 NPV 绝对值的下降（如图 1.23 所示），但同时，两种组网方案的 NPV 差值却会随设备价格的上升而上升，也就是说，ASON 组网方案在 NPV 上的优势会随着设备价格的上升而更加明显，即如果设备价格上升，SDH 组网方案的 NPV 下降幅度将会更大。这说明，与 SDH 组网方案相比，ASON 组网方案通过共享保护/恢复和动态带宽调配，可有效提高网络资源的利用效率，降低建网所需的设备数量。除设备价格之外，影响两种组网方式 NPV 差值的另一个主要因素是 ASON 支持新业务所带来的收入增长。

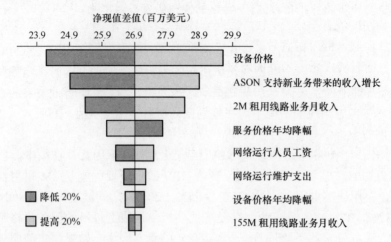

图 1.24　ASON 组网方案与 SDH 组网方案 NPV 差值的敏感性分析

1.5.6　业务流量预测

业务预测是确定基本建设规模的重要依据，它关系到工程建设的规模和投资以及工程建成投产后的经济效益。它既要反映客观需要，又要考虑现实条件的可能。科学、有效、准确的业务预测将会对通信运营商发展新业务、扩展传统业务、迅速占领市场、在竞争中确立领先地位产生举足轻重的影响。面对新世纪日益复杂的通信网络建设和通信运营商之间的竞争，决策者想正确确定网络建设的容量规模，果断确定市场运作的重点和方向，就必须依靠可靠的业务预测结果为依据。因此，研究各种科学的业务预测方法，开发业务预测软件不仅是通信技术发展的需要，也是一个有重要社会价值的研究课题。

电信业务的预测是编制电信专业网络规划工程可行性研究和初步设计的重要内容。预测结果是否符合客观实际，正确反映未来的发展趋势，直接关系到拟建的网络结构、工程规模、投资的大小以及经济效益的优劣，因此它是网络建设和业务运营的重要基础。电信业务预测主要内容包括电信业务量和业务种类预测。业务量预测又分为各类业务的业务总量和业务量的流量流向预测，对于不同的业务种类预测的内容也不同。目前常用的电信业务预测技术主要有以下几种：直观预测技术、时间序列预测技术、相关分析预测技术及其他预测技术。直观预测技术又称为专家预测法，主要通过专家的直观判断进行预测，其中较为常用的有专家会议法、特尔菲法和综合判断法。这种方法主要是作为定性分析之用。时间序列预测技术用于预测分析统计数据根据时间变化的规律。在电信业务预测中常用的有"趋势外推法"、"平滑预测法"、"成长曲线法"。这种方法主要是根据历史资料和不同时期电信业务的发展作为定量预测。相关分析预测模型分为线性和非线性、一元或多元，变量也可以为随机变量等。这种方法是根据各经济变量之间的相互关系，利用历史数据建立起回归方程进行预测的一种方法。除了上述几种较为常用和经典的预测分析方法外，还发展了几种新的预测模型，如灰色预测模型、马尔可夫预测模型、模糊预测模型和系统动力学模型等。在进行业务预测时，最好多种方法并用，以便综合分析比较得出最佳方案。具体请参见本书第 2 章的内容。

　　由于目前电信网络建设周期短、规模大、投资高，因此对网络容量预测的准确性和时效性提出了更高的要求，在实际工作中往往需要用多种方法进行预测，并对预测结果进行综合比较，繁复的工作量在短时间内用人工计算的方法效率是不高的，所以预测方法软件化是使计算提高效率和精度的有效途径。软件应充分体现工程软件的特点，对预测结果可以用图形、表格等多种形式表达，同时对各种方法的预测结果的可信程度作出一定的评价，供使用者选择合适的结果；同时软件还应当界面友好，操作简便，对系统的配置要求不高，运行速度快，一般熟悉机算机的操作人员在前期数据整理完毕的情况下即可快捷地完成全部计算和结果输出，同时程序还应采用模块化的系统结构，以便进行升级和优化。

　　业务流量预测的实现平台采用模块化、可视化和逐步化的设计思想，可包含用户视图模块，软件视图模块以及数据视图模块这 3 个相对独立的功能实体。图 1.25 给出了一个完整的业务预测软件平台的流程。

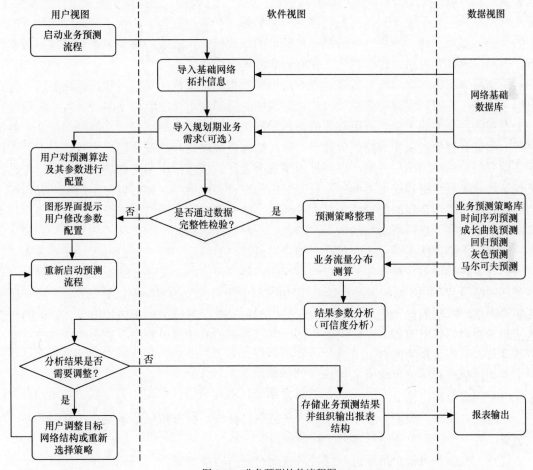

图 1.25　业务预测软件流程图

　　通过 3 个视图模块之间的数据交互，规划者可以将软件的对网络基础数据的在线分析功能与业务预测策略库的动态调整功能联系起来，有助于提高业务预测结果准确度并降低采用不同预测方法预测业务时的解波动幅度。同时，软件还将提供严格的输入完整性检验以及结果可信度分析，一方面提高了软件的智能化水平；另一方面则为规划人员提供了相对客观的业务预测计算结果。

1.5.7 网络评估技术

光网络作为为通信业务提供承载的基础网络，承担着传输通信网络中 80%以上的流通信息量，其质量对承载的通信业务起着至关重要的作用。其安全性、业务配置及资源利用的合理性，对后期网络的发展至关重要，同时影响所承载的业务网络的发展和安全。在进行网络规划时，掌握全网资源现状，发现网络中的风险点，并通过优化改造来提高现有网络的资源利用率和维护效率，是有着重要意义的。因此，评估、分析光网络存在的各种问题，有针对性地提出网络建设和整改建议显得非常必要。依据网络评估结果，通过网络优化调整，可整合现有的各方面优势和解决存在问题。提高网络的可用性，使网络的资源潜力得到充分的发挥，网络结构更清晰、网络运行更可靠、网络资源利用更高效。一个光网络建成之后，根据业务需求和发展，要经历多次的扩容升级改造。在这个过程中，网络结构的安全性不能保证、资源利用率和配置不成比例等情况日趋突出。另外，在维护过程中，由于缺乏对网络性能质量的全面、深入了解，始终维持的是一种简单的维护模式，造成的结果就是网络维护效率低下，因此，进行光网络的评估优化工作有着非常重要的意义。

所谓网络评估，简单地说就是对现有网络各项指标进行量化考查，找出网络的弱点并提出参考性解决方案。通过量化手段，从而对现网的资源利用情况、网络的合理性和安全性有一个直观的、全面的了解。采用具体的指标对网络资源利用、网络安全、故障响应及业务提供等方面进行评估，以相对精确的数字，针对性地查找现网存的安全隐患和瓶颈点，并依据评估结果制定相应的优化方案，以实现网络安全运行。任何一个网络的建设规划都要考虑投资收益比，光网络的建设也不例外。在光网络的建设和运用中，如何以最小的投入取得最大的效益，如何通过合理的配置达到最大的利用，如何通过优化网络来降低运行维护成本和提高网络使用效率，是网络规划的重点，这也正是网络评估和优化的最终目的。

现存的网络评估主要分为两种：一种是对已存在的网络进行评估；另一种是对还未建设的网络方案进行评估。对于前一种已经存在的网络，评估的意义更多的在于维护。评估因素多包括网络运营环境（如机房温度等），评估过程中使用大量的实际测试数据。对于后一种准备建设网络，评估的意义更多在于为规划提供判定标准，进行进一步的优化等。评估因素会包括建设费用等费用因素，评估因素多是可用计算机模拟计算得到的。更多的网络评估的介绍请参考本书第 3 章的内容。

网络评估现有技术包括以下几种。

（1）因素分别讨论

在这种方法中，模型一般不会设立一个最终目标值，所有指标基本都是在分别考虑，也就是说，对每个指标分别进行参考指标的探讨等。

优点：方便针对每个指标进行探讨，找到对应的解决方案。

缺点：相对来说，可能有一定的烦琐性和在多个方案选择时的最终指标确定困难。

使用该方法的多是对已有网络进行评估，由于现有网络评估往往只是给网络维护以指导，不需要在多个网络建设方案中进行选择，所以该方法往往不会给出量化的综合评估指标。

（2）线性加权考虑

在这种方法中，模型将各种因素综合考虑，以一个加权结果作为最终评估的标准。

优点：这种方法最终评估参考明确，且同时也可以参考每个指标单独考虑。

缺点：在各个因素综合考虑时由于需要人为引入权重参量，该参量的引入多是依靠经验，尤其在一些文章中考虑因素很多，可能不能找到极为科学、准确的权重值，所以对结果的准确性有所影响。

该方法的使用在对已有网络评估和网络设计阶段都有使用。

（3）最优化模型

该方法建立最优化模型进行评估，但其虽然使用最优化模型，但实际上相当于一种分别讨论的特例，对于不同因素的考虑有了分层分重点。并没有使用最优化模型的精髓进行最优化求解。

1.6　本章小结

随着智能光网络的不断发展，新业务和新需求不断涌现，光网络正迎来一个新的发展时期，朝着规模化、动态化和优质化的方向演进，各种技术层出不穷，包括三网融合以及物联网环境中的新型的光网络体系，大规模多层域传送网技术、新型的宽带光接入体系乃至基于毫米波 ROF 的宽带传输技术等各关键问题的研究都在如火如荼地进行，这同时也对光网络的规划与优化提出了更高的要求，在网络架构、规划方法、资源分配、生存性、业务预测、网络评估乃至规划工具等方面都具有新的特点，本书后续章节将陆续介绍这些相关的理论和技术。

参考文献

[1] 王光全. 智能光网络规划与优化. 邮电设计技术，第 8 期，2007 年 8 月.

[2] 王郁. WSON：打造面向业务的波分管理. 通信产业报，2009 年 7 月 27 日.

第 2 章　光网络规划与优化原理

　　网络规划与优化问题是一项复杂的系统工程，涉及技术、管理、组织、经费等各种复杂问题，因此对网络的设计必须遵守一定的系统分析和设计方法。光网络作为网络业务的基础传送平台，其规划与优化则有其特殊的属性，包括规划与优化流程、体系设计、关键技术等各个方面。

　　本章首先对网络规划与优化的基本概念和一般方法进行了介绍，然后给出了光网络规划与优化的体系与流程，并从业务需求预测、拓扑设计、分层网络设计、路由和容量规划等各个关键方面进行了详细阐述。

2.1　网络规划与优化概述

2.1.1　基本概念

　　网络规划与优化，即在一定的方法和原则的指导下，对网络进行分析、逻辑设计及物理设计。为了对传送网络的术语有一个大概的概括，下面首先给出一系列的定义和相关的数据结构。

　　网络节点：传输节点可以实现基本的网络功能。节点通过某些特定的功能进行描述，这些功能应该在网络层中完成。网络节点的功能由节点中所装入的器件提供，网络节点的功能可以定义网络的访问，在网络节点中不同器件的相互连接，在不同网络节点之间的相互连接，网络中的路由以及业务在输入和输出之间的交换保护等。为了规划的目的，对于规划层网络，可以考虑一些具体的器件。在规划项目中所考虑的器件的模型一般有下述的功能：

　　① 物理传输和段中止；

　　② 路径连接中止；

　　③ 路径连接路由，修饰和合并。

　　除了用在网络节点中逻辑功能以外，器件的技术的细节对于描述网络节点来说也是基本的信息。这些技术的细节包括容量、性能和器件的损耗等。网络节点的地理分配也是与描述相关的。一般的节点原型包括线性放大器、再生器、终端复用设备、分插复用器和交叉连接等。将一些细节罗列如下。

　　网络的群组：网络的群组由网络的节点和网络的链路所决定，这些可以是一个结构原形的例子。结构原形提供节点信息和它们的实现与路由相关的网络群组结构及在它们上面的保护和恢复的实现技术上的和物理上的限制，例如相互连接节点的最大数目，工作和保护路由的最大长度，考虑对网络损耗和网络性能的影响，例如额外方法的需要等。一般来说，网络的群组是在物理层中定义的。

　　描述的参数：网络节点和链路的收集，所实现的结构原形。

　　网络的结构：网络结构提供了网络中的逻辑信息。对于分等级的网络，这些信息包括网络层和群组的描述，群组中网络节点的分配和带有群组相互连接功能的节点的定义。网络的结构和实现结构的体系详细说明了对于需求质量的基本条件。

　　描述的参数：层，群组，体系的实现，对于不同群组的节点的分配。

　　网络连接：网络连接代表着在网络层中连接的可能性。谈到了物理层，网络连接是与相关构架有关的传输的媒介，至于是否带有线性的器件取决于网络的节点模型。一般来说，一条链路由它的终端节点来确定，并且有媒介、所覆盖的长度和容量等属性。

　　描述的参数：终端节点，长度和容量。

　　传输需求：传输需求由容量的需求所决定，这些容量需求又是由不同的电信服务所决定的。传输需求由如下的属性：它们的终端节点，带宽（每单位的容量）大小，与技术相关的服务质量（例如传输延时、误比特率、翻转时间等）。这对于我们所涉及的各种传输需求的类型是很有用的，这些类型一般包括一般需求或者需要额外保护的需求，而后者往往需要另加一个恢复机制，这个机制由需求对应的传输组来提供。

　　描述的参数：终端节点，带宽（每单位的容量）大小，与技术相关的服务质量（例如传输延时、误比特率、翻转时间等）。

　　传输需求的路由：通过简化传输需求的路由定义，可以给出一条在网络中需求路由的路径。这条路径有网络中的一系列的邻居节点所确定。在一般广义化的路由信息中，不仅包括路径，而且有传输系统中需求的详细实现，这个传输系统是与交叉连接相关的。路由信息还可以包括恢复的路由，以及额外保护的机制等。

　　描述的参数：路径，保护，恢复。

　　传输系统中的复用：复用通过传输机制给出了一种复用段的结构。分清两种复用段的类型是十分重要的，一个是虚拟的复用段（如从 VC12 到 VC14），这个由它们的端节点和传输体系所决定，另一个是传输线路的实现（从 STM-1 到 STM-16）。

　　描述的参数：端节点，传输体系和内容。

　　物理层：网络结构中的最底层，它提供关于网络中节点、传输媒质及其相关的一些信息。

　　描述的参数：媒质和链路。

　　描述的参数：节点功能的描述，路由和保护结构，技术和物理的限制。

　　器件：这里所说的器件是可以或者已经被安装到网络节点中的组件。有很多不同类型的网络器件，当完成一个网络规划的时候，可以通过器件分配支流，交叉连接的交换。

　　描述的参数：分配支流，交叉连接的交换。

2.1.2　网络规划的目标

　　在传输网络规划中，详细说明从不同的电信传输服务中所得到的确定性的容量需求。规划过程的目标是详细制定一个最优的计划，以满足在给定技术和经济条件限制下的需求。一般情况下，规划过程的输入包括：

　　① 在计划阶段，传输需求的广播；

　　② 所使用的可改变的结构：每一个所包含的结构的详细说明和管理规则；

　　③ 传输基础结构和器件的技术和损耗信息。

　　最优的网络规划描述了网络的各种信息，包括：

① 在需求的实现和恢复中的逻辑层面的信息（例如网络的结构、传输路由的保护等）；

② 在器件建立和定位时物理层面的信息；

③ 网络的损耗。

在网络实现的基础上，其他一些网络规划的输入和输出，还包括：

① 与网络节点定位相关的物理数据；

② 在节点之间的链路上描述的拓扑数据。

网络设计的目标是减少资金和运营费用，改善网络的灵活性和可用性。传送网设计需要解决的问题是：

① 定义目标网络结构；

② 网络保护的多样性方法；

③ 保证网络资源的最大使用；

④ 决定需要的传送网基础结构。

另外，网络设计必须考虑各种规划限制、参数和需求，如：

① 内嵌的网络约束；

② 业务层网络约束；

③ 设备约束；

④ 保护恢复需求。

2.1.3 一般网络模型

一般规划的方法是基于网络的层模型，这个想法最先起源于 G.805 和 M1400。在分等级的层结构中，每一层组成一个网络。第 N 层的网络由第 $N-1$ 层网络中的资源所组成。

如图 2.1 所示，在第 $N-1$ 层的连接与图的边缘相联系，这些图的边缘可以描述给定网络的第 $N-1$ 层，并且在第 N 层尾节点之间的连接定义了路经第 $N-1$ 层图的路由。

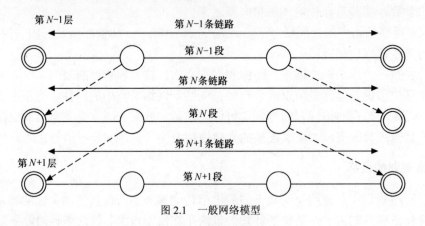

图 2.1　一般网络模型

为计划层网络所固有的资源可以用以下方面来区分：

① 逻辑资源；

② 物理资源。

N 层逻辑资源由以下组成：子网络的部件（逻辑节点）、网络连接、没有被使用的连路连接（可以用来进行新的网络连接）、访问节点（在第 N 层和第 $N-1$ 层之间）。

所有的网络物理资源可以在物理层中被定位。一个物理资源的例子就是网络的节点，这些节点所起的功能与一些逻辑层网络的功能有关（例如，一个 ATM 的 DXC 可以用来进行虚通道（VP）路由，中断跳和传输光信号的功能等）。

除了网络节点之外，可在网络规划中考虑其他物理资源：

① 交换或者节点；

② 为物理传输而构架的结构；

③ 物理传输者。

交换节点是物理结构，即从网络中任何层的物理节点开始，终止于物理传输者。为物理传输所架构的结构铺设光纤提供帮助（比如沟渠等）。物理传输者例如光纤或者波长链路，为所有传输层提供普通的传输资源。

上述方法是规划过程的一个基本的步骤，这个规划过程沿着层从上到下进行。许多不同的层问题可以被确认为一个给定的层。在每一层中，新的需求、已经存在的网络、所允许的技术和规划的条件都被考虑在内。这样就建立了一个一般的网络模型，这个模型可以为了分析的工具或者使用的接口或者优化目的组成一个一般的接口。使用一般的网络模型，优化只依靠于模型，而不直接依赖于网络规划的任务。在每一层中，相近的任务都可以进行分类。将它们总结如下。

路由：在图 2.1 中，第 N 层上的连接路径的确定是在较低层上完成的。通常，在物理层或者是第 $N-1$ 层。优化的条件一般由从路由要求（例如边或者节点连接）得到的目标函数确定，或者由损耗确定（例如容量的限制、跳数等）。

分配：所允许位置的段点的分配一般在给定层中。优化的条件由各个层的功能所决定。段点可以是业务传输的节点或者是用于传输需求的比较灵活的节点（例如交叉连接、复用或者线性终端设备）。

段：连接段的确定一般考虑第 N 层或第 $N-1$ 层中新的连接。

分组：传输需求的复用是为了决定第 $N-1$ 层连接的大小。分组的功能也就是将不同层的复用集中到复用段层。

2.2　网络规划的一般方法

这一节主要概括一个单独层中资源的不同规划方法（无论其他层网络在本层之上还是之下）。

2.2.1　规划时间：长期、中期、短期

网络规划是指为了满足对预期业务需求量的传输，考虑了一系列要求和限制后，与对网络发展进行限定相关的一切行为。按照所考虑的网络发展问题的时间跨度，规划行为可分为 3 种。

（1）长期规划（LTP）。它的目标是确定并划分（dimension）出以使用期长和部署投资量大为特征的网络部分。

（2）中期规划（MTP）。它的框架强调网络实体（节点、链路、子网）之间的动作行为

和关系，以及为保证向已确定的长期规划靠拢而规划网络时涉及的规划动作和步骤的列表。因此，MTP应该将网络节点和链路的容量升级作为一个目标，而且这个目标总是遵循光网络长期（LT）部署策略的（这个策略是在长期规划过程中提出的）。

（3）短期规划（STP）。它确定支持需求的路由和传输系统。也就是说，网络不得不在只使用已安装的容量而无附加投资的情况下，满足目前的传输需求。

1. LTP

LTP的目标是确定并划分出以使用期长和部署投资量大为特征的网络部分；因此主要处理拓扑和技术上的决议和光纤容量的问题。尔后，LTP为中期规划详细拟订一个预期网络的目标，进入通常的单阶段（single-period）过程。

在LTP中一般考虑两种不同的阶段/途径（如图2.2所示）。

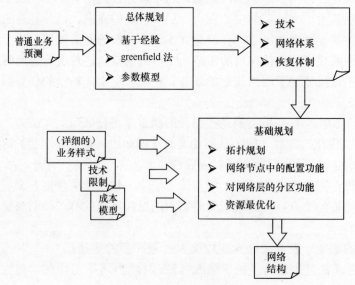

图2.2　总体和基础规划

（1）总体（strategic）规划，其目的在于通过比较不同的选项，确定应用于网络中的技术和结构体系。它一般基于绿地（greenfield）方法，使用参数模型和典型值解决相关网络参数。

（2）基础（fundamental）规划，它将由总体规划选择的技术和网络结构体系作为输入，确定出网络的结构（一般在基础规划中也使用greenfield法）。基础规划中要面对的问题通常是网络节点中的功能定位、拓扑规划、光层和客户层间的功能分摊、最佳网络结构的确定等。

更具体地讲，LTP明确了以下几方面。

（1）网络节点的位置和技术发展。

（2）子网划分（确定范围）。在此，应确定用于互连不同域的中心节点。另外，不同域之间的等级，如果有的话，也应该建立起来。

（3）网络层的逻辑网络结构。最终给出在物理传输基础结构上的传输系统图。

LTP的结果是得到划分好的网络结构，它用来作为输入的数据包括以下几个。

（1）单阶段长期需求预测。

（2）节点可能的位置设置。甚至在新运营者处于一个greenfield区域开始业务的情况下，提前确定可能位置的最初设置也是很常见的（自己或结盟公司的前提常常被作为最初设置）。当然，这些设置可能需要尽量的大，甚至是无限的（即是说在节点位置中是没有限制的）。

（3）传输基础结构的物理通道可能的设置。

（4）用于每个域的结构体系：环状，格状。这方面包括保护/恢复系统和通常的路由/汇聚准则。

（5）传输基础结构成本的组成和成本。一般将预算目标的不能删减的成本作为最小化函数（这意味着随时间而变的成本变化被忽略了）。用于不同成本计算的成本组成应该与长期需求预测有相同的精确度。因为这些预测通常不是太可靠，所以不值得用太复杂的成本模型，以及进行过于详细的计算。

LTP 的时间跨度一般是几年（3～5 年）。不管怎样，LTP 运用于更新结果，尤其是需求预测显著改变时和运营商不得不实行传输建设计划（典型的是一年一次）。LTP 也会在一旦预见到技术分裂时进行。

2．MTP

MTP 的目标是遵循光网络长期布署策略，对网络节点和链路进行升级。尔后 MTP 的目的就是决定路由图和节点容量。MTP 通常应用于多重阶段的起始，设置从建设计划到长期网络目标（LTP 计算得到的）的不同步骤。

因为 MTP 更加具体，它应为每一规划阶段得到以下结果。

（1）每个需求（业务关系）详细的路由和汇聚途径。它不能与已确定的 LTP 规则相冲突。

（2）在所有阶段中要安装或卸载的传输系统。它必须根据中期预测，并且在节点和 LTP 提供的传输基础体系中进行。

（3）在所有阶段中要安装、升级或卸载的设备。这必须与中期预测相符，并在 LTP 确定的节点设置中进行。

（4）按照预算限制衡量布署/安装新的网络单元中可能的延时。

为了得到这些结果，MTP 需要以下输入信息：

（1）网络节点（从 LTP 中得到）；

（2）当前的和潜在的光纤路由（从 LTP 中得到）；

（3）正在使用的传输系统；

（4）每个节点中安装的设备；

（5）对每个规划阶段预计的需求；

（6）构成成本，它必须考虑到不同系统中的安装、升级和卸载的成本。

每个阶段中都用到了折扣（discount）成本。MTP 可将预算限制作为一个附加限制考虑，所以每个网络资源的 MTP 是一个时间的函数，考虑到了由于普及或资源在商业/技术上的成熟而带来的贬值。它是每个阶段中对于安装/升级/卸载设备使用的预算的限制。这个限制可能会导致部署/安装新网络单元中的延时。

MTP 的时间跨度等于 LTP 的一个阶段，并且它被再分为多个更短的阶段（一般是一年左右一个阶段），如图 2.3 所示。在第一步中，进行 LTP 过程从而得到 LTP 的目标网络（如图 2.3（a）所示）。第一步用到需求预测和安装的设备。在第二步中进行 MTP 过程，计算出要达到 LTP 目标网络所需的步骤。这个过程中需要 MTP 多重阶段的需求预测、安装的设备和 LTP 计划（在第一步中产生的）作为已知输入。这两个步骤在每一次需求预测出现较大变化时都必须重复进行一次。不管怎样，一般每个规划阶段（T_0，T_1，…）都要重复一次，通常是一年。当需求预测出现显著变化时，每个阶段的 LTP 目标也要变。在这种情况下，MTP 每年的规划（步骤）计算要面向不同的目标，这一点有些像朝着"移动"靶迈进步伐。

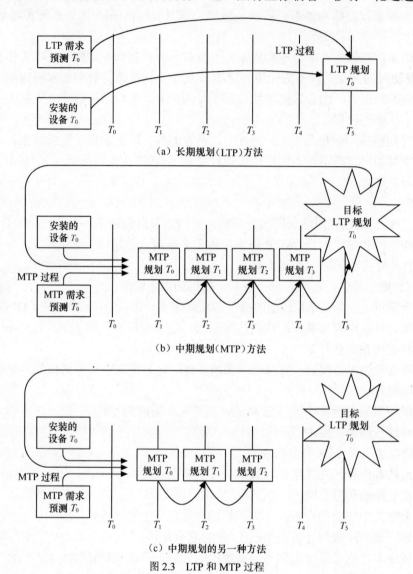

(a) 长期规划（LTP）方法

(b) 中期规划（MTP）方法

(c) 中期规划的另一种方法

图 2.3 LTP 和 MTP 过程

在非常不确定的情况下，运营商可以采用另一种 MTP 方式（如图 2.3 所示），将 MTP 部分地与其 LTP 相分离。这样，LTP 的结果可以看作是一系列有价值的限制条件，而不是要达到的绝对目标。这种选择的主要重要原因是：

（1）运营商认为时间尚早的阶段规划没有用处，因为很有可能会由一个不可靠的预测导致一个不可靠的结果；

（2）在静态 LTP 中之所以能得到最优化的结果，是因为利用了能够在一个较长的时间和阶段中选择使用最适合增长业务的网络资源的能力。遗憾的是，业务需求受时间限制约束，同时，网络资源的部署受预算限制约束。因此，经过几个月和几个阶段后，网络就会变得不像 LTP 预期的那样优化了，即使 MTP 规划算法再可靠也不可能坚持 LTP 的安排。

3. STP

除上述之外，还有一个与规划活动相关的第三组，它可以被认为是 STP。在 STP 中，路由和传输系统必须被定义。也就是说，网络必须满足已经进行容量安装的当前的传输需求，而同时不进行额外的容量投资。

下面举例简单说明 3 种规划方式的区别。例如：当一个节点位于一个体系之中，这个体系中没有数字交叉连接功能，在这个节点之上安装一个 DXC，节点功能应该被定义在 LTP 中；当在两个存在的节点之间有一段空闲光纤，已有的线性系统已经饱和，并且路由标准允许在两个节点之间有直通路径但 LTP 不能提供一个新的线性系统。在此情况下，可以对增加的业务装入一个新的线性系统：这是一个典型的 MTP 的例子；当产生新的业务时，升级环网，使 SDH 网络中的 STM-4 升级为 STM-16，已经存在的设备的升级应该为 MTP。而对一个新业务进行路由时，面对突然请求的情况下，在设备上安装新的端口：这个属于 STP 过程；在相同的物理链路上通过 LTD 预测产生一个环，减少 ADM 的数量，因为有预算限制：MTP 过程；在不同的物理链路上通过预算限制产生一个环，并且由于在业务预测中的可变性，有不同类型的 ADM 属于这个环：LTP 过程。

2.2.2 单期/多期规划

将一个问题分成几个简单的子问题被认为是解决传送网规划复杂问题的一个有效方案。这种规划方法我们称之为分解法。

1. LTP 中的分解法

对传送网/传输网的 LTP 是一个非常复杂的问题，因为实际网络规划任务的规模很大而且很复杂。使规划问题复杂化来源于很多限制因素，例如可用的计算资源有限、常用统一的最优化问题的实际可用性有限等。将整个规划问题划分成几个小的子问题降低了规划活动的复杂度，且能产生很多有益的结果，比如简化方案算法、缩短研究时间、对软件可再利用等。

虽然确定规划过程中的子问题比较麻烦，但分解法的主要不足是随着子问题数目的增多，要控制规划问题的整体最优化越来越困难。这是因为最优化不只是依赖于用于解决子问题的算法的效率，还依赖于在整个过程中子问题的协调性。实际上，由于一个子问题的结果成了另一个子问题的已知，解决子问题的顺序在 LTP 过程中必须确定好。但同时，现实网络规划问题非常复杂，采用分解法是不可避免的（尽管它有缺陷）。这也就是为什么这个方法被广泛地应用于网络规划问题。

2. MTP 中的分解法

传送网的 MTP 显然要比 LTP 更复杂。单独一个 MTP 过程的一般表述是：如何使成本最小化的程度最大。要解决这个问题，MTP 将时间段再细分为时隙，每个时隙都需要需求矩阵，且网络成本是和时间相关的。因为在 LTP 中有技术限制，但是 MTP 的附加限制可以以最大预算以及使用已有的资源而不是未安装的设备的形式出现。同时，MTP 的决策（一年期间）将会总是制约未来网络的收益。因此，规划者在他的 MTP 决策中应该也要考虑 LTP。如果考虑了技术突破，附加的困难会增加，就像升级传统 SDH 网络的无限制选项一样。因为存在临时成本渐进和机会投资成本，出现了两种不同的选项：何时变成最新的技术（哪一个阶段），全部变还是部分地变，等等。

　　MTP 的附加限制可以通过分解法控制，所以通常解决 MTP 范围内规划问题的方法都是把 MTP 分割成两个分离且相关的部分：单期（single-period）和多期（multi-period）。

　　单期规划过程的目标是确定网络资源的质量和成本，以满足单期需求增长的预测。图 2.4 简要展示了单期规划过程。这个过程可以像在 LTP 中那样进一步细分子问题。但是，这个问题一般比 LTP 的单期规划更加复杂，不仅因为要考虑进来更多限制，已存在的资源及其使用和有效的未使用资源，而且需要更详细的输出结果。

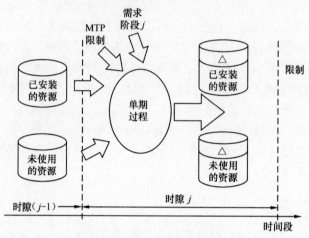

图 2.4　MTP 中的单期过程

　　为了使所有阶段中的整个网络成本最小化，建立起单期和多期规划的关系，目标是整体最优化。由单期网络规划过程得到的结果是每个阶段中所需的网络资源，每个阶段和它的下一个阶段之间是有联系的。多期规划过程需要不同阶段中所需购买的、配置的（从购买时起新资源不能被使用）资源的全部数量信息，因为这些资源是下一个阶段的输入信息。

　　每个阶段都应该建立适当的网络模型。此外，需要考虑所采取的方案中涉及的各成本。采用的方案具体包括：使用已安装的和未使用的设备（解除安装和新安装的成本），为了利用规模经济使用未安装但已购进的设备（安装成本）和使用已购进的设备（包括安装的置新成本）。有必要注意确保每个阶段包括它的临时过渡期中的设备成本，及各阶段中的全部投资正确的折扣。这种方案可以被看作是时段决定过程。每一步需要在可用的选项中做出决定，每个决定影响着未来的决定以及整个解决方案。当方案树迅速成长并有许多可能的分支时，就找到了减小决议树的不同办法（由整个解决方案构成）。删减决议树的典型工具是应用网络发展策略，考虑技术—经济限制及削减考虑的时隙的数量。

　　通过上述过程就得到了最佳网络方案。有 3 种可能的整体最优化目标，它们导致不同的网络结果：

　　（1）同时最优化各个阶段的网络成本；

　　（2）最优化从开始到正在考虑的阶段的投资折扣总和；

　　（3）最优化下一 MTP 阶段，只将 LTP 结果中的结构上的部分（网络体系、网络结构）作为一个弱限制来考虑。

　　这 3 种目标是由对 MTP 的 3 种不同的理解而产生的。第一种目标很适合图 2.3（b）中描述的 MTP 过程，而第三种目标适合于图 2.3（c）中描述的 MTP 过程。这两种对 MTP 的理解都可以采用第二种目标。在各种情况下，每个阶段考虑的成本包括：

（1）相应阶段已获得的资源的成本；

（2）相应阶段所用的资源的成本；

（3）相应阶段的网络运行成本；

（4）通过部署相应阶段未使用的资源节省的净成本；

（5）通过在相应阶段之前部署已用资源节省的净成本。

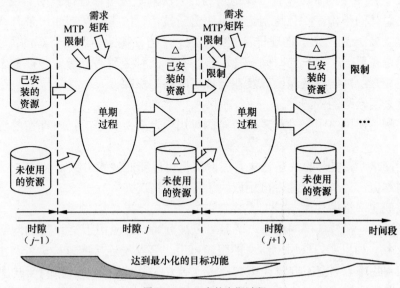

图 2.5　MTP 中的多期过程

这样，当找到一个最佳解决方案时，就有可能明确在 MTP 单期和多期规划阶段中出现的困难。特别是在单期规划中：

（1）不得不使用先前安装的和未付清款的设备；

（2）有限的预算很难用，需要建立网络单元优先级标准；

（3）MTP 需与 LTP 相一致；

（4）子网确定的标准；

（5）最优化的内在问题。

而对于多期规划：

（1）不得不确定网络单元的临时成本渐进。

（2）存在需求不确定性。此外，需求变化随着临时标准线的增长而增长。当选定一个网络解决方案时，规划者应考虑到这一点。

（3）要考虑技术上的突破。比如特别要考虑到从 SDH 网络向 WDM 网络以及智能光网络等的升级（使成本和风险最小化）。

（4）每一步中都要解决单期规划问题。

（5）要对比不同的选项。由于要求的投资不是同时进行的，需要有一个财务评估，可能要用到 NPV。

总而言之，MTP 一般可以通过两次应用分解法来解决：第一次通过时间分解将单个多期问题分成几个单期问题，然后应用类似 LTP 分解的方法把每个单期问题分解成一些更简单、易解决的子问题。

2.2.3 绿地规划/非绿地规划

下面简要对绿地规划问题进行阐述。绿地规划的意思就是，在基建即将规划的网络中，没有资源被认为是可用的。而非绿地规划的意思就是，现有的网络资源都将被考虑进去。

对于在 N 层网络中的资源来说，绿地规划的方法就是被用来进行长期的规划，详细说明了网络层中的总体的结构，并且特别定义了引进新技术时的策略（例如：带有特定技术的新的网络层的建立）。特别考虑了物理传输的绿地规划的方法确定了网络资源的需求，这对于网络资源的分配是需要一个很长的时间（例如子光缆）。两种类型的资源应该被考虑以区分不同的子问题：在规划层网络的资源，以及在较低层网络的资源。

（1）在规划层网络的资源

考虑到在规划层网络中物理和逻辑资源的可用性，有两种情况：不存在的资源，可用的资源。

在规划层网络中，资源的缺乏意味着层网络将引进新的技术（例如 ASON）。在低于规划层网络的层网络上，一些信息能否可用取决于特定的情况。

（2）在较低层网络的资源

在这种情况下，在较低层网络中，资源可以被分为：可应用于第 N 层的网络和不可应用于第 N 层的网络。如果在较低层网络中的资源可用，第 N 层连接应该被进行路由，并考虑空闲容量的当前可用率。当空闲容量在第 $N-1$ 层连接中被用光，这些连接对于传输来说是不可用的：这样就将产生一定数量的路由，并且以更有效率地使用当前的资源为目标。一般来说，一旦可用的容量被用光，剩下的第 N 层连接将被路由，以满足网络需求的增长。如果在第 $N-1$ 层网络中的资源不能被使用，那么在第 N 层网络中将需要拓扑规划，通过识别在较低层网络中的潜在的连接，在第 $N-1$ 层网络连接的基础上对第 N 层连接进行路由以及丢弃没有优化的第 $N-1$ 层连接。

在较低层网络中的规划情况下，还应考虑对于潜在的物理资源例如节点和结构来说不同的情况：

① 没有存在的物理资源；

② 存在的节点；

③ 对于物理传输者来说存在的节点和结构。

其中，没有存在的物理资源的情况有机会从头开始建立自己的网络。对于物理传输者来说，节点位置和结构都将被详细说明。节点位置的选择需要对规划的地域以及它的地理结构和对连接的需求有一个详细的了解。

第二种只有节点位置给定的情况也可以认为是一种新的情况。这意味着规划活动需要对规划地域有详细的了解。同样，在这种情况下，一定数量的新增节点位置将会被引入并被使用，如果规划认为它们是不方便的，也可将它们移走。

最后，当节点和结构对于物理传输者来说都是被给定的，那么规划活动将被限定于较低层的网络规划和物理传输。同样，一定数量的新增的物理结构也将被引入和使用。如果认为它们是不方便的，也可以将它们移走。

2.3　光网络规划与优化流程

2.3.1　规划流程

2.3.1.1　流程概述

上一节给出了网络规划的一般方法，这一节将具体给出传送网规划与优化的大体流程。网络规划优化应该从全网的角度来组织通路，一般是以最优化理论为基础，根据实际需要选用一种或几种优化算法进行网络的规划和优化，网络规划结果能较好地趋于全网最优。网络规划与优化是一个很复杂的问题，通常用分解法把整体规划问题分成若干子问题，从而降低规划过程的复杂度，分解法被认为是一种切实可行的并广泛应用于 SDH、WDM 传送网的解决方案。我们首先描述了单层网络规划优化流程，然后对多层网络规划问题进行探讨。传输网络规划与网络优化的总流程如图 2.6 所示。

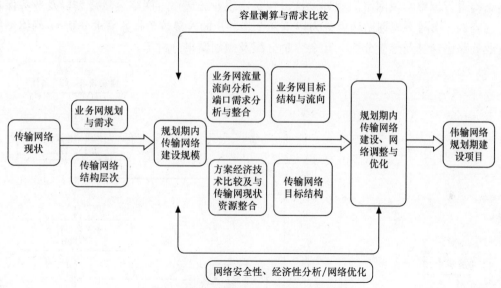

注：网络规划遵循边建设边优化的原则。

图 2.6　网络规划与网络优化总流程

简要来说，一般网络规划优化的周期包括如下环节：业务预测、网络规划（包括网络结构设计、业务路由计算及容量分配、冗余容量分配、规划结果分析）、网络优化等，如图 2.7 所示。对于网络规划的基本流程如下：首先用户要预测未来业务量的变化，给出未来的业务矩阵；然后用户构建一个传送网络来传输这些业务。这时需要一个评估检测模块来评价这个网络，然后用户决定是否优化这个网络。如果用户对这个网络结构不满意，就调用网络优化模块，然后再进行评估，周而复始；如果用户得到了满意的网络结构，就直接输出结果。

这个过程看起来并不复杂，但是要实现这个流程并不简单，因为存在以下问题。

① 如何进行业务预测？对未来业务发展进行业务预测是该流程的第一步，该步结果直接影响了后面的结果。现在网络发展迅速，业务量越来越大，业务种类日益繁多，如何进行业务预测变得十分困难。所以我们要尽可能多地考虑各方面的因素，包括经济、文化各方面的

情况，构建业务发展模型，进行业务预测。

② 如何构建传送网络？在得到未来的业务矩阵后，如何构建传送网也十分困难。例如，在一个只有 4 个节点的网络中，我们可以构建的环网络的总数是：$Sum_{\text{metwork}} = C_4^3 + C_4^4 = 5$，如果我们构建的是一个 N 节点总数是：$Sum_{\text{network}} \sum_i \prod C_{ni}^{mi}$，对于一个十几个节点的网络，这个数目将极其巨大，直接构建网络将不现实，因此我们只能采用一些间接的方法来构建这个网络。

③ 如何评估这个网络？可以构建很多的网络来承载给定业务，但是如何评估这些网络，选出一个最优的结果却并不容易。通常我们选择网络建设运营成本和网络生存性作为我们的评价指标。

④ 如何优化这个网络？在构建了一个网络后，采用完全组合的方式遍历所有的架构模型是不现实的，因此普遍采用对原有网络结构进行优化的算法对网络进行优化，提高网络规划速度。

网络规划是一个循环的过程，按照给定的网络结构和业务需求矩阵，其间通过不断地对网络结构进行调整实现网络的规划设计，包括实现业务选路、网络容量规划以及业务保护设计等内容。一次网络规划循环可分为以下几个步骤：输入参数（业务需求分析）、网络结构设计、业务路由计算及容量分配、冗余容量分配及规划结果分析等。

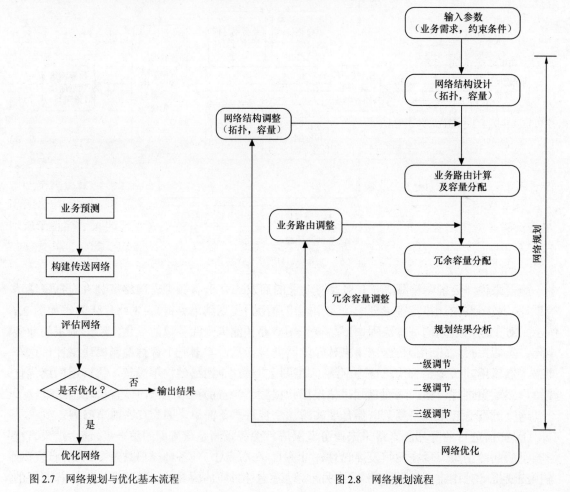

图 2.7　网络规划与优化基本流程　　　　　图 2.8　网络规划流程

步骤 1：业务需求分析

要使网络的设计更加有效，对未来网络主导业务类型和业务流量的正确预测是非常重要的，因此规划人员自己必须要把握业务的分布和演进趋势。

首先从物理拓扑确定各节点位置信息，然后确定业务状况，包括业务矩阵（每一个节点汇集和终结的流量和节点对之间的流量关系）、业务关系的进展、新型业务区域以及重要区域的修正等。

步骤 2：网络结构设计

主要是基于网状网结构设计的，能够依据网络物理联通性、业务流量分布情况，从所有节点之间的一系列待选链路中选择要使用的链路。通过网络结构设计可以得出网络的拓扑结构、容量配置、节点配置和链路配置等初始方案。当网络规模扩大时，很多路由算法的效率急剧下降，而且从网管的角度看，网络规模过大也会造成管理上的问题。目前解决这个问题的方法是对网络进行划分，主要包括路由层次的划分和控制域的划分。这一规划过程主要通过人工完成，此阶段的网络拓扑设计只是初始值，要逐步通过后期调整来达到最优目标。

这一步主要是定义网络的结构形式，确定网络结构的参数包括：

① 物理拓扑：节点位置和节点间互联关系。

② 业务矩阵：按照局部所采用的技术差异将网络分割成多个级或多个管理域和层。以便决定：每一级、每一层的节点划分；每一层、每一级的网络拓扑（链形、环形和网状拓扑）等。

针对必须通过多层执行路由的每一条端到端的业务需求，确定具体需要经过的层和需要执行层间交换的节点。

同时，完成在以上条件下每一层的拓扑设计。以确定网络的所有设备需求，例如光缆、光纤、分插复用器、交叉连接节点等的具体数量和配置状况。这一步又可被细分为：SDH/SONET 层设计、WDM/OTN 光层设计、物理层设计、全局优化。

完成网络结构设计之后，根据业务量需求在对容量优化的目标下对业务进行选路，并得出业务的速率、数量、类型、路由等参数。这一步主要为网络中的各种业务计算路由并分配波长资源，路由计算和分配波长都有很多种算法。另外，每一种生存性策略都会得到不同的空闲容量分配方案。对于传输网络，其采用的生存性策略是非常重要的，例如对应铂金级和黄金级的业务，需要为其预留保护容量，对于白银级的业务，也要有足够的冗余容量来确保故障发生时恢复路由的正常建立。网络规划初始通常使用静态业务的 RWA 算法，其优化目标是用最小的网络资源（光纤/波长）为静态业务建立光通道。通常采用的路由算法包括：Dijkstra 算法、负载均衡算法或其他性能较优的启发式算法，以及整数线性规划（ILP）算法等。容量分配是指在链路中有多条波长可用的情况下，波长分配算法将负责从中选择一条最合适的波长建立光路，比较常用的算法有 Random（随机分配）、FF（首次命中）、LU（最少使用）、MU（最多使用）、RCL（相对容量损失）、RLI（相对最小影响）算法等。

在冗余容量分配中，每一种生存性策略都会得到不同的空闲容量分配方案。对于传输网络，其采用的生存性策略是非常重要的，例如对应铂金级和黄金级的业务，需要为其预留保护容量，对于白银级的业务，也要有足够的冗余容量来确保故障发生时恢复路由的正常建立。

保护也有两种情况：链路保护和通道保护。在链路保护情况下，链路中的每一条光纤都必须有备份光纤，并且要确保它们的路由不同。在通道保护情况下，则针对某一条业务通道在源节点和宿节点之间必须能够找到另一条与之不相交的通道作为它的保护通道。在专有保护和共享保护情况下，应该使用优化算法使得所需要的保护容量最小化。

对于恢复容量的计算，可以对网络可能发生的故障进行预测和分析，来决定网络所需要预留空闲容量的大小。通过模拟全网任意单点故障（包括单节点、单光纤、单链路故障等），或者多点故障所影响的业务，可以得出要提供全部业务或者部分业务的恢复操作，网络所需要配备的空闲容量。

规划结果分析是指对光网络组网方案进行总体分析，具体可从多个角度考虑，包括资源利用率分析、生存性分析、经济成本分析，以及网络的可操作性、可扩展性、可靠性等。其中后者主要包括：

① 网络成本：基于每一种解决方案所需要的网络设备数量和计算网络成本；

② 连通性：每一条端到端连接的可用性；

③ 可升级性：当某些连接的业务量增加时对网络性能的影响以分析其可升级性；

④ 可重构性：当业务在数量和分布模式方面发生变化时，网络应该具有一定的灵活性以便具备能够自动地随着业务的变化做适当调整的能力。

下面从资源利用率分析、生存性分析、经济成本分析等几个方面进行阐述。

（1）资源利用率分析

资源利用率的指标在各层有不同的定义和含义。在波分复用层，利用率是指对波道的利用情况，即波道利用率。考虑到各光复用段之间的长度不同，而不同长度波道的剩余对网络而言是有不同意义的，因此该指标应该是和光复用段的距离相关联的。例如，对一个 WDM 网络而言，假设有 n 段波分链路，那么波道利用率定义为

$$波道利用率 = \frac{\sum_{i=1}^{n} Y_i \times L_i}{\sum_{i=1}^{n} Z_i \times L_i} \tag{2.1}$$

其中，Y_i 为波分链路 i 承载业务的波长数，L_i 为链路 i 的物理长度，Z_i 为链路 i 可配置的总波长数。

网络资源利用率使用越高越好。从理论上来讲，最理想的情况是利用率达到 100%，但实际的情况是不可能达到这种水平的。网络的利用率是随着时间的变化而逐渐变化的，在网络的建设/扩容初期，一般来说利用率较低，但随着时间的推移，对网络的资源不断的使用，利用率会逐步上升到一个理想的水平，直到网络需要扩容，网络扩容后网络的利用率又下降到一个相对低的水平。

（2）生存性分析

生存性分析包括单次故障恢复时间、网络故障恢复时间、网络故障恢复效率等。单次故障恢复时间是指当网络发生指定的故障引起业务中断时，该业务从中断到完全恢复正常所经历的时间，其基本数学表达式为

$$T_R = t_A + t_{NR} + t_{SR} \tag{2.2}$$

其中，T_R 为单次故障中断时长，t_A 为故障检测时间，t_{NR} 为保护恢复时间，t_{SR} 为业务恢复时间。网络故障恢复时间指从第一条业务中断到通过恢复策略使最后一条受影响业务被恢复所经历的时间。

　　根据各大运营商的实际网络运营数据，对于总光缆长度约 100 000km 的光传输网络，每年大约会发生 150～300 次光缆单点故障；两点同时故障事件也大约会有 4～10 次。因此，单点故障是网络中高概率的故障模式，所设计出来的网络必须能够完全抵御；两点同时故障也是网络中不可忽视的故障模式，对于影响较大的两点同时故障也应有一定程度的抵御能力。

　　通过故障模拟和网络仿真，即逐次模拟指定故障，在故障条件下根据预先规划的恢复顺序、生存性策略、路由安排等对每个受影响的业务进行保护倒换或恢复，可以得到故障恢复时间、业务恢复率等网络性能参数，从而检验网络配置和业务安排是否有效。

　　（3）经济性分析

　　网络建设成本分析是网络规划问题中极其关键的步骤，它决定了整个规划方案是否具有可行性，是运营商在规划时最为关注的评估指标。网络建设成本包括网络的建网费用 CAPEX 和运营成本 OPEX。网络的投资成本包括构建核心网络所需的光通路系统投资（DWDM 设备）、节点设备投资（ROADM/OADM 设备、OXC 设备、DXC 设备、ADM 设备、ASON 设备等）以及工程/辅助/安装服务支出等。网络的运营成本主要包括网络的市场推广/日常支出/行政管理费用 SGA（Sales，General & Administration）、网络的运营维护费用、运营人员工资支出以及机房租金支出等。

　　网络建设的根本原则是利润最大化，这个原则可以等价地描述为网络总成本现值最小化，即

$$\min\{C_i + \Sigma(C_t + C_m + \cdots)d_i\} \tag{2.3}$$

　　其中，C_i 为网络的初期建设成本，C_t 为第 i 年因业务质量不满足 SLA 所产生的成本（收入的损失）；C_m 为第 i 年的维护成本；d_i 为第 i 年的折现系数。因为满足 SLA 对业务质量的要求是网络规划设计的基本约束条件，因此这里 C_t 是不存在的，下文我们只讨论初期建设成本和维护成本。

　　网络的建设成本包括链路成本和节点成本。链路成本包含了中继链路在服务层传输网中各层面的成本，其定义如下：

$$C_l = C_S + C_O + C_W + C_F \tag{2.4}$$

　　其中，C_S 为承载中继链路的 SDH 层成本，由 SDH 复用设备和再生设备成本构成，C_O 为承载中继链路的 OTN 层成本，由 OTN 复用设备和再生设备成本构成，C_W 为承载中继链路的 WDM 层成本，由 WDM 复用设备和光放大设备成本构成，C_F 为承载中继链路的光缆层成本，由光缆和光缆分配架成本构成。节点成本指构成节点传输能力的所有成本，其定义如下：

$$C_n = C_H + C_C + C_D \tag{2.5}$$

　　其中，C_H 为局房成本，应采用经济评价中再分配收入的方法进行测算；C_C 为配套设备成本，可简化为传输设备成本的一定比例；C_D 为传输设备成本，可简化为以电路数量为自变量的函数：

$$C_D = \sum(C_{es}N_X + C_{eo}) + C_{ei} + C_O \tag{2.6}$$

　　其中，C_{es} 为业务板成本，N_X 为在该节点所下电路数量，C_{eo} 为设备其他部分及公用板件成本，C_{ei} 为设备安装费用，C_O 为工程其他费用。

　　（4）需求变化容忍性

　　需求变化容忍性是指在业务需求发生变化时，网络的适应能力，定义如下：

$$D_S = \frac{F_T - F_S}{F_T} \qquad (2.7)$$

其中，F_T 为新的业务需求中所有业务的带宽之和；F_S 为新业务中被阻塞的业务的带宽之和。需求变化容忍性相比资源利用率指标，更真实地反映了网络的业务扩展能力。

在规划结果分析后，可以得出业务对网络中节点和链路容量的需求状况，然后可以根据对结果的分析对网络结构做出调整，若某些链路使用率过高，则可以考虑为链路扩容，若某些业务工作或保护路由配置不合理，则可以手工为其指定。通过网络规划，最终可以得出满足要求的网络拓扑结构设计。

2.3.1.2 规划算法

规划算法包括遗传算法、模拟退火算法、双种群进化规划算法、免疫算法、蚁群算法等很多种，这些基本的算法理论在网络规划的体系与模型分析、选路、生存性策略等方面都可以有很重要的应用。下面我们只简要介绍 3 种典型的规划算法：模拟退火法、遗传算法和蚁群算法。

1. 模拟退火法

就像名字中所表达的，模拟退火法采用了一种模拟金属冷却直至冻结成最小能量状态的晶体结构的过程，在一个更为普遍的系统中寻找一种最小值。由于该算法适合较大范围内的优化问题，故而引起了广泛的关注，特别是当所求的全局最大/最小解隐藏在很多的局部最大/最小解中时。令人惊讶的是，该算法的实际操作是相对简单的。

该算法基于 Metropolis 等人所著文献。算法采用随机搜索，这使得有些变化可以减少目标函数的个数，有些则会使目标函数个数增加。算法一定要能够提供以下要素。

① 可行解或系统结构的描述。系统结构可用一系列的结构参数来描述 $\{x_1, x_2, \cdots, x_n\}$。

② 变换解的随机发生器。解的发生器应当可以引入小的随机变化并允许搜寻所有可行解。通常，这种变化是通过对结构参数的修改而完成的。

③ 评价问题函数的一种方法是建立目标函数 E，其最小值就是该程序的最终目标。就优化算法来说，对目标函数的评估从本质上讲是一个"黑盒"的操作过程。

④ 退火时间表——初始温度 T 以及以不断降低温度为目标的搜索过程。这要求精通基本的物理过程并采用反复试验的方法。首先要产生一些随机重排，并以此来决定 ΔE 值的范围，这就推动了变化的进程。然后要为参数 T 选择一个起始值，该值一般要比最大的 ΔE 还要大得多。接下来要执行一个不断倍乘的步骤，每次要将 T 的乘数因子减小 10%。常量 T 的每一个新值会持续一段时间，直至对从最初的结构开始的 100 次变化的配置的试验，或是 10 次成功的配置试验。当 E 的值无法进一步减小时，循环停止。

图 2.9 给出了模拟退火算法的基本结构。

模拟退火法的效率主要由临接函数非独立域的定义而决

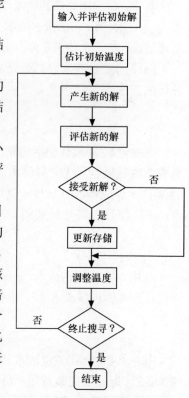

图 2.9 模拟退火法

定。此外，冷却进度表有时也很重要。如果温度降低过快，找到较好解的可能性会大大减小。但另一方面，温度降低的越慢，算法的执行时间就会越长。

尽管模拟退火法无法避免产生局部最小值，但从总体上说，该算法还是能够给出较优解的。在优化过程中，解容易产生在低开销区域而非高开销区域中。模拟退火法实现简单，与边缘改良法相比，该算法的临接测试比较容易，所以在组合优化问题中模拟退火法比较受欢迎。该算法的缺点是对 CPU 的要求高，且对一个已存在的较好解来说很难进行额外的改善。

模拟退火实例如下：

为了形象地说明算法的操作过程，下面给出在"退火"的各个阶段中网络的具体情况。在这里需要说明的是，虽然演示中只给出了 7 个节点的情况，但是这并不是说在节点增加的情况下算法就出问题了，而是考虑到节点多了以后反而会给演示带来不便。

（1）初始阶段

此时，网络结构由一个个三角形环网组成，网络的成本最高，其造价为 3 240 万元。对应退火过程中温度最高的情况。此时的网络结构如图 2.10 所示。

（2）降温阶段

根据算法的设计，网络是按照每次删减一条边的顺序逐渐降低冗余度的，且每次删减的边保证是使网络成本下降最大的。这对应着温度逐渐下降的情况。这一过程可以从图 2.11 至图 2.13 所示的网络结构中形象地看出。它们对应的网费分别是 2 880 万元、2 520 万元和 2 160 万元。

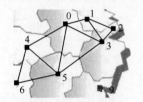  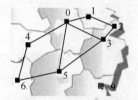

图 2.10　网络结构一　　　　　图 2.11　网络结构二　　　　　图 2.12　网络结构三

（3）最终结晶体

在设定的基本限定条件下，当网络的结构精简到图 2.14 所示的情况时便再也无法继续精简了，这对应着降火所最终得到的结晶体。这就是我们想要的最终网络拓扑结构，其费用为 1 800 万元。

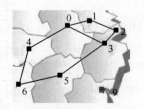 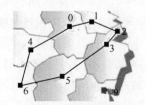

图 2.13　网络结构四　　　　　　　　　　图 2.14　网络结构五

由于所列节点个数较少，所以随着边数的减少，网费也是逐渐降低的。其实，在节点结构较多的情况下，边数减少所降低的费用可能比它所造成的波长增加所带来的费用增加要少，这样边数的减少并不一定就会带来费用减少，而是存在一个低谷的情况，这个低谷就是我们所得的最后结果。图 2.15 中定性的成本变化曲线可以对此进行说明。

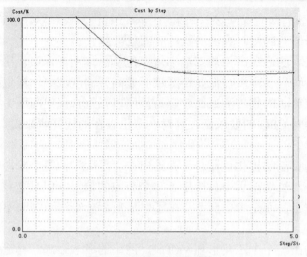

图 2.15 网络成本变化曲线

有可能在这个低谷之后还有更低的情况，但是就该算法而言这个更低的情况我们是无法得到的。这是因为，我们所采用的规划算法是一个"贪婪算法"，它只能求得每一步的最优，并不一定能得到整体的最优。我们每一步只砍掉一条边，当边数砍到一定的数量后，可能随着波长数的增加，网络的成本不会再降低了；但是如果我们同时砍掉两条或更多数量的边的话，网络费用的变化将是一个怎样的情况，这点我们无法说清楚。这正是我们所采用的这种规划算法的局限性。

2．遗传算法

遗传算法（GA）（参看文献[11]、[12]和[13]）尝试模拟由达尔文首先提出达芬奇详细阐述的自然进化现象。在自然进化理论中，每个物种都在努力适应不断变化的外界环境。随着物种的进化，这些新的特性会在个体成员的染色体中重新编码。这种信息通过随机突变产生变化，但在进化发展背后的最终推动力量是繁殖过程中染色质的结合和交换。

遗传算法与传统优化算法的区别主要表现在以下 4 个方面：

① 该算法并不是直接处理各变量，而是对控制变量进行编码；
② 该算法的搜索着眼于解的全域而不是个体；
③ 该算法只利用目标函数本身的信息而不去考虑它的导数；
④ 该算法使用概率转移规则而非确定性规则。

当然，遗传算法的后两种属性与模拟退火法一致，因而它们在某些应用领域是一致的。遗传算法的基本结构如图 2.16 所示。与标准优化流程图稍有不同，该算法用"种群"代替"解"。比较大的区别是，新解产生的常用步骤被 3 个连续的动作取代——群体选择、再结合和基因突变。

候选解必须进行二进制编码（称为染色体）。由于编码适用于整数和决策变量，所以连续控制变量必须近似为整型变量。然后通过随机方式或根据待解决问题的精确信息对染色体的原始种群进行选择。在该算法中，对每一代的种群的选择都是基于适者生存的原则，而且要将待解决问题的本质抽象成一个公式。选择最佳染色体，对

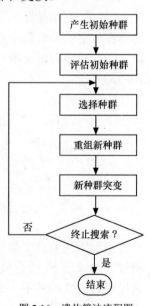

图 2.16 遗传算法流程图

其进行派生以产生下一代，且下一代要继承祖先最好的特征。经过很多代的遗传变异之后，最终的种群要比最初的种群优秀得多。

算法在结合阶段尝试创造新的改良解。关键之处在于对现有优秀种群的特性进行交叉重组，以构建更为优秀的解。通过在随机点切断母体连和对这些母体连的交换完成交叉重组过程。通过这种方式产生的新子链偶尔会发生突变，这种突变中的随机因素可能会改变原有的数值。突变阶段的目的是确保不会产生无法挽回的遗传信息的损失，以此保持种群的多样性。举例来说，如果种群中的每一个解都以 0 作为一个特殊比特值，再怎么交叉也不会产生 1。

就遗传算法而言，对新串的评估从本质上讲是一个黑盒操作。那样，新的种群会被接受或是遗弃。该过程会不断重复，直至产生令人满意的进度表或是资源被耗尽。通常，遗传算法需要经过多次反复以找到高质量的解，也就是说，要花费很长的时间来产生优秀解。当各子串在构造上存在相似的阻塞性时，向全局解的收敛就会变得很困难。另一方面，该算法允许在较大空间内进行搜索。认识领域在对问题的描述和对参数、操作的选择过程中起到了很重要的作用。

对任何可以产生多种解的网络结构优化方法来说，都可以采用遗传规划来做加速优化器。如果问题的公式化表示是一个多商品流问题，且该问题的限制条件只涉及边缘的流量，我们可以采用以下方法：对一对解我们要寻找一个切点（将一个网络划分为两个子网的一系列网络元素），在该切点，两个解流量相同，但切点两侧两个子网内的解是不同的。这样，我们就可以通过将切点两侧的两个不同解相结合产生新的可行解。

3. 基于蚁群算法的分布式网络规划

在现代化理论优化算法中，蚁群算法是常用的一种，它可以用于求解最优路径等。蚁群算法是人们受自然界中真实蚂蚁的群体行为的启发而提出的一种基于种群的模拟进化算法，属于随机搜索算法的一种。最早由意大利学者 M. Dorigo 等人首先提出来，他充分利用蚂蚁群体搜索食物的过程和著名的旅行商问题（TSP）的相似性，通过人工模拟蚂蚁搜索食物的过程求解 TSP 问题，获得了成功，故称之为"人工蚁群算法"，简称"蚁群算法"。其基本原理是：在较优的路径上的蚂蚁信息对于后来的蚂蚁起引导的作用较大。最初选择两条路径的概率是相等的，但是途中路径 101 通过的时间比较短，因此路径 101 上的生物信息的积累也就很快，随着路径 102 上的生物信息的挥发，最后，所有的蚂蚁都会选择较短路径 101 通过。Dorigo 等人提出的蚂蚁群体优化的元启发规则，较好地描述了蚁群算法的实现过程，其过程可表示为：① 当没有达到结束条件时，执行以下活动：蚂蚁在一定限制条件下寻找一条路径；② 轨迹（即外激素，又称生物信息）浓度的挥发；③ 后台程序处理，处理任务主要是单个蚂蚁无法完成的任务，比如根据全局信息对外生物信息浓度进行更新；④ 达到条件，结束。下面我们给出一种利用基于蚁群算法的分布式网络规划方案。

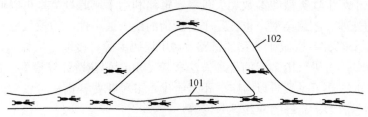

图 2.17 蚁群选路示意图

本方案主要解决以下两个方面的问题。

① 利用修正的蚁群算法在网络中实现 SLA（服务等级协定）需求，同时实现负载均衡，防止收敛为局部最优解。利用这种现代优化算法解决网络中动态资源分配的问题，在优化资源的利用率的同时降低网络的阻塞率。

② 对具有控制平面的智能光网络给出一种分布式优化的解决方案。采用分布式策略解决网络规划中多等级业务的连接、建立、拆除，且需要按照多个 QoS 等级和生存性需求进行网络的业务等级规划。简化智能网络中的复杂的路由技术和信令技术，节省了控制协议对于资源的耗费。借鉴蚁群算法思想，提出联合路由和信令的选路以及建立连接的控制技术，减少控制带宽的需求，以便留有更多的控制带宽来应对突发性事件带来的网络控制信息风暴。

下面进行简要描述。

（1）采用的模型与策略

我们采用基本蚁群算法中的 AntC 模型。这样可以根据花费的实时变化进行动态的网络规划，同时全局更新的策略可以加快算法的收敛速度。在每次循环结束后，更新相应的生物信息量。由于蚁群算法易收敛于局部最优解，所以按照 MAX-MIN 模型设计整个流程，也就是说需要将生物信息浓度 φ 限制在一个范围内，小于下界或者大于上界均以下界或者上界计算。这么做的原因是如果控制参数 α 过大，算法会过早收敛，不能得到全局最优解；而 α 过小，蚁群运动的随机性会过大，收敛过程会过慢，甚至于不能收敛，也不能到最优解。在本方案中，限定生物浓度信息 φ 的范围为 $[\varphi_{\min}, \varphi_{\max}]$ 之间，其中 $\varphi_{\max} = \dfrac{1}{1-\rho} - \dfrac{1}{f_{\text{best}}}$，

$\varphi_{\min} = \varphi_{\max}/2n$，$n$ 为节点个数，f_{best} 为最优路径花费的目标值，这里我们采用本次迭代的值作为最优值使用，这样既可以防止次优路径被最优路径完全屏蔽，在最优路径存在的同时仍然可以保证有较小的概率选择次优路径，以实现业务的负载均衡，又可以防止算法收敛于局部最优解。

另外，对于超大规模网络，由于计算量的增加，收敛时间通常会比较长。为了减少算法的收敛时间，本方案将整个网络划分为多个搜索子区域进行并行的搜索，过程如下：每次蚂蚁在搜索区域和可行集合的交集中选择下一跳，注意对于每个区域的禁忌表并不同于整体禁忌表的处理。在子区域搜索不到可行路径时，需要向外部区域发送请求，以保证连接建立的成功。

（2）基于蚁群算法的一般网络规划

由于承载业务的多样性，在网络规划中必须要考虑到 QoS 问题。常见 QoS 参数分为 3 类：可加性类型，可乘性类型，瓶颈类型。对应于可加性类型的参数如时延、成本、延时抖动、跳数；对应于可乘性类型的参数如丢包率、链路利用率，此种类型可以通过取对数的方法来进行特殊的处理。瓶颈类型，也就是平时所谓的最大最小性，短板效应，如瓶颈带宽，可用 CPU 资源，整条路径受限于瓶颈的链路。对于误码率等直接取对数即可，而对于优势评价参数则对数取负，对于可用带宽的处理方法参考 OSPF 的花费计算模型，108/可用带宽。我们采用取倒数的方法，系数可以自定。不难看出，多种花费开销还可以考虑实际物理传输媒质的限制，如色散 D、光纤的非线性效应等。

为了解决 QoS 问题，在本方案中我们提出一个多约束函数：$\vec{f}(e) = \begin{bmatrix} f_1(e) \\ f_2(e) \\ \vdots \\ f_n(e) \end{bmatrix}$，$f_i(e)$ 表示多

种标准处理后的量化参数，为网络性能参数。对应于上述几种评价，构建实际的度量函数
向量。

$$\vec{f}(e) = \begin{bmatrix} c_1 \log P_{\text{loss}} \\ -c_2 \log P_{\text{util}} \\ c_3 \log P_{\text{blok}} \\ c_4 t_{\text{delay}} \\ c_5 d_{\text{len}} \\ \vdots \\ c_{n-2}/B \\ c_{n-1}D \\ C_n\gamma \end{bmatrix}$$。其中 $\vec{c} = \begin{bmatrix} c_1 \\ c_2 \\ \vdots \\ c_n \end{bmatrix}$ 为调整向量。调整的原则是使最后的实际评价标准在

同一个数量级，防止某个参数的影响过大。其中对应于每种评价标准设定权重向量 $\vec{\omega} = \begin{bmatrix} \omega_1 \\ \omega_2 \\ \vdots \\ \omega_n \end{bmatrix}$，

$\omega_1, \omega_2, \cdots, \omega_n$ 分别对应各个性能参数的权重，可以根据不同运营商的喜好来修改相应的权重

值。$\sum_{i=1}^{m} \omega_i = 1$，$\sum_{i=1}^{m} \omega_i f_i(p)$ 为多约束函数的搜索函数，选择使该函数值最小的路径。不同于 $\vec{c}$

的是，$\vec{\omega}$ 仅能作为归一化的因子，该值大小限制决定其不能作为唯一的调整参数。

$d_{ij} = \dfrac{1}{\vec{\omega} \bullet \vec{f}(e)}$，相应的 $1/d_{ij}$ 可以看成是相关的代价。

另外，为了保证更好的 QoS，需要对网络的性能进行实时的监测。我们将蚂蚁在网络的
节点之间的选路和 QoS 的变化紧密相连，根据网络的利用情况进行实时的调整，动态的规划
路由和资源的使用。影响转移概率有多种因素，其中也包括链路占用情况、延时、抖动、阻
塞率等统计参量。由于瞬时的统计往往带有很大的随机性，需一个有效的方法来对网络的
实际性能有一个准确的评估，采用统计平均与历史记录加权平均的方法，充分地利用现有的
信息和预测的方法，同时二者所占有的权重比例关系可调。

在 SLA 问题中，每一种组合的 QoS 标准对应于一种等级的业务。对应于多等级业务，
将蚁群种族分为多组蚁群，需要保证等级高的业务分到较好的路由。因此，可以认为，等级
高的业务对于其他的业务排斥性大，对于一个具有 M 级等级业务的排斥权重为 $\{\varepsilon_1, \varepsilon_2, \cdots, \varepsilon_M\}$，
通过吸引系数和排斥权重联合为蚁群 j 选择链路 l 的概率，其中 ε 为常数。可以看出，若吸引
权重增大，则转移概率增大；若排斥权重增大，则转移概率减小。首先，优先级最高的蚂蚁
开始建立连接以确保高效直通路由的建立，形成稳定解后依次排序继续其他优先级业务的连

接建立，其中，在为业务选择路由的同时我们为其分配资源。

可以看出，针对上面所述规划问题的特殊要求，可行集不仅要考虑已经搜索过的节点，还要考虑受限路由、相应的 QoS 以及 SLA 的约束。因此本方案定义：对于第 k 只蚂蚁，其在节点 i 向节点 j 转移的概率为

$$p_{ij}^k = \begin{cases} \dfrac{r_{ij}^k(t)\gamma_{ijM_k}\varphi_{ij}^\alpha(t)d_{ij}^\beta}{\displaystyle\sum_{j\in allowed_k} r_{ij}^k(t)\gamma_{ijk}\varphi_{ij}^\alpha(t)d_{ij}^\beta}\,, & j\in allowed_k,\ k\in M_k \\[4mm] 0\,, & \text{其他} \end{cases}$$

其中，$d_{ij} = \dfrac{1}{\omega_{\text{delay}}f_{\text{delay}} + \omega_{\text{rt}}f_{\text{rt}} + \omega_{\text{bandwidth}}f_{\text{bandwidth}} + \cdots + \omega_{\text{loss}}f_{\text{loss}}}$

$$\{Allowed_k\}=\{Neighbor_k\}-\{rtetabu_k\}-\{contabu_k\}$$

$\{Allowed_k\}$ 为第 k 只蚂蚁的可行集，$\{Neighbor_k\}$ 为邻居节点集合，$\{rtetabu_k\}$ 为搜索过的节点集合，$\{contabu_k\}$ 为不符合限制要求的节点集合；d_{ij} 表示可达性信息，$1/d_{ij}$ 为相关代价 Lk，$r_{ij}^k(t)$ 为 i 到 j 的路由转移概率。对于 s 到 d 路由的路径（s，$\cdots$，$i-1$，i，$\cdots$，d）而言，蚂蚁访问到节点 i，则更新它的邻居 $i-1$ 的概率，而其他邻居节点的概率相应地减小。

$r_{i-1,s}^i(t+1) = \dfrac{r_{i-1,s}^i(t)+\delta r}{1+\delta r}$，$r_{n,s}^i(t+1) = \dfrac{r_{n,s}^i(t)}{1+\delta r}$，$n\neq i-1$ 且 $n\in Allow(s)$，δr 是生物信息的加强增量，随路径长度增大而减小，可用资源数增多而增大，$\delta r = \dfrac{\mu}{\delta l}+(1-\mu)\cdot\delta w$，其中 μ 为路径和可用资源变化的相对重要权重，用来进行性能调节，δl 对应于相应的路径长度，δw 对应于路径上可用资源的百分比，$\delta l = e^{-\theta\Delta l}$，$\delta w = e^{rw}-1$，其中 θ,γ 为修正参数，w 是路径中可用资源的百分比，$\Delta l = l-l_{\min}$，和最优路径进行比较，进行更新。

（3）基于蚁群算法和控制协议的智能网络优化

下面给出基于蚁群算法和控制协议的智能网络优化方案。首先定义支持本方案的蚂蚁格式包，通过其中的一些必要的属性项来完成这个功能。在一个连接发起时，采用蚂蚁信令在每个节点逐跳地计算路由，向下一跳发送连接请求消息，每个节点根据现有的可行集中的邻居链路上的生物信息及其他等级业务的排斥因素独立地计算下一跳可用路径。每次计算后的节点加入节点禁忌表中，防止再次搜索。同时按照前述更新策略更新生物信息因素和路由可达性信息以及随着链路的实时性能变化动态更新链路的花费。目的端在收到一条可以建立的连接后，对该连接进行有效性检查，也即该路径是否有足够的资源来建立连接，尤其是在标签连续性限制条件下，物理路径的存在往往不一定真实可达。进一步，我们根据蚁群算法和智能网络的控制协议的结合，设计分布式路由及资源分配信令流程如图 2.18 所示。

在图 2.18 中，进行标签分配过程的同时，更新路径上的所有信息，包括统计的链路性能参数，标记该链路已被占用。通过蚁群方法建立一个通路，当搜索到桩节点或者出现路由环路时，支持动态回溯，可以通过回退搜索来返回之前搜索的路径，直到找到一个可行集后才可继续向下游发送标签分配消息，继续建路。注意：在建路的同时会受到其他蚁群，也就是其他等级的义务的干扰，在 SLA 策略的限制下动态地分配资源。此处的路由方式不同与以往的源端路由模式，而是分布式计算的逐跳路由，目的节点收到建立连接请求时，向源端发送一个连接消息，按照相同的路径返回。连接拆除时与建立过程类似。标签分配确认消息确认

一条 LSP 的建立，并且在拆除前发送一个预拆除指令。资源释放从目的到源逐跳释放，释放完成后，源端显式确认。

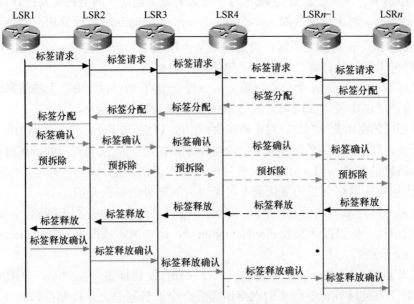

图 2.18　基于蚁群算法和控制协议联合的分布式路由及资源分配信令流程

在分布式路由和资源分配过程中，可能存在以下 3 种情况。

情况 1：如果目的端收到一条物理可达路径后，进行反向资源分配时在某一节点处出现资源不足时，应当首先标记该节点，并从该节点向目的端发送资源不足的消息，由目的端直接释放反向的连接。由于源端发出标签分配请求时，并没有收到标签分配确认消息，源端收到标签释放消息时可以判断，在中间的连接建立过程中出现了错误，响应目的端的标签释放消息，发送标签释放确认消息指示释放已经正常完成。

情况 2：在某个 LSR 按照生物信息等多种因素计算出来的转移概率进行标签分配消息进行连接时，在某个节点出现端节点，通过其所有邻居也无法到达目的端，此时采用回退消息回退搜索，之后的每个回退节点均进行标签分配的尝试，直到可行为止，目的端收到标签分配消息后的过程正常建立该连接。

情况 3：建立连接时即不可达。此种情况比较罕见，通常发生在连通度较低的网络中，或者回退搜索也无法在发送标签分配消息时找到可行路径，也就是说，无法到达目的端的 LER，此时无需分配资源，直接反向发送给源端 LER 一个故障指示，释放标记的链路即可。

（4）具体实施步骤

① 初始化：区域划分为 N 个子集搜索，$\{C_1[i_1], C_2[i_2], \cdots, C_k[i_k], \cdots, C_N[i_N]\}$，第 i 个区域有 ik 个点，lk 条链路的网络，采用 M 个蚁群，$\{k_1, k_2, \cdots, k_M\}$，对应于 MPLS/GMPLS 网络中 M 个等级的业务，其中 $k_1 > k_2 > \cdots > k_M$。设定各个链路的指标，诸如带宽、延时、丢包率等，如无则设为 0，及相应的权重，计算每条链路的 d_{ij}。

② 启动迭代计数器迭代次数，用 CycleNum 表示（CycleNum<MaxCycleNum）。

设共有 M 个蚁群，对每个蚁群 m 进行遍历（$m<M$）。

③ 将整个网络划分为 N 个搜索区域子集，对于每个搜索区域子集 n（$n<N$）进行搜索。

④ 初始设定 $t=0$，$\varphi_{ij}(t)=\varepsilon$，其中 ε 为很小的正数值，防止开始计算即出现较大的偏差。

⑤ 对于蚁群 m，其蚂蚁总数为 km，对于每只蚂蚁 k 遍历（同类蚂蚁并行计算）$k<kM$ 并设定 FindNextNum，对于每个蚂蚁 k，$r_{ij}^{k}(t)=1/\text{num of neighbor } i$，计算相应的转移概率，判断下一跳，发送 SetUp 消息。同时，将访问的节点加入节点禁忌表 Route_TabuList，对于某一段链路进行可用标签的计算。Path_List 记录相应的节点。

⑥ 假设区域 n 中存在 in 个节点，遍历区中每个节点（$i<in$），更新生物信息因素，确保不收敛一条路径，以实现负载均衡，采用 MMIN 更新生物信息策略。

⑦ 计算相应的路由变化参数，对于未作为路由的其他邻居节点，则更新路由信息参数。如果 j 属于可行集，则更新相应的转移概率，否则转移概率应为 0，更新对应的 cost[] 的值。

⑧ 统计链路的性能参数，同时包括统计时间窗的范围修正。动态实时的监测网络性能的变化，以便快速响应网络负载的变化而不带来过大的额外的负荷开销。

⑨ 如果陷入环路或者端节点，则向上一跳发送回退命令，进行回退搜索，同时 Path_List 中的相应元素出栈，如果搜索次数 FindNextNum<0，则结束本域搜索，否则 FindNextNum--，步骤 6（下一个节点）。

⑩ 如果节点搜索完成，则反向向本域入口 LER 发送标签分配消息，分配的标签加入 Label_List，对于有连续性标签要求的网络还需要一个波长禁忌表来控制标签的分发。如果中间某个 LSR 判断没有标签可用，则重试本域的同一入口 LER 的另一条路径，如果仍然不可，则重试本域其他入口 LER，否则重试下一个域。如果仍然不可行，且超过了最大回退次数，则发送标签分配失败消息给本域目的 LER，也即本域的出口 LER。如果标签分配成功，即本域的完整 LSP 已经建立完成，由 LER 节点负责归纳本域路由信息和标签分配的情况，作为通告路由器和其他域进行交互，区别于单个域搜索，如果本域的路由禁忌表为满或者找不到可行集中的节点时，应当在它域内寻找。否则步骤 4（下一个域）。

⑪ 此时在所有域的搜索下，已经建立完成一条完整的 LSP，从源 LER 发送标签分配确认消息给目的 LER，同时更新链路上的生物信息。在业务建立完成后，源端 LER 发送预拆除指令，目的端 LER 收到后进行标签释放过程，在源端 LER 发送对于标签释放进行显示确认保证释放的完成。即对于等级较高的业务建立完毕，继续建立下一等级的业务，更新业务排斥参量 γ_{ijM_k}，并重新计算转移概率，至步骤 3。

⑫ 如果 CycleNum< MaxCycleNum（最大迭代次数），结束，否则步骤 2（下一个迭代次数）。

2.3.2 优化流程

网络优化的主要任务是在网络运行过程中，对网络结构、资源配置、通路组织和保护恢复设计进行优化，以提高网络利用率、质量和鲁棒性等。例如，网络运行过程中，其配置并不一定是最佳的，例如存在负载不均衡、鲁棒性差等问题，可以通过网络优化工具进行分析，然后再对实际网络进行调整，以提高网络性能。此外，当新业务到达时，可能需要对现有业务的路由和波长重新进行分配，以满足其业务建立的需要。网络优化首先是基于对网络性能的评估，针对发现的问题，提出网络优化方案。为了准确掌握网络的配置和资源利用情况，通常要求网络优化工具能够实时获取网络数据。通过对实际网络数据进行分析，使用户真实、客观地了解网络整体情况，并提供对网络容量瓶径的预测。我们将在第 3 章详细阐述网络资源优化的内容。

图 2.19　网络优化的简单流程

网络优化主要有如下 3 种方式。

（1）网络结构优化

对网络结构进行优化，包括网络拓扑的优化、网络分域和分区的调整等。这个过程相对比较复杂，往往需用人工智能的干预，不是一个简单的纯计算过程就可以实现的。

（2）路由优化

网络优化讨论路由算法问题，需要区分动态业务和静态业务。静态业务的 RWA 算法通常是建网初始的规划方法，通常以容量优化为目标，这个功能同样可以用于网络规划模块。动态业务 RWA 算法通常在网络运行期间，其算法的优化目标通常是网络的阻塞率。路由优化包括局部优化和全局优化。局部优化主要是释放出链路中的不连续带宽资源，进行带宽碎片整理，从而达到允许网络建立新的大颗粒业务的目的，这时不必要对所有业务的波长路由分配进行调整，其调整原则可以是对网络业务影响最小。全局优化是根据当前的网络结构和运行状况，优化调整业务路由。当网络运行了一段时间后，整个网络的配置性能较差，可以根据当时的业务分布，根据优化目标利用 RWA 算法重新进行优化。这个过程需要对所有允许被调整业务进行调整，其优化目标可以是最大资源利用率。

路由优化的策略主要包括最少资源使用和负载均衡等策略，具体算法包括最短路径算法、负载均衡算法、多约束分离路径算法、链路碎片整理算法等。对于路由算法而言，还应该指定物理网络特性和限制条件，以 WDM 环网的优化为例，则为拓扑结构、波长资源、节点特性、是否指定了部分或全部路由、是否有波长变换能力、采用什么保护方案等，然后以此为基础，选择并配置波长路由算法，最后对算法模拟的结果进行分析。

（3）保护恢复优化

随着网络业务的增加，网络的冗余容量会逐渐减少。通过网络分析，可以提醒用户到什么程度网络还可以作 100%保护恢复，并在必要时提出要保证一定的保护恢复率，需要增加哪些网络资源。保护恢复优化还具有强大的故障模拟能力，通过模拟网络中的节点、链路故障，分析网络安全的瓶颈，计算网络保护恢复的性能。

2.4　业务需求预测

2.4.1　问题概述

网络规划与优化问题首先需要解决的问题是对其客户层产生的业务需求的预测。业务预测是指以调查资料、经济信息和业务信息为依据，从经济现象的历史、现状和规律性出发，运用适当的方法和技巧，对业务未来发展的分析、估算和推断。业务需求预测涉及的基本问题包括：

① 基础资料的收集和信息资源的充分利用；

② 基本参数的设定；

③ 预测基础量和派生量的选择确定；

④ 预测结构所处范围的合理性分析；

⑤ 预测结果的分析和修正。

如图 2.20 所示，业务需求与其他约束条件一起为网络规划重要的输入参数。其中，技术约束决定了可供选择的传输层技术，比如规定在 SDH、WDM/OTN 和 ASON 中选择其中的一种或几种。基础网络约束则限制了网络规划的基础拓扑模型，网络的演进一般应服从平滑演进的模式，所以网络规划的进行应在原基础网络拓扑上进行扩展，然而，对于绿地规划，则不用考虑这个问题。物理约束包括链路容量限制、节点设备终结限制、节点交叉连接容量限制、通路长度限制等。经济性约束则给出了运营商对新建网络的投资上限。

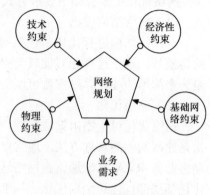

图 2.20 网络规划输入参数

业务需求分析是网络规划的基础和前提，它通过科学的方法和手段对各类业务对未来变化的趋势做出定量估计，其目的是为网络规划提供科学计算的依据，由此来确定下一步的组网方案。由于现在的物理网络上所承载的业务种类很多，各种业务具有不同的组网方式和发展规律，因此必须针对不同业务分别进行预测，然后将所有的带宽需求综合起来，统一规划。具体可从以下几个方面对业务需求进行分析。

① 业务节点：确定哪一些节点用来承载业务，确定业务节点与光网络节点的映射关系。

② 业务需求流向：是集中型业务、相邻型业务、均衡型或其他业务模型，一般可以采用业务矩阵进行描述。

③ 业务需求带宽：指对传输带宽的需求，及业务的粒度（2M、155M、622M、2.5G、10G、40G 等），以及是否可拆分等。

④ 业务对光网络的要求：如 QoS 方面的要求等。

2.4.2 体系及预测模型

业务预测可按预测的时间长短分为长期业务预测、中期业务预测、短期业务预测以及近期业务预测等，也可按预测方法的性质分为定性业务预测和定量业务预测。业务预测体系如图 2.21 所示。

应该说，业务需求预测是一个复杂的过程，其中所牵扯的因素很多，包括国家政策影响、地区经济发展、技术进步等。按照业务是否已知，业务可以分为现有业务和新电信业务。现有业务是指现网中运行的业务，新电信业务则是指随着网络技术的进步所产生的新的电信业务。由于网络规划对业务带宽的需求是敏感的，所以带宽需求的预测方法十分重要。对于现有业务，带宽预测相对较为容易，可以从历史数据中预测，或者通过市场调研或用户人口估计，也可以一些额外的工具预测一些位置业务，比如通过泊松业务模型来预测语音业务，通过自相似模型来预测 IP 业务。对于新电信业务带宽的预测则比较复杂，这些新业务由于缺乏或根本没有实质数据，因此不易采用数学模式预测，通常采用类比法或调查分析法来解决。但文献中给出了一种可供参考的数学模式预测方法。它首先对电信业务分类，对不同类别的业务根据其自身特点分别预测其带宽需求，然后把这些结果相加得到整体带宽需求。如图 2.22 所示，该方法考虑了新业务和现有业务之间的相互关系，并把该新业务分为 3 种不同的类型：

另加的新业务、替代的新业务和增强的新业务。对第一种新业务的增长预测采用扩散模型，对第二和第三种新业务的增长则采用替代模型。采用新技术的增长预测可以假定服从一个 S 形曲线。根据该假设，业务增长可以用下面的数学公式来描述：

$$n = \frac{M}{2}[1 + \tanh(R(y - Y_m))] = \frac{M}{1 + \exp(-2R(y - Y_m))} \tag{2.8}$$

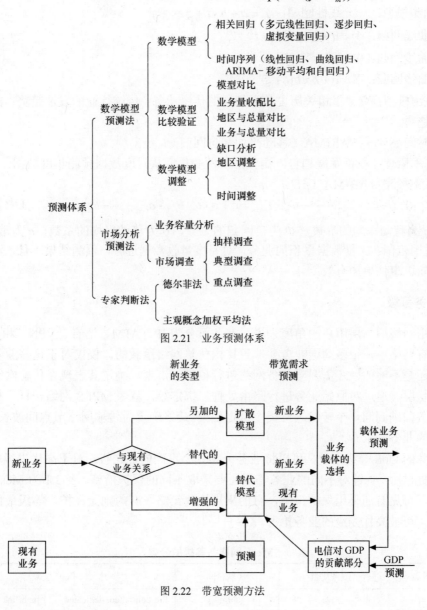

图 2.21 业务预测体系

图 2.22 带宽预测方法

下面再介绍几种常用的业务预测模型。

（1）相关因素回归预测

① 基本原理：根据业务发展的不同影响因素（社会经济指标），在相关分析的基础上，采用多元回归预测。

② 预测模型：$Y = a_1 \cdot x_1 + a_2 \cdot x_2 + a_3 \cdot x_3 + \cdots + \xi$，其中 Y 表示所预测的业务，x 表示不

同的影响因素，a 为回归系数，ξ 为预测误差。

③ 适用范围：有多年相关历史数据积累的传统业务；受相关社会经济因素影响的行业发展趋势。

（2）时间序列——时间趋势回归

① 基本原理：假定相关影响因素不出现很大的变化，根据历史发展趋势预测未来基本走势。

② 预测模型：一元线性回归：$Y = a + b \cdot t + \xi$

平方曲线回归：$Y = a + b_1 \cdot t + b_2 \cdot t^2 + \xi$

指数曲线回归：$Y = a \cdot e^{b \cdot t} + \xi$

对数曲线回归：$Y = a + b \cdot \ln t + \xi$

③ 适用模型：有多年相关历史数据积累的传统业务；传统行业的发展趋势；社会经济指标的发展趋势。

（3）时间序列——ARIMA（移动平均和自回归）

① 基本原理：根据发展趋势，调整季节性变化，从月度数据预测年度数据。

② 预测模型：ARIMA（p，d，q）

$Y_t - \Phi_1 \cdot Y_{t-1} - \Phi_2 \cdot Y_{t-2} - \cdots - \Phi_p \cdot Y_{t-p} = c + a \cdot t - \theta_{t-1} \cdot a_{t-1} - \cdots - \theta_{t-q} \cdot a_{t-q}$，其中 p 为自回归的阶数，q 为移动平均的阶数，Φ 为自回归的系数，θ 为移动平均的系数，c 为常数。

③ 适用范围：大量数据累积的业务，对月度量收数据进行，预测结果不佳。对发生时间间隔短的随机事件更加有效。

2.4.3 业务等级

从使用网络的高层用户的角度来说，业务可分为 IP、ATM、语音、VPN、租用电路等。当然在现有网络中，很多高层业务并非直接由传输网络承载的，仅仅对于这些业务进行带宽需求预测还是不够的，还需要对业务网络进行梳理、汇聚，确定其表现在传输网络上的业务需求分布状况。通过对原始业务进行路由处理、绑定等，就像 MPLS 网络一样，把一些属性相似的业务归纳到同一个转发等价类中绑定处理。最终确定为传输网络节点间波长级别或 VC 通道级别的业务需求。

从业务的 QoS 等级来说，可以将业务分为几个不同的优先级。对于高优先级的业务，要优先为其提供服务，针对不同的业务等级还要采取不同的保护措施。表 2.1 为 Mesh 网服务等级的分类，可见有的采用保护策略，有的采用恢复策略，有的则无保护，等级最低的业务为额外业务，可被高优先级的业务抢占。

表 2.1 **Mesh 网服务等级的分类**

服务等级	服务质量	恢复时间	保护方式
铂金级	最高	50ms	Pre-computed, dedicated, 1+1 path/link
黄金级	较高	200～300ms	Pre-computed, shared, revertive, 1:n path/link
白银级	中	s	Re-established, revertive
青铜级	较底	h	Unprotected
废铁级	最低		Pre-emptable

经过业务需求分析后，对应光网络所提供的业务等级分类指标，将业务需求映射为光网络指定的业务类型，最终给出不同等级业务各自对应的光层业务需求矩阵。

2.5　传送网的拓扑设计

网络拓扑是标识网络分段、互联位置和用户群体的网络结构体，主要用于显示网络的几何形状而并非实际的地理位置和技术实现。在网络规划过程中，拓扑设计是最基础的一步。

任何通信网络都存在两种拓扑结构：物理拓扑和逻辑拓扑（也称为虚拓扑），其中物理拓扑用来表征网络节点的物理结构，而逻辑拓扑则用来表征网络节点间业务的分布情况。光传送网结构设计的核心是虚拓扑的最优化问题，这也是本节的重点内容。

WDM 光传送网的基本结构是一组节点集合和一组点到点的光纤链路集合，如图 2.23 所示。节点的结构划分为光部件和电部件两个部分：光部件是一个由波分复用器/解复用器和光开关矩阵构成的波长选路开关（WRS），它能够选择某些光通道全光地通过该节点，另外一些光通道在本地上路或下路；电部件即指电的分插复用和交叉连接设备，它通过有限数目的光发射机/接收机连接到节点的光部件上。这里光通道是指两个节点之间一条双向的由光载波构成的光连接。光网络的物理拓扑是指由网络节点和波分复用链路构成的网络物理连接结构，在图 2.23 中用细实线表示，物理拓扑与光缆线路的敷设路由直接相关，通常不可能随业务改变而任意改变。而逻辑拓扑是利用光通道的概念建立的，它是介于物理拓扑与节点的通信业务需求之间的缓冲，与节点之间业务分布情况密切联系，通常可以根据需要通过软件配置而随时改变，在图 2.23 中用虚线表示。

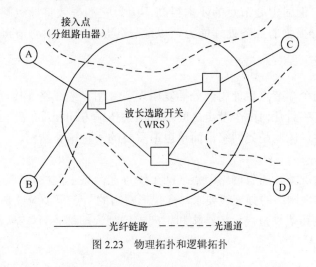

图 2.23　物理拓扑和逻辑拓扑

物理拓扑和逻辑拓扑之间的区别主要有以下几点：

（1）物理拓扑面向节点的物理连接，逻辑拓扑面向节点的逻辑连接；

（2）从传送网络层次模型上看，物理拓扑位于传输媒质层，逻辑拓扑位于通道层；

（3）物理拓扑中的选路节点视为波分复用网络节点光部件的抽象，边代表光纤链路；逻辑拓扑中的终端节点视为波分复用网络节点电部件的抽象，边代表光通道；

（4）物理拓扑中节点的物理度取决于和该节点有链路连接的节点数目及波长选路开关的端口数量，逻辑拓扑中节点的逻辑连接度由该节点光发射机/接收机数目以及电开关的端口数量决定；

（5）逻辑拓扑的结构可以不同于网络的物理拓扑，但是必须以一个物理拓扑作为基础；

（6）物理拓扑设计是在保证网络传输性能的前提下，根据节点位置和可用部件选择使建设费用和综合效益最适合的方案；逻辑拓扑设计是在物理拓扑基础上考虑节点的业务分布情况，选择通道构成方案使信息传送性能达到最佳。

2.5.1 传送网的物理拓扑设计

在波分复用技术发展的早期，点到点的链接是网络物理连接的唯一方式。随着节点技术的发展，OADM 以及 OXC 设备的出现推进了传送网组网技术的发展，使各种物理拓扑的实现成为可能。除点到点连接方式外，基本的物理拓扑有以下几种。

1. 线性拓扑

当所有的网络节点以一种非闭合的链路形式连接在一起时所形成的拓扑就是线性拓扑。通常这种结构的端节点是波分复用终端（光部件），中间节点是光分插复用设备（电部件）。线性拓扑的优点是可以灵活地上下光载波，但它的生存性较差，因为节点或链路的失效将把整个系统割裂为独立的若干部分，而无法有效进行通信。

2. 星形拓扑

星形拓扑中，网络中有一个特殊节点与其他所有节点都有物理连接，而其他各节点之间都没有物理连接。其中这个特殊节点称为中心节点，通常由具有 OXC 功能的节点承担；而其他节点称为从节点，可以使用波分复用终端设备。星形拓扑可以更加有效的对网络带宽进行管理和利用，但对中心节点的要求很高，因为它的失效将导致整个网络的瘫痪。同时还要求中心节点有很强的业务处理能力，以疏导各从节点与中心节点以及从节点之间的业务。

3. 环形拓扑

若线形拓扑的两个端节点也使用光分插复用设备并用光缆线路连接，就形成了环形拓扑。环形拓扑实现简单，并且任何两个节点之间都有两条传输方向相反的路由，使网络具有良好的保护性能和生存性，因此是光网络最简单也最重要的一种拓扑结构。

4. 网孔形拓扑

在保持连通的情况下，所有网络节点之间至少存在两条不同的物理连接的非环形拓扑就是网孔形拓扑。为实现网络的强连通要求，网孔形网络的节点至少应该是 OADM，通常使用 OXC。网孔形拓扑的可靠性最高，但结构和相应的控制管理都较为复杂，通常仅用于要求高可靠性的骨干网中。

2.5.2 传送网的逻辑拓扑设计

网络的逻辑拓扑即虚拓扑，它与节点之间业务分布情况密切相关。引入虚拓扑可以克服业务需求与网络物理设计在目标和效能上存在的矛盾，对业务需求变化提供较强的适应性，并且能够有效节约网络资源。

虚拓扑的设计问题是伴随着支持分组业务（无连接的业务）的网络产生的。由于目前在光域识别地址信息的技术不够成熟，因此要在光网络上支持无连接业务一般采用光电结合的方式，在光网络层建立光路进行透明传输，在电网络层读取地址进行路由计算。由于电节点的处理能力远低于光节点，而且光电/电光转换代价较高，因此我们希望信号尽量在光域进行处理，减少电节点的转发次数。但是在所有电节点之间都建立光路是不现实的，设一个具有 N 个节点的网络，如果要在所有节点之间建立光路连接，则共需要建立 $N(N-1)$ 条光路，因此每个节点的出度和入度必须均为 $N-1$，但网络中光节点的发射机和接收机个数有限，不可能随着网络节点的个数增加而无限增加，而且当 N 很大时，为了支持 $N(N-1)$ 条光路，每根光纤中所要求复用的光波长数也会很大，实现上也有困难。因此，如何充分利用有限数量的光收发机和可用的波长资源，最大可能地减少电节点上的存储转发操作，使网络的性能指标得到优化，就归结为虚拓扑的设计问题。

虚拓扑的设计是根据物理网络的拓扑结构、网络资源和网络业务分布情况决定的。一般已知条件为：① 光纤网络的物理拓扑；② 每根光纤最多可以复用的波长数目；③ 网络的业务需求分布；④ 每一节点处实际配置的波长可调谐光发送机和光接收机数目。而优化目标通常是最小化端到端的分组延迟，或者获得尽可能高的网络吞吐量，以满足业务增长的需要。因此，虚拓扑的最优化设计有一个或两个可能的目标函数：（1）对给定的业务矩阵最小化网络范围的平均分组延迟（可用于优化当前业务需求状况下的解决方案）；（2）最大化业务规模的扩展因素（提供适应未来业务容量升级需要的最优方案）。针对上述两种应用，可以提出评价网络性能的两项重要指标作为优化判据，即网络的平均分组延迟和拥塞（congestion）。

虚拓扑的设计是一类复杂的 NP-hard 组合优化问题，一般解决这类问题的方式是将它分解为几个子问题，目前较为广泛认同和使用的文献中提出的对虚拓扑设计问题的划分方法得到了，它将虚拓扑的优化设计问题分为 4 个子问题：拓扑生成子问题，拓扑映射子问题，波长分配子问题和流量路由子问题，即可按以下 4 个步骤解决虚拓扑设计问题。

步骤 1：随机生成一个虚拓扑连接，使每个节点都满足接收机和发射机限制。

随机产生的虚拓扑必须满足 3 个限制条件：① 它必须是连通的，即在任何一对节点间至少有一条路径；② 每个节点的出度必须小于等于该节点可用的发射机的数量；③ 每个节点的入度必须小于等于每个节点的接收机的数量。

目前用于随机生产虚拓扑连接的算法主要有 WDM 网络中的虚拓扑算法等。

步骤 2：在物理拓扑上路由光路，即将光路映射到物理拓扑上。

随机虚拓扑产生后，应该将它嵌入到物理拓扑之中，虚拓扑嵌入至物理拓扑的主要思想是：为每一条逻辑链路（i, j）寻找一条物理拓扑，使得从节点 i 到节点 j 的路由代价最小。其限制条件为：每条物理光纤上的波长数是固定的，采用基于启发式评估函数可以找出代价最小的最佳路径，其定义为 $Cost(l) = W_1 \cdot NoPathlight(l) + W_2 \cdot L(l)$，式中，$NoPathlight(l)$ 指的是算法执行的每一点已经有多少条虚链路使用物理链路 l 来嵌入，而一条链路的规范化长度 L 可以定义为链路的长度除以最长链路的长度；W_1 和 W_2 是两个权值，在实际的操作中应合理选择。

式中的第一项是指当一个虚链路使用一个物理链路来嵌入的时候，该物理链路的代价变大，从而使没有嵌入的虚链路只要能找到更好的路径就应避开这条物理链路；式中第二项的 L 用于评估函数，目的是要把随着链路长度增长而变大的传输延迟考虑在内。

步骤 3：按照上一步路由的结果，给光路分配波长，这也是一个 NP-hard 问题。

当虚拓扑嵌入到物理拓扑之后，可以知道所有的通过一条物理链路的虚链路，而且需要对虚链路指定波长，并保证给任何通过同一物理链路的逻辑链路分配不同的波长。假设可用的波长数是不受限制的，只是尽量减少使用的波长数。在不违反物理限制的情况下优化地将波长分配给各个光路径，根据点的顺序着色算法的原则[5]，可以采用波长按照不相交的光通道（即不使用相同物理路径的光通道）数递减的顺序分配给光通道。

步骤 4：在虚拓扑上进行路由，一般使用分流算法。

虚拓扑上的路由包应使用分流算法，该算法先对流量矩阵中的源目节点对按照流量递减的顺序排序，之后从排序的源宿节点对中一个一个地取出，并在最少链路数和最短路径上分配流量。如果所有的流量不能分配在最短路径上，那么就有可能在路径上分配到最大的流量。此时，那些完全饱和的链接则被标记为删除，而余下的流量则被继续分配给其他链接的最短路径。显然，这种方式能够使吞吐量最大化，因为它可以尽量地将更多的流量分配在尽可能少的链接上。

2.5.3 虚拓扑重构问题

在实际应用中，网络业务矩阵一般会随时间缓慢变化，因此虚拓扑也面临着根据业务量变化而重构的问题。虚拓扑重构需要考虑 3 个问题：确定在什么情况下需要重构的策略；确定新的虚拓扑，既考虑满足新的业务量需求，同时又使原来的虚拓扑改变尽量少；如何切换到新的虚拓扑结构而又不使正在运行的分组数据有任何损伤（或损伤小），即实现无损伤重构。

虚拟拓扑重构可以分为离线（off-line）和在线（on-line）两种模式。在离线拓扑重构过程中，原有的虚拟拓扑暂时完全中断，新的虚拟拓扑根据改变的业务量重新建立，在这种模式下，网络中现有的业务连接在重构过程中会受到严重的影响；在线拓扑重构是指网络虚拟拓扑不全部中断，重构拓扑根据当时网络资源和业务流量的改变情况决定，当已建立的部分光路在重构中需要被拆除时，被拆除光路上的业务传输会受到影响，因此，进行在线拓扑重构既要使重构的虚拟拓扑能适应业务量动态变化，又要使重构中受影响的业务量尽可能小。

2.6 传送网分层网络设计

对多层网络的规划优化是一项非常困难的工作，通常是将其分解为一系列独立的子问题分别处理。因此，我们在对图 2.24 所示的多层传送网络进行规划时，一般采取客户层/服务层模型。其中客户层相当于服务层的直接业务层，定义了点到点的业务需求，服务层则负责传送客户层业务。服务层可以是从光缆层、WDM 层、SDH 层到 ASON 层中的任何一层，对于给定的一个服务层，客户层可以是它上面的任何一层，但不能在这个服务层的下面。那么多层网络的规划可以用两种方法来解决：一种是分层规划（Multi-Single-Layer）方法，它首先对客户层进行规划，然后将客户层的规划结果作为服务层的业务需求从而对服务层进行优化；另一种是联合规划（Multi-Layer Unified）方法，它将客户层和服务层两层网络统一起来进行考虑。

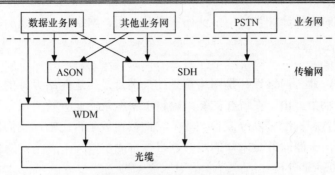

图 2.24　长途传输网分层结构

下面以 ASON/WDM 多层网络规划为例，对多层规划问题进行说明。图 2.25 所示为基于 ASON 的传送网络分层，整个网络分为业务层、网络层（ASON 层、WDM 层）、光缆层 3 个层次，相邻层之间为客户层/服务层的关系，上层为客户层，下层为服务层。

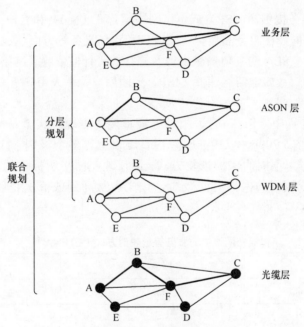

图 2.25　基于 ASON 网络的传送网分层

（1）分层规划法

对于分层规划法，可以将问题分解为两步：客户层规划，服务层规划。

这里，我们将 ASON 层作为客户层，WDM 层作为服务层。ASON 层规划时，业务需求是基于根据业务层所得业务需求矩阵，在此基础上对 ASON 层进行规划。WDM 层规划时，ASON 层规划产生的结果，为 WDM 层提供业务需求矩阵，然后进行 WDM 层规划。对于每一层的规划流程，可参考前面所描述的单层规划流程。

（2）联合规划法

联合规划法将客户层的业务需求与服务层的规划结合起来进行考虑。对于 ASON/WDM 多层网络，以业务层的业务需求矩阵为输入，同时设计两个服务层，通过基础数据的关联，在设计服务层的同时也设计好客户层，从而实现业务层、网络层和光缆层的同步设计。

2.6.1 业务层的规划

在网络设计中，业务网络设计是网络规划的关键，是传送网络设计的前提。业务信息是网络设计的基本驱动力。由于在现在的基础物理上要承载的业务种类很多，网络的业务流量计算也很复杂，按各种标准可以分成各类业务。如按业务是否已知，我们假设两种情形，即一些业务是已知的，一些业务是未知的，必须进行预测。

1. 确定性业务需求分析

在网络的中、短期规划时，网络所承载的业务是确定的，此时业务需求分析包括确定业务的属性（源目节点、电层或光层业务等）、业务的类型（普通业务、组播业务、OVPN业务、BoD 业务等）、业务的粒度（2M、155M、622M、2.5G、10G 等）、以及业务对网络的要求等。其中业务对网络的要求反映在业务的服务等级上，即服务水平协议（SLA, Service Level Agreement）分级。

SLA 是指电信服务提供商（SP）或电信网络运营商（NO）和客户（也可以是其他的 SP 或 NO）之间通过协商，在服务品质、优先响应和责任义务等方面达成的协议，是国际通行的电信服务评估标准。SLA 的具体条款内容及施行的可行性依赖于网络的品质和状态。实际中对于不同类型的用户（如电信运营商、ISP、集团用户、个人用户等），SLA 的具体条款会有所区别。

在光网络规划过程中，SLA 的等级划分最直接的表现方式就是故障后的保护恢复时间，通常有 50ms 以内、200ms 以内、1s 以内、1s 以上等多个级别。针对不同的组网结构，这种区别常常被映射为不同的保护恢复方式，即反映在网络所提供的生存性策略上。比较一致的看法是环网或线网的保护时间较短，优先级从高到低依次是环网>线网>格网，见表 2.2[4][5]。

表 2.2　　　　　　　　　智能光网络中的服务等级映射方式（CIENA）

服务等级	服务质量	恢复时间
等级 1	最高	环/线+格网
等级 2	高	环/线
等级 3	中	格网
等级 4	低	无

针对每一种具体的组网结构，保护恢复机制所对应的 SLA 又有所区别。从保护恢复方式角度出发，环网中常见的组网方式包括 BLSR2/4（双向线路倒换环）、BPSR2/4（双向通道倒换环）、ULSR（单向线路倒换环）、UPSR（单向通道倒换环）。环网中的通道保护实现的是 1+1 或 1:1 保护，而复用段保护则是 1:1 或是 $M:N$ 的保护。一般优先级从高到低依次是 1+1>1:1>$M:N$>无保护>额外业务。额外业务的服务等级是最低的，因为一旦承载它们的线路有其他更高级别的业务要通过时，这些额外业务需要马上强行拆除。在现有的实际环形网络中，通常采用的都是 1+1 或 1:1 保护。表 2.3 所示为环网的服务等级。

表 2.3 环网服务等级分级

服务等级	服务质量	恢复时间
等级 1	最高	1+1 保护
等级 2	高	1：1 保护
等级 3	中	无保护
等级 4	低	额外业务

在 Mesh 网中，有保护也有恢复，保护包括 1+1 保护、1：1 保护、$M：N$ 共享保护；恢复的机制包括基于路径的恢复和基于链路的恢复等多种方式。在 Mesh 网结构中，恢复时间较长而保护较为迅速，从故障后业务恢复时间的角度来考虑，优先级一般为保护>恢复。具体来说：1+1 保护>1：1 保护>$M：N$ 保护>基于链路的恢复>基于路径的恢复>无保护>额外业务，具体分级见表 2.4。

表 2.4 Mesh 网服务等级分级（NORTEL，恢复）

服务等级	服务质量	恢复时间	保护方式
Platinum	最高	50ms	Pre-computed，dedicated，1+1 path/link
Gold	较高	200～300ms	Pre-computed，shared，revertive，1：n path/link
Silver	中	s	Re-established，revertive path
bronze	较低	h	Unprotected
Best effort	最低		Pre-emptable

在 ASON 中，由于控制平面的引入及其所支持业务种类的不断增加，SLA 机制变得更为灵活。特别是对动态业务来说，其 SLA 除了映射在生存性机制的区别上以外，还要更多地考虑其阻塞率的大小。控制平面中的连接接纳控制（CAC）可以根据网络可用的且符合 SLA 要求的空闲资源、优先权和其他策略，决定是否应用户请求建立新的连接。即要么授权用户接入网络资源，要么告诉连接请求的发起者该请求被拒绝。

目前在光网络中应用的 RWA 算法都假设所有光路建立请求具有相同的服务等级，但是由于实时和多媒体等新兴业务的出现，使得整个网络中不再是单一的"尽力传送"业务（Best-effort Service），因此不同级别的动态业务要求我们必须考虑到达接入节点的业务流主干的优先权属性问题。在建立光路时，应保证不同业务流主干对应的光路建立请求具有不同的阻塞率。比如由 IP 电话、视频会议以及 VoD 等业务聚合成的业务流主干，它们的优先权属性应该高于文件传输等业务聚合成的业务流主干。优先权属性越高，所对应的光路建立请求的优先级就越高，相应地就应该保证它的阻塞率越低。

2．业务预测

如果业务不可得，就可从历史数据中预测，或者通过市场调研和用户人口估计。也可以通过额外的软件工具预测一些未知业务，比如通过泊松的业务模型来预测语音业务，通过自相似模型来预测 IP 业务。业务预测相关内容已在 2.4 节中进行了详细介绍，在此不再赘述。

业务网的目标网规划顺序采用"先两头后中间"的规划过程，即先对现状网作全面分析了解，在此基础上制定目标网规划，最后从现状网和目标网之间，提出逐年或者逐个规划期的网络过渡规划，如图 2.26 所示。

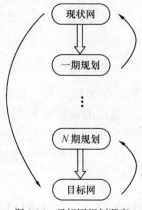

图 2.26　目标网规划顺序

2.6.2　ASON 层的规划

从目前中国骨干网络的发展现状来看，大规模重新部署 ASON 设备已经不太现实，因此，对于网络运营商来说，必须考虑在已有的网络上，即 WDM 网络或者 SDH 网络的基础上，在部分节点逐步引入 ASON 设备，并在条件允许的时候，将其他节点也升级为 ASON 节点，以下就是基于这种思想所提出的一种在已有 WDM 网络基础上对 ASON 进行规划的方案。

从技术角度来看，ASON 主要为网络带来的优势主要在于：（1）提高网络生存性；（2）提高带宽利用率；（3）减轻运行维护工作量。目前中国骨干网络的网络资源有待完善，现有复杂的组网主要出现在几大核心节点之间，在这些节点之间，业务也相对趋于集中，因此，对于 ASON 网络的规划可以首先着眼于在部分业务量大、枢纽复杂的节点上引入 ASON 设备，我们称这些节点为 A 类节点，之后，如果时机成熟，可以逐步在 B 类、C 类节点中引入智能设备。

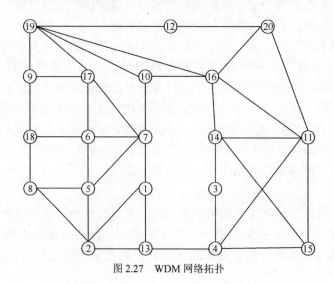

图 2.27　WDM 网络拓扑

图 2.27 示出了某传统 WDM 网络的示意图，在该网络上，包含了 19 个节点，我们的目的就是通过分析该 WDM 网络的网络结构以及网络中的业务需求矩阵来说明如何在 WDM 网络中，实现对 ASON 网络的规划。

基于以下思想，ASON 网络规划包含如下几个步骤。

步骤 1：ASON 节点位置选择

一般来说，在 WDM 网络中对 ASON 网络进行规划，需要考虑一些关键性的主要因素，其中包括光纤路径、WDM 或者 DWDM 系统带宽、网络拓扑节点等。因此，我们从如下几个方面来说明如何选择 ASON 节点位置。

（1）光缆结构的分析

根据图 2.27 所示的网络拓扑结构可以看出，网络中一共包含了 19 个 WDM 节点，本着"选取度比较大的节点"的原则，选择那些连接 WDM 链路比较多的节点，例如选择度大于 4 的节点，如 2、4、7、11、14、16 和 19，我们可以从这些节点中考虑选择部分作为 ASON 节点，如图 2.28 所示。

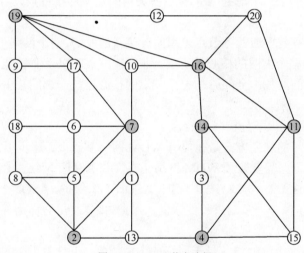

图 2.28　ASON 节点选择

（2）业务需求的分析

根据过去 5 年以及未来 3 年的业务需求矩阵，我们可以了解每个节点所包含的业务数目，为了简单起见，我们假设每一个波长代表一个业务。因此，在选择 ASON 节点的时候，我们需要选择那些包含业务数目比较多的节点作为 ASON 候选节点，只有这样，将来 ASON 设备才能够真正对大业务量的区域实现灵活、自由的调度。通过表 2.5 可以看出，2、4、7、10、14、15、16、19 节点是业务量比较大的节点，因此我们可以优先考虑在这些节点上引入 ASON 设备。

表 2.5　　　　　　　　　业务量最大的 8 个骨干节点波长业务统计（单位：波长）

	2	4	7	10	14	15	16	19
历史	105	98	94	87	104	113	184	147
预测	30	21	34	19	22	35	71	50

在本方案举例中，我们只考虑了 WDM 层网络，如果我们在考虑 WDM 层的同时，还要兼顾上层的 IP 网络以及 SDH 网络，这就需要引入一些流量疏导的策略来保证上层业务汇聚到 WDM 网络上。根据经验，我们将整个通信网络中的业务进行了等级分类，见表 2.6。

表 2.6　　　　　　　　　　　　　　　　**业务等级分类**

业务等级	业务描述
第一等级	出租业务、专有业务（大客户业务、银行业务）、企业专线业务、同步业务、计费业务等
第二等级	数据业务、互联网业务、长途业务等
第三等级	临时业务、备用业务等

步骤 2：ASON 网络拓扑结构的确定

基于以上 3 个选取原则，我们选择了 2、4、7、14、16 和 19 作为 ASON 节点，即在这些节点上引入 ASON 设备，考虑到 ASON 设备灵活的交叉连接特点，因此，将这些节点之间设备为全连通的方式。

模型中 ASON 节点与普通业务节点采用就近接入的原则，整个网络形成类似分层的结构，所选择的 X 个节点为整个大网的核心骨干层。非智能节点间以及非智能节点到所归属智能节点外的其他智能节点的业务，全部通过 X 个节点的核心层统一调配。主要的业务调配将体现为 X 个节点间的业务调配。

步骤 3：网络生存性模型分析

由于本小节所采用的规划方案是在原有 WDM 网络基础上，逐步引入 ASON 设备，因此在网络生存性策略方面，需要兼顾 WDM 网络生存性和 ASON 网络生存性。一般来说，我们可以考虑有如下生存性策略：永久 1＋1 保护、ASON 1+1 保护、ASON 1∶1 保护、ASON 1∶ N 保护、ASON M∶N 保护、多约束条件恢复、保护+恢复、尽力而为的恢复。

步骤 4：ASON 网络跨域规划

分域是 ASON 区别于其他传统骨干网络的一大特色。正是由于引入了分域的概念，才允许按照区域对 ASON 网络进行管理，因此，在 ASON 网络规划阶段，如何对域进行划分是必须要考虑的问题。

由于目前 ENNI 接口并不完善，因此，在 ASON 分域问题上，需要考虑如下几种情况。

（1）通过 ENNI 接口实现对 ASON 分域的规划（如图 2.29 所示）；在这种情况下，需要 ENNI 接口比较成熟，规划人员按照网络的实际情况，直接对 ASON 进行分域。在域内，使用 SPC/SC 连接。

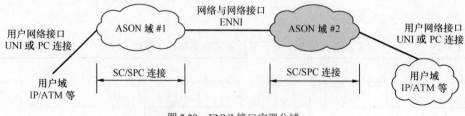

图 2.29　ENNI 接口实现分域

（2）当 ENNI 互联互通不理想的时候，ASON 的分域通过 IP 路由器来完成（如图 2.30 所示），业务自动通过客户端发起连接或者拆除，在每一个 ASON 域内，可以存在多种独立的保护与恢复方式。

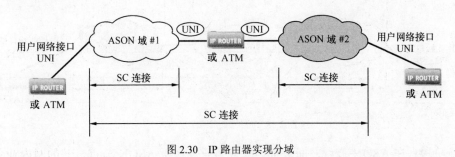

图 2.30　IP 路由器实现分域

（3）当 ENNI 互联互通不理想的时候，除了通过（B）方式分域以外，还可以通过 UNI 接口进行域的划分（如图 2.31 所示）。

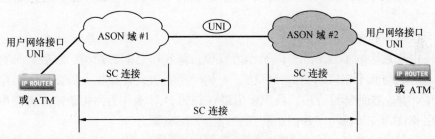

图 2.31　UNI 接口实现分域

（4）当 ENNI 互联互通不理想的时候，除了通过（B）、（C）方式分域以外，还可以通过永久连接（PC）进行域的划分（如图 2.32 所示）。

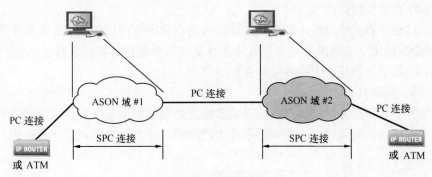

图 2.32　PC 实现分域

（5）传统的 SDH 网络也可以将两个 ASON 域连接在一起，带外 IP 网络完成两个 ASON 网络间的信令/路由交换（如图 2.33 所示）。

步骤 5：工作、保护和恢复容量的确定

确定 ASON 网络拓扑结构以后，就开始需要对业务进行具体的路由计算和资源分配，在分配的过程中，包含两个阶段。

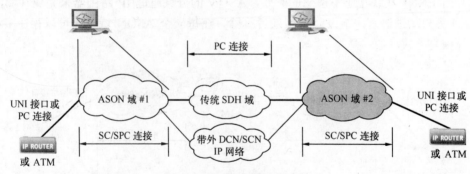

图 2.33　带外 IP 网络实现分域

第一阶段：在 ASON 节点之间进行计算。当业务属于 ASON 节点之间的网内业务，则只需要在 ASON 节点之间进行路由计算和资源分配。

第二阶段：在 WDM 和 ASON 混合网络中进行计算。很多业务的源、目节点并不只位于 ASON 节点之上，这就需要考虑在传统的 WDM 网络中，对这些业务进行路由计算和资源分配。

（1）工作路由和保护路由的计算

业务路由规划选取了如下几个因素作为权值：源和宿之间的距离、跳数、带宽资源。最终业务路由取决与几个权值的函数计算值。对每一个业务进行计算，需要分为工作路由计算和保护路由计算。在计算过程中，我们使用最传统的 D 算法作为路由策略。在路由计算完毕以后，使用首次命中算法为工作路由和保护路由分配资源。

需要说明的是，在工作路由和保护路由计算完毕以后，需要对相应的路由结果进行人工调整，这是因为我们所使用的策略并没有考虑中实际网络环境的需要，有可能在拓扑图上相隔很近的两个节点之间，实际地理位置上存在一些可能的障碍物，这样会大大影响整个规划的最终性能，所以对路由结果进行相应的人工调整是非常有必要的。

（2）工作容量和保护容量的确定

当以上过程计算完毕以后，就可以统计每条链路上所使用的工作容量和保护容量，并根据具体的情况，确定该条链路或该套 WDM 系统是否需要进行扩容或者新建。如图 2.34 所示，每条链路上的数字分别代表工作容量和保护容量。

（3）恢复容量的确定

当工作容量和保护容量确定以后，就需要确定每段链路上的恢复容量，这主要由路由计算方式、所选择的恢复策略等一些限制条件所决定的。经典的恢复容量计算一般包含如下几个步骤。

步骤 1：选定一条链路，将其设置为故障状态；

步骤 2：从业务矩阵中，找出所有与该模拟故障链路相关的业务，标记出来；

步骤 3：将所有标记出来的业务按照业务等级的要求，为其计算恢复路由并根据网络中实际的资源情况，分配资源；

步骤 4：重复步骤 1，直至每一条链路都被设置为故障状态。

完成上述全部步骤以后，就可以统计每条链路中的恢复容量，得到如图所示的示意图。其中最后一个数字即为该条链路上的恢复容量。如图 2.35 所示。

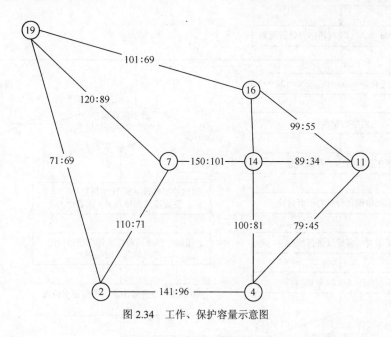

图 2.34　工作、保护容量示意图

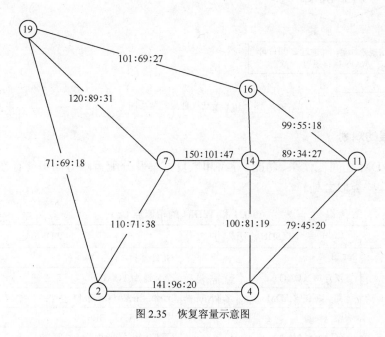

图 2.35　恢复容量示意图

步骤 6：ASON 网络滚动规划分析

从规划的分类来看，可以分为短期规划、中期规划和长期规划。在以上描述的过程中，如果只进行一次规划，则可以称为短期规划，一次规划所得到的结果一般情况下并不是十分准确的。而中长期规划则是由多个短期规划所组成，可以通过循环反复的方式来实现，但具体的实现方式可以多种多样，滚动规划就是其中的一种。图 2.36 给出了课题组 ASON 网络滚动规划的大体流程图。

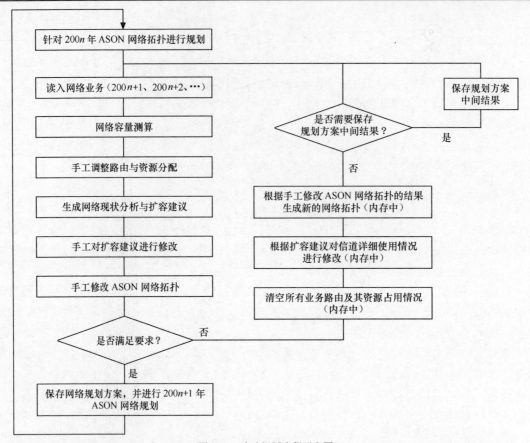

图 2.36　滚动规划流程示意图

2.6.3　SDH 层的规划

SDH 和 WDM 之间在体系、功能、寻路和恢复方案及分配策略方面可能存在严格的类似。表 2.7 总结了这些类似之处。

表 2.7　　　　　　　　　　　　　SDH 和 WDM 的相似点

实体	SDH	WDM
需求	VC-4	OCH 连接
功能（设备）	交叉连接（DXC）	交叉连接（OXC）
	上路、下路（ADM）	上路、下路（OADM）
	中继（reg）	中继（O/E/O，3R）
体系	DXC-based Mesh	OXC-based Mesh
	SNCP-DPRing	OCH-DPRing
	MS-SPRing	OMS-SPRing
保护	线性 SNCP（1+1，1∶1）	线性 OCHP（1+1，1∶1）
	SNCP-DPRing	OCH-DPRing
	MS-SPRing	OMS-SPRing
复用	n vc-4s on a STM-n MS	w OCH connections on a w-wavelengh OMS
分配	STM-n MS to a fibre	OMS to a fibre

ITU-T 使用相同的正规描述对 SDH 和 WDM 进行标准化的事实，进一步确定了 SDH/WDM 的类似。

对于光网络规划者，由这些类似产生的最重要的结果是，在 SDH 和 WDM 中，规划化问题能够以相似的方式进行描述并以相似的规划模型来解决。实际上，SDH 网络规划和 WDM 网络规划都受着同一套特征的影响。此外，在两个层中的大多数特征都可以用相似的方式描述。虽然 SDH 和 WDM 这两层在大部分技术限制中有区别。但幸运的是，那不影响以上与规划相关的表述的正确性。事实上，技术限制一般成为规划中的算法限制，并不真的影响规划方法。因此，对 SDH 层的规划问题可参见以下 WDM 层规划方法的阐述。

2.6.4　WDM/OTN 层的规划

WDM/OTN 光网络设计的过程中，成本的最小化、所选定的网络结构能够提供预期的路由能力和保护恢复能力永远是我们进行网络设计和规划的主要奋斗目标。通过与预期的网络成本、功能特征的对比最终确定网络的结构和可用性。

假设已知给定的一系列的 POP（Points Of Presence），即业务汇集点和这些节点之间基于对未来若干年业务量预测的流量分布状况，网络设计与规划的任务就是寻找一种高性价比的网络结构和组成形式以有效地传送这些业务。

在开始一个实际的网络设计时，首先必须从战略上确定网络结构、节点功能结构和网络所必须具有的生存能力，这些参数从本质上就决定了网络所使用的节点设备的功能和保护恢复的结构。一旦做出了决定，就可以通过网络设计确保所有节点之间的业务流量能够被正确路由，同时还能够抵抗物理层某种程度上的传输损伤的影响，并确保网络能够在给定的故障条件下正确地执行保护恢复。通常在设计时都是在假设网络只会发生单故障的条件下进行的，但是也必须使其具有对多故障的抗毁性。

要设计的网络结构一旦确定下来采用哪种结构形式，网络设计人员首先就要决定为了满足承载一定业务量要求所需要的网络资源的多少，所需要的网络资源包括位于不同节点的 OXC 的规模、光纤数量和节点之间的波长需求，图 2.37 将网络规划分为 3 大步：拓扑设计（即确定链路的具体使用状况）；业务路由和容量分配（即确定节点之间的业务传送状况）；空闲容量分配（即确定当网络出现故障时，网络的抗毁性应对措施和资源占用状况）。

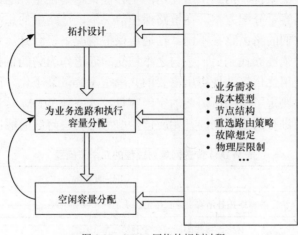

图 2.37　WDM 网络的规划过程

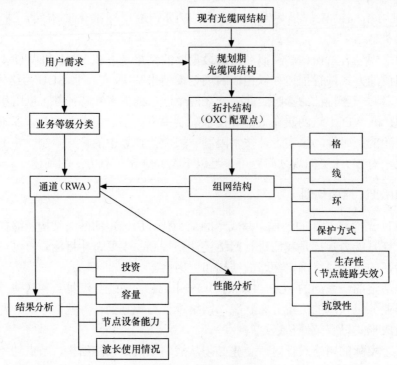

图 2.38　WDM 光网络规划流程

在拓扑设计阶段，主要是从传送网中所有节点之间的一系列待选链路中选择要使用的链路，这时的选择依据可以是地域上的可用性、对业务分布和流量的合理预测、结构方面的限制或者是拓扑连通性方面的考虑。

当在一个网络结构已经基本确定的网络中考虑业务路由和波长分配问题时，选路由算法的目标就是在给定业务量情况下使网络的吞吐量最大。由于在网络中存在多个业务需求同时竞争相同链路的容量资源，所以选路算法必须处理这种竞争以获得比较优化的选路结果。研究波长分配问题的目的就是使网络在满足一定的业务量情况下所需要的波长数量最小化。

对于空闲容量的分配来说，网络中所使用的生存性策略是很重要的，因为每一种生存性策略都使用不同的空闲容量分配方案。在链路保护情况下，链路中的每一条光纤都必须有备份光纤，并且要确保它们的路由路径不同。在通道保护情况下，则针对每一条业务通道在源节点和目的节点之间必须能够找到另一条与之不相交的通道作为它的保护通道。在恢复或共享保护情况下，应该使用优化算法使得所需要的共享空闲容量最小化。同样，对网络可能发生的故障情况的假定也决定了网络所需要的空闲容量。以下是 WDM 传送网规划过程的普遍存在的几个子问题，在进行网络规划的开始应该提前考虑这些问题的解决方法。

表 2.8　　　　　　　　　　　　　　光 WDM 传送网规划过程的几个子问题

子问题	一般描述
传输请求的路由	在给定的网络拓扑结构上寻找传输请求工作和恢复路径
请求的疏导	几个第 N 层网络连接作为一级传输到第 $(N-1)$ 层

子问题	一般描述
备用网络规划	规划最小数量和最佳配置的点到点备用传输设备和交叉连接能力来恢复或保护因网络故障而导致中断的连接
波长分配	给波长通道分配波长，目标是使使用的波长数量最少
传输系统分配	确定传输系统的容量和系统利用率
设备分配和费用的评估	确定网络中每个接点需要设备的数量、类型及每个节点端口的利用率，确定节点交叉连接的容量

2.6.5　光缆层的规划

光缆层的规划是指物理光缆网结构的规划，包括光缆干线路由、敷设方式、光缆长度、光纤类型、纤芯数量、纤芯使用情况、投产时间等内容。对已建光缆干线还应包括如全阻记录、光纤性能等运维指标的描述。光缆网结构是光网络拓扑结构规划的基础，它不包括有关传输系统方面的信息。

长途光缆骨干传输网的物理平台是由若干光纤组成的光缆，光纤的选择与长途光缆骨干传输网长远发展和工程投资建设紧密相关，是在网络规划和建设阶段应特别注意的主要问题之一。根据 ITU-T 相关建议的规定，光纤类型分为 G.651～G.655 5 种，长途骨干传输网一般应用 G.652 和 G.655 两种光纤。G.652 光纤为一般的单模光纤（SMF），其应用最为广泛，我国"九五"计划以前所敷设的基本上为 G.652 光纤，各厂家产品的主要技术规格相差不多，在 1 310nm 窗口处色散较小；G.655 光纤为非零色散位移光纤（NZDSF），在 1 550nm 窗口处色散较小，各厂家产品的主要技术规格存在一定的区别，目前市场上 G.655 光纤的价格要高于 G.652 光纤。

光缆的线路铺设时间长，投资大，工程浩大，涉及范围广、部门多，建设程序复杂，线路建成后一般不易增加光缆，也很难进行光缆资源的再调配，所以提前做好光缆的规划就显得尤为重要。光缆的线路铺设和光缆资源的利用受地理条件限制较大，为了更加合理、有效、准确地规划光缆路由和建设规模，应采用现代的 GIS（地理信息系统）技术，对光缆资源进行地理空间的管理和统计分析，以全面地反映光缆资源量的情况以及占用情况等。

对于省内长途传输网的光缆物理网络，应强调研究对象是各本地网的省内长途传输节点之间的光缆干线系统，将出省长途传输节点、省内各个长途传输节点连接起来。对于属国家一级的光缆干线系统，可在省际长途光缆的层面进行统计分析；而连接本地网内的本地传输节点与省内长途传输节点之间的光缆系统及本地网内各传输节点间的光缆系统则应在本地中继光缆的层面中考虑。

第3章　光网络的资源优化技术

传输网络作为承载各类业务的基础网络，各电信运营商都在积极地进行建设。如何有效、综合、充分地利用传输网络资源，使之能发挥最大的效益，建设成网络结构更清晰、支持业务更丰富、运营维护更方便、电路开通更高效、网络服务更可靠、扩容升级更平滑的传输网络，成了网络建设和网络维护着重考虑的问题。由此，传输网络优化的重要性日渐突出起来。本章将从网络资源优化的基本内容着手描述如何对传送网进行优化，并重点从路由、生存性及经济性3个方面展开论述。

3.1　网络优化的内容

传输网作为各种业务网的传送载体，是整个电信网络的基础。各电信运营商为了吸引更多的用户而不断推出各种新业务，所以它的建设和发展必将受到业务网络发展的影响。

本节基于对本地传输网的总结、认识，通过对目前国内的传输网的需求和存在问题的分析，提出传输网优化的必要性，并对优化的流程、实施思路等进行探讨。重点介绍了光网络优化的目标和内容，以及光网络优化的方法和措施。

3.1.1　传送网现状及存在的问题

目前典型的本地传输网存在以下问题。

（1）可靠性

对传输网络质量可靠性的要求严格，需为客户提供满足 SLA（服务等级协议）规定的各种服务质量等级的电路需求，如有些客户需要高达 100%的可靠、可用性。个别网络结构安全性差，结构合理性需提高；骨干设备尤其是中心局房设备关键板件存在不安全隐患；电路运行负荷分担不均衡，个别设备业务过于集中；同步链路的传送主备用链路规划欠合理，存在过长同步链路，造成同步质量欠佳；光缆线路仍存在大的故障点，如存在关键节点单路由引入、较长链状结构等。

（2）可控性

上层网络需满足大容量的各种业务的汇聚、疏导，而下层接入网络需满足各用户对业务的个性化需求，提供丰富业务接口和带宽分配。由于分期建设和设备招标等诸多因素的影响，存在不同厂家相互对接的情况，虽不影响电路的开通，但在电路调度、运行维护的可控性方面存在不足，影响到了数据等新业务的接入，即设备环境欠佳。网管系统的错误检查和纠正（ECC）网络欠规划，使网管信息传送、开销字节的传送解读等速度欠佳，造成管理的时效性低。对电路的通道规划缺乏对电路等级的分级管理考虑，实现 SLA 的电信服务较为困难。

（3）高效性

网络通道利用率偏低，特别是综合业务运营商存在不同业务网的不同传输网时，通道大量闲置；因前期设备性能的局限造成的对新业务接入能力的不足，也是通道利用不高的原因；通道使用缺少整体规划或在整体规划下由于电路的紧急开通，而造成的电路运行混乱，致使电路调配日益复杂，局端上下电路难度增加，交叉矩阵浪费严重且使用不均衡，电路运行的清晰度低；线路纤芯的规划分配不合理，限制了设备组网的灵活性，存在大范围纤芯迂回的现象；管理不到位，纤芯使用混乱。对客户的激烈争夺，要求传输网络满足业务电路开通的时间需求，更迅速地接入新用户，并可随时根据客户需求对电路进行调整。

（4）扩展性

网络结构的整体规划不彻底或达不到长远发展演进的需求，网络的延续建设性差；通路的安排和使用欠合理，新电路的开通接入维护复杂；个别设备性能升级扩展性差，对接入新技术、新业务的适应能力差。

上述种种问题，对网络的资源优化提出了更高的要求。任何一个网络都有其不足，都有需要优化的地方，传输网络也是如此。对传输网络而言，经过多年的建设和运行总会存在一些问题，如设备老化，传输质量和传输速率都无法满足业务需求；网络拓扑不科学，网络维护困难，不能满足业务的安全性要求；网络资源利用率低；网络管理手段有待加强等。

目前，单一业务经营的电信企业应朝着全业务经营的方向发展，这样势必要求电信运营环境向着竞争规范化、服务质量化、业务个性化的方向发展，在这种新的形式下电信网络对传输网相对以往有更高的要求。为降低运营商的投资、运营成本和提高竞争力，传输网需要由以前的单纯支持 TDM 业务的传输网转向支持 TDM、数据等综合业务的传输网。由此，网络优化对现有传输网进行优化显得非常必要。通过优化使传输网络结构清晰化，有利于提高网络利用率，发挥设备的功用，有利于网络的扩容、升级以及网络的演进。保证各种业务的开通，便于各种新业务接入。通过优化使传输网的资源潜力得到充分的发挥，整合现有各方面优势和解决存在问题，建设成网络结构更清晰、支持业务更丰富、运营维护更方便、电路生产更高效、设备环境更合理、扩容升级更平滑的传输网络，降低网络建设成本和维护成本。

3.1.2　网络优化的含义与目标

网络优化，它是一门管理上的科学，在数学上可以将这个问题演算成（最）优化（optimization）问题。因此，我们可以将网络优化定义为针对某种存在的网络，如交通运输网、物质分配网、电力网、电信网等，从若干可能的安排或方案中寻求网络在某种意义下的最优安排或方案。在网络正常运营的同时，通过对网络现状、业务需求的深入分析，以提高资源利用率，减少建设、运行维护成本为目标，提出对新建网络的合理规划方案以及对现有网络的优化改造方案，使优化后的网络结构更合理、系统安全、应用灵活、满足多业务接入，从而达到提升服务质量的目的。网络优化是针对现网某一时段的状况，对网络安全、资源利用、故障响应及业务提供等方面进行量化分析，相对精确地分析网络的现状并有针对性地查找现存的问题和"瓶颈"点；同时根据分析结果制定相应的优化方案并进行实施，以实现业务和网络的安全、高效和低成本持续发展。传输网络优化一般流程包括数据收集、网络评估分析、网络优化方案工程实施、优化前后网络评估分析对比、网络优化方案改进等。

目前，传输网络的资源优化工作，大致可以分为两个方面，一是对已投入运行的网络进行参数采集、数据分析，找出影响网络质量的原因，通过各种技术手段调整，使网络达到最佳运行状态，从而最大限度地发挥网络能力，使网络资源获得最佳效益；二是通过了解网络的发展趋势，从安全性、利用率等角度出发，在网络优化技术的指导下，为网络扩容或新建提供最优方案。而且，优化过程是一个长期的过程，它贯穿于网络发展的全过程。因此，只要有网络存在，只要网络不断发展，网络优化就永远存在。只有这样，才能不断提高网络的质量，才能不断提高网络的可靠性，才能最终使企业受益，使用户满意。

3.1.3 传输网优化策略的指导思想

传输网优化是在保证业务网不间断业务应用和不断发展的前提下进行优化，因此，在实行网络优化时应坚持以下原则。

① 应该坚持走网络建设和网络优化相结合的原则。

② 应在保障运营电路的安全性和新业务的正常接入运营下，完成网络的优化。

③ 充分分析和利用现有资源，挖掘现网潜力，充分分析前期网络运行、维护中存在问题，研究造成网络故障的原因并对其进行解决。

④ 充分分析中远期业务的流量、流向，完善和优化网络结构、通路组织，达到网络的高效、高产出能力；以全局的角度、全网的高度进行传输网络优化；确保传输网络发展的连续性。

⑤ 传输网核心层和汇聚层设备、光缆的优化思路应该是层次清晰、结构合理、安全可靠。

⑥ 应注意节约投资和充分发挥资金效率的原则、根据实际情况充分利用管道和光纤光缆等基础资源，除了自建外，还可采用租用、置换等方式建设。应该坚持走网络建设和网络优化相结合的原则。

3.1.4 网络优化内容

网络的优化规划工作一般是离线进行的，但是它有和现网的接口，可以在线把现网上的数据采集过来进行分析和处理，利用这些资料对现网进行优化分析，并把优化后的数据逐条下载到网管上，动态实现对网络优化的管理。

ASON 的自动交换功能改变了传统光网络的业务配置方式。在传统的网络规划中，业务的路由和网络拓扑设计都是在网络规划阶段同时完成，所以可以在网络规划的同时完成网络的优化。引入控制平面之后，连接的建立和拆除都是动态过程，由控制平面的路由控制器 RC 完成路由计算的功能。虽然可以通过固定路由表的方式限制业务的选路，但是这种模式使得动态连接建立不是基于网络的现状进行，故无法保证其路径是否优化。所以 ASON 网络优化可以分解成 3 个部分：路由优化、网络结构优化和容量优化。每个最优化问题都包含一组限定条件和一个优化函数，符合限制条件的问题求解方案成为可行解，使优化函数取得最佳值的可行解称为最优解，通过对限制条件和优化函数的设计，可实现不同类型的优化算法。按照限制条件和优化目标，可将 ASON 优化问题划分成若干领域，这些领域之间存在相互交叉的关系，如图 3.1 所示。

从图中可以看出，路由优化主要是面向业务的，它可以分解为两个子问题：业务建模和负载均衡，前者解决的是"业务是什么"的问题，后者是解决"如何在网络中传送业务"的问题。同时还要考虑流量疏导。

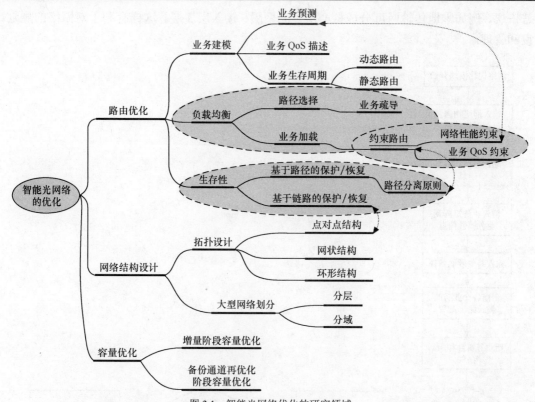

图 3.1　智能光网络优化的研究领域

在光网络中，业务是具有动态特性的，因此其容量优化一般发生在网络增量阶段以及备份路由再优化阶段。其中，在这两阶段中都可以采用以下两种设计方式：受限的链路优化（RLO，Restricted Link Optimization），即只对现有的链路进行容量增加，不引进新的链路；不受限的链路优化（ULO，Unrestricted Link Optimization），即在对现有链路进行扩容的同时还可以增加新链路以满足流量需求。

网络结构优化主要解决拓扑设计和网络划分的问题。前者解决的是"网络是什么样"的问题，后者解决"如何分解大网络"的问题。

由于对网络进行优化规划的目标有很多，包括提高网络生存性、提高资源利用率、降低投资、提高投资收益比等，例如资源的优化，即对使用不合理的资源进行重路由，以使得全网的资源利用趋于合理，还可以进行碎片整理，节约网络资源。而具体优化可以按照单目标进行，也可以按照多目标的方式进行，常用的应该是多目标优化，即把最重要的目标作为优化目标，其他目标作为约束条件来进行综合的优化和规划。图 3.2 所示为光网络优化技术的方案流程图。

综合来说，传输网优化的内容主要包括三大要素：网络结构、传输设备、光缆线路，此外还有网络的同步、网络管理等。

（1）网络结构的优化

网络结构的优化包括结构拓扑的优化、通路组织的优化、网管结构的优化、同步方案的优化等。根据我国网络结构体系总体的思路，传输网结构总的是采用分层、分区、分割的概念进行规划，就是说从垂直方向分成很多独立的传输层网络，具体对某一区域的网络又可分为若干层，例如本地传输网可分成核心层、汇聚层、接入层 3 层。这样有利于对网络的规划、建设和管理。

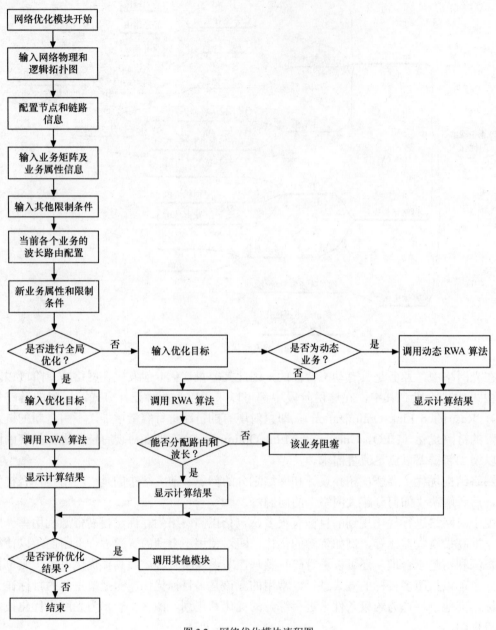

图 3.2　网络优化模块流程图

（2）核心层网络的优化

核心层网络是沟通各业务网的交换局（局间电路需求比较大、电路种类比较多，多为平均型业务）的核心节点的网络。核心层网络的核心节点通常不会很多，在通信发达地区，如北京、上海、广州、深圳等地区通常将有 10 个左右（一般按平均 20 万线设置 1 个），如果在西部欠发达地区，一个行政区域内通常只有 2～3 个节点，根据局间业务量的大小可组织 1

个或多个传输速率建议为 2.5Gbit/s 或 10Gbit/s 的环路可满足要求。核心层的环可以考虑二纤或四纤的复用段保护环，容量相同的情况下，四纤环比二纤环更经济，保护方式更灵活。如果光缆资源比较丰富，相邻 2 个节点间具有 2 条不同光缆路由，建议采用四纤环，它可以容忍系统多点故障，以提高网络生存性。

（3）汇聚层网络的优化

汇聚层节点的选择。一般依据地理区域的分布或行政区域的划分将本地传输网划分为若干个汇聚区，选择一些机房条件好、业务发展潜力大、可辐射其他节点的站点设置汇聚点。

汇聚环上节点数量的调整，节点数不宜太多，一般为 4~6 个。

（4）接入层网络的优化

一般的业务接入站（如基站、数据 POP 点）至汇聚节点的传输系统称为接入层，接入层涉及站点数量多，结构也复杂，是网络优化中工作量最大的层面。接入层网络的优化主要考虑以下内容：环路上节点数量的控制，环路容量的扩容，链路的改造，尽量少用微波设备组网。

（5）核心节点设备落地电路的保护

一般核心节点传输设备有大量的电路需要落地，目前多数厂家已经可以提供对支路板件的 $1:N$ 保护，但从负荷、风险分担的角度讲，在核心节点的传输设备一般采用光、电分离的方式配置，即主子架完成群路、支路等光接口接入和核心控制、交叉功能，E1 支路等电接口采用专用的扩展子架来完成上下。为提高电路保生存性，对扩展子架与主机架的连接可进行保护。

（6）网管系统的优化

网管系统的优化可分为两个方面：一方面是网管信息传送的优化；另一方面是网管系统职能的优化。

网管信息的优化。一般通过设备环境及网络结构优化后，网管信息应可在网络上进行透明的传送。应避免网管信息在不同设备厂家间进行传送，确实需要时，应保证网管信息传送的可靠性、透明性。

网管系统职能的优化主要指对网管系统安全管理级别和权限划分，及多网管下的管理范围、职责分工进行优化配置，发挥网管设备管理潜力，提高网络的可运营性、可控性。

（7）同步方案的优化

主要指根据同步时钟的传送要求，对网络主、备用同步链路时钟信号的传送、倒换等进行优化，设定 SSM 字节，避免出现同步环路。应减小同步链路长度尤其是主用情况下的链路长度，保证同步定时传送的可靠、精准。

3.2　路由优化

对于光网络来说，如何能够使有限的资源满足业务要求并更加有效地传送信息，是光网络资源优化的一个重要内容。路由方法的优化正是解决这一问题的重要方法。通过路由方法的优化更加高效、快速地进行信息传送，提高资源利用率。

3.2.1 光缆物理路由优化

1. 物理路由问题基本描述

物理拓扑优化体现着网络基础设施的设计，传输网的最底层资源为光缆拓扑路由，传输网络物理拓扑是战略性的优化问题，因为光缆拓扑的物理拓扑将在较长时间保持一定的稳定性，中、短期优化只能在相对固定的光缆拓扑上，部署建设不同的传输系统，改变光缆物理拓扑的投资巨大，并且光缆敷设受外界因素制约，建设期和投资回报周期都很长。

关于光缆物理拓扑优化的问题，近年来人们已经作了大量研究，提出了许多著名的路由优化算法，如 Dijkstra 算法和 Warshall-Floyd 算法，在通信网中，路由选择策略一般是以降低路由代价为优化目标。

光缆物理拓扑优化首先从网络节点、边可能形成的最大拓扑图出发，排除一些边，以得到优化解，从图论角度，光缆拓扑路由为平面图，边成本为线性函数。已知传送业务需求、所有可能节点和边形成的最大图以及每条边的成本函数，寻求最小成本满足业务传送需求，得到节点、边最大图的一个子集。

已知最大可能的物理拓扑图 $G(V,E)$，节点 $V=1,2,\cdots,N$，边 $E=1,2,\cdots,M$。业务传送需求 $D=\{d_{ij}\}$，业务的路由集 $P=\{p_{ij,k}\}$，$p_{ij,k}=\{e_i\}$ 表示组成节点，i 和 j 之业务第 k 条路由的边集，它由源宿端点 i 和 j 之间的一系列连续的边组成；$Q=\{q_{ij,k}\}$ 表示节，i 和 j 之间业务的分离路由业务需求，总业务需求

$$d_{ij}=\sum_k q_{ij,k} \tag{3.1}$$

每条物理拓扑边上传输的容量等于所有业务经过由该边的路由容量之和，即

$$x_l=\sum_{e_j\in p_{ij,k}} q_{ij,k}, l\in E \tag{3.2}$$

第一条边的成本函数 $\phi_l=\phi_l(l_l,x_l)$，式（3.3）为边的物理距离 l_l 和传输容量 x_l 的函数，首先从业务需求出发，进行业务路由选择及路由容量配置，然后计算物理拓扑边的容量，建立层层递进的关系，目标函数为最小化成本

$$\min\phi=\min\sum\phi_l \tag{3.3}$$

这是一个多商品流问题，边的总成本 ϕ 为一凹函数，成本函数的凹函数性质反映了通信行业的规模经济性现象，边容量的边际成本 $\mathrm{d}\phi_l/\mathrm{d}x_l$ 不断下降，总流量的平均成本 ϕ_l/x_l 也呈现下降趋势。

在实际中，还经常会遇到一些在一定的限制条件下，求解最短路由的问题。

（1）节点不相交的和链路不相交的路由，解决这些问题的基本思路是：每次求解之前，在网图中去掉受限制的节点或边（不允许重复通过的公共节点或链路），再利用相应的最短路由求解方法求解。

（2）第 k 条最短路由，在通信网中，常需要了解两个节点间的次最短路由和第3、第4，…，第 k 条最短路由。一般分两种情况：边不相交的和边相交的。求边不相交的 k　最短路由

非常容易：先求最短路由，将该最短路由中的边删去，再用上述算法可求次最短路由，依次类推。

2. 分支限界法求解光缆环路由

分支限界法是利用计算机工具进行优化的直接方法，采用这种方法减少了大量需要人工处理数据的问题，有效提高了工作效率，这里用图 3.3 所示的 SDH 网中的 5 个 ADM 节点来说明用分支限界法实现最经济的方案连成二纤复用段保护倒换环。数字表示链路的长度，假设规定安装再生设备的阈值是 70km，业务需求矩阵为 D。

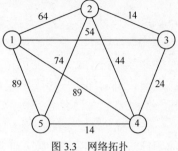

图 3.3　网络拓扑

$$D = \begin{bmatrix} 0 & 8 & 8 & 28 & 8 \\ 8 & 0 & 8 & 8 & 8 \\ 8 & 8 & 0 & 8 & 8 \\ 28 & 8 & 8 & 0 & 8 \\ 8 & 8 & 8 & 8 & 0 \end{bmatrix} \tag{3.4}$$

边权值即光缆连接的链路成本，与节点对间的距离有关，因为距离与光缆费用和敷设光缆的费用成线性关系，C 为单位长度光缆的费用，c 为单位长度光缆的敷设费用；不同路段地理环境差异和敷设光缆方式的不同，用一个参数 R 来修正不同路段上的建设成本；当两节点之间的距离超过了一定的阈值 D 时，权值中要加入再生器的费用，设加入一套再生器的费用，如果有些节点对之间已经存在光缆，利用它可以减小建设成本，则设该边权值为 0，对于不适合敷设光缆的路段，将权值设定为 ∞。对于节点对之间业务量大的节点，尽量使它们之间有连接的光缆，这样可以使网络的资源利用率提高，将节点对之间的业务量也考虑进去，定义 R 为业务量分配对网络路由规划造成的影响因子，P 表示 i，j 节点对之间业务量与总业务量的比值，即

$$P_{ij} = \frac{d_{ij}}{\sum_{i=1}^{n-1}\sum_{j=i+1}^{n} d_{ij}} \tag{3.5}$$

则边权值为

$$C_{ij} = l_{ij}\left(C_f + C_s R_d\right) + \left\lfloor \left(\frac{l_{ij}}{D}\right) \right\rfloor C_r - P_{ij} R_e \tag{3.6}$$

光缆路由费用矩阵为

$$C_{ij} = \begin{bmatrix} \infty & 120 & 100 & 160 & 180 \\ 120 & \infty & 60 & 80 & 150 \\ 100 & 60 & \infty & 40 & 60 \\ 160 & 80 & 40 & \infty & 20 \\ 180 & 150 & 60 & 20 & \infty \end{bmatrix} \tag{3.7}$$

分支限界法搜索过程如图 3.4 所示。

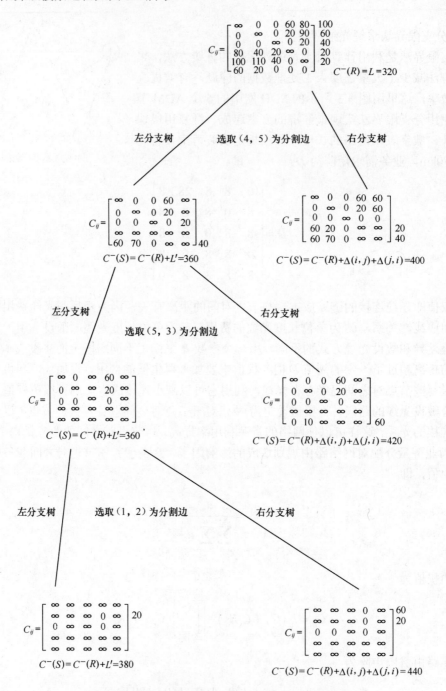

对状态树的最后二层节点的检索不再采用分支限界法，而是直接检索，被选中的两个元素应该不在同行同列，这样只有 C_{24} 和 C_{31} 满足要求。

图 3.4 分支限界算法过程

利用分支限界法，得出复用段保护倒换环的最佳路由的环成本为 380 万元。节点间的连接顺序如图 3.5 所示。

上述采用的分支界限算法针对实际工程光缆施工问题，如两个 ADM 节点之间因为地理位置关系（施工难度太大、距离太远、可以通过其他的 ADM 节点连通等原因），在实际工程中铺设光缆是不合理的问题，还有铺设光缆的费用最优化问题，都得到较好的解决和应用。

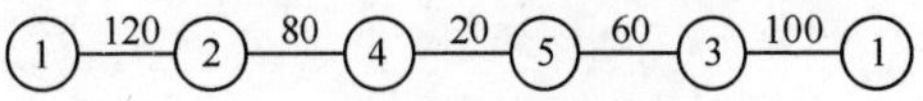

图 3.5　最佳路由策略

3.2.2　静态路由算法

静态选路和资源（波长）分配问题简称静态 RWA，是指对于一组预先确定的需要建立的光连接请求选择路由并分配资源（波长）。因此对于静态业务的计算时间要求不是很高，而计算结果优化程度是其目标。此外，由于业务已经是先确定，因此可以从整体的角度考虑为业务分配路由和波长，从而使整个资源优化效果达到最佳。静态业务可以牺牲算法的时间复杂性来换取算法的性能。

静态 RWA 问题的线性规划模型属于一个 NP-Complete（完备）问题，对于较小规模的网络可以直接采用，对于较大规模的网络则不太适合。另外用线性规划的方法来求解，优化目标比较固定，且灵活性较差。为了解决这些问题，人们还提出了一些启发式的算法。

在基于波分的光网络中，解决 RWA 问题就是为每一个光连接发现一个光通道。这意味着不但要发现一个光纤通道（路由）而且还要寻找一个波长（信道或波长分配）。对于静态业务，就是在假设已知网络的物理连接拓扑的条件下，对一组确定的、需要建立的光通道选择路由并分配波长，其实质是通过使用各种各样的成本函数来对资源进行优化的问题。众所周知，RWA 问题是一种 NP-C 的问题。RWA 问题可分为两个子问题：路由问题和波长分配问题，每一个子问题又是一种 NP-C 问题，路由和波长分配二者密切相关。在解决静态 RWA 问题时，常见的有两种方式。（1）结合法：将路由选择和波长分配同时加以考虑，在解决路由选择问题的同时波长分配问题也得到了解决。如各类文献中常提到的分层图法，就是将 RWA 问题构建成一个三维模型——分层图，分层图上每一层对应一个波长，也称为一个波长平面，此时相应的 RWA 问题简化为在分层图中寻找从源到目的节点的最小代价通路问题。结合法资源优化效果较好，但在解决大型网络问题时耗费时间较长。（2）分离法：将路由选择和波长分配分别处理，一般是先处理路由选择子问题，再解决波长分配子问题，虽然这种分离方法所获得的路由结果一般并不太理想，但它易于实现而且也能满足一般工程要求。下面讨论时采用分解法中比较常见的思路，将 RWA 问题分为两步来处理：第一步，计算路由；第二步，进行波长分配。而每一步又分为两个过程：搜索和选择。具体分类如图 3.6 所示。

1. 路由问题

从图 3.6 可知，路由问题可以分为搜索和选择两个部分，关于路由算法的搜索功能，实际上就是为业务需求计算路由的过程，比较常见的思路主要有下列几种。

最短路径（SP）：最短路径算法在给定的网络图中为给定的源和目的节点寻找最短路径。该路径的连接成本比其他任何路径都低。一般情况下，通道的权重是静态的而且与链路上路由数量无关。因为最短路径算法所产生的路由与其他任何路由都是无关的，因此，SP 不需要任何的搜索次序或选择规则，计算的结果就是最后的唯一选择。

基于权重的最短路径（WSP）：权重最短路径算法是一种最短路径算法，但是链路成本可能根据已经建立的路由数量而动态地进行调节。该算法需要按照一定的搜索次序来执行。

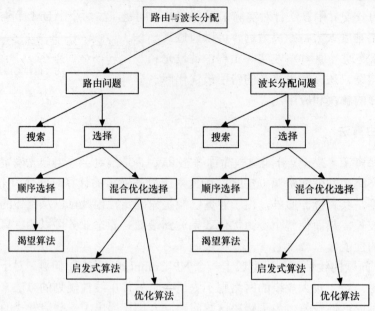

图 3.6　路由与资源（波长）分配算法分类

K-最短路径（K-SP）：该算法为每一对源和目的节点都寻找不止一条的光通道。*K* 条可替换通道增加了路由选择的灵活性。然而，它将路由问题转化为了多路由选择问题，通过在 *K* 条通道中进行选择来获得所需的最小成本的连接通道，从而不仅增加路由搜索的计算量，也额外增加了路由选择的计算量。

　　而关于选择功能，又可以分为顺序选择和混合优化选择两种方法。顺序选择（渴望算法）算法分为选择顺序和选择规则两个部分。首先确定选择顺序，即各业务需求的选择顺序，先为哪一条业务确定路由，常见的方式有随机顺序选择、固定顺序选择。然后是选择规则，即对于某业务需求的多条可用路由，按照何种规则为其确定一条路由，常见的规则则有：随机选择，随机在可用路由中选择一条；首次命中（First-Fit）策略，在所有可用路由中选择第一个满足条件的；按照使用概率选择，在所有可用路由中根据使用概率进行选择；最小权重链路优先，选择包含最小数量的已建立路由的链路。

　　对于混合优化选择，可以分为优化算法和启发式算法两类。前者使用混合整数规划（MIP，Mixed Integer Program），采用多商品流（multi-commodity flow）模型来模拟实现设定的优化目标。后者则往往是先按照比较简单的顺序选择的方法确定一组初始解，然后按照某种优化目标，不断循环修改各业务的路由直到达到优化目标为止。优化算法最终得到的是关于优化目标的全局最优解，而启发式算法则有可能得到的是局部最优解，不过在运算规模和计算时间上则要节省得多。

　　（1）ILP 算法

　　在解决路由问题时，常见的优化目标有：使用最小波长建立所有连接（即最繁忙链路上的连接数目最少）；使用最小通路长度建立所有的连接；波长或路由的限制下，建立最大连接数目。

　　由于我们仅在此解决 RWA 中的路由子问题，因此在约束条件方程中并未包括波长连续性限制条件方程，如需要同时解决 R 问题和 W 问题，相应整个问题的复杂度也会大大增加。

在解决线性规划问题时，单纯形方法也是得到最优基本可行解的常用方法。其基本思想为首先选择一个基本可行解，计算其相应的目标函数值，根据一定的判决条件，可确定它是否为最优解，若不是，转换到另一个可行解，并使目标函数的值逐渐增大。通过不断改进基本可行解，力图使目标函数达到最大，此时对应的就是最优可行解。

（2）最大概率算法

最大概率算法是一种启发式算法，该算法的优化目标和上面的 ILP 算法一样，也是使各链路上通过的最大光通道数目最少，但计算复杂度大大下降。

对最繁忙链路上的一条业务进行重路由，即为该业务寻找一条最大概率路径（注：如网络中某路由经过的各链路权值之积最大，则表示该路由上资源剩余最丰富，该路由应该以最大的概率被选中，即为最大概率路径）。求最大概率路径的问题实际上可以看作是 Dijkstra 算法的一个变形。在 Dijkstra 算法中，是将组成路由的各段链路的权重相加，找出权重和最小的一条路径；而求最大概率路径实际上是求一条各链路权值之积最大的一条路由。

（3）单环优化算法

单环优化算法的基本思路是，寻找环内最繁忙的一段链路，将该链路上的部分业务调整到环内的相反方向链路上，以均衡各条链路上的负载量。

2．资源分配问题

对于资源（波长）分配问题，也可以分为搜索和选择两个过程。搜索过程很简单，只需确定业务路由上的可用波长即可。选择过程和路由问题的选择过程类似，也分为顺序选择和混合优化选择两类。顺序选择仍是先确定各路由的波长分配次序，然后按照某种规则为各路由分配一个可用波长。常用的选择次序有：随机路由选择、最短跳数优先、最长路径优先、最大流量优先、最大可用波长优先、邻居数量最多的路由优先。常用的选择规则有：随机（Random）波长选择、首次命中（First-fit）波长选择、使用率最高的（Most-used）波长优先、使用率最低的（Least-used）波长优先等。在此不再赘述，感兴趣的读者可参考相关资料。

3．静态 RWA 问题的启发式算法

目前已经提出很多解决静态 RWA 问题的启发式算法，主要可分成以下几类。

（1）定序路由、波长算法

这类算法将 RWA 问题分成路由和波长分配两个问题。具体过程为：对于一组业务，将其按某种策略排序，接着顺序为业务确定路由、波长，在为业务确定路由、波长时首先以一定策略为一业务确定路由，接着在确定的路由上为业务分配波长。分配波长一般采用解决动态 RWA 问题的波长分配算法。这类算法的特点是简单、迅速，对于小规模的网络，其性能与其他算法相差不大，且比较灵活。

（2）着色图算法

静态的着色图算法也是讲路由和波长分配问题拆分成两个子问题，其中路由选择策略可以采用固定路由选路策略或备用路由选录策略。静态的波长分配问题则采用着色图算法：着色图算法将光通道映射成着色图上的顶点，通过对着色图上的项链顶点着色，完成路由和波长选择算法。着色的要求是项链的节点不使用相同的颜色，意义为网络所用的波长数最少。

这类算法考虑到选路和波长分配在 RWA 问题求解过程中的密不可分性，因此采取"先分拆求解，之后再统一迭代"的思路，优化性能很好，但是时间复杂度较高，对于解决大型网络问题需要耗费较多的时间。

着色图算法将为光通道分配波长转换为对顶点的着色,该问题仍然是 NP-Complete 问题。顺序着色算法是一种高效的算法。顺序着色算法(Sequential Graph-coloring Algorithm)中,逐一将顶点加入到着色图中并进行着色,在每步中,使得着色数最小。

(3)基于分层图模型算法

由于 RWA 问题需要同时考虑路由和波长分配,因此用一个二维平面图更加清晰地描述出 RWA 问题。分层图的建立方案是将 RWA 问题构建成一个三维模型——分层图,分层图上每一层对应一个波长,也称为一个波长平面,此时相应的 RWA 问题简化为在分层图中寻找从源到目的节点的最小代价通路问题。由于在分层图上每一层代表一波长平面,因此,如果一级光连接没有公用变的话,则所有的光连接请求都可以建立。

分层图是针对 RWA 问题提出的新的数学模型的算法,资源优化效果好,但在解决大型网络问题时耗费时间长。下面给出基于分层图模型的算法,分为均匀流量和非均匀流量两类情况,其中均匀流量是指每个节点接入的业务量相同,而非均匀流量则是指每个节点接入的业务量不同。

4. 静态 RWA 算法性能比较

我们对 4 种静态 RWA 算法的性能进行了研究,这 4 种算法分别是:① ILP 算法(对于路由子问题和波长分配子问题,均通过求解 ILP 方程来加以解决);② 定序路由、波长算法(采用顺序选择的方法解决路由子问题和波长分配子问题,其中波长选择规则采用简单的 First-Fit 原则);③ 通道图染色模型(采用顺序选择的方法解决路由子问题和波长分配子问题,其中波长选择采用通道图着色法加以解决);④ 分层图模型(采用结合法的思路,增加波长一维从而构建三维模型图,同时解决路由和波长分配问题)。这 4 种算法的性能比较见表 3.1。

表 3.1　　　　　　　　　　算法性能比较

	效果	计算时间	灵活性	实现难度
静态 ILP	好	长	差	极难
定序路由、波长	中等	短	好	易
通道图染色模型	较好	中等	好	中等
分层图模型	好	长	差	较难

一般来说,对于小型拓扑,由于可能的选择比较少,4 种算法均能得到最优的结果;随着拓扑的增大,ILP 算法和分层图模型的计算时间呈指数增长,但仍能得到最优解,通道图染色模型的运算时间相比要增加得少一些,结果也很逼近最优解;定序路由、波长算法时间增加最少,但结果会与最优解有一定的偏差,但可以灵活的通过选择策略和选择顺序的修订来加以调整。总之,在静态 RWA 算法中,性能的优越是以牺牲算法复杂度,耗费计算时间为代价的。

3.2.3　动态路由算法

动态路由和波长分配问题简称动态 RWA,是其在实时业务条件下的光通道路由选择和波长分配优化问题。此时光通道的连接请求是随机到达的,并且已建立的连接在维持一段时间后会被撤销,故动态业务的 RWA 算法要求具有实时性。由于需要建立的光通道的数量和位置是不固定的，并且随时不断改变，因此以资源优化为目标已不能反映实际情况的要求，一般是以业务的阻塞率作为动态 RWA 问题的优化目标。

对于动态 RWA 问题，由于不存在混合优化选择算法，同时即使在顺序选择算法中，选择顺序也是由业务需求的到达顺序来决定的，无需单独编写算法来实现，因此动态 RWA 算法相对简单，一般的方法是设计若干的自适应规则，当业务需求到来时，为业务计算可用路由及波长，按照预先确定的自适应规则进行选择即可。

1. 路由问题

在解决动态 RWA 问题时，如果路由的计算是在业务请求到来前进行，称之为预计算路由，如果是在业务请求到来时进行计算，称之为实时计算路由。为了减少连接建立过程中路由计算的时间，我们在进行路由计算时常采用预计算的方式，因此本节主要讨论各种基于预计算方式的路由算法，并对各种算法的性能进行比较。

（1）固定路由算法

这是一种最简单直接的路由方案。在全网拓扑已知的情况下用某种最短路径算法为每一源宿节点对预先计算出一条路由，连接这两个节点。当连接请求到达时，即在这条预先计算好的路由上为连接请求分配波长，建立连接。

在固定路由算法中，也可以预先为每一源宿节点对计算多条备选路由，构成备选路由集，且预先设定各路由的优先级，如较短的路由具有较高的优先级。当请求到达时，按照预先排定的优先级顺序确定路由，即当优先级较高的路由阻塞时，才会考虑优先级较低的路由。考虑到网络的抗毁性，多条备选路由一般是无重边（edge-disjoint）的（注：这里"最短"的含义是指该路由所经过的各段链路的权重总和最小）。

下面介绍两种典型的固定路由算法。

① Dijkstra 算法，该算法在计算节点之间的最短路径方面是目前最优秀的算法。若各条边的权重设为相等，此时用 Dijkstra 路由算法基本上只考虑了跳数，在跳数相同的情况下，采用 First-Fit 方法确定路由。因而，直接使用 Dijkstra 算法在路由预计算部分就会导致业务流量的不均衡，而且在某些情况下比较严重。

② 平衡最短路算法（BSP，Balanced Shortest Path），BSP 算法是在传统最短路径算法的基础上经过扩展的一种算法，它的思路就是在路由预计算的过程中就尽量实现各潜在业务之间的均衡。BSP 算法的优化思想为：如果对于某业务，其最短路径不止有一条，那么在这些最短路径集合中选择通路复用度最小的一条。如果满足上述条件的路由仍不止一条，则选择其中通路复用度方差最小的一条。

（2）自适应路由算法

下面介绍 3 类典型的动态固定路由算法。

最小负载路由算法（LLR，Least Loaded Routing）。LLR 是一种同时解决路由波长问题的方案，也针对多纤网络设计的，在单纤网络中相当于首次命中（FF）算法。

最小阻塞通路优先算法（FPLC，First Path Least Congest）。WT-FPLC（Wavelength Trunk based FPLC）和 LP-FPLC（Lightpath based FPLC）是两种相似的 FPLC 算法。在单纤网络中，LP-FPLC 将退化成 WT-FPLC；而在多纤网络中，LP-FPLC 的性能要优于 WT-FPLC。

在网络中，即使业务分布是均匀的，各链路的负载强度仍存在较大差异。这种负载的不均衡是由于网络本身不规则的拓扑结构造成的。而且，在实际网络中，业务分布将是一种不均匀分布，在一个不规则的网络中，业务分布的不均匀很可能加剧各链路流量负载的不均衡。

因此，我们认为，根据当前网络状态对网络流量进行均衡（例如 FPLC 算法）可以降低业务的阻塞概率，但如果算法在考虑当前网络状态的同时，还能够对链路的潜在业务强度进行分析，并根据潜在业务强度对网络流量进行均衡，则将可以获得更优的网络性能。由此，我们提出了一种新的自适应路由与波长分配算法——MinSum 算法。在路由选择部分设立了一种机制，在考虑链路容量的同时鼓励选择跳数较少的路由，并通过引入链路复用度的概念，将各条链路上的业务强度的潜在的不均衡纳入到考虑范围之内。

关于 LLR、FPLC 以及本课题组提出的 Minsum 算法的详细描述如下。

为了准确描述各种自适应路由算法，首先要建立数学模型：

假设一个网络包含 N 个网络和 E 条光纤链路，每条链路上敷设 F 根光纤节点定义假设网络当前处于任意状态 ψ，当前到达的连接请求为 r^*，受限 AR 算法将根据网络当前状态 ψ，从连接请求 r 的备选路由集 $A(r^*)$ 中选出一条路由 p。定义状态 ψ 条件下链路 l 上波长 λ 上的空闲信道数（即空闲光纤数）为 $c(\psi,l,\lambda)$。

① 最小负载路由算法（LLR）

LLR 是一种同时解决路由波长问题的方案，也针对多纤网络设计的，在单纤网络中相当于首次命中（FF）算法。

算法思路：遍历 $A(r^*)$ 中每一条路由上的所有波长，选择可用信道数最大的波长以及这个波长所在的通路。

数学描述：

$$p^* = \max_{p \in A(r^*)} \left\{ \max_{\lambda \in W}[\min_{l \in L(p)} c(\psi,l,\lambda)] \right\} \tag{3.8}$$

② 最小阻塞通路优先算法（FPLC）

WT-FPLC 和 LP-FPLC 是两种相似的 FPLC 算法。

算法思路（WT-FPLC）：比较备选路由集 $A(r^*)$ 中每一条路由上的可用波长数，只要波长没有被阻塞，无论此波长平面内还包含有多少空闲信道，都只记为一个可用波长，最后选择可用波长数最大的那条路由。

数学描述（WT-FPLC）：

$$p^* = \max_{p \in A(r^*)} \left\{ \sum_{\lambda \in W} U[\min_{l \in L(p)} c(\psi,l,\lambda)] \right\} \tag{3.9}$$

其中 $U(t)$ 为单位阶跃函数，其定义为

$$U(t) = \begin{cases} 1, & t > 0 \\ 0, & t \leqslant 0 \end{cases} \tag{3.10}$$

算法思路（LP-FPLC）：比较备选路由集 $A(r^*)$ 中每一条路由上的可用信道数，选择可用信道数最多的那条路由。

数学描述（LP-FPLC）：

$$p^* = \max_{p \in A(r^*)} [\sum_{\lambda \in W} \min_{l \in L(p)} c(\psi,l,\lambda)] \tag{3.11}$$

在单纤网络中 LP-FPLC 将退化成 WT-FPLC，而在多纤网络中 LP-FPLC 的性能要优于

WT-FPLC。

③ 一种新的路由算法：MinSum

在网络中，即使业务分布是均匀的，各链路的负载强度仍存在较大差异。这种负载的不均衡是由于网络本身不规则的拓扑结构造成的。而且，在实际网络中，业务分布将是一种不均匀分布，在一个不规则的网络中，业务分布不均匀很有可能加剧各链路流量负载的不均衡。

因此，我们认为，根据当前网络状态对网络流量进行均衡（例如 FPLC 算法）可以降低业务的阻塞概率，但如果算法在考虑当前网络状态的同时，还能够对链路的潜在业务强度进行分析，并根据潜在业务强度对网络流量进行均衡，则将可以获得更优的网络性能。由此，提出一种新的自适应路由与波长分配算法——MinSum 算法。在路由选择部分设立了一种机制，在考虑链路容量的同时鼓励选择跳数较少的路由，并通过引入链路复用度的概念，将各条链路上的业务强度的潜在的不均衡纳入到考虑范围之内。

数学描述（MinSum）：

通道 p 上平面 λ 的可用信道数为 $c(\psi, p, \lambda)$

$$c(\psi, p, \lambda) = \min_{l \in p} c(\psi, l, \lambda) \tag{3.12}$$

定义 $\Omega(\psi, p)$ 表示当前状态下通道 p 上的可用波长集

$$\Omega(\psi, p) = \{\lambda : c(\psi, p, \lambda)\} \tag{3.13}$$

则将链路权重 $C(\psi, l)$ 定义为链路最大可用容量与当前可用容量的比值，

$$C(\psi, l) = \frac{C_l}{\sum_{\lambda \in \Omega(\psi, p)} c(\psi, l, \lambda)} \tag{3.14}$$

其中，C_l 表示链路 l 上的最大可用容量。

定义链路 l 的复用度 M_l 为

$$M_l = \sum_{p \in P} \chi(p, l) + \sum_{p \in P} \chi(p', l) \tag{3.15}$$

而 $\chi(p, l)$ 为指数函数，如果链路 l 在最短路 p 上，则为 1，否则为 0。即

$$\chi(p, l) = \begin{cases} 1, & l \in L(p) \\ 0, & l \notin L(p) \end{cases} \tag{3.16}$$

定义相对容量函数 $C'(\psi, p)$ 为

$$C'(\psi, p) = \sum_{l \in L(p)} \left[\frac{C_l}{\sum_{\lambda \in \Omega(\psi, p)} c(\psi, l, \lambda)} \times M_l \right] \tag{3.17}$$

那么当 $A(r^*) \neq \infty$ 时，MinSum 路由选择策略可以被描述为

$$C'(\psi, p^*) = \min_{p \in A(r)} [C'(\psi, p)] \tag{3.18}$$

其中 p^* 表示算法中选中的路由，并有 $p^* \in A(r)$。如果 $\min_{p \in A(r)} [C'(\psi, p)] = \infty$，则表示当前状态下 $A(r)$ 所有备选路由上均不存在可用波长，业务请求被阻塞。

2. 资源分配问题

常用动态资源（波长）分配算法可以分为 3 类：基于局部信息的波长分配算法，基于全

局资源信息的波长分配算法以及基于全局通路信息的波长分配算法。

（1）基于局部信息的波长分配算法

该类算法仅考虑待分配业务路由上的资源使用信息，是最简单的一种算法。常见算法有：

随机算法：首先遍历所有波长，确定在选定路由上的可用波长集合，接着从可用波长集合中随机等概率地选取一波长。随机分配算法不考虑当前的网络资源的占用情况，所用时间复杂度低。但其对网络性能的改善不明显。

首次命中算法，该算法在网络的规划阶段，所有的波长都被统一编号。该编号可以按波长的大小顺序编号，也可以随机编号，一般按波长的大小顺序编号，接着选用可用波长集（即还有剩余信道的波长的集合）中编号最小的波长来建立光路。同随机分配算法一样，首次命中算法也不考虑当前的网络状态，由于是按顺序检查波长集合，将发现的第一个空闲波长分配给呼叫。从文献的比较结果看，首次命中算法的阻塞性能要好于随机分配，而且时间复杂度的最差情况才能与随机分配相同。

（2）基于全局资源信息的波长分配算法

该类算法对全网所有波长资源的使用情况进行分析，根据分析的结果选取最适合全网的一个可用波长。常见的算法有：

最大使用（MU，Most-Used）算法：该算法统计全网中所有波长的使用率，选择使用率最大的可用波长。最大使用算法需要利用目前的网络资源的占用情况，其时间复杂度与最小使用算法一样。

最小使用（LU，Least-Used）算法：该算法同样统计全网的所有波长的使用率，并选择波长使用率最小的可用波长分配。由于每次都是选择使用率最低的可用波长，因此最小使用算法趋向于使得各波长使用率平均。但是，也正是由于这种趋向，也使业务在建立波长通道时更容易被阻塞。最小使用算法需要利用目前的网络资源的占用情况，其时间复杂度要高于首次命中与随机分配。

（3）基于全局通路信息的波长分配算法

该类算法在为新业务需求分配波长时，必须考虑原有的业务波长通道的建立情况，根据对其的影响来选择一个可用波长。常见的算法有：最大总和（MS，Max-Sum）算法、最小影响（LI，Least Influence）算法、相对容量损失（RCL，Relative Capacity Loss）算法、相对最小影响（RLI，Relative Lease Influence）算法。

目前，已提出的算法中，性能较好的算法为 RCL 算法和 RLI 算法。RCL 算法优于在其之前的算法。RLI 算法描述的网络状态比 RCL 更准确，其性能也更优于 RCL 算法。

（4）一种新的波长分配算法：RCI 算法

采用基于全局通路信息的波长分配算法的思路，提出了一种新的波长分配算法：RCI 算法。当为新到达的业务对应的固定光通道分配波长时，RCI 算法在 RCL 和 RLI 算法的基础上，考虑了不同波长 λ 间具有相同瓶颈链路的状况，因此，其描述网络的资源状态比 RCL 和 RLI 更准确，有更优的性能。RCI 算法的计算时间，同 RCL 和 RLI 计算时间复杂度相同。

3.2.4　动态算法性能比较

在各种路由算法中，两条备选路由的算法的性能要优于固定路由的算法，同时 MinSum

算法在各种算法中是性能最好的。从 MinSum 算法的设计思路我们可以看出，它实际上是继承了 Dijkstra 算法和 LLR 算法的优点，即一方面考虑采用跳数较短的路由，减少绝对资源的使用量，同时又考虑到资源使用的均衡，尽量使得在全网各链路上均能剩余相对较多的波长资源，避免出现瓶颈链路。正是因为 MinSum 算法充分考虑了这两方面的因素，在这两者之间找到了一个良好的均衡点，才使得性能比现有的其他算法优越，当然，性能的改善是以算法的时间复杂度为代价的。

1. 路由算法的仿真分析

为了验证 MinSum 算法的性能，将其与其他几种典型的路由算法，比如 FPLC、LLR 等进行实验仿真，并对结果进行分析比较。网络拓扑分别为 NSFNET（如图 3.7 所示）和一个 33 节点的格状规则拓扑（如图 3.8 所示）。

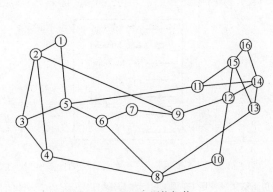

图 3.7　NSFNET 网络拓扑

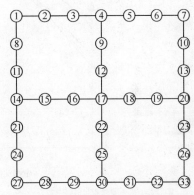

图 3.8　节点格状规则拓扑

选择这两个拓扑的原因是：（1）这两个拓扑分别代表了规则和不规则拓扑结构；（2）这两个拓扑分别反映了不同的连接度，在 33 节点格网中，节点的平均连接度为 2.18，而在 NSFNET 中，节点的平均连接度为 3；（3）在这两个拓扑中，平均路由长度存在明显的区别。仿真中我们使用 Dijkstra 算法为每一对源宿节点计算 2 条无重边的备选路由，即 $K=2$。当 $K=2$ 时，在 33 节点格网中，最大路由长度为 12 跳（hop），平均路由长度为 8.19 跳，而在 NSFNET 中，最大路由长度为 5 跳，平均路由长度为 2.88 跳。

考虑到真实网络中的业务为非均匀模型，因此，在业务模型方面，我们分别基于均匀泊松业务模型和非均匀泊松业务模型进行了仿真。在均匀业务模型中，所有节点的业务到达强度均相等，而在非均匀业务模型中，我们假设节点 i 与 j 之间的业务到达强度 $\lambda_{i,j}$ 均匀分布于 $\lambda_{\max}$ 与 $\lambda_{\min}$ 之间，其中，$\lambda_{\max} = \max\limits_{1 \leqslant i,j \leqslant N}(\lambda_{i,j})$，$\lambda_{\min} = \min\limits_{1 \leqslant i,j \leqslant N}(\lambda_{i,j})$。在仿真中，我们假设 $\lambda_{\max}/\lambda_{\min} = 10$。

在单纤网络仿真中，假设链路在每个方向上铺设 1 根光纤，光纤中复用 16 个波长（$F=1$，$W=16$）；在多纤网络仿真中，假设链路在每个方向上铺设 8 根光纤，每根光纤中复用 16 个波长（$F=8$，$W=16$）。在仿真中，除 MinSum 算法外，我们还对另几种自适应路由选择算法进行了仿真，包括 FAR、LLR、WT_FPLC 和 LP_FPLC 算法。在单纤网络中，LLR 算法退化成为 FAR 算法，LP-FPLC 退化成为 WT-FPLC 算法，而 LL 波长分配将退化成为 FF 波长分配。因此，在单纤网络中，我们将只看到 LLR、FPLC 以及 MinSum 算法的仿真结果。

图 3.9 和图 3.10 给出了在 33 节点格网中的仿真结果。其中 AP_MinSum 代表基于链路潜在负载近似计算模型的 MinSum 算法，AN_MinSum 代表基于链路潜在负载分析模型的 MinSum 算法，而 ST_MinSum 表示基于链路负载统计计算模型的 MinSum 算法。

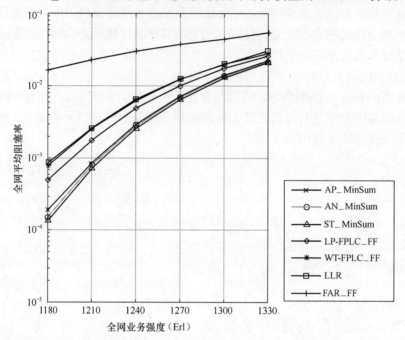

图 3.9　多纤 33 节点格网均匀业务模型仿真结果（使用 FF 算法进行波长分配）

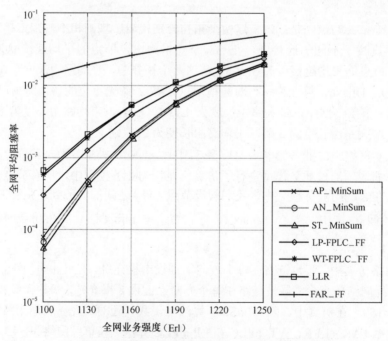

图 3.10　多纤 33 节点格网非均匀业务模型仿真结果（使用 FF 算法进行波长分配）

可以看出，在路由选择算法中，LLR 算法要优于 FAR 算法，FPLC 要优于 LLR 算法。

无论在单纤网络中还是在多纤网络中，MinSum 都是性能最优的算法。

图 3.10 是非均匀业务模型下的仿真结果。可以看出，在非均匀业务模型下，由于业务的非均匀分布影响了网络业务流量的均衡，因此，在全网平均业务强度不变的情况下，网络业务的平均阻塞率上升了。或者说，如果业务的平均阻塞率保持在某一个范围内不变，则在非均匀业务模型下，网络所能承载的业务强度要小于均匀业务模型下网络所能承载的业务强度。

通过仿真结果我们发现，无论是在均匀业务模型还是在非均匀业务模型下，图 3.9 和图 3.10 是各种路由选择算法与 FF 波长分配算法组合时的仿真结果。单纤网络中这两种波长分配方案是完全相同的，从多纤网络的仿真结果中可以看出，与 FF 波长分配算法相比，LL 算法以有效提高网络性能。同时可以看出，无论与 LL 算法还是与 FF 算法组合，MinSum 都优于其他几种代表性自适应路由选择算法。

图 3.11 至图 3.16 给出了在 NSFNET 拓扑上进行的仿真结果。比较 NSFNET 和 33 节点格网的仿真结果可以发现，由于 NSFNET 的连通度较高，因此在业务负载相同的情况下，NSFNET 中业务的平均阻塞率较低，或者说，在业务平均阻塞率大致相当时，NSFNET 可承载更多的业务。不同拓扑、不同业务模型下的仿真结果说明，MinSum 算法可适用于多种网络拓扑以及多种网络环境，通过在路由选择过程中引入链路潜在负载，MinSum 算法更好地实现了网络流量的均衡，从而降低了网络的整体阻塞率。而在 AP_MinSum、AN_MinSum 以及 ST_MinSum 中，性能最优的是 ST_MinSum，原因在于，统计模型对潜在业务负载的计算是最准确的，AN_MinSum 稍逊于 ST_MinSum，但优于 AP_MinSum，这说明文中提出的分析模型可以较为准确地反映链路的潜在负载。虽然 AP_MinSum 在阻塞率性能方面不及 AN_MinSum 和 ST_MinSum，但差距并不明显，而且 AP_MinSum 要明显优于文献中提出的各种算法。考虑到近似计算法是一种非常简单的链路潜在负载分析方法，适用于各种网络环境，因此 AP_MinSum 是一种很具有实际意义的自适应路由选择算法。

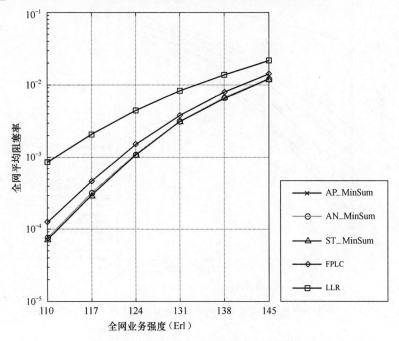

图 3.11　单纤 NSFNET 均匀业务模型仿真结果

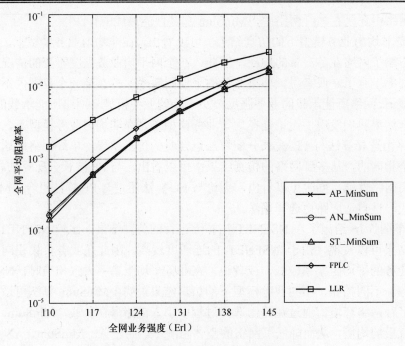

图 3.12　单纤 NSFNET 非均匀业务模型仿真结果

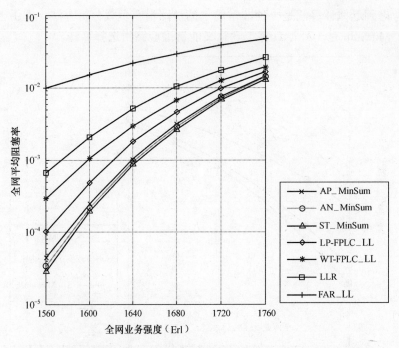

图 3.13　多纤 NSFNET 均匀业务模型仿真结果（使用 LL 算法进行波长分配）

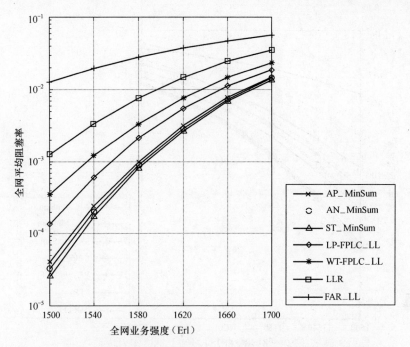

图 3.14　多纤 NSFNET 非均匀业务模型仿真结果（使用 LL 算法进行波长分配）

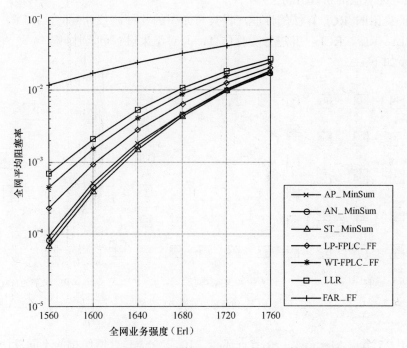

图 3.15　多纤 NSFNET 均匀业务模型仿真结果（使用 FF 算法进行波长分配）

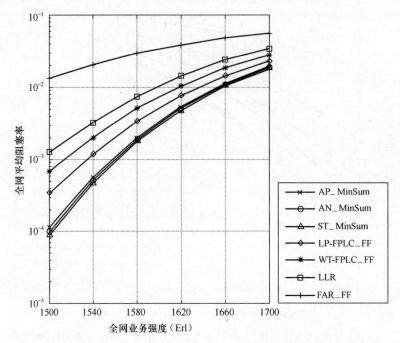

图 3.16 多纤 NSFNET 非均匀业务模型仿真结果（使用 FF 算法进行波长分配）

2. 波长分配算法的仿真分析

为了验证提出的 RCI 算法的性能，将其与介绍的几种波长分配算法：FF、MU、LU、MS、RCL、LI、RLI、RCI 一并进行实验仿真，并对结果进行分析比较。

仿真环境如下：

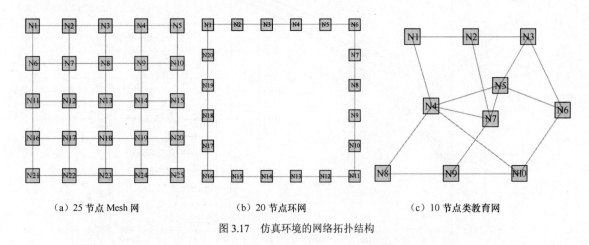

（a）25 节点 Mesh 网　　　　　（b）20 节点环网　　　　　（c）10 节点类教育网

图 3.17　仿真环境的网络拓扑结构

我们选用 25 节点 Mesh 网、20 节点环网、10 节点类教育网结构的不同算法进行仿真。节点对间的业务分配均匀，动态业务按泊松分布逐条到达。将算法 α 的阻塞概率记为：$B(\alpha)$，当算法 α 的性能优于算法 β 的性能（$B(\alpha)<B(\beta)$），我们定义算法 α 相对与算法 β 的优化因子为

$[B(\beta)-B(\alpha)]/B(\beta)$。用 F 代表每条链路包含的光纤数，W 代表每条光纤可支持的波长数。Load 代表网络的负载。路由选择算法采用 FPLC 算法。仿真结果如下：

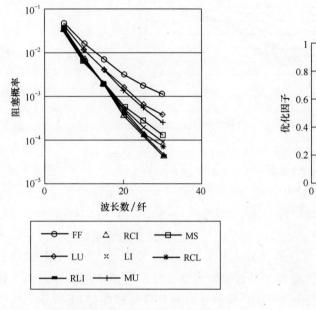

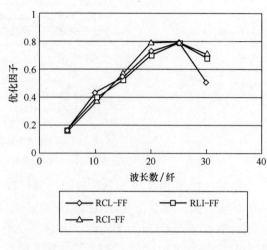

（a）20 节点环网（F=10），load/W/F=0.14Erl　　　　（b）20 节点环网（F=10），load/W/F=0.14Erl

图 3.18　不同波长分配算法的性能比较

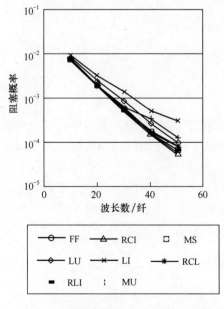

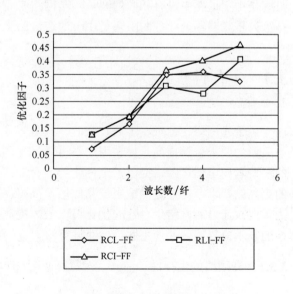

（a）25 节点 Mesh 网（F=5），load/W/F=0.9Erl　　　（b）25 节点 Mesh 网（F=5），load/W/F=0.14Erl

图 3.19　相对 FF 算法的优化仿真结果

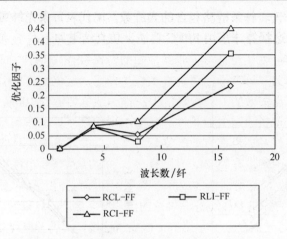

（c）10 节点类教育网（*F*=4），load/*W*/*F*=3Erl

图 3.19　相对 FF 算法的优化仿真结果（续）

由图 3.18 和图 3.19 所示的模拟结果可以看出，各种波长分配算法中 LU 算法性能最差，RCI 算法最优，RCL 次之，模拟结果验证了目前关于波长分配算法性能优劣的结论。在网络资源（节点/波长/光纤）不大时，各种算法性能差距不大，当网络资源增大时，各种算法差距变大。图 3.18 中比较了 RCI 算法和其他算法的性能，可以看出，图 3.18 结果中，RCI 算法性能优于其他算法。图 3.19 中计算了 RCL、RLI 和新提出的 RCI 算法相对 FF 算法的优化因子，优化因子越大表明算法性能越好。图中显示表明了新提出的 RCI 算法的性能优于目前性能最好的 RCL 和 RLI 算法。这是因为 RCI 算法能更准确地描述光网络的资源状态。同时，模拟结果显示，当网络是轻载网络时，各种算法的性能差距相对较大，这是由于此时业务的阻塞是由于通路中没有相同的波长。当网络是重载网络时，各种算法性能差距大大缩小，这是因为重载网络的业务的阻塞是由于通道链路上没有剩余波长资源。

3.3　生存性优化

由于光网络在金融、工商、政府、教育等各个领域日益广泛的应用，市场本身对网络服务质量的要求普遍提高；终端用户不再满足于网络运营商毫无约束力的口头承诺，越来越多的消费者向电信运营商提出了个性化的、有法律保障的服务要求；这对电信运营商提出了新的更高的要求，需要提供给用户高质量、高可靠性的服务，因此网络的生存性技术就显得尤为重要。通过对网络生存性的优化可以大大提高网络的可靠性。本章主要介绍了光网络生存性的基本概念等，并使用联合生存性算法对光网络生存性进行优化。

3.3.1　光网络的生存性

1．光网络的生存性的定义

网络的生存性是指当网络发生故障或受到攻击时，网络确保信息正常传送的能力。实现网络生存性一般有两类方法：保护和恢复。保护和恢复均是在网络故障条件下使受损的业务得以重新运行的具体措施，两者均是需要重新选择其他路由来代替故障路由。

　　网络的故障可以分为线路（链路）故障和通道故障两种。通常的光纤线路受损是典型的线路故障，而组成光通道的某个区段的光电器件的故障则通常会导致通道的故障。对于网络节点失效的情况，通常可以认为是若干线路故障的特殊组合，由于与该节点的通信联系全部被切断，网络只需要为路过该节点的通道提供保护即可，这就是"尽力恢复"原则。在实际的网络中，网络对非节点失效的单一故障的保护能力通常要达到 100%，所谓的单故障条件，就是单处线路故障或者单条通道失效条件。目前出现的恢复算法基本是针对单类型故障条件的，对于多类型故障条件，还没有有效的恢复方案。与故障条件相对应，网络的恢复方案也有线路恢复和通道恢复两种，在 WDM 光网络中，通常线路恢复也称作光复用段恢复。

　　尽管故障不可能避免，然而快速的故障检测与识别和业务恢复确能使网络更为坚固可靠。并且最终增加用户对网络提供商和业务提供商的信任感。从这一点来看，网络的拓扑结构必须具有坚固的可生存性，这一点决定了它在单个或多重连接以及设备出现故障时所具有的恢复能力。一个网络要具有生存性，它的拓扑结构在出现故障时必须具有能够实现重选路由的功能。

　　在制定合适的生存性策略时，应根据网络或用户的不同需求，对冗余度、恢复时间以及恢复率进行折中以选择最优方案，并实现网络资源的合理使用。恢复时间不仅与所采用的恢复技术有关，还与恢复算法、消息的传送和处理时间有关。

　　按用户不同的要求可以将用户分为 4 大类。

　　（1）安全用户，包括紧急业务、医疗业务等。对他们来说，必须保证业务的连续性和安全性，业务中断是不能接受的，费用是次要因素。

　　（2）商业用户，包括政府、军用机构和银行用户，业务中断使用户的损失巨大，取决于用户愿为此支付的费用。

　　（3）低费用用户，包括住宅用户，主要是 POTS 业务以及 Internet 接入服务，业务中断不能影响其收入，只是造成一些麻烦。

　　（4）基本用户，非常低的费用，无时间需求的业务，如夜间的某些家庭与办公室的成批处理。

　　常用的光网络生存性技术如图 3.20 所示。

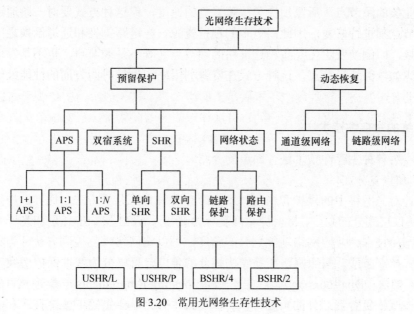

图 3.20　常用光网络生存性技术

2．光网络生存性影响因素

（1）大量的业务集中于更大型的传输和交换设备，且采用更高的传输速率，在较少的几根光纤中集中的控制信令将使一个元件失效而波及更大范围。

（2）软件在带来智能并提供系统灵活性的同时，也给系统埋下了整体崩溃的可能性。大型软件测试条件的不可遍历性，使这种情况无法避免，但出现概率相对较少。

（3）可能存在的危险因素占很大比例。包括暴风雪、龙卷风、飓风、地震、火灾、洪水、海啸等自然因素和人为破坏（如盗窃、挖掘）导致的光（电）缆断裂和汇接局的破坏。

3．保护机制与恢复机制定义

保护机制是指为了对一条或多条工作连接进行保护，而预先建立一条或多条保护连接的机制。这些用于保护的容量即使未被使用也不能被重路由利用，而且在中间节点处用于保护的交叉连接在保护中也不会发生任何改变。在故障发生后进行保护时，只需源宿连接控制器进行相应操作，将业务倒换到保护连接上，而保护连接所经过的中间节点的连接控制器不会发生任何变化（因预先已建立完成），也就不需要传送信令了。恢复机制与保护机制不同，它是指通过重路由机制建立新连接以代替失效连接的机制，这些新连接会占用网络中冗余的共享容量。与保护相反，在故障发生后进行恢复时，网络中用于连接的控制器会在信令的指挥下发生变化，实时地建立新的连接，即在故障发生时才进行资源的配置。可见，保护与恢复的主要区别在于连接修复时保护资源是否配置以及是否需要信令的参与。

无论是保护机制还是恢复机制，通常都存在端到端的通道倒换和链路倒换。通道倒换的修复节点（实施倒换的节点）是业务的源节点，备用连接建立在源宿节点之间并尽量不与工作连接处于相同的共享风险组（SRG）中；而链路倒换的修复节点是检测到故障的节点，备用连接建立在故障链路的两个端节点之间。在通道倒换中，检测到故障的节点需将故障信息传送给通道源节点，因此延长了故障修复的时间，但通道倒换比链路倒换的资源利用率要高。在链路倒换中，检测到故障的节点直接将工作链路上的业务倒换到备用链路上，而不需传送故障信息给业务的源节点，所以加快了故障修复的速度，但这种方式要对一条通道上的每条链路和每个节点都进行修复，因此需更多的预留资源。在链路倒换和通道倒换之间还存在着一种片段倒换，即倒换发生在几条相连链路的端节点（既不是源节点，也不是发现故障的节点）之间，比如域的边界节点，这种方式在资源利用率和倒换时间方面的性能处于前两种方式之间。

3.3.2　光网络的生存性技术

这一节将对各种生存性技术进行简单的介绍。

1．保护和恢复分类

目前，针对光网络中的保护和恢复技术已经有多种方法分类方法。比如，根据现代电信结构，按照协议层划分的角度，将保护和恢复分为 IP 层、ATM 层、SDH 层和光层（也称 OTN 层）4 种不同的技术。按照网络功能划分的角度，可以将网络恢复控制方法分为集中式控制方法和分布式控制方法。按照网络拓扑结构划分的角度，可以分为线性保护切换（Protection Switting）、双归法（Dual-homing）、自愈环（Self-healing Ringredients）、自愈网（Self-healing Networks）。按照恢复容量划分的角度可以将恢复技术分为基于链路的恢复技术和基于通道的

恢复技术。按照业务倒换位置划分的角度，可以分为路径保护策略、链路保护策略和段保护策略。

本书侧重基于按拓扑结构分类来介绍生存性技术。

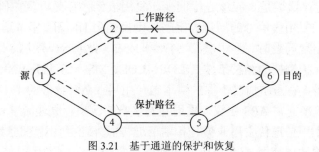

图 3.21　基于通道的保护和恢复

针对此情况，也可以选择以链路为基础的保护和恢复，如图 3.22 所示。

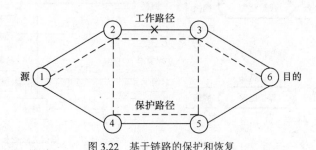

图 3.22　基于链路的保护和恢复

2．点到点的光层保护倒换

（1）1+1 方式下，通常有两个通道，工作通道和保护通道上均传送业务，接收端比较收到的两路信号质量的优劣，选取质量较好的那路进行接收光网络生存性技术研究。这种方式优点是设备投资少，可以实现快速、大容量保护，并且操作与实现简单，但是缺点是带宽利用率低。

（2）1:1 方式下，也有两个通道，工作通道和保护通道，但是仅在工作通道上传送信号，保护通道资源预留。当工作通道上的接收信号劣化时可由保护通道传送信号。这种保护方式的设备投资比较高，但是带宽利用率有所提高，可实现经济有效的保护。

（3）$M:N$ 方式下，是 N 条工作通道共享 M 条保护通道。这种方式下，设备投资最高，需要交叉矩阵，但是带宽利用率最高（其中的 $M=1$ 时为特别的 1:n 保护方式）。

保护机制的选取与实际网络的拓扑有着密切的关系，可以根据不同的需要选择不同的保护机制，有效地实现网络的保护。

（4）1:N 保护（$N>1$，见图 3.23（c））：N 条工作通道/链路共享一条保护通道/链路，N 条工作通道/链路同时出现故障的概率很低，如有超过一条工作通道/链路出现故障，就保护优先级最高的工作通道/链路。

3．环形光网络的生存性

目前的单环网使用自愈环作保护是最为普遍的，SDH 传输网共有二纤单向通道保护环、二纤双向通道保护环、二纤单向复用段保护环、二纤双向复用段保护环和四纤双向复用段保护环 5 种类型自愈环。它们各具特点，可以适用不同的网络应用。通道保护环中，业务的保护是以通道为基础的，也就是保护的是 STM-*N* 信号中某个 VC 通道（某一路 PDH）信号，倒换与否按照环上的某一个别通道信号的传输质量来决定，通常利用收端是否收到简单的 TU-AIS 信号来决定该通道是否应该进行倒换。复用段倒换环是以复用段为基础的，倒换与否是根据环上传输的复用段信号的质量决定的。倒换是由 K1、K2 字节所携带的 APS 协议来启动的。当复用段出现问题时，环上整个 STM-1 或 2（1/2）STM-*N* 的业务信号都切换到备用信道上。复用段保护倒换的触发条件是 LOF、LOS、MS-AIS、Ms-EXC 等告警信号。通道保护往往是专用保护，在正常情况下保护信道也传主用业务（业务的 1+1 保护），信道利用率低。通道保护环的倒换无需 APS 协议，采用并发接收的倒换，原理简单。复用段保护环使用公用保护，正常时主用信道传主用业务，备用信道传额外业务（业务的 1:1 保护），信道利用率高。复用段保护环要使用 APS 协议，倒换原理复杂。

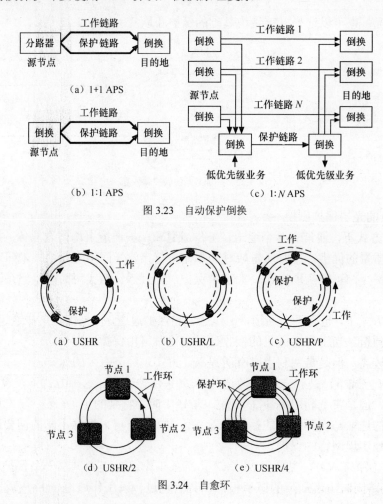

图 3.23 自动保护倒换

图 3.24 自愈环

4. 网状光网络的生存性

传输网对网状网、相交环、相切环和枢纽环自愈保护主要是基于 DXC 的应用，其特点是能够高度共享网络中的冗余资源，20%～30%的冗余容量就可以达到较高的业务保护能力，从而提高了资源利用率，在经济上更具优势。

尽管 DXC 设备的稳定性是十分高的，而且设备内部也有许多的保护机制，但是应该有预备方案确保在重大故障时以最快的时间恢复最重要的通信电路，为了能够在第一时间疏通重要电路，根据目前的技术状况，对于重要电路的保护可采取 3 种手段：（1）在网络层网管上预置备用路由；（2）在网元层网管上临时改向电路；（3）在网络层网管上快速沟通临时电路。上述 3 种方案各有优缺点：第一种速度快，但资源浪费；第二种速度快，但操作复杂，网络数据信息混乱；第三种速度慢，但实施步骤清晰。

表 3.2　　　　　　　　　　　　　　　**自愈环网与 DXC 比较**

属性	自愈环	DXC 网络
所需空闲容量	适中	很少
恢复时间	很快	较慢
混合线路速率	不能	能
所需光纤数量	很少	适中
网络大小	局域网	全局网
连通性要求	适中	很高
节点成本	较低	较高

5．多层保护与恢复

现代光网络是一个由多种层次技术相融合的网络，波分复用（WDM）、同步数字体系（SDH）和异步传输模式（ATM）等技术的使用使更多的业务集中在少数网络单元中。随着技术的进步以及业务的融合，未来通信网络的结构也正朝着扁平化、简单化的方向发展。原来 IP/ATM/SDH/WDM 的复杂网络结构逐渐会被 IP/Optical 的简单网络层次所取代，而智能光网络也主要是基于 IP/Optical 的这种多层网络结构的，如图 3.25 所示。此外，IP 层可使用多协议标签交换（MPLS）技术实现。

传统的多层网络的保护和恢复是在每一层网络中分别实现的，在层间缺乏相应的生存性协调机制，这样不仅不能对各种故障情况进行有效的处理，而且会造成网络资源的浪费。因

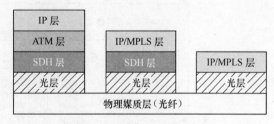

图 3.25　多层网络结构的演化

此，研究如何在多层网络结构下，建立有效的多层生存性协调机制，以避免不同的单层恢复机制之间的竞争，提高层间备用容量的协作和共享等性能，就成了生存性问题研究的另一个重要领域。

在多层网络配置中实现不同的生存性需求的主要挑战是发展一套提供各种程度的可靠性的合适的可选项。一个好的生存性策略应该平衡不同技术和相关的生存性机制的实力。多层生存性策略的目标是以比单层方法更低的费用、更有效的方式传递需要的 QoS。

多层生存性策略的主要准则可通过以下 6 项条款来描述。

（1）性能。具有足够快的恢复时间来支持所要求的 QoS，特别是对于一些实时性很强的

业务（如电话和电视）。

（2）效率。用于保护恢复的网络空闲备用容量应该最小。

（3）可维护性。生存性策略应该支持网络的维护操作系统。

（4）演进性。新的网络层和新的生存性机制的引入不应受限于生存性的考虑，也不应对现有业务和现有生存性方案有不利的影响。

（5）灵活性。生存性策略应该能提供一整套生存性解决方案来适应具体网络运营者的需要。

（6）成本。生存性策略应该在设备和运营成本间取得最佳平衡。WDM 光网络的多层保护协调机制，层间的生存性协调方案通常有两种。

顺序协调方案是指各层按顺序进行生存性动作，当本层无法恢复故障时，转向下一层进行恢复。该方案通常有 3 种方法。

① 自下而上的方法。恢复开始于最靠近故障的层，当某些故障业务在本层无法进行恢复时，将转由上层完成。

② 自上而下的方法。恢复开始于最上层，当上层无法恢复所有的故障业务时，生存性技术向下层扩展，下层的生存性技术被触发。

③ 第三种策略。恢复开始于中间层，依据接收到的告警或生存性的策略向上层或下层扩展。

集成方案是基于信号的多层恢复方案的集成。当故障发生时，恢复方案将对网络所有层的恢复方案进行综合考虑，并决定最佳层的恢复操作。

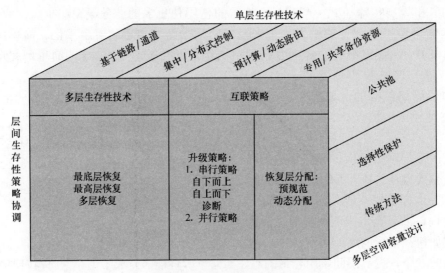

图 3.26　多层网络生存性框架

3.3.3　联合生存性策略

联合生存性算法/策略的实现是以联合路由算法为基础的。我们知道，根据路由计算在故障发生前后的不同，可分为保护和恢复两种方案。当故障发生时，为了确保网络能够对受损业务进行保护/恢复，就需要通过生存性算法计算保护 LSP 以及动态恢复 LSP。

保护机制大多数是专门针对单故障事件而设计的，而恢复机制可以应付多种故障同时发生的情况。在其他方面保护和恢复还有更多的区别，比如资源利用率、恢复速度、恢复粒度等。根据资源可否共享来分，可分为专有保护和共享保护。我们将在本书第 5 章分别讨论保护算法（联合专有通道保护、专有链路保护、共享通道保护和共享链路保护）和恢复算法（联合通道恢复、联合链路恢复、联合区段恢复）。

1. 保护算法

在保护算法方面，这里我们介绍网络的多种联合保护方案——基于 SRLG 的联合专有保护 IDP 和联合共享保护 ISP 等机制的保护路由和资源分配算法。

SRLG 即共享风险链路组（Shared Risk Link Group）。通常，在 WDM 光网络中，光缆在铺设过程中要通过多个管道和路径。同一段路径中可能有多条管道，同一管道中又包含多条光纤链路。因此，一段路径或管道发生故障时，通过这个路径或管道的所有光纤链路将同时失效。这些在相同的管道/路径中的光纤链路构成了一个 SRLG。简言之，SRLG 是指共享物理资源（即具有共享失效风险）的一组链路。

无论是共享保护，还是专有保护，都应保证其保护路径与工作路径是 SRLG 分离的。对于共享保护与专有保护，又可详细分为通道级保护与链路级保护。通道保护，是为每个 LSP 请求建立两条"物理分离"的端到端通路，分别作为工作通路和保护通路。一旦工作通路失效，可以立刻将业务切换到保护通路上运行。链路保护，是指当工作通道建立后，网络要为通道的每个链路分配备用的保护通道，此方案的主要优点是链路失效时的保护倒换只限于局部范围内，无需整条通路上的业务倒换。当网络较大时，业务恢复速度比通路保护方案更快。

2. 恢复算法

恢复是在故障发生后，依据网络拓扑结构和一定优化算法重新为受损业务选取的可替代的路由。恢复又可分为基于通道、基于链路和基于子通道的恢复。我们将在第 5 章给出单链路故障下的 3 种联合恢复策略：联合通道恢复（IPR，Integrated Path Restoration）、联合链路恢复（ILR，Integrated Link Restoration）以及联合区段恢复（ISR，Integrated Segment Restoration）。

对于恢复算法，其优化目标为恢复效率，即给定一系列节点和链路组成的网络拓扑，并已知业务需求分布状况，在链路容量受限情况下，当发生故障时，为尽可能多的业务寻找恢复路由。

3.4　光网络组网的经济性优化分析

光网络组网经济性主要体现在投入产出比，而光网络的经济效益直接体现于网络的容量。本小节将对光网络组网的经济性优化进行分析，对影响光网络经济性的主要因素进行探讨，并提供了几个典型的光网络经济性分析的实例。

3.4.1　光网络经济性分析概述

图 3.27 给出了网络经济性分析的大致流程图。

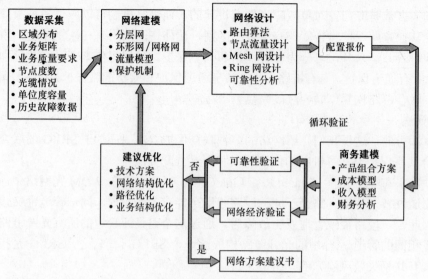

图 3.27　网络经济性分析流程图

一般来说，在进行光网络经济性分析的过程中，需要考虑以下参数。

（1）光网络投资成本

这部分主要是指在部署光网络的时候所需要付出的成本代价，包括：

① 新建、扩容光网络设备的投资，这部分主要由市场价格所决定；

② 光网络网络管理系统的投资，这部分主要由所提供光网络设备的设备厂家所提供；

③ 修建光网络工程的投资。

（2）光网络运营和维护成本

指当光网络真正运营以后，运营商需要维护光网络所需要付出的代价，包括：

① 机房成本；

② 相关资源使用费用；

③ 修理费与低值易耗品摊销；

④ 业务、销售及管理费用；

⑤ 网络管理人员培训费。

（3）光网络收入模型分析

光网络的部署为运营商提供新业务、新应用带来了可能，因此，光网络收入是指由于光网络的引入而为运营商带来新业务所得到的收入利润，包括：

① 电路租用费用；

② 光刺激业务增长及光新业务收入；

③ 电路开通时间影响收入。

3.4.2　光网络组网成本的主要构成

光网络建设的根本原则是利润最大化，这个原则可以等价地描述为网络总成本现值最小化。光网络的成本主要有以下几个因素：光网络工程建设费用、光网络维护费用、光网络设备费用等。下面我们分别对每一项进行介绍。

1．光网络设备费用

光网络设备费用主要由链路设备费用和节点设备费用组成。

（1）链路设备费用，由承载中继链路的光缆成本，光纤设备的费用以及开通波道的波长费用构成。

（2）节点设备费用，节点成本指构成节点传输能力的成本，以及各层上交换复用等设备 SDH 复用设备和再生设备成本、OTN 复用设备和再生设备成本、WDM 复用设备和光放大设备。由于实际工程中使用的节点设备可能是 OXC 或 OADM，对于不同设备，其费用的计算公式不同。

2．光网络工程建设费用

光网络工程建设费用是指修建光网络工程的费用，其费用的多少需要根据市场实际情况来进行预测。

3．光网络维护成本

光网络维护成本与传输网络类型、运营商运维体制和运维水平密切相关。应根据运营商的实际运维成本与网络建设成本数据的比较分析后确定。一般来讲，光网络类型可分为传统 SDH 环形网络、集中式智能的 DXC 网络、分布式智能的光网络、WDM 网络等。不同网络的维护成本不同。

在光网络中以下几种光电元件的维护成本较为基本：

（1）复用器/解复用器 C_{Mux}-N/C_{Demux}-N；

（2）光开关 C_{Cross}-N；

（3）光滤波器 C_{Filter}；

（4）光发射机/光接收机 C_{Tx}/C_{Rx}；

（5）数字交叉连接设备 C_{DXC}-N；

（6）光缆/光纤 C_{Fiber}；

（7）光放大器 C_{EDFA}.C_{Raman}；

（8）各项工程 C_{CON}。

这里 OADM、OXC 和传输链路比较常见和重要，因此我们着重分析它们的费用模型。

4．OADM 的费用模型

本节考虑了两类 OADM：一类是有固定波长配置的，即设备的上、下路波长是固定的；另一类是可变波长配置的 OADM。

二者区别：后者通过适当安装 2×2 光开关，设备的上、下路波长可以很容易修改。根据 2×2 光交换器的状态，所连接的输入波长信道既可进行桥接，也可上、下路。

固定波长配置的 OADM（上、下路波长一定）费用公式：

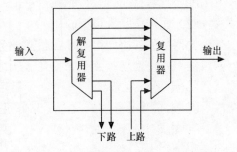

图 3.28　固定波长配置 OADM 节点结构图

$$C_{Mux}\text{-}N + C_{Demux}\text{-}N \tag{3.19}$$

可变波长配置的 OADM 费用公式：

$$C_{Mux}\text{-}N + C_{Demux}\text{-}N + n \cdot C_{Cross} \tag{3.20}$$

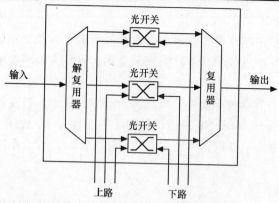

图 3.29 可变波长配置 OADM 节点结构图

5. OXC 的费用模型

一个 OXC 的费用依赖于其体系结构，即基本模块的组合方式。这里并不细述节点结构设计以及技术选择。由于 OXC 类型很多，本节只简单介绍两种节点模型并提供其费用函数。

（1）OXC 结构 A

该结构有下列特征：不包含波长变换器；使用光复用器和解复用器；每个波长都被连接到一个光交换器上。

图 3.30 显示了两纤、每纤两波的结构。另外，在输入/输出端增加了光放大器。

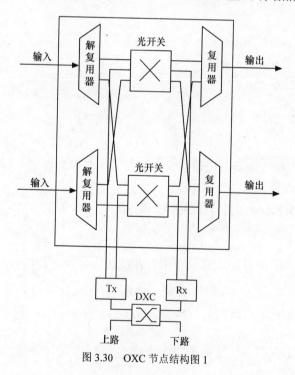

图 3.30 OXC 节点结构图 1

OXC 结构 A 的费用公式：

$$C_{OXC}^{A} = C_{DXC} + N_{Fib} \cdot (C_{EDFA} + C_{Mux} + C_{Demux}) + N_{\lambda} \cdot (C_{OXC} + C_{Tx} + C_{Rx}) + C_{DXC} \quad （3.21）$$

（2）OXC 结构 B（OPEN）

该结构有下列特征：采用了波长变换交叉连接器，在复用器之前进行波长变换；广播和选择结构，光分路器会带来严重的损耗，因此需要附加光放大器。

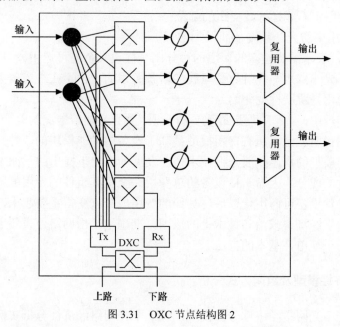

图 3.31　OXC 节点结构图 2

OXC 结构 B 的费用公式：

$$C_{\mathrm{OXC}}{}^{\mathrm{B}} = C_{\mathrm{DXC}} + N_{\mathrm{Fib}} \bullet \left(\lambda \bullet C_{\mathrm{EDFA}} + C_{\mathrm{Mux}} + C_{\mathrm{Split}}\right) + N_{\lambda} \bullet \left[C_{\mathrm{Tx}} + C_{\mathrm{Rx}}\right] +$$
$$\left[(N_{\mathrm{Fib}} + 1) \bullet N_{\lambda}\right] \bullet C_{\mathrm{OXC}}\left[N_{\mathrm{Fib}} + 1\right] + \left(C_{\mathrm{WConv}} + C_{\mathrm{Filter}}\right) \bullet N_{\mathrm{Fib}} \bullet N_{\lambda} \tag{3.22}$$

其中，因为使用了分裂器，所以过滤之后需要增加光放大器。还应注意，光开关的规模是 $N:1$，因此其费用函数与 $N:N$ 的交换器不同。

若忽略无源器件（过滤器、分裂器），则为

$$C_{\mathrm{OXC}}{}^{\mathrm{B}} = C_{\mathrm{DXC}} + N_{\mathrm{Fib}} \bullet \left(\lambda \bullet C_{\mathrm{EDFA}} + C_{\mathrm{WDM\_PTP}}\right) + N_{\lambda} \bullet C_{\mathrm{TRANSP}} +$$
$$\left[(N_{\mathrm{Fib}} + 1) \bullet N_{\lambda}\right] \bullet C_{\mathrm{OSS}}\left[N_{\mathrm{Fib}} + 1\right] + C_{\mathrm{WConv}} \bullet N_{\mathrm{Fib}} \bullet N_{\lambda} \tag{3.23}$$

6．传输设施的费用

传输设施的费用主要是由各工程建设费用、在线放大器和光缆构成的。每 1 000m 传输设施的费用可简单地用下面的表达式来计算：

$$C_{\mathrm{Trx\_Infr}} = \lambda \bullet C_{\mathrm{CW\_fixed}} + \left\lceil \frac{\left\lceil \dfrac{N_{\mathrm{Fib}}}{N_{\mathrm{FCab}}} \right\rceil}{N_{\mathrm{CDuct}}} \right\rceil \bullet \left[C_{\mathrm{Duct}} + \left(\lambda \bullet C_{\mathrm{CW\_var}}\right)\right] + \left\lceil \frac{N_{\mathrm{Fib}}}{N_{\mathrm{FCab}}} \right\rceil \bullet C_{\mathrm{Cab}} + N_{\mathrm{Fib}} \bullet C_{\mathrm{Fib}} \tag{3.24}$$

其中需要特别注明的是，N_{Fib} 为所需光纤数，N_{FCab} 为每根光缆中的光纤数，N_{CDuct} 为每根管道的光缆数。另外，不同的费用部分为：

C_{CW_fixed} 为土建工程费用中不随所需管道数变化的部分；

C_{CW_var} 为土建工程费用中与每增加一根管道有关的部分；

C_{Duct} 为每根管道的费用；

C_{Cab} 为光缆费用中不随光纤数变化的部分；

C_{Fib} 为光缆费用中随光纤数增加而增加的部分；

λ 是一个实数，表示需要建立的管道的百分比（假设其余的可选用）。

该方程假设了光缆费用与光纤数是呈线性增长关系的。由于在线光放大器的原因，当光纤距离增长时，费用是跳跃性变化的。

在所有的求和项中，土建工程是最重要的一项，并且会随着情况的改变而发生较大变化。

最后需要附加说明的是，所有费用模型是基于设备的功能模块的，并只讨论了设备的基本结构。所有费用模型的描述一般是在技术仍在发展的情况下提出的，如 WDM 技术。实际上，这样会有直觉的成分，因为一件设备的总费用完全受其组件的费用的影响，比如它的功能模块。而一旦某件设备可商用化以后，其他的费用成分就变得重要起来，如包装和别的制造因素。事实上由于经济、政治和技术上的原因，准确地给出网络建设费用是很复杂的，我们这里只是给出一个简单、基本的方法。

3.4.3　光网络经济性模型及组网方式分析

这里将给出一个光网络经济性分析模型，及一个光网络经济性分析实例。

光网络经济性是体现投入与产出情况的量化值，在原有规划环境下，考虑的主要是非绿地规划，业务效益是主要的收益，所以网络的经济效益即网络业务收益情况：

$$C = \frac{T \times T_{Value} - Cost}{T \times T_{Value}} \tag{3.25}$$

其中 T 是业务数量，T_{Value} 是平均业务收益，$Cost$ 是总投入。

（1）总投入[12] $Cost$ 计算式如下：

$$Cost = Cost_E + Cost_S + Cost_B \tag{3.26}$$

其中，$Cost_E$ 为网络设备费用，由链路费用和节点费用构成，见式（3.27），具体的计算公式等见后述。

$Cost_B$ 为网络工程建设成本，根据经验，其值约为设备总价的 30%（此值也可由用户输入确定），即

$$Cost_B = Cost_E \times 30\% \tag{3.27}$$

$Cost_S$ 为网络维护费用，根据经验，其值约为设备总成本的 8%（此值也可由用户输入确定），即

$$Cost_S = \left(Cost_E + Cost_B\right) \times 8\% \tag{3.28}$$

（2）网络设备费用 $Cost_E$ 的确定和计算比较复杂，具体如下：

$$Cost_{E} = Cost_{Link} + Cost_{Node} \tag{3.29}$$

$Cost_{Link}$ 为链路费用，由光缆、光纤、波长的费用组成；$Cost_{Node}$ 为节点费用，由于实际工程中使用的节点设备可能是 OXC 或 OADM，对于不同设备，其费用的计算公式是不同的（见式（3.30）和式（3.31）），在模型中具体使用哪个公式，可由用户输入确定。

$$Cost_{OXC} = \alpha \sum_{l=1}^{L} F_l \cdot l_l + \beta \left[2\sum_{l=1}^{L} F_l + \sum_{n=1}^{N} \left(\left\lceil \frac{O_n}{W} \right\rceil + \left\lceil \frac{T_n}{W} \right\rceil \right) \right] + \gamma \sum_{n=1}^{N} \frac{K_n}{2} \log_2 K_n \tag{3.30}$$

$$Cost_{OADM} = \alpha \sum_{l=1}^{L} F_l \cdot l_l + \beta \left[2\sum_{l=1}^{L} F_l + \sum_{n=1}^{N} \left(\left\lceil \frac{O_n}{W} \right\rceil + \left\lceil \frac{T_n}{W} \right\rceil \right) \right] + \gamma \sum_{n=1}^{N} W F_n \tag{3.31}$$

式中，α 是连路代价的权重；β 是多路技术代价的权重；γ 是转换代价的权重；F_l 是链路 l 中的光纤数；l_l 是链路 l 的长度；O_n 和 T_n 是节点 n 处的起始和终结需求量的数目；W 是每根光纤上的波长数；K_n 是节点 n 的转换大小。

表达式中第一项代表已用光纤的代价，第二项是多路复用和解复用的总代价，其中 O_n/W 和 T_n/W 是本地接入端口需要发起或终结光路所需要的多路复用器和解复用器的数目，最后一项是有 K 个输入端口和 K 个输出端口的转换器的代价。

（3）C_2 反映被评估网络的经济性，其值介于 0～1 之间，数值越接近 1，说明经济性越好。

3.4.4　基于改进蚁群的 WDM 网络经济性规划方法

下面将给出一个具体的基于改进蚁群的 WDM 网络经济性规划方法，它将蚁群算法与 WDM 网络的经济性规划问题相结合，并通过改进传统蚁群算法中信息素增量的计算方法和信息素更新机制，提高了算法的收敛速度和解搜索效率。

在此节介绍的 WDM 网络经济性规划方法中，建立了网络成本的计算模型，并给出了基于成本的蚁群算法在网络规划中的应用方法，提出了一种基于成本的改进蚁群规划算法。算法以最小化网络建设成本为目标，通过对信息素增量计算和更新方法的改进，增强了蚁群算法的全局搜索能力，提高了解搜索效率。仿真结果表明，在相同的业务增长率下，相比传统最短路径算法，所提算法可以有效降低网络成本增长速度，减少网络建设成本。

1. 数学模型

光网络规划经济性建模需包括网络链路成本建模和网络节点成本建模。其中，链路成本与单位长度光纤的造价相关，节点成本与节点处交换设备的结构和设备单元造价相关。

假定已知网络拓扑为有向图 $G(V, F)$，其中 V 和 F 分别表示网络的节点集合和链路集合，$|F|$ 表示全网链路数。W 表示单纤波长的集合，$|W|$ 表示单纤波长总数。$C(G)$ 表示全网总建设成本，$C_V(G)$ 表示全网节点总成本，$C_F(G)$ 表示全网链路总成本，则优化目标函数为 $\min C(G)$，有

$$C(G) = C_F(G) + C_V(G) \tag{3.32}$$

$\forall f_{ij} \in F(i, j \in V)$，$d(f_{ij})$ 表示光纤 f_{ij} 的长度，α 为链路成本的权重因子，则 $C_F(G)$ 可表

示为

$$C_F(G) = \alpha \sum_{f_{ij} \in F} d(f_{ij}) \qquad (3.33)$$

式（3.32）中的节点总成本 $C_V(G)$ 主要包括多路复用/解复用器成本、光交叉矩阵成本以及波长变换器成本，令 β、γ 及 η 分别表示以上 3 项成本的权重因子，则 $C_V(G)$ 可表示为

$$C_V(G) = C_V^{\text{MUX}}(G) + C_V^{\text{OXC}}(G) + C_V^{\text{WC}}(G) \qquad (3.34)$$

式（3.34）中的 $C_V^{\text{MUX}}(G)$ 表示节点处多路复用/解复用器的总成本，多路复用/解复用器分为本地和非本地上下路波长的多路复用/解复用器。前者的个数与本地节点处的上下路业务数以及单纤最大波长数有关，后者的个数与节点处的光纤端口数有关。$\forall v \in V$，TU_v 表示在节点 v 处上路的业务数，即以节点 v 为源节点的业务数；TD_v 表示在节点 v 处下路的业务数，即以节点 v 为宿节点的业务数，则 $C_V^{\text{MUX}}(G)$ 可表示为

$$C_V^{\text{MUX}}(G) = \beta \left[2|F| + \sum_{v \in V} \left(\left\lceil \frac{TU_v}{|W|} \right\rceil + \left\lceil \frac{TD_v}{|W|} \right\rceil \right) \right] \qquad (3.35)$$

式（3.34）中的 $C_V^{\text{OXC}}(G)$ 表示节点处光交叉矩阵的成本。假设节点内的光交叉矩阵由 2×2 光开关级联组成，则节点 v 处输入/出端口数为 K_v 的光交叉连接设备需要由 $\dfrac{K_v}{2} \log_2 K_v$ 个 2×2 光开关组成，即 $C_V^{\text{OXC}}(G)$ 可表示为

$$C_V^{\text{OXC}}(G) = \gamma \sum_{v \in V} \left(\frac{K_v}{2} \log_2 K_v \right) \qquad (3.36)$$

式（3.34）中的 $C_V^{\text{WC}}(G)$ 表示节点处波长变换器的总成本，节点处波长变换器的个数与本地下路和直通的业务数有关。用 TH_v 表示节点 v 处直通的业务数，则 $C_V^{\text{WC}}(G)$ 可表示为

$$C_V^{\text{WC}}(G) = \eta \sum_{v \in V} (TD_v + TH_v) \qquad (3.37)$$

综合上述各项成本，全网总建设成本函数可表示为

$$C(G) = \alpha \sum_{f_{ij} \in F} d(f_{ij}) + 2\beta|F| + \sum_{v \in V} \left[\beta \left(\left\lceil \frac{TU_v}{|W|} \right\rceil + \left\lceil \frac{TD_v}{|W|} \right\rceil \right) + \gamma \left(\frac{K_v}{2} \log_2 K_v \right) + \eta(TD_v + TH_v) \right] \qquad (3.38)$$

本文以网络建设成本作为目标函数，在给定网络拓扑、业务需求及网络资源的前提下，对 WDM 光网络的经济性规划问题进行仿真研究，式（3.38）中各成本项的权重因子由光纤及各种节点交换设备的实际造价比值决定。

2. 算法描述

（1）基于成本的蚁群算法（CACA）

基于成本的蚁群规划算法（CACA，Cost-based Ant Colony Algorithm）是将蚁群算法用于解决光网络经济性规划问题。CACA 中，蚂蚁不再单一根据所选路径的长度更新相应链路上

的信息素浓度，而是根据此次算路结束后网络的建设成本值（$C(G)$）来更新链路上的信息素浓度，同时需要注意光网络中路由的约束性，即不能出现路由环。在单个业务路由计算和分配波长过程中，算路模块以最小化网络建设成本（$\min C(G)$）为目标多次激活蚁群算路进程，同时动态更新蚂蚁所经链路上的信息素浓度，形成有效的路由寻优正反馈，最终通过迭代为业务链表中的每个业务请求分配合适的路由与波长对，并始终保持全网建设成本值最小。CACA 的核心步骤包括路径点选择和链路信息素更新。

① 路径点选择。为业务计算路由时需避免路由环的产生，因此需建立有效的禁忌表更新机制为蚁群的路径点选择提供严格的依据。假设蚁群的规模为 m，$f_{ij} \in F$，$i, j \in V$，蚂蚁 $k\,(1 \leqslant k \leqslant m)$ 在节点 i 处选择下一跳的方向时，$\tau_k(i, j)$ 表示链路 (i, j) 上残留的信息素浓度。δ_{ij} 表示链路 (i, j) 的能见度，$\delta_{ij} = 1/d(f_{ij})$。$\lambda_1$ 表示选路时信息素浓度的相对重要性（$\lambda_1 \geqslant 0$），λ_2 表示能见度的相对重要性（$\lambda_2 \geqslant 0$），定义 $p_k(i, j)$ 为蚂蚁 k 由 i 节点转移到 j 节点的转移概率：

$$p_k(i, j) = \begin{cases} \dfrac{\tau_k^{\lambda_1}(i, j)\delta_{ij}^{\lambda_2}}{\displaystyle\sum_{r \in allowed_k} \tau_k^{\lambda_1}(i, r)\delta_{ir}^{\lambda_2}}, & j \in allowed_k \\ 0, & \text{其他} \end{cases} \tag{3.39}$$

式中，$allowed_k = \{0, 1, 2, \cdots, |V| - 1\} - tabu_k$ 为蚂蚁 k 当前可以选择作为下一跳节点的节点集合，即与节点 i 有直接相连链路并且蚂蚁还未经过的节点集合，$tabu_k$ 为蚂蚁 k 的禁忌表。初始时刻，各条路径上的信息素浓度相等，为常数 C，蚂蚁 k 在运动过程中依据各条相邻链路上的转移概率选择下一步的路线，并更新禁忌表。

② 更新链路信息素。用于光网络经济性问题的蚁群算法中的信息素增量应由当前全网建设总成本值决定，并随着迭代次数的变化而变化，从而影响后续蚂蚁进程的路径点选择。随着时间的推移，网络中残留的信息素会逐渐挥发，参数 $\rho(0 \leqslant \rho < 1)$ 表示网络链路上信息素的持久性，则 $1 - \rho$ 表示信息素浓度的消逝程度。若蚂蚁顺利从业务起始点到达业务终点，则途经各条链路上的信息素浓度根据下式调整：

$$\tau_k'(i, j) = \rho\tau_k(i, j) + \Delta\tau_k(i, j) \tag{3.40}$$

式（3.40）中，$\tau_k(i, j)$ 和 $\tau_k'(i, j)$ 分别表示此次信息素更新前和更新后链路 f_{ij} 上的信息素浓度，其中 $\Delta\tau_k(i, j)$ 表示第 k 只蚂蚁在本次循环中留在链路 f_{ij} 上的单位长度轨迹的信息素浓度，即信息素的增量，按式（3.41）计算。

$$\Delta\tau_k(i, j) = \frac{Q}{C(G_k)} \cdot \chi(f_{ij}) \tag{3.41}$$

$$\chi(f_{ij}) = \begin{cases} 1, & f_{ij} \in R_k \\ 0, & f_{ij} \notin R_k \end{cases} \tag{3.42}$$

式（3.41）中，Q 是一个体现单位蚂蚁所留轨迹数量的常数；G_k 表示第 k 只蚂蚁为当前业务计算出一条路由并分配资源后的网络拓扑，$C(G_k)$ 为当前网络拓扑 G_k 的建设成本值，按式（3.38）计算。$\chi(f_{ij})$ 函数用来判断本次循环中蚂蚁 k 计算出的路由 R_k 是否经过链路 f_{ij}，若经过则函数值为 1，否则为 0。

（2）基于成本的改进蚁群算法（ICACA）

传统蚁群算法在实际应用中常出现算法的全局搜索能力和计算效率之间的矛盾，主要原因如下：初始阶段搜索盲目，搜索效率较低；信息素增量 $\Delta\tau_k(i,j)$ 的选取方法影响算法的求解性能，对算法初始阶段搜索到的较好路径，$\Delta\tau_k(i,j)$ 的变化如果太大，容易陷入局部最优；相反，对算法后期搜索到的较好路径，$\Delta\tau_k(i,j)$ 变化如果太小，会降低算法的收敛速度。针对以上问题，本文对算法中信息素增量的计算方法和信息素的更新机制进行了改进，提出了基于成本的改进蚁群规划算法（ICACA，Improved Cost-based Ant Colony Algorithm）。ICACA 在信息素增量的计算中考虑了路由跳数对网络性能的影响，采用了基于跳数的信息素增量调整策略，并通过对每只蚂蚁所带来的信息素增量进行跳数加权，实现了对路由解空间搜索方向的动态调整；同时在更新链路信息素时，ICACA 引入了两个大于 1 的加权指数，使得算法能在运行初期搜索较为盲目的阶段约束较好解，防止过早收敛到局部最优解上，并扩大搜索空间，而在运行后期加大信息素增量的变化幅度，使算法迅速收敛，提高了解的搜索效率。

ICACA 的信息素增量计算方法为

$$\Delta\tau_k(i,j) = \frac{Q}{C(G_k)}\chi(f_{ij})f(h_k) \tag{3.43}$$

式（3.44）引入了基于跳数的信息素增量调整，h_k 为第 k 只蚂蚁所选路由的跳数，$f(h_k)$ 为信息素增量的加权函数，定义如下：

$$f(h_k) = \begin{cases} \dfrac{h_D}{h_k}, & h_k \leqslant h_{\max} \\ 0, & h_k > h_{\max} \end{cases} \tag{3.44}$$

式（3.44）中，h_D 为采用 Dijkstra 算法为当前业务计算出的最短路由的跳数。通过加权处理，由蚁群算法计算出的跳数较小的路由所包含的各条链路将得到相对较多的信息素增益；而跳数较大的路由所包含的各条链路增加的信息素则相对较少。当某条路由的跳数超过阈值 $h_{\max}$ 时，该路由所包含的各条链路的信息素增量为零，这样有效的控制了单个蚂蚁进程计算出的路由的长度。路由跳数阈值 $h_{\max}$ 的取值可以参考网络的规模，本文定义 $h_{\max}$ 为当前业务源宿节点间最短路径跳数的 3 倍，即 $h_{\max} = 3h_D$。

ICACA 的链路信息素更新机制

$$\tau'_k(i,j) = [\rho\tau_k(i,j)]^{\omega_1} + [\Delta\tau_k(i,j)]^{\omega_2} \tag{3.45}$$

式（3.45）中，ω_1 的作用是约束算法初期搜索较为盲目的阶段找到的较好解，使这些较好路径上的信息素增加较慢，防止算法过早陷入局部最优解，扩大了搜索范围；而在算法后期，由于幂函数的变化速度大于线性函数的变化速度，较好路径上的信息素变化速度也随之加快，从而加快了算法后期的收敛速度。ω_2 的作用是控制单次信息素的增加幅度。当目标函数值 $C(G_k)$ 明显变化时，$\tau'_k(i,j)$ 的变化将会更加明显，从而提高较好解包含链路上的信息素增量，动态的修正解搜索方向。如果使 $\omega_1 > \omega_2$，则算法更关注全局搜索能力，避免过早收敛到局部最优解上；而如果使 $\omega_1 < \omega_2$，则算法更关注收敛速度，出现较优解时能够更快地修正搜索方向并及时收敛。

ICACA 算法步骤如下。

步骤 1：初始化蚁群参数，设置蚂蚁组数为 A_m，每组蚂蚁的个数为 A_n（$m = A_m \cdot A_n$），初始化业务链表 T_c、节点链表 V_c 和链路链表 F_c，各链表末尾位以空为结束，将当前业务指针 P_T 置于 T_c 的链表头，继续步骤2。

步骤 2：将 F_c 中所有链路的初始信息素浓度置为常数 $C(C > 0)$，初始化信息素增量为 0，初始化各蚂蚁的禁忌表 $tabu_k$ 为空（$1 \leqslant k \leqslant m$），设置蚁群组循环变量 $j_{ant} = 1$，组内蚂蚁循环变量 $i_{ant} = 1$，继续步骤3。

步骤 3：将第 k 只蚂蚁置于当前业务的源节点处，其中 $k = A_n \cdot (j_{ant} - 1) + i_{ant}$。

步骤 4：对于第 k 只蚂蚁按式（3.40）确定各相邻链路的转移概率选择下一跳节点，若当前可转移节点集合为空，即 $allowed_k = Null$，则判定这只蚂蚁死亡，清空禁忌表 $tabu_k$，跳至步骤 6；否则，判断该节点是否是业务宿节点，若不是，则将当前节点与所选择的下一跳节点加入蚂蚁 k 携带的禁忌表 $tabu_k$ 中，蚂蚁 k 前进，随后重复本步骤，若是则继续步骤5。

步骤 5：当前蚂蚁 k 为 P_T 所指向的当前业务选出一条路由，对该路由进行波长资源预分配后计算此时全网的 $C(G_k)$ 函数值，分配波长采用 FF 策略。根据式（3.44）计算本条路由所经过链路的信息素增量。继续步骤6。

步骤 6：$i_{ant} = i_{ant} + 1$，判断 $i_{ant} > A_n$，若为真，则继续步骤7。若不为真，则清空禁忌表 $tabu_k$，释放网络中该业务预分配所占用的波长资源，跳至步骤3，开始下一只蚂蚁的选路过程。

步骤 7：本组蚂蚁循环结束，找出组内为网络带来的信息素增量最大的那只蚂蚁所选定的路由，根据式（3.45）更新该路由所包含链路上的信息素浓度。令 $j_{ant} = j_{ant} + 1$，$i_{ant} = 1$。判断 $j_{ant} > A_m$，若为真，则继续步骤8，否则清空禁忌表 $tabu_k$，释放网络中该业务预分配所占用的波长资源，跳至步骤3，开始下一组蚂蚁的循环。

步骤 8：蚂蚁循环结束，此时收敛到的路由即是当前业务最终路由。利用首次命中策略为当前业务路由分配波长，将 P_T 后移一位，并判断 P_T 是否为空，若不为空，跳至步骤2开始下一业务的选路过程，否则算法结束。

3．仿真结果分析

为了验证算法的性能，采用 14 个节点和 44 条单向链路组成的 NSFNET 网络拓扑对几种路由算法产生的网络成本进行了比较，拓扑中单纤波长数为 32。网络中的业务负荷均匀分布于全网每个节点对之间，初始业务数为 80。为体现业务规模与算法性能之间的关系，业务规模按初始业务数的 25% 的速率递增。根据各类设备的实际成本，权重因子 α、β、γ 和 η 的取值分别为 20、40、1 和 20。

图 3.32 为在相同业务增长率下，分别使用最短路径算法、CACA 以及 ICACA 得到的全网总建设成本的增长曲线，图中横轴为网络中的业务增长率，用当前业务数和初始业务数相比后的百分比表示；纵轴为全网成本增长率，用当前全网成本值和网络的初始成本值相比的百分比表示。由图可见，随着业务规模的增加，网络总建设成本总体呈增长趋势。而在相同业务增长率下，通过两种蚁群算法得到的全网总建设成本明显少于用 SP 算法得到的全网总建设成本值，这是由于蚁群算法可以根据网络成本动态调整业务路由。另外在相同业务增长率下，使用 ICACA 的网络成本增长率低于使用 CACA 的成本，证明了改进的有效性。

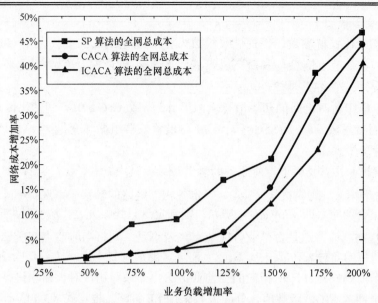

图 3.32　使用 SP 算法、CACA 算法和 ICACA 算法的网络建设总成本比较

　　图 3.33 为在相同业务增长率下分别使用 SP 和 ICACA 得到的链路成本增长曲线和多路复用/解复用器成本增长曲线，图 3.34 为在相同业务增长率下分别使用 SP 和 ICACA 得到的光交叉矩阵成本和波长变换器成本的增长曲线。由这两幅图可见，随着业务量的不断增长，在链路成本方面，ICACA 始终优于 SP。这是由于 ICACA 会优先使用现有光纤中的空闲波长而避免新建光纤，因而有效地降低了链路成本。而在节点成本方面，业务增长率较低时，两种算法的节点成本相差不大，而业务增长率较高时，ICACA 的节点成本增长率略高于 SP 算法。这是因为 ICACA 算法为了使网络资源利用的更加均衡从而优化网络总成本，会为一些业务选择迂回路由，而相比于最短路径，迂回路由经过的节点个数较多。

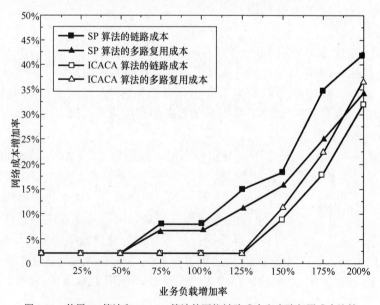

图 3.33　使用 SP 算法和 ICACA 算法的网络链路成本和多路复用成本比较

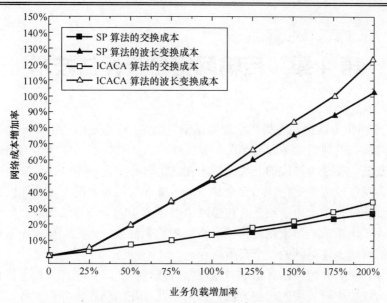

图 3.34 使用 SP 算法和 ICACA 算法的网络交换成本和波长变换器成本比较

参考文献

[1] 刘媛. 光网络规划软件中数据库的设计与实现. 北京邮电大学硕士学位论文.

[2] 杨桂荣. 光网络规划中保护与恢复算法的研究. 北京邮电大学硕士学位论文.

[3] 陈向阳, 肖迎元, 陈晓明, 余小鹏. 网络工程规划与设计, 清华大学出版社, 2007.

[4] 杨雅辉. 网络规划与设计教程. 高等教育出版社, 2008.

[5] 赵太飞, 李乐民, 虞红芳. 光网络生存性技术研究,《压电与声光》, 2006 年 3 期.

[6] 王鲁. "基于遗传算法的多目标优化算法研究[D]". 武汉理工大学, 2006.

[7] 彭燕妮. "基于遗传算法的 MPLS 网络优化研[J]". 重庆工商大学学报 (自然科学版), 2005, 22 (5): 457-460.

[8] 姜启源, 谢金星, 叶俊. 数学模型. 北京: 高等教育出版社, 2003.

[9] 罗毅, 贺国庆, 郭铁能. "基于改进蚁群算法的"N-1"安全输电网优化规划 [J]", 电力系统及其自动化学报. 2008, 20 (3): 99-104.

[10] 吴斌, 史忠植. "一种基于蚁群算法的 TSP 问题分段求解算法[J]". 计算机学报. 2001, 24 (12): 1328-1333.

[11] 罗沛, 黄善国, 连伟华, 李彬, 顾畹仪. "智能光网络中分层路由的新算法", 北京邮电大学学报, 2009 年第 2 期.

[12] 顾畹仪, 张杰, 等. 光传送网. 机械工业出版社, 2003.

[13] 王斌. 通信网络中基于启发式算法的网架规划方法研究. 科技经济市场, 2006-03.

[14] 胡黎明, 光网络规划与多层生存性技术的研究. 北京邮电大学硕士学位论文.

[15] ITU-T Rec. G.872, "Architecture of optical transport networks," 2001.

[16] 邵信科, 王孝明. 无源光网络的组网方式与建设运营成本的关系分析, 电信科学, 2008 年第 9 期.

[17] 龚晓允, 敖发良. 自动交换光网络的生存性技术研究, 广西通信技术, 2005 年第 1 期.

第 4 章　传输网络分析评估技术

光网络/传输网作为通信业务提供承载的基础网络，承担着通信网络中 80%以上的流通信息量，其质量对承载的通信业务起着至关重要的作用。以往，在一个传输网络建成之后，根据业务需求和发展，要经历多次的升级改造。在这个过程中，网络结构的安全性、资源利用等诸多方面都会发生较大的变化，如安全性下降、资源利用率和配置不成比例等问题日趋突出。另外，在维护过程中，由于缺乏对传输网络性能质量的全面详细了解，始终维持的是一种简单的维护模式，造成的结果就是传输网络维护效率低下。因此，积极探索传输网络的评估模式，是我们解决上述问题的一个有效途径。

本章前半部分主要介绍网络评估的背景以及必要性分析，后半部分则着重讨论在实际光传输网络的评估过程中所采用的一些方法、依据以及存在的问题，并从工程实现的角度简要介绍网络评估软件系统的实现。

4.1　网络评估介绍

4.1.1　网络评估的背景与必要性

光传输网作为基础网络，为无线、交换、数据等网络提供了一个承载平台，其运行质量的好坏对整个网络的质量起着至关重要的作用。而单一业务经营的电信企业不断朝着全方位业务经营的方向发展，这样势必要求电信运营环境向竞争规范化、服务质量化、业务个性化的方向发展，在这种新的形式下，电信网络对传输网相对以往有更高的要求。具体体现如下：

① 对传输网络质量可靠性的要求更加严格，需为客户提供满足 SLA（服务等级协议）规定的各种服务质量等级的电路需求，如有些客户需要高达 100%的可靠、可用性；

② 为降低运营商的投资、运营成本和提高竞争力，传输网需要由以前的单纯支持 TDM 业务的传输网转向支持 TDM、数据等综合业务的传输网；

③ 上层网络需满足大容量的各种业务的汇聚、疏导，而下层接入网络需满足各用户对业务的个性化需求，提供丰富的业务接口和带宽分配；

④ 对客户的激烈争夺，要求传输网络满足业务电路开通的时间需求，更迅速的接入新用户，并可随时根据客户需求对电路进行调整；

⑤ 市场需求变化频率增快，要求传输网络在较短的时间段内完成网络的扩容升级，具有良好的扩展性。

目前典型的本地传输网都不同程度地存在网络结构安全性低、扩展性差、合理性需要提高、电路调度和运维可控性方面存在不足、传输资源使用效率低等问题。为适应未来电信市场的竞争并在竞争中抢得先机，针对目前传输网络存在的问题，对现有传输网进行评估、优化显得非常必要。通过评估优化使传输网络结构清晰化，有利于提高网络利用率，发挥设备的功用，有利于网络的扩容、升级以及网络的演进。保证各种业务的开通，便于各种新业务接入。通过评估、优化使本地传输网的资源潜力得到充分的发挥，整合现有各方面优势和解决存在问题，建设成网络结构更清晰、支持业务更丰富、运营维护更方便、电路生产更高效、设备环境更合理、扩容升级更平滑的传输网络，降低网络建设成本和维护成本。而评估是优化的前提，所以对当前的网络进行全面、客观、缜密的评估就显得尤为重要了。通过评估可以发现网络的"瓶颈"和隐患所在，以进行下一步的优化整改工作。

4.1.2 网络评估优化流程

本地传输网网络评估的目的是通过对现有传输网络资源使用、安全保护等情况进行评估分析，从中找出网络中的问题和"瓶颈"，以便可以针对性地指导后期的网络建设和优化整改。因此网络评估是网络优化的基础，贯穿于网络优化改造和网络建设的全过程。它是随着传输网的不断发展建设，需要长期贯彻执行的一项工作，不同于网络规划和工程建设，但又和网络规划、工程建设密不可分。

本地传输网的优化流程依次包括基本数据收集与分析、网络评估、网络优化方案提出及方案对比、网络优化工程实施、优化前后网络指标分析对比和方案改进等。各阶段的工作详述如下。

（1）基础数据收集与分析。指对网络现状进行分析，对采集的基础数据进行统计归类，这些是网络评估和优化的基础。收集的数据是否全面、准确将影响后续的流程。

（2）网络评估。综合各方面的经验，制定出一系列网络评估指标。将收集分析出的基础数据与网络评估指标相对比（可采用图表对网络指标进行分析），发现问题所在，制定优化关键点。

（3）网络优化方案的提出与对比。根据网络评估制定出至少两套优化方案，对两套方案进行对比，分析优劣，提出推荐方案，并对其进行细化。

（4）网络优化工程实施。制定优化实施方案，成立项目组对优化实施进行跟踪，根据工程需要及时对优化指标进行调整，并对优化的实施过程进行总结。

（5）优化前后网络指标分析对比。指提交优化及实施的书面报告，对优化状况进行汇报，听取效果及反馈意见，对优化工作进行总结，制定下一步的优化改进方案。

（6）网络优化方案改进。实施优化改进方案，得出整体输出报告，进行项目验收，做好优化培训工作。

以上是本地传输网项目评估、优化工作实施的方案，流程图如图 4.1 所示。

评估分析是整个网络评估的核心，是一个庞大的系统工程，根据采集到的现状资料，对网络进行

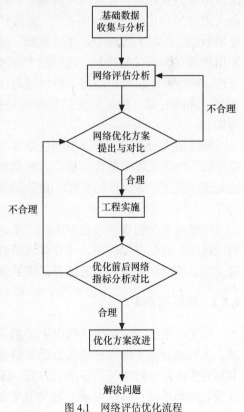

图 4.1 网络评估优化流程

全面细致的分析，寻找网络存在的"瓶颈"及问题。网络整改建议是基于前两个步骤的基础之上所体现出来的网络评估的重要成果之一，依据现网的建设特点和建设模式，结合存在的"瓶颈"和问题，提出有针对性和可操作性的改造建议。

4.2 网络评估指标

4.2.1 评估指标分类

传输网评估的目的如图所示。通过对网络数据进行合理的分析统计，从而查找网络在资源、安全性和维护流程中的瓶颈并予以消除，使网络达到资源使用最优、安全性和维护效率方面没有"短木板"的制约。同时，从资源使用、安全稳定、维护效率三方面通过一些量化指标对传输网络进行评估，可反映网络的运行质量状况和存在问题。因此，评估中同样可以从这 3 个方面出发，采用一些网络指标来衡量网络各方面的性能优劣。

资源使用率关键指标包括以下几个方面：可开通的业务数量、交叉资源使用率、支路端口资源使用率、可达到的时隙资源使用率、槽位资源使用率、可达到的网络资源使用效能等。

通过以上指标可以量化反映网络的资源使用状况，找出网络业务瓶颈点，针对网络问题，提出解决方案，以便最大限度地利用原有的网络投资，提高资源利用率和资源使用效能。在以上指标中，众所周知，可达到的网络资源使用效能是一项关键指标，指标越大，组网和业务配置越合理，网络的经济性也越好。但同时对同一网络：网络的

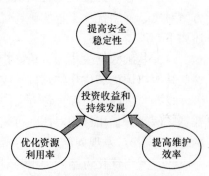

图 4.2 传输网网络评估优化目标

支路、光路时隙、槽位、交叉资源使用情况也应协调比例发展，不能片面追求某项指标的高低。

网络的安全稳定性关键指标包括以下几方面：业务中断故障率、业务保护比例、实际风险点数、单次故障中断业务数量、预期网络可用性、网络安全稳定性级别。通过对关键指标的分析，找到应该采取的光纤、设备级保护方式，以提高网络的安全稳定性，提高网络的可用性。

维护效率关键指标包括以下几方面：实际问题点数、预期平均故障维修时间、预期备件响应时间、业务开通时间、业务开通及时率。通过对维护效率的评估，提前解决网络问题，避免频繁的网络调整和问题处理，降低维护成本和故障恢复时间，降低网络运行风险。

4.2.2 指标体系建立

以上介绍了一些网络评估中主要的指标分类，而在实际的评估工作中，需要根据项目需求、工程建设需要等指标建立合适的指标体系。以本地传输网为例，其指标架构如图所示，主要分为线路和网络与设备两大方面。其中光缆线路评估主要包括光缆的安全性、网络维护、资源利用和基础设施四大项，每大项又分为若干个小项，如图 4.3 所示。

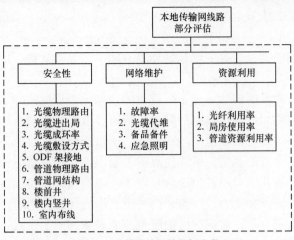

图 4.3　光缆线路评估指标分类

1. 网络安全性

其中，网络安全性主要由光缆物理路由、光缆进出局、光缆成环率、光缆敷设方式、ODF（光纤配线架）架接地、室内布线、应急照明等方面的评估指标构成。具体内容如下。

（1）光缆物理路由：物理路由是传输网络安全的保障，要想组建安全可靠的传输网，就必须对承载传输网的光缆物理路由进行评估，从中找出缺陷，通过优化提高传输网的安全性。从现实的网络组织分析，网状网的结构的安全可靠性是最高的，它能够有效地抗击光缆的双点失效（传输节点两侧的光缆同时中断）；环形结构为次之，虽然无法抗击双点失效，但是可以有效地对光缆单点失效进行保护；链形结构的安全性相比之下比较低，一旦光缆出现问题，该链所连接的下游传输节点都将受到影响。

（2）光缆进出局：进出局主要是指光缆从不同方向入局和出局，它是实现传输网物理环形结构的保障之一。按体制标准要求，光缆的进出局应保证两个以上不同的方向，以保证网络的安全可靠性。

（3）光缆成环率：这是对光缆网结构的一种描述，而光缆网结构将直接影响到传输网的安全性。有些地方虽然看上去光缆路由上可以形成网状和环形，但是光缆的连通度上并没有形成网状和环形，所以我们对光缆网结构的评估实际上是对光缆连通度的评估。

$$光缆成环率 = \frac{环上节点数}{评估层节点数} \times 100\%$$

（4）光缆敷设方式：敷设方式的不同，对光缆线路的保护级别也不同。为保证光缆线路的安全，一般需要采用最安全的敷设方式。选择光缆敷设方式做为评估项目主要是出于对光缆的保护以及寻找光缆安全隐患的考虑。目前，光缆的敷设方式主要有 4 种：管道敷设、直埋敷设、架空敷设、壁挂敷设（在某建筑物外侧沿墙敷设）。其安全等级自上而下为：管道敷设、直埋敷设、架空敷设、壁挂敷设。

（5）ODF 接地：雷雨的发生是电气设备的重大隐患之一，为保护光缆入局后的安全连接，从规范体制上要求 ODF 架上采用光缆加强芯防雷以及机架接地设备。由于一些地区在建设中强调业务的开通和建设的速度，在一定程度上忽略了 ODF 架的接地。将 ODF 架接地作为一个评估项目，就是为了加强光缆设备的安全保护措施，从中找出安全隐患，尽快加以改正。

（6）室内布线：室内布线反映出局房内的安全信息，评估室内布线是出于网络的安全。

因为凌乱的室内布线是光缆安全的重大隐患。

2. 网络维护

网络维护所要评估的指标内容主要包括光缆故障率、光缆代维、应急照明和备品备件 4 个方面。

（1）光缆故障率。光缆网的故障是不可避免的问题，而造成故障的原因多种多样。根据对一些本地网中传输故障的统计，线路故障（包括管线故障和接线故障）所占的比重是非常高的。而一旦发生线路故障，恢复时间是相当长。所以避免线路故障，有必要了解线路故障的具体原因。故障评估的目的就是为了寻找故障主要原因，尽量避免相同故障的再次发生。

（2）光缆代维。光缆代维公司是快速修复光缆故障的保证，对代维公司的评估，主要是分析代维公司的资质、信誉和实力，以保证公司所选用的代维公司能胜任需求。

（3）应急照明。这部分是针对局房内的应急照明设备和照明走线。很多本地传输网的局房照明主要采用市电，停电事件常有发生。所以对局房应急照明设备应引起足够的重视。

（4）备品备件。备品备件是反映运营企业对故障修复能力的检验。对备品备件的评估，主要是出于维护应急的考虑。同时也是对库存数量、库存安全、库存地点的一个检查，对其数量的合理性、库存地点的响应速度、库存安全保障的一个检查。

3. 资源利用

安全性是网络实现正常运营的保障，而资源的利用是网络持续发展的前提。而光缆资源和光交换资源是传输网发展的两大要素，对这两大要素的评估，可以反映出传输网的传输潜力。资源利用评估主要包括光纤利用率、光交覆盖率等方面。具体如下：

（1）光纤利用率。光缆、光纤将直接影响网络的业务发展，就目前而言，很多业务的发展趋势并不明朗，这就要求我们在使用光纤时有一个度的把握。光纤利用率的表达式如下：

$$光缆利用率 = \frac{使用光纤数}{可用光纤数} \times 100\%$$

由于地市公司的传输网一般是采用分层方式组建，因此对光纤利用率进行评估也采用分层的方式，按照中继层和接入层分别进行评估。考虑到各层光纤使用功能的不同，所以在评估时对光纤利用率的标准也不同。

（2）光交覆盖率。光交接箱是连接各光缆段的纽带，交接箱设置的数量以及设置的位置将直接影响到光缆网的层次和清晰度。将光交接箱做为一个评估项目，目的就是要对本地网的光缆线路层次进行前期评估，以便更好地运用光交接箱，为光缆网的建设铺垫好路。

根据光交的使用研究，结合信息化业务节点的设置使用。一般而言，平均每个光交的服务范围是一平方公里，将其换算成每平方公里一个光交。由于考虑光交主要是应用于接入层，所以在评估中，中继层不对光交进行评估。光交接箱覆盖率的数学表达式是

$$光交覆盖率 = \frac{光交个数}{行政区面积}$$

以上是传输网评估过程中光缆线路评估指标的内容，网络评估的另一个方面是网络与设备的评估。网络与设备的评估可分为资源使用、网络安全、可扩展性、维护效率 4 个方面。以典型的本地传输网为例，资源使用主要涵盖 VC4 通道冗余度、线路时隙使用率、端口资源使用率、低阶交叉资源使用率、电路自建率、时钟端口使用率等几个评估指标，用来评估本地传输网的网络资源使用情况；网络安全分为网络和设备两个部分，其中网络部分涵盖站点

成环率、业务保护比例、基站电路保护比例、网络拓扑保护比例、网络风险点数量、时钟引入、时钟跟踪等几个评估指标，这些指标用来衡量网络的安全性；设备安全部分涵盖交叉板保护比例、时钟板保护比例、支路板保护比例、主扩子架保护比例、备件比例等几个评估指标，这些指标用来衡量网络中设备的安全性；可扩展性主要包括组网结构和槽位资源使用率两个评估指标，用来衡量网络的可扩展性；维护效率主要包括管理最大网元数使用比例、网管备份、ECC（嵌入控制通路）、单个网关接入数量等几个指标，用来衡量在网络维护方面的效率。网络与设备评估指标的分类如图 4.4 所示，具体指标内容在此不再详述。

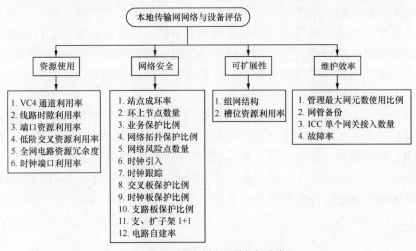

图 4.4　网络与设备评估指标分类

在评估工程中，我们首先需要以规划者的意愿为判别原则，从繁杂的评估指标中选择若干项，建立合适的指标评估体系，为对网络建设方案的进一步细化分析打下基础。

4.3　网络评估分析方法

4.3.1　常用方法概述

以上从资源、安全性、维护效率等方面介绍了网络评估中的一些常用的指标及其体系架构，而在实际评估任务中，首先根据网络环境的特点以及评估的目的，确定使用哪些指标。此外，还需对所确定的指标进行量化分析。指标分析方法有多种。

（1）分别讨论

在这种方法中，模型一般不会设立一个最终目标值，所有指标都是在分别考虑，也就是说，对每个指标分别进行参考指标的探讨等。使用该方法的多是对已有网络进行评估，由于现有网络评估往往只是给网络维护以指导，不需要在多个网络建设方案中进行选择，所以该方法往往不会给出量化的综合评估指标。

优点：方法方便针对每个指标探讨，找到相应的解决方案。

缺点：但相对来说可能有一定的繁琐性和在多个方案选择时的最终指标确定困难。

（2）线性加权

在这种方法中，模型将各种指标综合考虑。以一个加权结果作为最终评估的结果。该方法的使用在对已有网络评估和网络设计阶段都有使用。

优点：这种方法最终评估结果参考明确，且同时也可以参考每个指标单独考虑。

缺点：在各个指标综合考虑时由于需要人为引入权重参量，而该参量的引入往往依靠经验判断，尤其在一些需考虑指标很多的评估场景中，可能无法保证权重参量的科学性，因此对结果的准确性有所影响。

（3）最优化分析

该方法首先建立最优化评估模型，模型所反映的是网络建设的近期或远期目标，最后通过对该模型框架下的指标参数的计算，最终得出网络方案的评估结果。该方法主要考虑的是如何优化评估模型，使之能科学反映评估者的评估目的，以保证计算出的结果能客观反映网络性能与评估者所掌握的评估尺度的符合程度。最优化分析方法相当于一种分别讨论的特例，但其对于不同指标的考虑有了分层分重点，使得评估计算的准确度大大增加。因此，最优化分析可以被认为是目前最为科学的网络评估方法。

从网络评估优化的角度来看，网络评估优化需综合考虑传输网络存在的问题及网络评估得出的分析结果，对整个传输网络建立一个优化模型，按照模型中包含的内容对其进行优化。该模型一般主要包括组网、业务、网络生存性等几个方面。对于不同的方面，在评估过程中需采用不同的分析综合方法，以正确、多角度地反映网络的实际状态，从而达到评估的效果。下面将从各个方面分别举例介绍典型的评估计算方法。

4.3.2 组网评估

选择合理的组网对于一个运营的网络来说十分重要，因为它关系到网络的服务品质和可持续发展的问题。建设一个安全稳定可靠、易于管理、经济合理、适度超前的本地传输网络，是本地传输网络组网方案要重点思考的问题。根据我国网络结构体系总体的思路，传输网结构总体是采用分层、分区、分割的概念进行规划的，就是说从垂直方向分成很多独立的传输层网络，具体对某一区域的网络又可分为若干层，本地传输网可分成核心层、汇聚层、接入层 3 层。这样有利于对网络的规划、建设和管理。组网评估分析需要综合考虑网络当前的业务特点、业务发展预测和对组网的要求；网络的自愈保护对组网的要求；光缆物理拓扑的限制；设备槽位资源对组网的要求等方面。评估时需将数据进行有目标、有趋向性的数值分析，达到能客观、详细、完整地反映网络组网状态的评估效果。下面以接入层为例，用数学模型计算环数量和节点归集分析。

1. 接入层环数量评估

本节主要介绍如何估算本地传输网二层结构所需接入环的最小数量，用于和实际网络规划方案中所配置环的数量做比较。假定接入节点均衡归集到接入层中，业务流量分成 3 类：枢纽节点—枢纽节点、枢纽节点—接入节点、接入节点—接入节点，业务流量取平均值，考虑较小波动，为了操作管理的方便，所有的接入层环采用相同的技术。由此，定义以下变量。

网络节点的数量：N；

第 i 个节点与第 j 个节点之间的业务需求：a_{ij}；

枢纽节点的数量（节点 1 至 H 表示枢纽节点，数字 $H+1$ 至 N 表示接入节点）：H；

接入节点的数量：$N_1 = N-H$；

接入层环的容量：q；

接入层环的数量：r；

每个接入环上的平均接入点数：$n_1 = \dfrac{N_1}{r}$；

接入节点之间的业务需求总和：$B_1 = \sum\limits_{i=H+1}^{N-1} \sum\limits_{j=i+1}^{N} a_{ij}$；

接入节点之间的平均业务需求总和：$a_1 = \dfrac{2B_1}{N_1(N_1-1)}$；

枢纽节点之间的业务需求总和：$B_2 = \sum\limits_{i=1}^{H-1} \sum\limits_{j=i+1}^{H} a_{ij}$；

枢纽节点与接入节点之间的业务需求总和：$B_{12} = \sum\limits_{i=1}^{H} \sum\limits_{j=i+1}^{N} a_{ij}$。

一个接入环上的平均业务需求负荷由以下 3 部分组成。

（1）源和宿在同一个环上的接入节点之间总业务的平均需求为

$$\frac{n_1(n_1-1)}{2} a_1 = \frac{B_1(N_1-r)}{r^2(N_1-1)}$$

（2）源和宿在不同的接入层环的总业务的平均需求为

$$n_1(r-1)n_1 a_1 = \frac{2B_1 N_1(r-1)}{r^2(N_1-1)}$$

（3）源于接入节点，宿至枢纽节点的总业务的平均需求 $\dfrac{B_{12}}{r}$。

环上总的业务需求不能超过环的容量 q：

$$q \geqslant \frac{B_1(N_1-r) + 2B_1 N_1(r-1)}{r^2(N_1-1)} + \frac{B_{12}}{r}$$

根据以上不等式，可得到最小的环数量 r_{opt}：

$$r_{\mathrm{opt}} = \left\{ \frac{1}{2q} \cdot \left(B_{12} + \frac{B_1(2N_1-1)}{(N_1-1)} + \sqrt{\left(\frac{B_1(1-2N_1)}{(N_1-1)} - B_{12} \right)^2 - 4q\frac{N_1 B_1}{N_1-1}} \right) \right\}$$

上面的分析中，考虑枢纽节点之间的业务需求在汇聚层上的实现，如果在同一个接入环的两个枢纽节点之间的业务在接入层实现，只需在前面的两个公式中用 $q - \dfrac{2B_2}{H(H-1)}$ 代替 q 即可。

2. 节点归集分析

接入节点归集指分配某一个接入节点到一拟成环的节点集，使得它与归属的两个枢纽节点或其中一个枢纽节点距离足够近，下面给出 6 个枢纽节点和接入节点之间距离的不同定义，以便进行评估、选择节点。前 3 个定义比较简单，与某一绝对值距离标准比较，但它的缺陷在于如按此距离标准，可能有一些节点不能归于任何一个节点集，后 3 个定义为相对值距离标准，这样每一个接入节点都能归入至少一个节点集，$d(H_n, P_n)$ 表示节点 H_n 和 P_n 的距离，可定义为反映两点之间路径长度或路径成本的权值。接入节点 P 相对枢纽节点 H_1、H_2 的距离定义为

（1）$\{P \mid \min(d(H_1, P), d(H_2, P)) \leqslant k\}$；

（2）$\{P \mid \max(d(H_1, P), d(H_2, P)) \leqslant k\}$；

（3）$\{P \mid d(H_1, P) + d(H_2, P) \leqslant k\}$；

（4）$\left\{P\,|\,\min(d(H_1,P),d(H_2,P))-\min\limits_{i=1-c}(\min(d(H_{i,1},P),d(H_{i,2},P)))\leqslant k\right\}$；

（5）$\left\{P\,|\,\max(d(H_1,P),d(H_2,P))-\min\limits_{i=1-c}(\max(d(H_{i,1},P),d(H_{i,2},P)))\leqslant k\right\}$；

（6）$\left\{P\,|\,d(H_1,P),d(H_2,P)-\min\limits_{i=1-c}(d(H_{i,1},P),d(H_{i,2},P))\leqslant k\right\}$。

如增加距离标准 k，可增大环的尺寸，即增加环上的节点数。当节点归属到不同的环上后，网络的流量考虑以下 3 个指标。

（1）汇聚层上的业务流量

$$f_1=\sum_{i=1}^{H}(q_i+t_i+s_i)$$

式中，H 为汇聚层上枢纽节点的数量，q_i 为从第 i 个枢纽节点出发至其他枢纽节点的总的业务流量，t_i 为从第 i 个枢纽节点出发至不归属于它的接入环网上的接入节点的总的业务流量，s_i 为从一个接入环网出发，跨越汇聚层，至另一个接入层环的总的业务流量。

（2）接入层环网上业务流量

$$f_2=\sum_{i=1}^{N_1}(w_i+v_i)$$

式中，N_1 为接入节点的数量，w_i 是从第 i 个接入节点至同一环上其他接入节点的业务流。v_i 是从第 i 个接入节点至其他接入环上接入节点的业务流量。

（3）接入层上业务流量的变化

$$f_3=\frac{\sum\limits_{i=1}^{r}T_i^2}{r}-\left(\frac{\sum\limits_{i=1}^{r}T_i}{r}\right)^2$$

式中，r 是接入层环的数量，T_i 是第 i 个环上的流量。综上可得目标函数为

$$f=\lambda_1f_1+\lambda_2f_2+\lambda_3f_3$$

式中，λ_i 是各部分流量的权重因子，通过以上的数据分析总结，在对网络进行规划优化时可以借助节点归集测算网络规划方案的目标函数 f，值越小说明网络越优，从而达到最优化的组网目标。

4.3.3 业务评估

对于网络业务评估，我们将从线路时隙资源、支路资源、资源使用效能等几方面的指标入手，进行数据的统计和分析，通过一系列的指标，对网络的资源进行全面、系统的评估，从中发现问题和瓶颈，给出优化思路，为网络的后期发展、优化提供全面、系统的数据参考。

目前业务评估主要在线路时隙占用率（使用率）、支路端口占用率（使用率）、全网资源使用效能 3 个方面的应用，前期需要收集大量的相关数据，利用以下 3 个公式计算后，参照行业推荐值，并做出相应的优化策略。

$$线路时隙占用率（使用率）=\frac{已经使用线路时隙}{所有可以提供的线路时隙}\times100\%$$

对于线路时隙资源的评估，可以用线路时隙资源使用率来衡量，线路时隙资源使用率可

以按照网络分段来计算。分段计算时的线路时隙资源使用率是指某段线路时隙使用数量除以某段线路的可用时隙数量得到的比例。一般要求线路时隙资源使用率低于 70%。其中时隙数量按照折合 2M 进行统计，可用的线路时隙数量不包括保护时隙，所以不一定等于线路总时隙数量。例如复用段，可用线路时隙数量是线路总容量的一半；PP 环和无保护链，可用线路时隙数量为线路总容量。对网络的线路时隙资源使用率的统计分析，用来衡量各线路段的时隙分配是否均衡，是否有线路瓶颈存在，哪些线路段落可以进行调整，从而推动从深层次去优化网络组网、配置并指导后期的业务、组网规划，以利于后期网络的可持续发展。

$$支路端口占用率（使用率）=\frac{已经使用支路时隙}{所有可以提供的支路时隙}\times100\%$$

$$全网资源使用效能（R）=\frac{开通的业务数量（Y）}{光路段数（D）\times光路最大时隙量（S）}\times100\%$$

全网资源使用效能，即用开通的业务数量（一条端到端的电路）折算成 2M 作为分子，光路段数乘以光路的最大时隙量为分母（即理想状态下最大业务量）。此指标可以反映网络的业务分配合理性，网络业务整体的经济性；指标越高，业务分配就越合理，网络的经济性越好。从经济性角度看分母与成本成正比、开通业务量与网络创造的收益成正比其比值则可反应网络的经济性，定性地反映每一条电路的成本和价值。如某些长途干线的电路由于电路传输的站点多，所以资源使用效能的指标会较低，而每条电路的成本就很高。

从业务分配合理性角度看，对于某一确定的网络，指标分母是一定的，而如果通过合理的业务分配使开通的业务量变大（即分子），则指标就能提高。传输网络业务评估一般基于现有的网络结构，现有网络结构和配置的带宽容量在一定时期内是稳定的，可以假定网络拓扑结构已经确定前提下，如何进行路由及流量分配的优化。基于传输网络路由及流量分配能够为用户提供各种带宽粒度的服务和应用。传输网中每个链路可以以相当高的速率传输，然而在实际应用中，每个业务的通信速率往往远远低于一个链路的最高传输速率。显然，在传输网中，需要研究如何有效地为这些低速业务建立连接。低速业务建立连接涉及如何在现有网络结构和现有业务量基础上，如何进行业务的路由配置和流量配置，以使全网的可开通业务容量最大化。为了提供细粒度的速率或带宽需求，同时降低网络建设成本和运营成本，提高网络性能，业务的评估优化可以采用疏导技术解决这个问题，"疏导"源于复用和捆绑，即将多个低速业务汇集到高容量的传输单元上传输，是用来描述传输系统中有效利用容量的优化设计方法，属于网络优化建设的内容，本章在此不赘述。

1. 业务评估线性规划模型

下面以业务评估线性规划（ILP）模型为例，说明网络评估中的业务评估方法内容。采用线性规划以最大化网络吞吐量来进行网络评估，需要首先建立相应线性规划模型，根据线性规划模型求解，可获得最大可开通电路矩阵的优化或次优化解，相关的解虽然可能不是最优，但用于网络评估仍然具有相应的价值。为更好地解决多节点、大网络下的静态业务量疏导问题，可以将线性规划问题转换成相等的最大线性规划（MILP）问题，使相关的计算过程更迅速。然后将建立的规划模型和相应的传输网络数据，输入到相关的线性规划软件，通过计算机软件进行模型求解，获得相应的最优解。

为求解方便和简化模型，我们假设网络中的所有链路都包含多个传输业务电路；电路的两个端点都在网络节点上，一条电路可以穿过多个传输链路，所以一条电路连接可能会被和在不同链路上的不同电路一起疏导；每个业务电路具有相同的 2M 带宽，其他不同颗粒度的业务需求可以用相应数量的等效 2M 电路来代替；网络中每个节点都能上/下电路，节点具有足够的发送器和接收器数目。

定义以下变量。

N：网络中的节点数目；

s 和 d：业务电路在网络中的源节点和目的节点，一条电路可能经过一个或多个逻辑链接；$1 \leqslant s \leqslant N$；$1 \leqslant d \leqslant N$；

j：网络上的任意一个节点，$1 \leqslant j \leqslant N$；

W_j：当前某个时刻节点 j 的空闲的链路容量大小；

C：端到端的最大可开通业务矩阵，C_{sd} 表示 s 和 d 之间的业务需求；

i：网络中的一条逻辑链接（业务电路在链路上分配的相应带宽通道），$1 \leqslant i \leqslant N2G$（$G$ 是网络拓扑上最大链路容量的等效 2M 带宽值）；

k：网络上开通的一条电路 $1 \leqslant k \leqslant H$（$H$ 是一个极大的整数）；

$E_{ijk} = 1$ 则在逻辑链接 i 相关的节点 j 是电路 k 上是端节点，否则该值为 0；

$I_{ijk} = 1$ 则在逻辑链接 i 相关的节点 j 是电路 k 上是转接节点，否则该值为 0；

$B_{jk} = 1$ 则只要有任何一个逻辑链接，其相关节点 j 是电路 k 上是端节点，否则该值为 0，这个变量用于统计在整个网络上所有的电路端节点，系统优化的目标就是使该值数据最大；

M：满足最大可开通业务矩阵的所有逻辑链接数量；

st_i：是逻辑链接 i 开始节点的节点序号，end_i 是逻辑链接 i 结束节点的节点序号。$Length_i$ 表示逻辑链接 i 的长度 $(st_i - end_i + N)$。

确定优化目标为：$Maximize : \sum_k \sum_j B_{jk}$ 。

约束条件：

（1）每一个节点在相关电路的逻辑链接上不是端节点就是转接节点。

$$E_{ijk} + I_{ijk} \leqslant 1, \quad \forall i, j, k$$

（2）每一个逻辑链接在业务需求矩阵上都能得到有效指配。

$$\sum_k \sum_j (E_{ijk} + I_{ijk}) - \frac{1}{2} \sum_k \sum_j E_{ijk} = Length_i, \quad \forall i$$

（3）一个电路中的某段逻辑链接只能有一个。

$$\sum_i (E_{ijk} + 2I_{ijk}) \leqslant 2, \quad \forall j, k$$

（4）同一个逻辑链接不能被两个电路业务需求所共享。

$$\sum_i (E_{ijk} + 2I_{ijk}) \leqslant 2, \quad \forall j, k$$

（5）转接节点必须位于端节点之间。

$$\sum_i (E_{ijk} + 2I_{ijk}) \leqslant 2, \quad \forall j, k$$

（6）所有端节点之间都是转接节点。

$$\sum_k \sum_{\substack{js, je \subset \{st_i, \cdots, end_i\} \\ js < je}} \left(E_{ijsk} + E_{ijek} + \sum_{j=js+1}^{je-1} (E_{ijsk} I_{ijk} E_{ijek}) \right) - \left(Length_i - \frac{1}{2} \right) \sum_k \sum_j E_{ijk} = Length_i, \quad \forall i$$

（7）每一个端节点都只被计数一次。

$$\sum_k \sum_{\substack{js,je\subset\{st_i,\cdots,end_i\}\\ js<je}} \left(E_{ijsk} + E_{ijek} + \sum_{j=js+1}^{je-1} (E_{ijsk}E_{ijek}) \right) - \left(Length_i - \frac{1}{2} \right) \sum_k \sum_j E_{ijk} = Length_i, \ \forall_i$$

（8）源节点处所有电路的逻辑链接端节点数量，等于该源节点到其他节点可开通最大业务电路数量之和。

$$\sum_k \sum_j E_{isk} = \sum_d C_{sd}, \ \forall i,k,d$$

（9）目的节点处所有电路的逻辑链接端节点数量，等于其他节点到该目的节点可开通最大业务电路数量之和。

$$\sum_k \sum_j E_{idk} = \sum_s C_{sd}, \ \forall i,k,s$$

（10）节点的最大可开通容量小于或等于该节点链路容量大小。

$$\sum_k B_{jk} \leqslant W_j, \quad \forall i$$

数值边界：所有的 E_{ijk}、I_{ijk} 和 $B_{jk} \in \{0,1\}$。

条件 1～7 是有关网络拓扑和路由上的约束，条件 8～10 是有关网络容量上的约束，由该模型可看出在给出网络基本结构基础上，以网络的最大业务开通为优化目标，可获得网络上各节点之间的最大业务开通电路矩阵，以及各节点的转接电路矩阵，从而获得节点处各方向链路容量的空闲情况，用以评估网络节点的预期开通能力和资源瓶颈。

2．业务评估实例

业务评估流程首先建立上述 ILP 模型，然后输入相应的网络结构数据和业务开通数据，进行模型求解最大业务开通电路矩阵，最终得到对网络业务承载能力的评估结果，同时可找出电路开通的拓扑瓶颈位置。相应的计算过程往往需通过线性计算软件来完成。下面以图 4.5 所示的某电信本地传输网局部网络为例，说明业务评估过程。

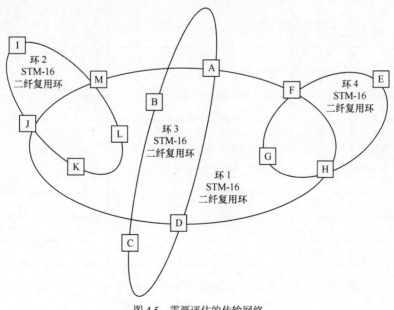

图 4.5　需要评估的传输网络

各阶段的业务需求见表 4.1。

表 4.1   需要评估传输网络各阶段业务需求

电路需求（折合 2M）

电路局向	T0	T1	T2	T3	T4	T5	T6	T7
A-M	0	655	132	15	8	34	20	82
A-B	0	153	111	1	1	2	20	41
A-F	0	425	11	3	260	1	41	20
A-D	0	229	6	37	58	35	28	4
A-E	0	28	7	1	3	1	21	6
A-K	0	57	8	1	11	0	22	15
A-G	0	28	2	1	6	0	21	9
A-C	0	58	7	11	9	21	28	2
A-I	0	57	13	1	12	0	20	11
A-L	0	57	1	7	0	5	22	22
M-B	0	20	5	1	4	0	20	9
M-F	0	353	117	11	241	12	38	3
M-D	0	153	4	9	69	17	29	116
M-E	0	56	4	3	4	8	25	14
M-K	0	20	9	2	1	0	20	15
M-G	0	28	2	5	1	1	20	10
M-H	0	28	1	1	0	0	20	10
M-C	0	39	3	6	4	0	20	26
M-I	0	58	10	27	18	17	31	0
M-L	0	58	21	1	0	7	25	24
M-J	0	58	47	1	13	13	20	9
B-F	0	20	1	2	0	15	21	0
B-D	0	77	16	1	3	28	20	30
B-E	0	20	16	1	2	0	20	0
B-K	0	39	35	2	1	1	20	0
B-H	0	20	7	1	1	0	20	10
F-D	0	77	3	1	0	0	20	74

    在 T0 时刻，知道 T1～T3 3 个阶段的电路需求，开始第一次评估。

    在 T3 时刻，知道 T4～T7 4 个阶段的电路需求，开始第二次评估。

评估采用以下指标。

（1）客观指标定义：电路开通能力——可开通的最大电路量与总电路需求量的比值，假如这个指标低于 100%，则发出电路开通能力预警报告。

（2）主观评估指标：链路空闲容量比——假设期望任何时刻，链路上空闲容量与总可用容量之比低于 10%，如超出这个门限，则发出容量预警报告。

通过上述模型在线性规划软件中求出各局向最大可开通电路矩阵见表 4.2。

表 4.2　　　　　　　　需要评估传输网络 T0 时刻的各局向最大可开通电路容量

局向	A-M	A-B	A-F	A-D	A-E	A-K	A-G	A-C	A-I	A-L	A-B	M-F	F-D
最大电路	845	268	731	365	61	98	37	106	83	70	50	776	175
局向	M-D	M-E	M-K	M-G	M-H	M-C	M-I	M-L	M-J	B-F	B-D	B-E	F-E
最大电路	397	114	67	67	60	72	161	136	161	59	145	48	67
局向	F-K	F-G	F-H	F-C	F-I	F-L	F-J	D-G	D-H	E-H	B-K	B-H	
最大电路	67	98	114	113	67	59	67	99	136	59	98	49	

根据 T1 时刻的电路需求，该时刻所有电路需求都能得到满足，所有链路的空闲容量比值都大于设定的指标值，该时刻网络健康。T1 时刻的网络状态如图 4.6 所示。

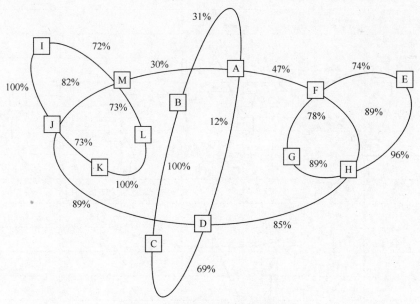

图 4.6　T1 阶段电路开通后的网络状态

根据 T3 时刻的电路需求，该时刻所有电路需求都能得到满足，电路开通能力是 100%，但是环 3：A-B、D-A 两条链路上的容量空闲比都是 0%，但在 A 节点通过 F 和 M 方向，还是可以开通电路，该时刻链路容量的报警还不影响电路的开通。T3 时刻的网络状态如图 4.7 所示。

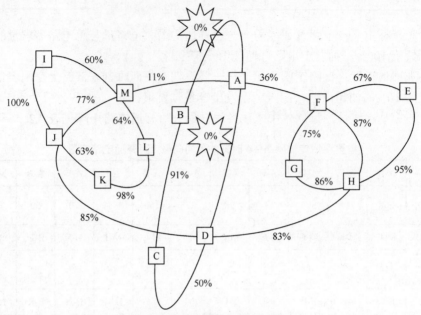

图 4.7　T3 阶段电路开通后网络状态

根据 T6 时刻的电路需求，该时刻所有电路需求无法得到满足，电路开通能力只有 80%，枢纽节点各个方向链路上的容量空闲比都是 0%，该节点已完全丧失了业务开通能力。T6 时刻的网络状态如图 4.8 所示。

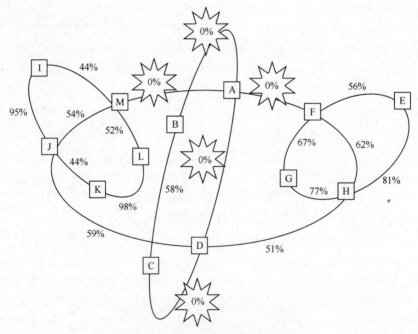

图 4.8　T6 阶段电路开通后的网络状态

从整个评估过程来看，系统在 T3 阶段开始出现容量预警，但这种容量预警不会直接影响电路开通能力。从 T6 阶段开始，网络的电路开通能力下降（低于 100%），直接影响对业务网电路需求的支撑能力。由上面的数据评估得到网络优化的主要目标是环 1 和环 3，解决 A、C、B 节点出口容量问题应该成为优化的重点。实施网络优化的时间可以在 T4 或 TS 阶段开始，优化项目至少应在 T6 阶段开始前完成不影响网络的业务量开通。

由评估过程可以看到现有传输网评估主要采用的主观指标（链路空闲容量比）与客观指标（电路开通能力）之间在时间上并没有必然的联系。在本例中，T3 开始系统发出容量警报，直到 T6 阶段才出现电路开通能力警报。从本例中可以看到，应用业务量疏导算法在传输网评估中，能有效地提高评估的客观性和实时性。结合相应的线性规划软件，业务评估优化的工作量也可以大大减少。

4.3.4　生存性评估

影响网络生存性的主要指标有网络的自愈保护及设备运行环境情况，另外备品备件的合理配置及管理，也在一定程度上左右着网络的可用性，对于备品备件的配置和管理这里不再讨论。网络的自愈保护涉及的内容主要包括网络级的拓扑保护以及设备级的 TPS 保护（支路保护）、交叉时钟板主备保护等。除了网络本身的自愈保护能力外，设备运行环境和硬件质量对网络安全的影响也不容忽视。

网络级保护主要是指各种自愈保护方式对业务的保护，如 MSP、PP、SNCP 虚拟路径保护等。网络级保护实现了对单板、线缆失效的保护，着眼点在网络。网络级保护的指标有网络拓扑保护比例，业务拓扑保护比例、光缆失效保护比例、单站失效保护比例。当前本地传输网用的最多的网络拓扑是链形和环形，通过它们的灵活组合，可构成更加复杂的网络。链形网一般用 MSP 保护，其具有的特点是有时隙复用功能，即线路 STM-N 号中某一序号的 VC 可在不同的传输光缆段上重复利用。目前的单环网使用自愈环作保护是最为普遍的，SDH 传输网共有二纤单向通道保护环、二纤双向通道保护环、二纤单向复用段保护环、二纤双向复用段保护环和四纤双向复用段保护环 5 种类型自愈环。它们各具特点，可以适用不同的网络应用。目前本地传输网对网状网、相交环、相切环和枢纽环自愈保护主要是基于 DXC 的应用，其特点是能够高度共享网络中的冗余资源，20%～30%的冗余容量就可以达到较高的业务保护能力，从而提高了资源利用率，在经济上更具优势。尽管 DXC 设备的稳定性是十分高的，而且设备内部也有许多的保护机制，但是应该有预备方案确保在重大故障时以最快的时间恢复最重要的通信电路，为了能够在第一时间疏通重要电路，根据目前的技术状况，对于重要电路的保护可采取 3 种手段：（1）在网络层网管上预置备用路由；（2）在网元层网管上临时改向电路；（3）在网络层网管上快速沟通临时电路。上述 3 种方案各有优缺点：第一种速度快，但资源浪费；第二种速度快，但操作复杂，网络数据信息混乱；第三种速度慢，但实施步骤清晰。

传输设备的设备级保护就是对设备的重要单板进行冗余备份，以实现在重要单板失效时，网络的业务能够得到有效的保护，提升网络业务的生存能力。设备冗余备份和保护是设备保护的重要方面，在国标中也有明确建议。在国际上大多数运营商都要求设备具有这些必要的配置，这对网络安全稳定起着至关重要的作用，国外的运营商对设备站点的交叉时钟配置比率达到了 100%，而对于设备 TPS（支路保护倒换板）保护，一般推荐可以配置 TPS 的网元都进行 TPS 配置，即 TPS 参考值为 1 000k。目前设备单板备份主要就是指交叉、时钟主备和 TPS 保护。设备级保护从实现方式上看主要是对单板的保护，包括关键单元的 1＋1 或 1：1 保护，如电源、时钟、交叉板的保护，支路单元的 1：N 保护（TPS 保护）等。

下面以一个实例来介绍网络生存性评估的具体方法。目前某电信本地传输网络全网保护状况如下。

（1）核心层

① Mesh 组网的 ASON 网络的保护：基于路由协议的保护；

② SDH 环网的保护：双纤双向复用段保护和二纤单向通道保护；

③ 波分系统的保护：光通道保护。

（2）汇聚层

SDH 环网的保护：双纤双向复用段保护和二纤单向通道保护。

（3）接入层

① SDH 环网的保护：二纤单向通道保护；

② 物理光纤自动保护方式。

通过对全网 490 个网元进行分析，其中全网 SDH 设备分布如下：华为设备 321 台，即 11 台 10G、126 台 2500＋、26 台 2500、102 台 155/622 设备、56 台 155/622H 设备；Lucent 设备 169 台，即 6 台 ADM16/1、31 台 SLM、120 台 ISM、12 台 155C。全网合计 490 个网元。

全网统计可靠性数据见表 4.3。

表 4.3　　　　　　　　　　　　　　　全网保护统计

网络名称	支路保护比例（TPR）	交叉板保护比例（CPR）	时钟板保护比例（CLPR）	光板及尾纤保护比例（OPR）	光缆保护比例（FPR）
全网 SDH	92.84%	83.87%	83.59%	61.99%	58.76%
骨干层	100.00%	92.31%	92.31%	57.90%	55.65%
汇聚接入层	100.00%	76.82%	76.82%	59.08%	59.06%
大客户专线	50.38%	74.82%	69.53%	89.22%	89.22%
市县环	100.00%	100.00%	100.00%	100.00%	50.60%

通过以上可知：全网支路可靠性较好，交叉和时钟保护比例较低，光板及尾纤可靠性特别低。光/电口板或者尾纤的故障损坏会带来很大的影响。同时，交叉、时钟保护可靠性也比较差，交叉、时钟板故障也会带来很大的影响。以下是具体的保护比例对比：

① 支路保护比例低，参考值核心/汇接层/市县环 100%，大客户专线 90%；

② 交叉时钟保护比例低，参考值核心/汇接层/市县环 100%，大客户专线 100%；

③ 光板及尾纤保护比例低，参考值核心/汇聚层/市县环 100%，大客户专线 90%；

④ 光缆保护可靠性很低，参考值核心/汇接层/市县环 100%，大客户专线 80%。

比较突出的问题，核心环网络的交叉和时钟保护比例较低，光板及尾纤可靠性特别低，和其网络地位不相称；汇聚接入层交叉时钟保护和光板及尾纤保护比例偏低；大客户专线网络的支路可靠性较差，交叉时钟保护和光板及尾纤保护比例偏低。从以上各项指标统计来看，全网业务的可靠性较低，对业务稳定性影响很大，需要考虑采取措施进行优化。

4.3.5　网络综合层次评估

以上介绍的网络评估方法均针对网络的某个单一性能进行评估分析，而评估过程中往往需要评估者对全网的综合性能做出准确的判断。当所考虑指标越多越综合时，评估所涉及的评估指标也就越繁杂，评估指标之间的侧重关系也就越难界定。而在实际评估过程中，人们往往凭经验和知识进行判断，因此得到的结果往往是相对不全面、不准确的。从方法的角度，网络综合分析评估一般可采取线性加权和最优化分析两种方法。4.3.1 节中已分析了两种方法的优缺点，其中后者是较为科学和准确的评估方法。下面将介绍一种基于层次分析的最优化分析评估方法，并举例说明其应用和实现过程。

1．层次分析概述

层次分析（AHP，Analytic Hierarchy Process）是一种能有效处理指标分析类问题的实用方法，由 T.L.Saaty 等人在 20 世纪 70 年代提出，是一种定性和定量相结合的、系统化、层次化的分析方法，也是被广泛应用于离散数学模型下的评估分析方法。层次分析法将定性分析与定量计算结合起来完成上述步骤，给出决策结果。通过比较同一层各指标对上层指标的影响（或在其中的重要性），从而确定它们在上层指标中占的权重。层次分析法的特点包括：一是不把所有指标放在一起比较，而是两两相互对比；二是对比时采用相对尺度，以尽可能地减少性质不同的诸多指标相互比较的困难，提高准确度。层次分析法的主要步骤如下。

（1）定义评估指标内容：选择合适的评估指标并对各个指标进行详细定义。

（2）建立层次结构模型：在深入分析实际问题的基础上，将有关的各个评估指标按照不同属性自上而下地分解成若干层次。同一层的评估指标从属上一层的指标或对上层指标有影响，同时又支配下一层指标或受到下层指标的作用，而同一层的各指标之间尽量相互独立。最上层为目标层，通常只有一个指标，最下层通常为方案层或对象层，中间可以有 1 个或几个层次，通常为准则或指标层。

（3）层次计算分析：首先需构造成对比较矩阵，即从层次结构模型的第 2 层开始，对于从属于（或影响）上一层每个指标的同一层诸指标，用成对比较法和 1～9 比较尺度构造成对比较矩阵，直到最下层；接着计算权向量并做一致性检验；最后计算组合权向量并做组合一致性检验。

（4）得到最终目标层值：将以上步骤的计算结果，代入综合评估指标的计算公式，得到网络方案的综合评估结果。

以上介绍了层次分析的主要步骤，层次分析的优点在于：首先，层次分析把研究对象作为一个系统，按照分解、比较判断、综合的思维方式进行决策，称为继机理分析、统计分析之后发展起来的系统分析的重要工具。其次，层次分析把定性和定量方法结合起来，能处理许多用传统的最优化技术无法着手的实际问题，应用范围很广。同时，这种方法将决策者与决策分析者相互沟通，决策者甚至可以直接应用它，这就增加了决策的有效性。最后，其基本原理和步骤简单，计算也不十分复杂，并且所得结果简单明确，容易为决策者所了解和掌握。下节将主要就层次计算分析的具体步骤做详细介绍。

2．层次计算分析步骤

（1）构造成对比较矩阵

根据模型确定的层次结构图和用户的选择，构造各层之间的成对比较矩阵 A、B_1、B_2。下面以 A 为例介绍成对比较矩阵。

$$A = \left(a_{ij}\right)_{n \times n}, \quad a_{ij} > 0, \quad a_{ji} = \frac{1}{a_{ij}} \tag{4.1}$$

a_{ij} 表示该层第 i 个指标与第 j 个指标对上层指标的影响之比，成对比较矩阵是全部比较结果的表示。根据式（4.1）显然有 $a_{ii}=1$。在本模型中，目标层 A 下层共有两个指标：B_1 和 B_2。$n=2$，所以产生的矩阵应该是

$$A = \begin{bmatrix} a_{11} & a_{12} \\ a_{21} & a_{22} \end{bmatrix} \tag{4.2}$$

其中 a_{11} 和 a_{22} 的值为 1；a_{12} 和 a_{21} 的值可由用户输入，默认均为 1，即 B_1 和 B_2 对上层指标 A 的影响程度相同。模型采用"1～9 尺度"作为比较尺度，即 a_{ij} 相对尺度的取值范围为 1，2，…，9 及其倒数 1，1/2，…，1/9。根据实验证明"1～9 尺度"是符合心理学的，同时其效果在较简单的尺度中最好，而且结果并不劣于较复杂的尺度。

表 4.4   **1～9 尺度 a_{ij} 含义**

尺度 a_{ij}	含义
1	C_i 与 C_j 的影响相同
3	C_i 比 C_j 的影响稍强
5	C_i 比 C_j 的影响强
7	C_i 比 C_j 的影响明显的强
9	C_i 比 C_j 的影响绝对的强
2，4，6，8	C_i 与 C_j 的影响之比在上述两个相邻等级之间
1，1/2，…，1/9	C_j 与 C_i 的影响之比为上面 a_{ij} 的互反数

用户在输入确定成对比较矩阵时，在填写提示中会简单介绍"1～9 尺度"，并要求用户按此方法填写。

（2）计算特征向量和最大特征根

一般采用准确度较高且较为简单的"和法"来确定成对比较矩阵的特征向量和最大特征根。和法的计算步骤如下：首先，将 A 的每一列向量归一化得 $\tilde{w}_{ij} = a_{ij} / \sum_{i=1}^{n} a_{ij}$；然后，对 $\tilde{w}_{ij}$ 按行求和得 $\tilde{w}_i = \sum_{j=1}^{n} \tilde{w}_{ij}$；再将 $\tilde{w}_i$ 归一化 $w_i = \tilde{w}_i / \sum_{i=1}^{n} \tilde{w}_i^*$，$w = (w_1, w_2, \cdots, w_n)^{\mathrm{T}}$ 即为近似特征向量；

最后计算 $\lambda = \dfrac{1}{n} \sum_{i=1}^{n} \dfrac{(Aw)_i}{w_i}$，作为最大特征根的近似值。

（3）一致性检验

一致性指标 CI 定义如下：

$$CI = \frac{\lambda - n}{n-1} \tag{4.3}$$

$CI=0$ 时 A 为一致阵；CI 越大，A 的不一致程度越严重。注意到，A 的 n 个特征根之和恰好等于 n，所以 CI 相当于除 λ 外其余 $n-1$ 个特征根的平均值。为了确定 A 的不一致程度的容许范围，需要找出衡量 A 的一致性指标 CI 的标准。引入随机一致性指标 RI，采用随机构造正反阵，计算平均值的方法来得到，通过用 100～500 个样本计算，得到表 4.5。

表 4.5　　　　　　　　　　　　　　　随机一致性指标 RI 的数值

n	1	2	3	4	5	6	7	8	9
RI	0	0	0.58	0.90	1.12	1.24	1.32	1.41	1.45

对于 $n \geqslant 3$ 的成对比较矩阵 A，将它的一致性指标 CI 与同阶（指 n 相同）的随机一致性指标 RI 之比称为一致性比率 CR，当

$$CR = \frac{CI}{RI} < 0.1 \tag{4.4}$$

认为 A 的不一致程度在容许范围之内，可用其特征向量作为权向量，完成一致性检验。

（4）组合一致性检验

若有 s 层，则第 k 层对第 1 层（设只有 1 个指标）的组合权向量满足

$$w^{(k)} = W^{(k)}w^{(k-1)}, k = 3,4,\cdots,s \tag{4.5}$$

其中 $W^{(k)}$ 是以第 k 层对第 $k-1$ 层的权向量为列向量组成的矩阵。于是最下层（第 s 层）对最上层的组合权向量为

$$w^{(s)} = W^{(s)}W^{(s-1)} \cdots W^3 w^2 \tag{4.6}$$

组合一致性检验可逐层进行。若第 p 层的一致性指标为

$$CI^{(p)} = [CI_1^{(p)}, \cdots, CI_n^{(p)}]w^{p-1} \tag{4.7}$$

$$RI^{(p)} = [RI_1^{(p)}, \cdots, RI_n^{(p)}]w^{p-1} \tag{4.8}$$

则第 p 层的组合一致性比率为

$$CR^{(p)} = \frac{CI^{(p)}}{RI^{(p)}}, p = 3,4,\cdots,s \tag{4.9}$$

第 p 层通过一致性检验的条件为 $CR^{(p)} < 0.1$，定义最下层（第 s 层）对第一层的组合一致性比率为

$$CR^* = \sum_{p=2}^{s} CR^{(p)} \tag{4.10}$$

对于重大项目，应当 CR^* 适当小，这样才认为整个层次的比较判断通过一层性检验，一般小于 0.1 即可通过组合一致性检验。

3．指标层次分析应用举例

以上简单介绍了层次分析的步骤。下面通过举例来说明层次分析在网络评估中的应用。本例中我们首先通过系统建模确定评估层次，再通过层次计算和结果分析完成对网络建设方案的评估。光网络层次分析网络评估模型的基本思路是：首先，通过对光网络的调研分析和光网络的确定评估指标（层次分析法中的准则层）；然后，确定各个指标的计算式；最后建立起整个层次分析模型。进而进行下面的模型求解，软件实现。建模的关键主要集中在评估指标的确定。网络评估模型层次结构图的完成，即可作为模型建立完成的标志。

符号意义声明如下。

A：目标层指标，光网络评估综合评估指标，并表示其对应的成对比较矩阵；

B_i：第二层准则层指标，并表示其对应的成对比较矩阵；

C_i：第三层准则层指标，光网络评估的具体评估指标；

G_i：第四层方案层指标，不同网络规划方案；

a_{ij}：第 n 层，第 i 个指标与第 j 个指标对上层指标的影响之比，全部结果可用成对比较矩阵阵（$n>2$）；

λ：最大特征根；

w：归一化后的特征向量；

$CI^{(p)}$：第 p 层的一致性指标；

$RI^{(p)}$：第 p 层的随机一致性指标；

$CR^{(p)}$：第 p 层的组合一致性比率；

E：光网络评估综合评估指标的量化值。

（1）层次建模

建立网络综合评估层次结构图如图 4.9 所示。

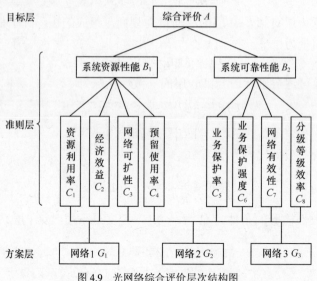

图 4.9　光网络综合评价层次结构图

图中一共包含 3 个层次。

① 目标层：目标层指标即所要得到的综合评估结果。由方案层各网络方案模拟出的准则层指标经过计算后得到综合评价。该结果是一个 0～1 之间的数值。这个数值越接近 1 说明网络方案越好，越接近 0 说明网络需要优化的必要性越大。

② 准则层：影响目标的主要指标和准则。第二层指标为系统资源性能和系统可靠性能组成，其中，系统资源性能考虑的都是与资源相关的各种指标；系统可靠性能与系统可靠性相关的各种指标。第三层为具体的网络评估指标指标，需按照各自的计算公式进行量化。

③ 方案层：方案层是模型需要评价比较的对象，由网络规划设计的不同网络方案构成。

通过该层网络方案的模拟仿真来得到第三层准则层的各评估指标的具体数值。

（2）评估指标选择和定义

① 资源利用率 C_1

资源利用率 C_1 由波道资源利用率和端口利用率共同决定。资源利用率和端口利用率分别定义为

$$W_{\text{ur}} = \frac{W_{\text{u}}}{W_{\text{sum}}} \tag{4.11}$$

其中，W_{ur} 为波道资源利用率；W_{u} 为已经使用的波道；W_{sum} 为网络中的波道总数。

$$D_{\text{ur}} = \frac{D_{\text{u}}}{D_{\text{sum}}} \tag{4.12}$$

其中，D_{ur} 为端口资源利用率；D_{u} 为网络使用的端口数；D_{sum} 为网络中的端口总数。式（4.11）中，W_{ur} 是波道资源利用率的定量反映，其值是 0～1 之间的数值，其值过小时，表明被评估网络方案存在波道资源浪费；式（4.12）中，D_{ur} 是端口资源利用率的定量反映，其值介于 0～1 之间，其值过小时，表明被评估网络方案存在端口资源浪费。资源利用率 C_1 可由波道资源利用率 W_{ur} 和端口资源利用率 D_{ur} 加权得到，加权比例可由用户输入，默认为 1:1。如式（4.13）：

$$C_1 = \alpha W_{\text{ur}} + \beta D_{\text{ur}} \tag{4.13}$$

其中，α、β 是加权系数，默认值为 0.5、0.5；C_1 是网络资源利用率的定量反映，其值介于 0～1 之间，其值过小时，表明被评估网络方案存在资源浪费。

② 经济效益 C_2

经济效益 C_2 是体现投入与产出情况的量化值，在原有规划环境下，考虑的主要是非绿地规划，业务效益是主要的收益，所以网络的经济效益即为网络业务收益情况：

$$C_2 = \frac{T \cdot T_{\text{Value}} - Cost}{T \cdot T_{\text{Value}}} \tag{4.14}$$

其中，T 是业务数量；T_{Value} 是业务平均收益；$Cost$ 是总投入。总投入 $Cost$ 的计算式如下：

$$Cost = Cost_{\text{E}} + Cost_{\text{S}} + Cost_{\text{B}} \tag{4.15}$$

其中，$Cost_{\text{E}}$ 为网络设备费用，由链路费用和节点费用构成，见式（4.16）；$Cost_{\text{B}}$ 为网络工程建设成本，根据经验，其值约为设备总价的 30%（此值也可由用户输入确定），即

$$Cost_{\text{B}} = Cost_{\text{E}} \times 30\% \tag{4.16}$$

$Cost_{\text{S}}$ 为网络维护费用，根据经验，其值约为设备总成本的 8%（此值也可由用户输入确定），即

$$Cost_{\text{S}} = \left(Cost_{\text{E}} + Cost_{\text{B}} \right) \times 8\% \tag{4.17}$$

网络设备费用 $Cost_{\text{E}}$ 的确定和计算比较复杂，具体如下：

$$Cost_{\text{E}} = Cost_{\text{Link}} + Cost_{\text{Node}} \tag{4.18}$$

$Cost_{\text{Link}}$ 为链路费用，由光缆、光纤、波长的费用组成；$Cost_{\text{Node}}$ 为节点费用，由于实际工程中使用的节点设备可能是 OXC 或 OADM，对于不同设备，其费用的计算公式是不同的（见式（4.19）和式（4.20）），在模型中具体使用哪个公式，可指定。

$$Cost_{OXC} = \alpha \sum_{l=1}^{L} F_l \cdot l_l + \beta \left[2\sum_{l=1}^{L} F_l + \sum_{n=1}^{N} \left(\left\lceil \frac{O_n}{W} \right\rceil + \left\lceil \frac{T_n}{W} \right\rceil \right) \right] + \gamma \sum_{n=1}^{N} \frac{K_n}{2} \log_2 K_n \qquad (4.19)$$

$$Cost_{OADM} = \alpha \sum_{l=1}^{L} F_l \cdot l_l + \beta \left[2\sum_{l=1}^{L} F_l + \sum_{n=1}^{N} \left(\left\lceil \frac{O_n}{W} \right\rceil + \left\lceil \frac{T_n}{W} \right\rceil \right) \right] + \gamma \sum_{n=1}^{N} WF_n \qquad (4.20)$$

其中，α 是链路代价的权重；β 是多路技术代价的权重；γ 是转换代价的权重；F_l 是链路 l 中的光纤数；l_l 是链路 l 的长度；O_n 和 T_n 是节点 n 处的起始和终结需求量的数目；W 是每根光纤上的波长数；K_n 是节点 n 的转换大小。表达式中第一项代表已用光纤的代价，第二项是多路复用和解复用的总代价，其中 O_n / W 和 T_n / W 是本地接入端口需要发起或终结光路所需要的多路复用器和解复用器的数目，最后一项是有 K 个输入端口和 K 个输出端口的转换器的代价。C_2 反映被评估网络的经济性，其值介于 $0\sim1$ 之间，数值越接近 1，说明经济性越好。

③ 网络可扩性 C_3

网络可扩性 C_3 由端口利用率和变化容忍性共同决定：

$$C_3 = \alpha D_{uper} + \beta D_S \qquad (4.21)$$

其中，α、β 是加权系数，默认值为 0.5、0.5；D_{uper} 为端口预留率，具体定义如下：

$$D_{uper} = \frac{D_{per}}{D} \qquad (4.22)$$

其中，D_{uper} 为端口预留率描述端口预留的情况，其值介于 $0\sim1$ 之间，其值过小时，表明被评估网络方案的端口预留过少；D_{per} 为预留端口数；D 为网络端口总数；D_S 为变化容忍性，指在业务需求发生变化时，网络在满足要求的前提下，对业务需求的满足程度，变化容忍性的计算表达式如下：

$$D_S = \frac{F_T - F_S}{F_T} \times 100\% \qquad (4.23)$$

其中，D_S 为变化容忍性，F_T 为新的业务需求量，F_S 为网络未能安排的业务量。需求变化容忍性取代了以往的网络利用率指标，更真实地反映了网络的业务扩展能力。C_3 的值介于 $0\sim1$ 之间，其值过小时，表明被评估网络方案的可扩性比较差。

④ 预留使用率 C_4

预留使用率 C_4 是原有网络中预留资源在新网络中使用情况的定量反映。在实际建设中，有的时候会留出一些资源，为以后的扩容服务。从环保和经济的角度来看，在网络规划、扩建设计时我们应该尽量多地使用原本存在的预留资源。预留使用率 C_4 正是在评估模型中反映这一指标情况的指标，定义如下：

$$C_4 = \frac{D_{preu}}{D_{pre}} \qquad (4.24)$$

其中，D_{preu} 为使用的预留端口数；D_{pre} 为扩建前网络中的预留端口总数。C_4 的值介于 $0\sim1$ 之间，其值过小时，表明被评估网络方案在扩容时存在资源浪费。

⑤ 业务保护率 C_5

业务保护率 C_5 是网络中业务保护情况的定量反映，其定义为被保护的业务量占开通业务总量的比例：

$$C_5 = \frac{T_p}{T_u} \tag{4.25}$$

其中，C_5 为业务保护率；T_p 为被保护的业务数量；T_u 为开通的业务总数。C_5 介于 $0\sim$ 1 之间，数值越大说明网络的业务保护越好。

⑥　业务保护强度 C_6

业务保护强度 C_6 是反映整个网络平均保护强度的量化值。在网络中，不同的保护方式带来的保护强度是不同的。通过人为给不同的网络保护方式 P_i 的保护强度打分 k_{pi}，结合这种保护方式保护的业务数量 p_i 得到整个网络的业务保护强度为

$$C_6 = \sum_{i=1}^{n} \frac{k_{pi} p_i}{T} \tag{4.26}$$

其中，n 是保护方式的类型总数；T 是网络中的开通业务总数；p_i 是网络中业务保护方式为 P_i 的业务数量；k_{pi} 为人为为业务保护方式 P_i 打的分数，是一个取值范围介于 $0\sim1$ 之间的数值。当业务无保护时，保护强度打分为 0。这个评估指标不关心业务保护方式对系统资源的使用情况，由于保护方式的不同所导致的资源利用率的变化由资源利用率指标 C_1 来反映。C_6 的取值范围为 $0\sim1$，数值越大说明网络的业务保护能力越强。

⑦　网络有效性 C_7

网络有效性 C_7 是指建设方案对要求故障条件下的业务生存性的满足程度，即在发生指定故障时，业务是否能按照预先规划的生存性策略受到保护或恢复。网络有效性的计算表达式如下：

$$C_7 = \frac{1}{N_f} \sum_{i=1}^{N_f} \frac{N_{ic} - F_i}{N_{ic}} \times 100\% \tag{4.27}$$

其中，C_7 为网络有效性；N_f 为所要求的故障模式数量；N_{ic} 为网络第 i 个故障模式下业务的数量；F_i 为第 i 个故障模式下生存性策略未能成功完成的业务数量。网络有效性 C_7 是网络故障情况下的恢复效率的量化值，数值范围为 $0\sim1$，数值越大说明网络故障情况下的业务生存性的满足程度越高。

⑧　分级保护率 C_8

分级保护率 C_8 量化反映网络对分级业务的保护效率。在故障恢复的时候，业务等级越高的业务，越应该被恢复。我们对网络需要恢复的业务进行量化打分，不同等级对应不同的分数 k_{vi}。通过成功恢复的业务分数总和与所有需要恢复的业务分数的比，即分级保护率。

$$C_8 = \frac{\sum k_{vj}}{\sum_{i=1}^{n} k_{vi}} \tag{4.28}$$

其中，n 是需要恢复的业务总数；$\sum k_{vj}$ 是成功恢复的业务评分总和；$\sum_{i=1}^{n} k_{vi}$ 是全部故障业务的评分总和。C_8 是一个 $0\sim1$ 之间的数值，其值越大，说明网络在故障恢复的时候业务等级高的业务被先恢复的情况越好。

⑨　综合评估指标

综合评估指标是当以上各评估指标值和评估层次模型都确定后，通过层次计算确定各评

估指标的加权系数，最终加权得到的网络代价值。这个代价值是评定网络建设方案好坏的最终指标。在确定各成对比较矩阵的基础上通过计算可得到各矩阵的权向量进而可得到综合评估指标 E。

$$E = f_{\text{father}}^{(1)} = \sum_{i=1}^{n^{(2)}} \omega_{i,\text{son}}^{(2)} f_{i,\text{son}}^{(2)} \qquad (4.29)$$

其中，$\omega_{i,\text{son}}^{(2)}$ 表示第 2 层的成对比较矩阵所对应的特征向量中第 i 项的值；$n^{(p)}$ 为第 p 层的元素数量，$f_{i,\text{son}}^{(2)}$ 根据下式确定：

$$f_{i,\text{son}}^{(p)} = f_{\text{father}}^{(p)} = \sum_{k=1}^{n^{(p+1)}} \omega_{k,\text{son}}^{n^{(p+1)}} f_{k,\text{son}}^{(p+1)}, p = 2, 3, \cdots, s-1 \qquad (4.30)$$

即统计以该指标为父端点的子分支加权和。$f_{k,\text{son}}^{(s)}$ 为最底层计算模拟得到的指标量的值，为常数。E 是一个 0～1 的数值，它量化反映了整个网络的综合性能，其值越大，说明网络的整体综合性能越好，在网络规划过程中产生多个网络方案的情况下，E 值越大的网络越好，同时对于 E 值过小的网络方案，可以对其各评估指标进行研究，找到影响其值的评估指标进而对网络进行优化。

（3）加权系数计算举例

这里以对 3 个网络规划方案（如图 4.10 至图 4.12 所示）的评估分析为例，在采用相同的规划算法情况下，对 8 个评估指标均进行考虑，成对比较矩阵也采用如图 4.13 至图 4.15 的设置。最终得到的评估加权系数如图 4.16 所示。

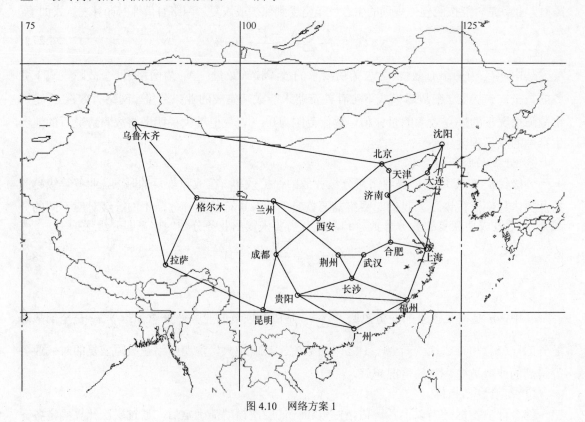

图 4.10 网络方案 1

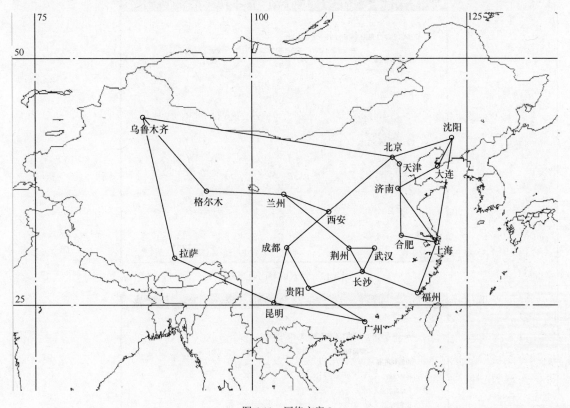

图 4.11　网络方案 2

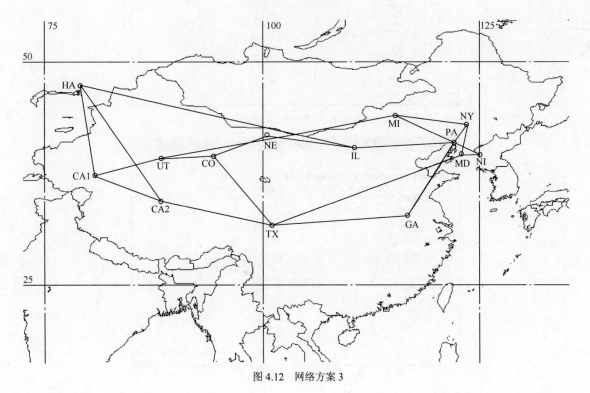

图 4.12　网络方案 3

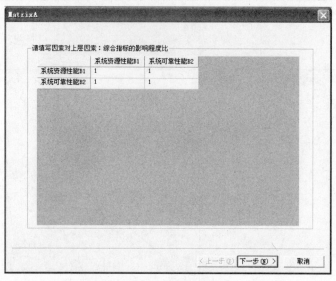

图 4.13　设置成对比较矩阵 A

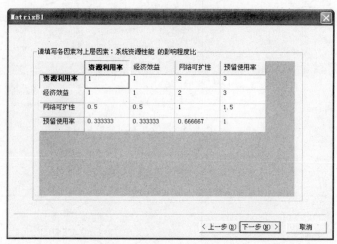

图 4.14　设置成对比较矩阵 B_1

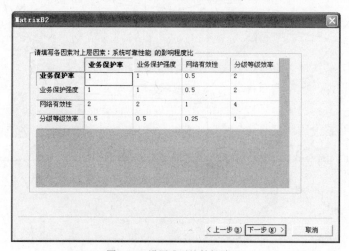

图 4.15　设置成对比较矩阵 B_2

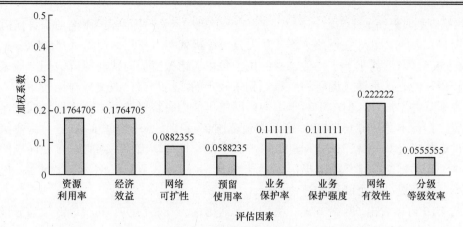

图 4.16　评估指标加权系数

（4）评估结果分析

① 评估结果

在默认的成对比较矩阵下，计算得出各评估指标的加权系数（如图 4.16 所示）。通过仿真得到各指标的值与加权系数共同求得最后的综合评价指标。

在设置相同的情况下，3 个方案的评估结果如图 4.17、图 4.19 和图 4.20 所示。

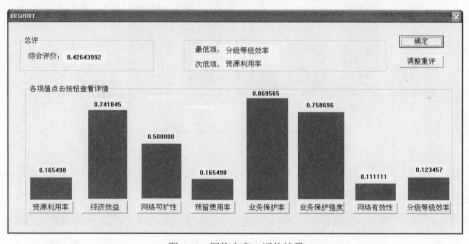

图 4.17　网络方案 1 评估结果

从图 4.17 可看出，网络方案 1 的综合评估指标为 0.426 439 92，其中加权后值最低项为分级等级效率，次低项为资源利用率。最低项为分级等级效率说明网络的分级等级效率在其综合评估指标中得分最低，那么其得分低有可能是其本身评估值低也有可能是其加权系数过低造成的。对于前者我们应该优化网络设计，提高网络的分级等级效率，对于后者，我们要考虑是否需要重新设置成对比较矩阵。单击界面下方的资源利用率按钮，弹出窗口（如图 4.18 所示）帮助我们来判断。同时，通过界面下方的各评估值也可以直观地看出评估指标较低，在网络方案 1 中，资源利用率、预留资源使用率、网络有效性、分级等级效率的值较低，

图 4.18　分级等级效率详细信息窗口图

应该在网络规划时更加重视这几个指标，通过提高这几个评估指标来提高整体综合评估指标。

从图 4.18 中可看出，在网络方案 1 中，分级等级效率本身指标值为 0.165 498，加权系数为 0.055 555 5，两者均小于平均值，这时用户可以考虑改变成对比较矩阵，但一般来说默认成对比较矩阵的确认是通过调研和专家意见来确定的，用户自己改变成对比较矩阵，可能会使准确性下降并不推荐，但由于对于不同的网络可能会有特别的要求而需要对成对比较矩阵进行设置。指标本身值 0.165 498，在其取值范围 0~1 中，小于中间值 0.5，分级等级效率加权后值过低的确受其自身评估指标过低影响。至此，模型输出了网络性能存在问题的主要方面，给进一步的网络优化和规划提出了指导方法。可以通过算法优化等优化网络，提高分级等级效率，进而提高整个网络的评估指标。

从图 4.19 可以看出，网络方案 2 的综合评估指标为 0.451 097，其中最低项为分级等级效率，次低项为预留使用率。

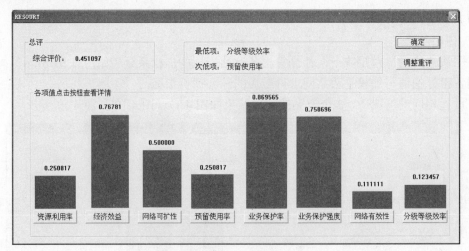

图 4.19　网络方案 2 评估结果

从图 4.20 可以看出，网络方案 3 的综合评估指标为 0.518 748，其中最低项为网络可扩性，次低项为分级等级效率。

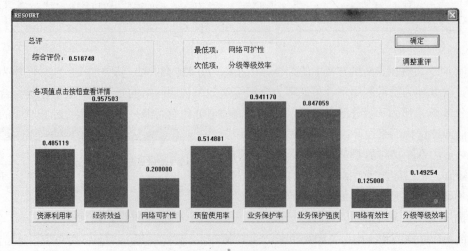

图 4.20　网络方案 3 评估结果

② 网络 1 与网络 2 评估结果对比

两个网络的评估指标设置、网络规划设置等都是相同的，所以评估结果的不同，反映的是网络方案本身存在的不同。

网络方案 1 的资源利用率较低，存在大量的资源浪费，网络方案 2 与方案 1 相比利用率有所提高，整体网络优于网络 1。由于本文的评估是建立在满足必要性的条件下，而且必要性比较严格，要满足业务和保护路由都分配成功，在这种条件下，网络方案 1 和网络方案 2 的网络可靠性对应的 4 项指标均是相同的。由于网络故障电路设置并未涉及减少的链路，两个方案网络可靠性是相同的。差别主要存在于资源利用率及经济效益。对比图如图 4.21 所示。

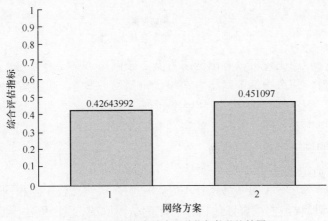

图 4.21　网络方案综合评估指标柱状比较图

从图 4.21 可以看出，网络方案 2 的综合评估指标高于网络方案 1。这说明在各种设置相同的情况下，综合水平网络 1 没有网络 2 好。

图 4.22 比较了网络 1 和网络 2 的资源利用率，可以看出，网络方案 1 的资源利用率比网络方案 2 的低，这说明网络方案 1 的资源利用率情况没有网络方案 2 好，资源浪费比网络 2 多。

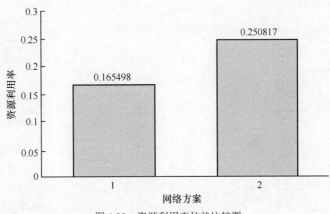

图 4.22　资源利用率柱状比较图

图 4.23 比较了网络 1 和网络 2 的经济效益，可以看出，网络方案 1 的经济效益比网络方案 2 的低，这说明网络方案 1 的经济效益没有网络方案 2 好。

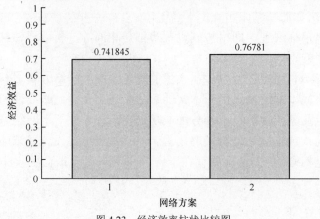

图 4.23 经济效率柱状比较图

从上述各评估指标的比较可以看出网络方案 2 较网络方案 1 有一定优势。主要集中在资源利用率和经济效益，两个指标上网络方案 1 优于网络方案 2。观察拓扑图（见图 4.10 和图 4.11）也可以看出，网络方案 1 的资源利用率较低，网络方案 2 的拓扑图中明显比方案 1 的链路少。从评估结果来看，网络方案 2 的资源利用率确实有所提高。当然网络方案仍存在不足，需要网络规划的进一步规划和提高。

③ 3 个网络评估结果进行对比

网络方案 1 与网络方案 3 的网络拓扑不同，它们在成对比较矩阵相同、加权系数相同的情况下，各评估指标加权值占综合评估指标的比例是不同的，主要取决于其各自的评估指标。比较如下。

图 4.24 中左面是网络方案 1 的资源利用率占网络综合评估指数的饼状图，右面是网络方案 3 的资源利用占网络综合评估指数的饼状图，从图中可以看出，网络方案 1 的资源利用率占整体综合评估指数的比例要小于网络方案 3。

图 4.25 中左面是网络方案 1 的经济效益占网络综合评估指数的饼状图，右面是网络方案 3 的，从图中可以看出，网络方案 1 的经济占整体综合评估指数的比例要小于网络方案 3，但两者差距不大。

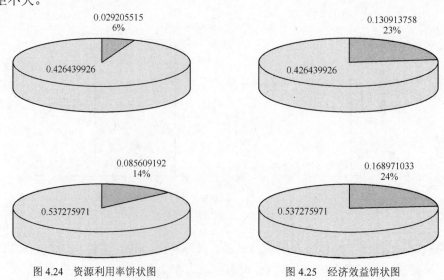

图 4.24 资源利用率饼状图　　　　　　图 4.25 经济效益饼状图

图 4.26 中左面是网络方案 1 的网络可扩性占网络综合评估指数的饼状图，右面是网络方案 3 的网络可扩性占网络综合评估指数的饼状图，从图中可以看出，网络方案 1 的网络可扩性占整体综合评估指数的比例要大于网络方案 3。

图 4.27 中左面是网络方案 1 的网络预留使用率占网络综合评估指数的饼状图，右面是网络方案 3 的网络预留使用率占网络综合评估指数的饼状图，从图中可以看出，网络方案 1 的预留使用率占整体综合评估指数的比例要小于网络方案 3。

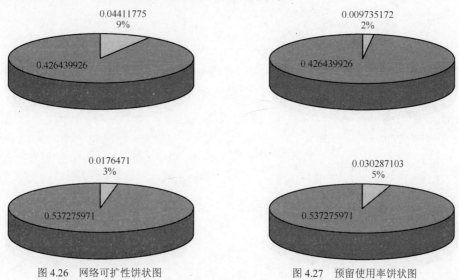

图 4.26 网络可扩性饼状图   图 4.27 预留使用率饼状图

图 4.28 中左面是网络方案 1 的业务保护率占网络综合评估指数的饼状图，右面是网络方案 3 的业务保护率占网络综合评估指数的饼状图，从图中可以看出，网络方案 1 的业务保护率占整体综合评估指数的比例要大于网络方案 3。

图 4.29 中左面是网络方案 1 的业务保护强度占网络综合评估指数的饼状图，右面是网络方案 3 的业务保护强度占网络综合评估指数的饼状图，从图中可以看出，网络方案 1 的业务保护强度占整体综合评估指数的比例要大于网络方案 3，但两者差别不大。

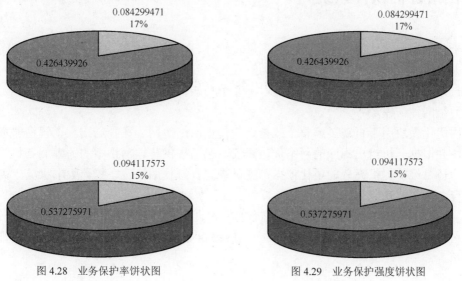

图 4.28 业务保护率饼状图   图 4.29 业务保护强度饼状图

图 4.30 中左面是网络方案 1 的网络有效性占网络综合评估指数的饼状图，右面是网络方案 3 的网络有效性占网络综合评估指数的饼状图，从图中可以看出，网络方案 1 的网络有效性占整体综合评估指数的比例要与网络方案 3 相同。

图 4.31 中左面是网络方案 1 的分级等级效率占网络综合评估指数的饼状图，右面是网络方案 3 的分级等级效率占网络综合评估指数的饼状图，从图中可以看出，网络方案 1 的分级等级效率占整体综合评估指数的比例要与网络方案 3 相同。

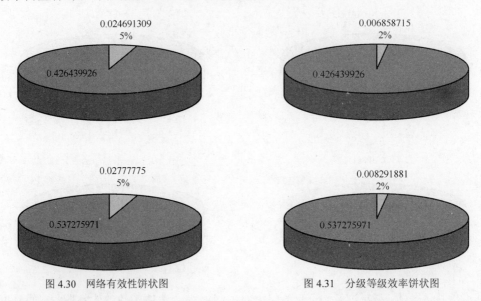

图 4.30　网络有效性饼状图　　　　　图 4.31　分级等级效率饼状图

从网络方案 1 和网络方案 3 的对比中可以看出，不同网络在优化过程中即使网络评估指标加权值相同，也会由于网络评估指标值的不同而所占比例不同。网络方案的评估指标受到网络本身指标值和网络层次分析法得到的加权值共同决定。

4.4　网络评估软件系统

由于传输网络评估需要采集大量数据进行统计、汇总、计算、分析，以便发现问题进行优化，人工操作工作量大，费时费力。为解决这个问题，可结合实际情况开发传输网络评估系统，一个典型的评估软件系统应包括以下 8 个功能模块。

（1）组网评估模块

组网优化模块用于直观了解整个或指定的传输网络组网、拓扑结构，了解物理资源的应用状态，并根据分析给出相应的网络优化建议，包括提供传输网络中的关键节点和关键路由分析，为日常维护提供充分的量化依据；提供物理资源使用情况、统计版本状况，实时掌握网络状况。其主要功能为：

① 组网拓扑结构：将传输网络以图形的方式直观地展示出来，包括整个本地网、子网等。系统能够自动判断网络拓扑结构类型、网络速率等级，并根据网元数量自动调整网络拓扑图形。

② 关键节点分析：列出指定目标下的关键节点；根据网络拓扑结构，通过分析各网元节点对指定目标网络和物理网络的影响程度，按照重要性对各网元进行排序。

（2）业务评估模块

业务评估模块关注业务资源的最大利用，其具体指标为光线路容量及资源使用率，支路容量及资源使用率，网络资源使用效能，槽位资源使用率。通过对上述 4 个指标的分析计算，找出业务资源的瓶颈点，采取业务配置调整或网络调整的措施加以优化，使 4 个指标得以均衡发展，提高资源利用率，其主要功能为：

① 线路资源使用率统计：列出指定范围的业务量和业务分布。包括指定范围中某线路的实际线路资源使用数量、全部可利用的线路资源、线路资源利用率。

② 支路资源使用率分析：列出指定范围内网元节点的支路资源利用率。包括指定范围中网元的预配置支路资源及预配置的支路资源使用率、实际开通的支路业务及实际开通的支路资源使用率、某种支路接口板支路资源使用情况。

③ 槽位资源使用率分析：列出指定范围内网元节点的槽位资源利用率。

④ 风险网元线路分析：列出指定范围（本地网、某子网）内按风险度排序的网元和线路。按照指定范围（本地网、某子网）进行网元和线路的失效分析，并且能够按照中断的业务数量进行排序，同时还将列出网元的时钟、交叉板、支路保护情况。

⑤ 资源使用分析：列出整个网络或子网的网络资源应用效能、潜力等。包括指定范围网络的线路时隙使用率、预配置的支路资源使用率、目前网络使用效能、资源使用率、槽位使用率。

（3）网络生存性评估模块

其关注点是使业务获得有效保护。系统能够根据组网优化信息，对传输网络中的每一个子单元进行详细分析，通过对网络级保护和设备级主备保护率的分析，以及单点失效对业务量的影响分析，找出主要的风险点，有针对性地加强对风险点的保护，其主要功能为：

① 节点失效分析：单个节点的故障对整个网络和业务的影响。

② 单端光缆失效分析：单端光缆故障对整个网络和业务的影响。

③ 设备级保护统计分析：包括时钟、交叉、支路保护的统计和保护率分析。

④ 网络级保护分析：包括光缆保护、光板及尾纤保护的统计和保护率分析。

（4）网络时钟评估模块

网络时钟评估关注点为网络时钟同步质量。通过对时钟链跟踪长度、传递及相关配置、时钟源级别、时钟倒换设置、同步方式等的分析，提出相应措施保障时钟精度。其主要功能为：

① 时钟跟踪图：以图形显示网元的时钟跟踪关系。

② 时钟跟踪长度：给出各网元目标的时钟跟踪长度、时钟类型、保护配置倒换等。

（5）网络 ECC（嵌入控制信道）通信评估模块

关注点为网络管理的速度。通过对网络管理的网元数量、子网划分、网关网元设置等进行分析，采取重新划分子网、网络路由简化和控制、提供网络通信保护路由等方式，保障网络通信的畅通。光传输网络的配置管理、监测、控制是网络维持安全稳定运行的重要保障，因此对于传输网络管理中心的管理和优化是传输网络优化的重要一环，通过这种优化确保传输网络控制中心对整个网络的控制，将风险降至最低。其主要功能作用为：ECC 子网分析，即统计记录各子网网管中心与传输设备之间的控制关系，记录其间通信路由、备份路由、拓扑和网络路由本身的关系。报表中包含设备厂商、网络名称、接入网关网元名称、ECC 网元接入数量、网管软件、接入方式、备份网关。

（6）备品备件评估模块

实现传输设备备品备件的合理化和科学化配置，一方面缩短网络设备故障修复历时，另一方面提高现有备品备件的利用率，降低备品备件的采购和库存成本，达到维护效率和备品备件的最佳优化的目的。其功能作用主要有以下两方面。

① 备件统计：按照类型、型号、网络范围、厂商类型等列出现有备件的存放地点、管辖区域、存放周期、响应调整事件和时间、所在网络的整体配比等信息，列出各种备件的命中率统计。

② 备件优化：按照整个光传输网络和备件类型或标识，根据公式计算出备件的最佳配比。

（7）网络故障评估模块

故障情况评估关注影响网络质量的主要指标。通过对线路信号丢失、复用段、指针告警、时钟告警、倒换告警、温度告警等进行统计分析，通过对告警信号流的分析及告警之间的关联性，来判断网络曾经发生的故障，并根据维护记录来进行核对和确认，通过统计分析可以帮助判断网络的运行状况、提前发现网络问题。其主要功能为故障记录查询分析，即针对查询目标的告警、性能、故障等问题进行统计和分析，还可以专门针对设备故障进行统计和分析。

（8）运行环境评估模块

了解各个传输设备节点的环境状况，为网络优化和业务优化提供辅助性依据。其主要功能为环境状态查询，包括电源、温度、烟尘与清洁、防雷、消防与火警、接地等。

评估系统软件可以采用通用软件和自制软件，无论哪种软件都应体现工程软件的特点，对评估结果可以用图形、表格等多种表达，同时对各种方法的评估结果的可信度做出一定评价，供使用者选择合适的结果。对一般熟悉计算机的操作人员利用软件进行评估时，将前期数据整理完毕后，直接输入即可快捷地完成全部计算和结果输出，系统软件一般流程如图 4.32 所示。

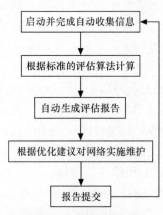

图 4.32　评估软件系统流程

评估软件应能自动导入传输网管数据，自动分析计算传输网络的各项指标，为传输网络优化调整提供快捷的指标依据，使网络规划或者运营人员可以有针对性地制定经济、有效的传输网络优化调整实施方案。

4.5 本章小结

传输网评估优化是一项全面系统的工程，需要持续不断地投入。评估作为网络优化的先决条件必须予以重视，网络评估的客观、全面与否，将直接影响到网络优化的实施，乃至网络今后的长远发展。本章对传输网评估的概念、指标、评估软件系统结构等方面分别展开了研究和探讨，并结合实例对网络评估指标体系建立以及网络评估计算方法进行了详细的阐述。

参考文献

[1] 顾畹仪，张杰．全光通信网．北京邮电大学出版社．1999：102-300．

[2] 何磊，王海盛，文琦．光传输网络评价模型的研究．邮电设计技术，第 7 期，2007年 7 月．23-28．

[3] 李发良，朱直达．简要讨论本地传输网评估要点．邮电设计技术．第 12 期．2007年 12 月．37-39．

[4] 李会民．浅谈传输网络的评估．电信技术．第 11 期．2007 年 11 月．33-35．

[5] 刘占霞，石明，王静．本地传输网光缆线路评估方法探讨．现代通信．76-80．

[6] 雷阳，华继学，李成海．基于线性加权法的远程网络评估方法．计算机应用．第 27卷．2007 年 10 月．2420-2422．

[7] 何磊，王海，盛文琦．光传输网络评价模型的研究．邮电设计技术．第 7 期．2007年 7 月．23-28．

[8] 姜启源，谢金星，叶俊．数学模型．第三版．高等教育出版社．2003：224-244．

[9] 熊翱，孟洛明．基于业务分析的传送网服务质量评价方法．电信科学．第 4 期．2006年 4 月．20-23．

[10] 张杰，石峰．SDH 传输网络评估优化方法的应用．电信工程技术与标准化．第 12期．2007 年 12 月．60-64．

[11] 杭涛．以网络评估推进长途光缆精确化管理和差异化维护．电信技术．第 1 期．2008年 1 月．55-58．

[12] 邵信科，王孝明．无源光网络的组网方式与建设运营成本的关系分析．电信技术．第11 期．2007 年 11 月．33-35．

[13] 李会民．浅谈传输网络的评估．电信技术．第 11 期．2007 年 11 月．33-35．

[14] 黄斌毅．传输网络建设思路探讨．电信网技术．2007 年 10 期．

第 5 章 多层联合网络规划与优化技术

当前网络所承载的业务已从单一业务向多业务的方向发展，不仅要传送话音、数据业务，还要传送图像等多媒体业务，多种业务传送的事实，导致骨干网中原有的以 SDH 为物理层的网络应该被光传送网（OTN）/波分复用（WDM）光网络所取代，与分组传送网（PTN）混合组网，并正向 ASON 以及波分交换网络（WSON）的方向演进。在此背景下，光网络的业务承载，从技术上被垂直分成了多个层次（粒度），同时，由于网络规模的扩大，在物理上也被水平分成了多个域，这使得光网络的组网变得异常复杂，多层之间如果没有联合的网络规划与优化，势必使得资源的利用率不高，网络承载效率低下，而当前产业界并未实现真正的多层联合组网和控制，尤其是在光互联网（IP over WDM）领域。

本章围绕光网络的骨干网，探讨了多层联合的网络规划与优化技术，包括多层网络的规划方法与建模、路由与生存性问题等，并重点介绍了 IP over WDM 网络的组网模型以及联合路由/生存性策略，最后简单讨论了其他网络（IP over SDH 等）多层联合规划与优化的具体机理。

5.1 概述

5.1.1 网络结构的演进

随着向小康社会的发展，我国加快了信息网络建设的步伐。据统计，2000 年以来我国干线业务量和带宽实际年增长率均超过了 200%。来自中国电信、中国联通等公司的预测表明，"十一五"期间随着清晰度高、交互性强的视频通信，实时流畅的流媒体点播，高可靠性、安全性和实时性的远程服务，虚拟现实环境，网格计算等网络新业务的兴起，到 2010 年我国主要城市（如上海、广州），网络单节点的端口容量将达到数 Tbit/s 以上。这将对信息网络的传送能力提出重大的挑战。

随着传送网技术的不断发展，现任网络运营者们仍在配置基于 SDH 技术的传输网，同时，日益增长的业务和 WDM 技术的成熟正在推进着在现存传输网中引入 WDM 层网络。因此，多种传输层技术共存的局面必将在相当长一段时间内存在。多层的概念是指传送网由多个彼此独立的层网络构成，相邻层网络满足客户/服务者关系。目前，传送网中采用的主要技术有 IP/MPLS、ATM、SDH 和 WDM 等，各自发挥着不同的作用，呈现出一种多层次的网络结构，如图 5.1 所示。同时，欧盟 Nobel 计划也提出了一个扩展的传送平面模型，将现有的比较单纯的基于 SDH 的 ASON 传送平面扩展为支持多业务的、面向连接和无连接特征的新的多层次的传送平面，层次结构如图 5.2 所示。

与此同时，通过引入层间互连的集成控制技术，在保证传送平面多层架构的同时，支持层与层控制的一体化协同策略，对传送网提供端到端业务、简化网络管理、提高资源效率和增强网络弹性都具有重要意义，并为解决多层传送网资源优化和生存性问题提供了必要的支撑。

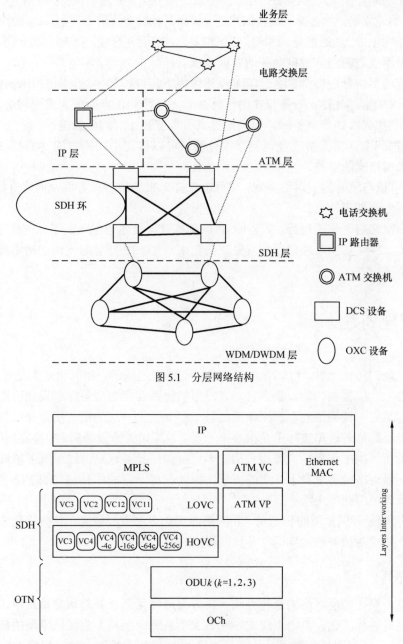

图 5.1　分层网络结构

图 5.2　NOBEL 计划中研究的扩展传送平面的功能层次图

　　可见，随着传送网功能日趋增强，多技术并存的多层解决方案是传送网发展的必然方向。采用多层传送结构，网络能够适应多样性业务的要求，融合并发挥不同传送技术的优势，实现具有对多颗粒性带宽的管理能力。但同时也增加了网络体系的复杂性，增加了网络运营的成本以及管理的难度，如何解决多层传送网的资源优化和生存性成为一项重要研究课题。

5.1.2 网络扁平化的趋势

随着网络边缘层 IP 等数据业务的爆炸式增长,业务配置管理和维护的工作量变得越来越繁重,特别是目前建立端到端的交叉连接依然是一件极其耗时费力的工作。原先只为语音业务而设计的骨干通信网络由于功能重叠,网络层次结构复杂,缺乏互通性,极大地降低了网络的性能和可靠性,已经不能适应当前数据业务的发展需求。

根据传统的网络分层模型,IP 分组可以使用如下几种构架传送,即 IP over ATM、IP over SDH、IP over WDM。而 IP over WDM 由于具有如下一系列优点而成为未来网络发展的方向。

① 充分利用光纤的带宽资源,极大地提高了带宽和相对的传输速率。

② 对传输码率、数据格式及调制方式透明。可以传送不同码率的 ATM、SDH/SONET 和吉比特以太网格式的业务。

③ 不仅可以与现有通信网络兼容,还可以支持未来的宽带业务网及网络升级,并具有可推广性、高度生存性等特点。

为了适应网络扁平化的趋势,智能的 IP 控制和管理技术也融入到了光网络中,适于光网络的 IP 控制协议——GMPLS 也逐渐发展成熟起来,使得 IP 智能与光传送网络技术能够实现有效集成。

5.2 多层规划方法

在描述复杂的传输网时,可以看作是由多重网络层组成的,相邻层之间是客户/服务的关系,每一层为上一层提供传输。换言之,客户层的链路连接由服务层中设立的路径给出。因此,每一层都是它的传输层的客户,相反的每一层又是上一层的服务层。分层与规划最相关的方面是高一层的每条链路实际上是由其下一层(与其相关的服务层)中建立的路径实现的,服务层的设备(例如工作容量)被用来构建客户层的拓扑。这是通过对服务层通道的寻路完成的,服务层通道携带着来自上一层的需求。因此,每一层的拓扑包含的链路容量,等同于与其相关的服务层的业务矩阵。

对基于客户/服务层模型的传送网,其网络的规划方法主要包括:整体优化法和顺序优化法。以下将介绍这两种方法的异同与各自的特点。

5.2.1 整体优化法

显而易见,设计多层网络的最佳办法(就方案最优化而言)是从整体入手,这意味着对全部网络层同时进行优化。但由于现实中许多大型系统问题和多层优化模型的复杂性,一般来说,求解多层规划问题是非常困难的[1],而作为多层规划中最简单的双层线性规划,Jeroslow 指出其是一个 NP-hard 问题,Hansen 对双层线性规划是 NP-hard 问题给出了严格的证明;后来,Vicente 指出,寻找双层线性规划的局部最优解也是 NP-hard 问题,不存在多项式求解算法。即使双层规划上、下层中目标函数和约束函数都是线性的,它也可能是一个非凸问题,并且是非处处可微的,双层规划的非凸性是造成双层规划问题求解异常复杂的另一个重要原因。事实上,解决它需要不切实际的资源数量。最终,我们不得不考虑数量庞大的现存两层网络规划知识和算法，从而更有效地利用这些有价值的经验。

5.2.2　顺序优化法

多层规划问题可以分割成许多简单的子问题，而每个子问题可以在合理的时间里被解决。这样做的效果就是对于多层规划问题采用分层途径，各个子问题只存在于一个层的规划中，于是一个多层网络的规划由各个单层规划问题的顺序解决构成。整个多层规划法是一个分层的（或纵向的）基本分解法。此外，还可以最大限度地利用单层规划的知识和工具。

对现存的工具和方法进行适当的改动可以适用于某些顺序多层规划法。此外，对多层网络生存性策略的部署需要不同单层模块之间更多的交互，通常需要在这些模块之间实现一些反馈以形成迭代，以求实现整体的最优解。以下将详细介绍顺序优化法的相关内容，包括其实现和使用顺序优化法的关键问题。

1．顺序法的实现

实现纯顺序法，即将单层规划问题逐次（每次一个）解决，有两种可能的方式（以 OTN 规划过程为例）。

（1）自底而上规划法（参见图 5.3）

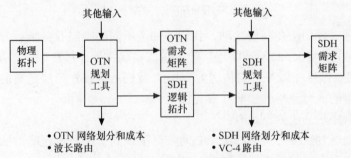

图 5.3　自底向上优化法

从最底层的规划开始，譬如物理层；逐次规划更高的层。也就是说，每一层的规划都考虑了由低层规划产生的信息（已知值、成本函数等），这些信息已经由低层的规划确定了。例如，某层的成本模型要将它的服务层考虑进去，考虑使用服务设备的费用。而事实上，网络的确定性成本也往往存在于低层。

（2）自顶向下规划法（参见图 5.4）

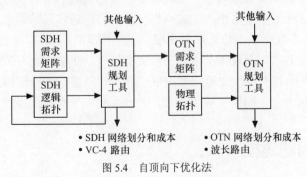

图 5.4　自顶向下优化法

从最高层的规划开始，而后从已规划的层中提取信息（需求）逐次规划较低的层。

2．使用顺序法的关键问题

对使用多层规划的顺序法存在的主要基本问题是：

（1）在低层，规划者没有安排需求矩阵（因为需求矩阵通常是在高层采用的）；

（2）在高层，规划者又不知道哪项成本应该被考虑进来（例如，在 SDH 中携带一个 VC-4 的成本是依赖于 WDM 层上的 SDH 资源的定位）。

为了使之简化，顺序法只好在某一层起动规划，但是在每层中一些重要的输入数据（当前规划算法所需的）并不确定。因为传统的（单层）规划算法需要需求矩阵作为输入才能部署可行的容量配置。然而，需求矩阵总是作为上层中连接的矩阵给出，由于不太清楚上层的需求在低层中如何表现，所以规划不是简单地在低层起动（参见图 5.5）。

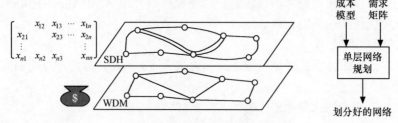

图 5.5　使用顺序法的关键问题

另外，通过顺序规划法在高层起动，我们不知道不同的高层业务承载方式对整个网络容量分配成本的影响。事实上，高层链路连接的容量成本取决于连接在服务层是如何实现的（光纤的用法、有效性、最终在服务层的传送）。因而，我们不能预知高层链路的容量增长对网络成本是否会有严重的或可忽略的影响（参见图 5.5）。

总而言之，顺序规划法的不足有：

（1）自底向上规划法——考虑的需求是对实际需求的一个非常粗略的估计，因此规划出来的网络不是超出尺度，就是不够运送实际的需求；

（2）自顶向下规划法——成本模型不完善，因为在规划某层时，它没有考虑对低层（决定性的）成本的影响。

总之，基于经验很容易克服自顶向下法的缺陷（至少近似地），因此，在实际的网络规划中，自顶向下的规划方法被广泛地接受和采用。

3．迭代法

迭代法在于逐次解决单层规划问题，以实现多层规划问题的求解。自顶向下法是研究更佳方法的起点，因为由这种多层规划法产生的网络至少能够运送实际的需求。解决成本模型的一个方法是，通过添加一个能将成本信息从最底层向高层传播的反馈环，来改进自顶向下规划法。这意味着各个层被规划几次，而且每次规划一个更高层时，低层的成本信息被传给这个高层的成本模型。当然，高层的每次再优化意味着对低层需求矩阵进一步地适应，因此这些低层的设计又可以继续进行。这个交互的过程应用几次，直到达到一个令人满意的解决方案为止。

5.3　多层规划问题建模

多层优化模型对解决层次系统中的决策问题现实而有效，它几乎可以应用到所有的服务和生产行业、政府和其他盈利或非盈利组织等大型组织中。本节内容只针对光传送网中的多层规划问题进行深入研究，包括问题的普遍模型和相关的约束因素。

5.3.1　问题的描述

一般规划的方法是基于网络的层模型，这个想法最先起源于 G.805 和 M1400。在分等级的层结构中，每一个层组成一个网络。第 N 层的网络是由第 $N-1$ 层网络中的资源所组成。

在第 $N-1$ 层的连接与图的边缘相联系，这些图的边缘可以描述给定网络的第 $N-1$ 层，并且在第 N 层首尾节点之间的连接定义了第 $N-1$ 层图的需求矩阵，如图 5.6 所示。

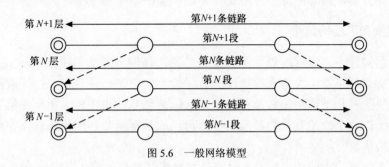

图 5.6　一般网络模型

层网络所固有的资源可以用以下两方面来区分：逻辑资源，物理资源。

N 层逻辑资源由以下组成：子网络的部件（逻辑节点）、网络连接、没有被使用的链路连接（可以用来进行新的网络连接）、访问节点（在第 N 层和第 $N-1$ 层之间）。

所有的网络物理资源可以在物理层中被定位。一个物理资源的例子就是网络的节点，这些节点所起的功能与一些逻辑层网络的功能有关（例如，一个 ATM 的 DXC 可以用来进行 VP 路由、中断跳和传输光信号的功能）。

除了网络节点之外，其他物理资源也可以在规划项目中被考虑：

① 交换节点；
② 为物理传输而构架的结构；
③ 物理传输者。

交换节点是物理结构，即从网络中任何层的物理节点开始，终止于物理传输者。为物理传输所架构的结构为铺设光纤提供帮助（比如沟渠等）。物理传输者例如光纤或者波长链路，为所有传输层提供普通的传输资源。

这个方法是规划过程的一个基本的步骤，这个规划过程沿着层从上到下。许多不同的层问题可以被假定为一个给定的层，在每一层中，新的需求、已经存在的网络、所允许的技术和规划的条件都被考虑在内。这样就建立了一个一般的网络模型，这个模型可以为分析工具或者优化组成一个一般的接口。

使用一般的网络模型，优化只依靠于模型，而不直接依赖于网络规划的任务。在每一层中，相近的任务都可以进行分类。可以将它们总结如下。

路由：在图中第 N 层上的连接路径的确定是在较低层上完成的。通常，在物理层或者是

第 $N-1$ 层。优化的条件一般由路由请求（例如边或者节点连接）得到的目标函数确定，或者由资源确定（例如容量的限制、跳数等）。

段：连接段的确定一般考虑第 N 层中或者第 $N-1$ 层中新的连接。

分配：所允许位置的段点的分配一般在给定层中。优化的条件由各个层的功能所决定。段点可以是业务传输的节点或者是用于传输需求的比较灵活的节点（例如：交叉连接，复用或者线性终端设备）。

分组：传输需求的复用是为了决定第 $N-1$ 层连接的大小。分组的功能也就是不同层的复用集中到复用段层。

这种模型存在的一个问题是其所造成的线性规划的规模大小，因为必须为某个需求找出所有可能的设计方案，而其中每个方案又作为此模型的一个参变量。

5.3.2　约束因素和可能的策略

在多层规划问题中，以双层规划问题最为常见，任何多层次系统都是一系列双层规划系统的复合。双层规划是双层决策系统优化的数学模型，它是一种具有二层递阶结构的系统优化问题，上层决策者和下层决策者都有各自的目标函数和约束条件，上层先给定一个规划变量，下层子系统以这个决策变量为参量，根据自己的目标函数和约束条件，在可能的范围内求得整体上的最优解[1]。

对多层规划问题的求解相当困难，即使是双层线性规划问题，仍然是一个 NP-hard 问题。但是在实际操作中，绝大多数情况下存在着许多可以允许一些简化的约束因素。这些约束因素可以来自：

① 网络管理或简化提供过程的需求；
② 传输方面；
③ 设备功能性的限制。

将客户信号分组到不同的传输通道中，有时候用于区分不同等级的业务（根据业务进行适配），它的目标是简化网络管理，且有可能为各个业务等级提供不同级别的可生存性。例如，在 OTN 网络中它是指将具有类似特征的某业务分组分配一个专门的 OCH。当然，该策略给适配过程中带来了一个很强的约束。当传输费用不是很高时它是很便利的（例如，专门针对不同业务的波长的使用已经被建议作为宽带城域网的规划方法），但是在长距离传输网络中，它通常是非常昂贵的。

在光网络中，一项重要的技术约束来自于因传输影响造成的信号衰落。为了防止信号衰落，在网络中某些地点需要引入 3R 再生器。在长距离传输网络中此问题尤其重要，而在这种网络中沿每个 OCH 都有许多个放大器经过。一种可能的解决方案是将网络划分为许多子网络，即所谓的透明域，其中信号可以影响以一种完全透明的形式传输，且将再生器放置在各子网的边界上。这种背景会影响到适配，因为在装有较复杂的 SDH 设备而非再生器的域的边界处实现适配也是非常合理的。另外，当把网络划分为许多小的以独立方式进行保护的子网（可生存性子网络）时，也可以方便地在各子网间的边界上实现适配。

因设备功能性限制对适配过程的约束。比如，目前可用的一代 OADM 设备提供的有限的下路能力或交换节点有限的交叉能力等。

5.4　多层网络规划中涉及的问题

5.4.1　路由问题

路由问题是网络规划和优化中的核心问题，基于不同的网络层次、网络结构、业务要求、资源要求等都会有不同的路由策略，下面从路由的计算机制、路由计算的实效性、路由算法设计的优化要求 3 个方面分别来对路由策略进行介绍。

1. 路由的计算机制

首先从机制要求来看，路由的计算机制分为集中式路由计算机制和分布式计算机制两大类，两者从路由获得的方式、各业务路由间的协调、计算速度、容量利用效率及实现难度 5 个方面都有着明显的区别。

（1）路由获得方式上的区别。集中式路由算法要求有一个中心控制节点，它需要知道整个网络的物理拓扑结构、节点连接情况、业务资源使用状况、路由表等状态信息。然后恢复算法依据网络的资源状态动态寻找一条当前可用资源中的优化路由分配给业务。在分布式控制方式中，通常是由业务的源宿节点来启动路由的计算过程。而且网络中的每个节点无需知道全网络的所有资源，只需要知道同自己相关的链路资源信息，仅仅利用邻接链路信息来计算路由。以业务源节点启动路由计算为例，源节点将向网络广播业务的路由搜索信息，当该业务的宿节点收到业务源端发出的请求后，将沿着收到广播信息的路由反向向源节点发出应答信息，同时配置中间节点，建立业务通道。当应答信息到达业务源端时，源端节点将向宿端发送确认信息，同时业务的路由建立完成，整个路由计算过程可以通过分布式 BFS 算法来实现。

（2）各业务路由间协调上的区别。在集中式路由机制下，由于所有业务的路由均由中心控制节点来统一计算，各路由的计算顺序由中心控制节点来决定，一方面可以使性能更优化，另一方面也可以避免在计算各业务的路由时的资源竞争问题。而在分布式路由机制下，由于各路由计算过程由各业务的源宿节点分别激活，"各自为政"，因此资源利用率低的问题是不可避免的。

（3）计算速度上的区别。对于集中式路由机制而言，由于在计算路由时需要知道全网的拓扑、资源、业务、路由信息，而保持这些信息的更新就需要节点数据库和中心控制器之间频繁地通信，每更新一次网络数据库需要统计的信息很多，难以保持快速的响应时间。另一方面，集中式计算要求在网络范围内为所有业务模拟和计算各种可能的路由，在全网范围进行业务优化排序，资源的优化分配，通路的优化选择均需要大量的时间。这两点决定了集中式路由机制下的计算速度比较慢。对于分布式路由机制而言，由于无需知道全网所有信息，各节点的邻接链路资源数据库的信息更新可以在很短的时间内完成，分布式的搜索路由，发现空闲资源的过程也远比集中式的方式节约时间，因此计算速度要比集中式方法要快得多。

（4）容量利用效率上的区别。从上面的分析可以看出，分布式路由计算的核心思路就是"利用局部信息，以最快的速度为业务需求找到一条可用路由"，而集中式路由计算的核心思路就是"综合考虑全局信息，在资源利用情况、业务路由情况、拓扑连接信息等条件的限制下，得出一个适合各业务的路由的优化的整体方案"。因此，在相同的网络拓扑、空闲容量、业务需求的条件下，集中式的路由机制可以得到更优化的路由组合，各路由之间可以更充分地实现资源的共享，高级别的业务更容易优先得到恢复资源，整体业务路由建立的成功率较高。虽然分布式路由计算在不断发展中，也进行了一些改进，采用了一些方法来促进业务路由间的资源共享，以提高整体的资源利用效率。但由于其算法是基于局部网络信息这一"先天不足"，无法用可控和有效的方式接入网络空闲备用容量，路由算法不具有可预测性，使得其容量利用效率仍比集中式要差。

（5）实现难度上的区别。综合比较集中式和分布式两种路由机制，它们在实现上都各有相对困难的方面：对于集中式路由机制而言，在实现上的困难之处主要是需要维持一个完整、一致和准确的庞大网络数据库，随着网络规模的扩大和动态变化，其存储、响应时间、准确性和成本都是问题。而对于分布式路由机制来说，一方面是需要设计一个有效的分布式控制协议，如何在提高路由计算速度的基础上解决路由计算时的资源竞争，提高资源利用效率都为协议的设计增加了不少难度。另一方面，设备接口的标准化也是分布式恢复方法实现上的一个难点。和集中式路由机制相比，集中式控制方法是传统的控制方法，比较成熟，控制和管理方法存于集中网管系统中，无需各节点设备之间进行通信来实现算法，因此不同厂家的设备比较容易实现兼容，只需规定好设备与集中网管系统的接口和消息机制即可，至于各厂家具体采用何种算法，则无需加以具体的规定。而在分布式路由机制中，路由的发现是通过各节点设备之间通信来实现的，这就使得各厂商针对各自采用的算法所设计的设备接口很难互通。因此，集中控制方法仅需对控制响应消息实现标准化，而分布式控制需要对控制响应消息以及路由算法都实现标准化才行，这在实现上的难度是很大的。

2. 路由计算的实效性

在分析业务时，必须考虑业务个体和业务整体多方面的特征。比如对于业务个体而言，如果该业务的持续时间和对网络的观察时间相比，是很"长"的，即是业务的路由在观察时间开始时建立，在结束时也并未拆除，称这类业务为静态业务；如果业务在观察期内频繁地进行建立和拆除，称这类业务为动态业务。这两类业务在路由计算的实效性的要求上有着很大的不同，前者对路由计算的实效性要求不高，可以牺牲算法计算的时间来实现更好的资源使用，保证更多的业务路由得到成功建立，在网络的规划期常常采用这类路由算法。而在网络的运营期，当对网络进行优化的时候，面对动态业务，不得不考虑业务对路由建立的时间上的要求，常常采用牺牲一定的资源利用性能的做法来保证算法计算的时间在要求的范围之内，体现出对路由计算的实效性的较为严格的要求。

路由计算策略根据在业务需求到达前离线计算还是在业务需求到达后实时计算，还可以分为预计算和实时计算两种方式。

预计算策略是在业务需求到达之前根据一定的计算策略计算各种可能的路由，然后预先将路由的信息告知节点，使各节点在业务需求到达后能够立即作出动作，而不用花费时间去计算路由，从而实现快速的路由建立。但另一方面，由于预计算策略无法准确预知网络可用资源情况，因此在资源利用率和路由建立成功率等方面都不如实时计算策略。

实时计算策略是在业务需求到达之后才计算路由，因此需要花费时间去实时发现空闲资源，实时计算最适合的路由，以上过程使得实时计算策略和预计算策略相比整体的路由建立速度要慢。但其基于实时容量发现的策略使得路由的计算能够在具体的拓扑限制和资源限制下进行，从而具有较高的路由建立成功率和网络资源利用率。

在实际的应用中，也常常采用两者折中的方式，比如在预计算时就可以不仅仅是计算一条路由，而是计算一个路由集合。因为知道，在一个网络中，两点之间的可能路由组合必定是有限的，当预计算的路由集合包含了所有可能的路由时，其实也就包含了在实时计算时可能采用的所有路由。另一方面，为了体现资源的合理利用，还可以设计相应的算法来选取这些路由中的最佳路由，这样也就相应的考虑了资源限制的因素。从而使得预计算策略的性能逼近实时计算策略的性能，但又省去了路由计算的时间。但也应该看到，大量的路由都要存储在内存中，当网络规模增大时，又会带来拓展上的困难。而且预计算的路由越多，对路由算法的运行又会增加额外的时间，因此如何在实际要求的时限内确定路由集合的大小，设计合理的算法都是值得研究的地方。

3．路由算法设计的优化要求

在设计路由算法时，必须充分考虑不同情况下的优化要求，在不同层面上，要支持很宽范围内的路由选择，例如各种优化目标：最小跳，最短地理距离，最大可用性，最小费用，最小风险等。

即使采用一样的路由算法，但通常将各种因素映射到链路的权重之中，在实际应用时根据需要选取不同的权重进行计算，从而得到相应的路由分配结果。如果选中一个优化目标，其他的就可能成为约束条件，除了上述目标外，在优化规划路由时，一般还需考虑下述约束条件。

（1）现存的容量限制和约束，比如网络中已运行的业务所占用的资源，为了保护用途而预留的资源，都是对路由算法设计的限制。

（2）业务流量需求，这里又涉及业务本身的许多属性，因为业务本身就是分级的，不同级别的业务在指定承载其业务流量的路由时，往往有许多不同的要求。在 IP 层、在 ATM 层，都有其各自的业务等级协议，对包括类似吞吐量、丢包率、延迟、延迟偏差等性能都做了具体的服务质量要求。而要实现这些不同的要求，归根结底还是为业务选择一条符合要求的路由。

（3）负载平衡需求，这是基于降低拥塞，提高网络资源使用率而提出的要求，另外也是对网络弹性和灵活性的保障，具体内容在 6.5.2 节中有比较详细的举例介绍。

5.4.2　生存性问题

1．多层网络生存性概述

现代网络正逐步朝着大容量、高速度以及多适应的（例如网络业务适应、通信协议适应、传输载体适应等）综合宽带网络方向发展，为了兼容原来已经有的各种网络资源，现在网络必须接纳并拓展传输网络设计的关键技术——分层机制，将各种复杂的网络功能和服务的具体实现定位到不同的网络层次中，通常情况下，还必须向其他层次提供或者要求一定的接口以传递网络服务，根据服务的供给可以在不同网络层次之间构成"客户/服务器"关系，其中的"客户层"需要使用"服务器层"提供的服务以实现自己的功能和服务，"服务器层"通过向"客户层"提供的服务来反映自己所实现和具备的功能，二者交互，但是，决定一个网络层次究竟是充当"服务器层"还是"客户层"不是绝对的，它与网络服务供给的方向是紧密关联的，若该层次向外提供服务，则它处于"客户层"，反之，它就是"服务器层"。实际上，结构复杂的网络中的层次经常处于不同的服务供给/功能调用关系以向用户提供各种网络应用，它的角色往往是根据当前的相关活动服务而在不停地变更的。

　　由于不同网络层次在具体的实现技术、QoS、容错性以及经济开销等方面不尽相同，为了保证网络业务的正常提供，很有必要在不同的网络层次上实施不同的生存性技术，这样就形成了网络的多层生存性，所谓多层生存性是指系统内不同网络层次生存性技术的可能嵌套组合以及这些技术之间进行交互的方式。图 5.7 给出了当今网络以及与之相对应的多层生存性体系结构。例如，随着光通信技术的发展，光网络直接承载 IP 业务将成为未来宽带网络发展的主导潮流，它主要分成 IP 层、光网络层（OTN，Optical Transport Network）以及物理媒体层，其中光网络层可以细分为光通道层（OCH，Optical Channel）和光复用段层（OMS，Optical Multiple Section）和光传输层（OTS，Optical Transmission Section）。为了保证网络业务的正常提供，系统采纳了多层生存性策略，各个层次的具体生存性技术包括 IP 层恢复、光通道保护和恢复、光复用段保护以及光传输段保护，而作为物理载体的光纤则不具备任何网络生存性的能力。

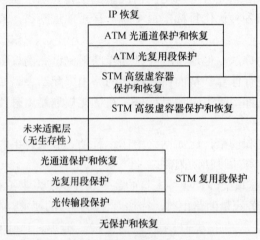

图 5.7　嵌套分层网络的多层生存体系结构

2．多层生存性评价标准

　　为了定量或者定性地分析多层生存性在现代网络中的应用，必须定义一些适当的参数以描述一个成功的多层网络生存性的策略。具体来说，多层网络生存性策略的根本目的就是在于能够提供比单层网络生存性更好的 QoS 保证，因此，它的基本指标参数主要有以下几项。

　　① 恢复时间：维护可接受的 QoS 所需要的时间。

　　② 效率：用于实现网络生存性所需要的备份容量。

　　③ 维护性：生存性策略必须支持网络的正常维护操作，例如：故障环境下能够保证业务的连续性等。

　　④ 扩展性：新的网络层次的引入不能受到网络生存性的阻碍，但它也不能对现行业务产生任何负面的影响，尤其是新业务和新的生存性的加入更不能影响现有的业务和生存性方案。

　　⑤ 灵活性：不能将网络操作人员局限于单一的解决办法，而且恰恰相反，它应该支持一系列的解决办法供操作人员选择以满足各种需求。

　　⑥ 价格：这是网络设计和规划自始至终所必须关注的焦点，尽量在其他性能指标和价格之间寻求平衡，以便获得最大的性价比。

3．生存性策略的选择

生存实体，是指某一个特定网络生存性技术的具体执行或者实现，无论处于任何网络层次，生存实体只与具体的生存性技术相关；此外，同一生存性技术为处理多个故障允许存在多个生存性实体。

网络生存性的实现可以基于两种策略：单层生存性和多层生存性，前者是指在整个网络中使用单一的端到端生存性技术，后者则使用了两个或者多个嵌套生存性技术。网络生存性策略与网络层次的组合模式之间并不存在固定的对应关系，究竟选择哪种生存性策略仅仅与网络的实现技术、层次数目、层内复杂度以及所供给的业务种类等因素有关。那么如何针对一个具体的网络模式进行生存性策略的选择呢？

一般而言，针对于层次结构简单、异构程度较低、业务种类单一的网络，首先应考虑使用单层生存性策略，这是因为：

（1）相同或者相近的网络技术对于生存性要求是一致的；

（2）结构简单的网络使得不同层次间的生存实体相互作用而失去意义；

（3）网络业务是依靠 QoS 来获得保证，不同业务的 QoS 不尽相同；若网络提供的业务单一，则根本无须其他业务生存性技术来提供对 QoS 的保障。

尽管单层生存性能够保证简单网络的生存性，但它能否满足复杂的多层次结构网络的生存性要求却值得仔细研究和考虑。第一个问题就是难以确定单层生存性所设置的层次位置，任何一个网络的逻辑结构自顶向下都可以分成 3 个层次：业务层、传输层以及媒体层，尽管媒体层没有网络生存能力，但生存实体究竟是配置在业务层还是传输层将会对网络生存性产生截然不同的效果，这是因为不同网络层次中的生存实体所关注的故障对象粒度不同，位置越高所提供的生存能力越强，但它能够处理的故障粒度则越细。影响单层生存性的另外一个问题在于它难以提供性能均衡的网络生存技术；例如传输层上的生存实体能够快速有效地发现和恢复传输层与媒体层上的故障，但它不能检测业务层上的故障；相应地，业务层上的生存实体可以检测和恢复网络的所有故障，但它所需要的开销如恢复时间、保护容量等，要比传输层的生存实体大得多，使得它满足不了某些业务（如视频传输业务对恢复时间要求很短）的生存要求。

多层生存性综合了不同层次的生存性实体所带来的性能优势，从而克服了单层生存性的不足。它在不同层次上根据需要配置不同的生存性实体，由于这些实体仅仅保证本层的生存性要求，因此对它们的实现技术不能施加任何限制。值得注意的是多层生存性不是简单地将不同层次的生存实体简单叠加而成，否则多层生存性就不一定能够快速、高效、低廉地实现全局网络生存性，根本原因在于单个故障可能触发多个层次的生存实体，而这些实体又可能激活更高层次的生存实体，从而产生大量不必要的冗余生存实体套链，导致网络处于失控状态。但是如此简化了的模型还是难以得到解决，由此我们可以看到要解决整个适配问题的困难度。

5.5　IP over WDM 网络的规划问题

5.5.1　交互模型

在控制平面上看，IP over WDM 可分为 3 种互联模型：重叠模型、增强模型、对等模型。

下面我们将对这 3 种控制模型进行讨论。

1. 重叠模型

在重叠模型中，IP 业务层充当的是客户角色，而光层充当的是服务提供者角色，在这种框架下光网络为 IP 层提供点到点的连接。IP 业务层和光层是完全独立的两层，IP 和 WDM 有各自的网管系统、路由协议、信令协议，IP 层网元（如路由器）和 WDM 网元（如 OXC）处在两个独立的管理、控制和选路区域内，这两个层面具有独立的控制面，而边缘客户层设备和核心网设备之间不交换网络内部信息（例如光网络拓扑信息等）。

目前实用的多层模型基本都属于重叠模型，重叠模型的优点有：实现简单、功能分割清晰、IP 层可和光网络层独立演进，此外它采用层次化的网络管理。缺点是 IP 路由器之间的连接同时被路由协议所使用，产生大量的控制信息业务，这些业务反过来限制了能够参与网络的 IP 路由器的数量。但是，当运营商利用保密方案作为竞争利器时，重叠模型很容易得到商用。可见，重叠模型是迈向 IP over WDM 的第一步。

2. 增强模型

增强模型下，IP 层和光层共享可到达性信息。WDM 网元是 IP 可寻址的，并且 WDM 设备的 IP 地址是全局唯一的。IP 网和 WDM 网可以使用相同的内部网关协议（IGP），比如开放最短路优先协议（OSPF）。IP 域和 WDM 域内运行着独立的路由实例，但 IP 域的路由实例信息会泄漏到光域中去。例如：IP 地址可能被指派给光网络单元并且由光路由协议携带以便和 IP 域共享可达性信息，从而实现某种程度的自动发现。因此，增强模型是一种真正的 IP 域内模型。IP 层和 WDM 层之间的交互遵循 EGP 协议，比如边界网关协议（BGP）。光层的 OSPF 协议和 BGP 协议都需要对传统 IP 层的相关协议进行扩展。IP 层和 WDM 层之间的信令服从域内模型。因此，IP 层和 WDM 层之间运行同一个信令协议。

3. 对等模型

在该模型中，全网由具有 WDM 光接口的 IP 路由器和 OXC 通过光纤互连成网状结构。其中路由器能以任意粒度在电层处理业务流，可视为具有波长变换能力，即可以将业务流从任意一个输入波长交换到任意一个输出波长。而 OXC 只能以波长粒度对业务流进行处理，但它可以将波长从一根输入光纤交换到另一根输出光纤的同一波长上。全网采用统一的路由协议，通过内部网关协议（IGP，如扩展的 OSPF 或 IS-IS 协议）来交换拓扑信息，从而使路由器和 OXC 中维持同样的链路状态信息。路由器作为业务端节点，发起连接建立请求，通过路由协议计算出到其他路由器端到端的路径，然后通过信令协议（如 RSVP-TE 和 CR-LDP 等）来预留带宽资源并建立 LSP。LSP 实际上就是要在两个边缘路由器之间建立一条光路，之间可以经过若干个 OXC 设备。一旦 LSP 建立成功，该光路就被看作是一条逻辑链路（Logical Link），可以被业务量工程（TE，Traffic Engineering）和路由计算使用。

对等模型具有以下的特点：

① IP 路由器和 WDM 网元在一个管理区域内；

② IP 路由器直接作为 WDM 网元的邻接，通过网络—网络接口 NNI 互相交换信令和拓扑信息，即路由器能共享 WDM 网络的拓扑信息，使得边沿设备可以看到核心网络的拓扑信息；

③ IP 路由器和 WDM 网元中运行着同样的路由与信令协议，使用同样的编址和寻址方案。

在这种情况下，WDM 网元设备与 IP 路由器都是对等的实体，因此 IP 网和 WDM 网综合为一个网络，采用统一集成的控制面，统一的方式进行控制、管理业务工程。对等模型突破了传输层与业务层的界限，将 IP 层和光传送网有机地结合在一起。

由于在 IP 层可以看到光传送网的信息，对等模型可以更加有效地利用网络资源，也为利用统一信令实现对全网的控制提供了可能，从而使网络运营者提供对光传送网的动态配置能力，实现对业务的快速响应，以及在故障情况下自动调整网络资源达到快速的保护与恢复。

IP over WDM 开创了 IP 智能技术与光层技术融合的新局面，而以对等模型为代表的统一的控制面方案不仅减少复杂性有效地利用网络资源，为使用信令实现对全网控制提供了可能，为网络运营者提供动态配置光传送层的能力，实现对难以预测业务的快速响应，在故障情况下自动调整网络资源达到快速的保护与恢复，所以本节主要基于对等模型来研究 IP/WDM 网络的联合路由问题。

5.5.2　联合路由

众所周知，多层网络中的路由波长分配过程（RWA）过程被分解为路由过程和波长分配过程。以下内容将进一步讨论 IP over WDM 网络中的 RWA 机制，并就具体的路由策略进行分析。

1．路由问题

在 IP over WDM 网络中，其中一个关键的问题就是 IP 层和 WDM 层的联合路由问题，即如何找到一条最优的通道，来路由 IP 分组，将它从源路由器穿越多个光传送子网，传送至目的路由器。需要指出的是，IP 业务流首先在路由器根据很多参数（如目的地地址、接入用户的 SLA 等级、QoS 参数、生存性等参数）被汇聚成亚波长级的 LSP 连接请求。我们不考虑 IP 业务流汇聚成 LSP 连接请求的细节，所以本节研究的联合路由都是针对 LSP 而言的。常用的路由策略包括：固定路由、固定备选路由和自适应路由。

固定路由（FR，Fixed Routing）：这是一种最为简单的路由方案。在全网拓扑已知的情况下，用某种最短路算法（例如 Dijkstra 或是 Floyd 算法）为每一个源宿节点对预先计算出一条连接此二节点的路由。当连接请求到达时即在这条预先计算好的路由上为连接请求分配波长，建立连接。

固定备选路由（FAR，Fixed Alternate Routing）：FR 方案无法有效地利用网络资源，因此出现了 FAR 方案。在这种方案中，预先为每一对源宿节点计算多条备选路由，构成备选路由集。考虑到网络的抗毁性，一个集合里的多条备选路由可以是无重边（Edge-Disjoint）的，而且将业务分散在各无重边路由上可以均衡网络中的业务强度，可在某种程度上提高网络性能。备选路由集中的路由按照一定的顺序进行排列，一般说来，较短的路由拥有较高的优先级。当请求到达时，按照预先排定的顺序确定路由，即当优先级较高的路由阻塞时，才会考虑优先级较低的路由。

自适应路由（AR，Adaptive Routing）：FR 和 FAR 方案的问题在于，不能充分考虑网络当前的状态，而 AR 则可以根据当前的网络状态动态地进行路由选择。AR 方案具体还可细分为两种，一种是受限 AR，另一种是非受限自适应路由（AUR，Alternate Unconstrained Routing）。在受限 AR 路由方案中，同样需要预先为每一对源宿节点建立备选路由集，但集合中备选路由的排列是无序的。当需要建立连接时，根据当前的网络状态在备选路由中选择最合适的一条路由，这种方案的代表算法有最小负载路由（LLR）、最小阻塞通路优先（FPLC）

等。而 AUR 路由方案则不预计算备选路由集，而是在请求到达时根据当前网络状态动态地计算出一条连接源宿节点的路由。这种方案的代表算法有 SPREAD、PACK 等[2]。

下面对各种算法进行简要的介绍。

（1）最小负载路由算法（LLR，Least Loaded Routing）

Karasan 和 Ayanoglu 首先在文献[3]中提出了 LLR 算法。算法的思想是：如果用 l 表示一条链路，而 p 表示一条端到端的通道，R 表示备选路由集合，W 表示所有波长构成的集合，w 表示波长集合中的某一波长，当前的网络状态为 ψ，$c(\psi, l, w)$ 表示当前状态下链路 l 上波长 w 的可用容量（即剩余信道数），则 LLR 将选择可用容量最大的路由—波长对（route-wavelength pair），即

$$(w^*, p^*) = \max_{w \in W, p \in R} \{\min_{l \in p} [c(\psi, l, w)]\} \tag{5.1}$$

其中，w^* 和 p^* 分别表示算法选中的波长与路由。

（2）最小阻塞通道优先算法（FPLC，First Path Least Congest）

Li 和 Somani 提出了两种相似的 FPLC 算法：WT-FPLC（Wavelength Trunk based FPLC）[4] 和 LP-FPLC（Lightpath based FPLC）[5]。WT-FPLC 计算每条备选路由上的可用波长数，选择可用波长数量最多的路由建立连接：

$$p^* = \max_{p \in R} \{\sum_{w \in W} U[\min_{l \in p} c(\psi, l, w)]\} \tag{5.2}$$

其中，$U(t)$ 为单位阶跃函数：$U(t) = \begin{cases} 1, & t > 0 \\ 0, & t \leqslant 0 \end{cases}$。

Li 和 Somani 在 WT-FPLC 的基础上提出了一种适用于多纤网络的路由算法，即 LP-FPLC。LP-FPLC 计算每条备选路由上的可用信道数，选择可用信道数最大的路由建立连接：

$$p^* = \max_{p \in R} [\sum_{w \in W} \min_{l \in p} c(\psi, l, w)] \tag{5.3}$$

在单纤网络中 LP-FPLC 将退化成 WT-FPLC，而在多纤网络中 LP-FPLC 的性能要优于 WT-FPLC。

（3）PACK 算法[6]

PACK 是一种基于分层图的路由选择与波长分配算法。所谓分层图 $G(V, E)$，是一个有向图，每一个波长平面对应于图中的一层。其中 V 表示图中所有节点的集合，E 表示图中所有弧构成的集合。在 PACK 方案中，每一条弧的代价都是本波长平面上链路属性的函数，所谓链路的属性既包括链路的物理属性（链路的物理长度、工程造价等）也包括链路的逻辑属性（例如当前的链路状态等），在文献中，一般都将一条弧在当前状态下的可用带宽作为确定这条弧代价的关键因素。当弧上已经没有可用带宽时，代价将被设为无穷大。在选择路由时，PACK 算法根据每一条弧的代价计算出一条连接源宿节点的路由，其计算标准是尽量选择负载较重的弧，这样做的原因是在有波长连续性限制的网络中，尽量将业务"压缩"到资源利用率最高的波长平面中，以便空出其他波长平面用于承载未来的业务请求。

在 PACK 算法中，定义 e_{ij}^k 和 e_{ji}^k 代表分层图中第 k 层连接节点 i 和 j 的两条弧，其代价函数 $c(e_{ij}^k)$ 和 $c(e_{ji}^k)$ 定义为

$$c(e_{ij}^k) = c(e_{ji}^k) = \begin{cases} b_{ij} + \Delta c_{ij} \times [|F_{ij}| - O(e_{ij}^k)], & O(e_{ij}^k) < |F_{ij}| \\ \infty, & O(e_{ij}^k) = |F_{ij}| \end{cases} \qquad (5.4)$$

其中，e_{ij}^k，$e_{ji}^k \in E$，$O(e_{ij}^k)$ 和 $O(e_{ji}^k)$ 表示当前时刻弧 e_{ij}^k 和 e_{ji}^k 上已占用的信道数，$|F_{ij}|$ 表示弧 e_{ij}^k 上的最大信道数。

b_{ij} 是链路 l_{ij} 对应的基本代价，它由多种因素共同决定：相应链路的物理长度，相应链路的建设费用，沿链路所使用的光放大器的数目以及链路两端所使用的 OXC 的费用等；Δc_{ij} 是链路 l_{ij} 对应的一个常数，它也是由设计者根据网络的具体情况设定的。

（4）SPREAD 算法[6]

SPREAD 方案与 PACK 相似，也是一种基于分层图的 AUR 算法，只是其路由选择策略与 PACK 相反，尽量选择负载较轻的波长平面建立连接，将业务分散到各个波长平面上。SPREAD 的这种路由选择策略主要是为了实现各个波长平面上的业务均衡。

在 SPREAD 算法中，弧 e_{ij}^k 和 e_{ji}^k 的代价函数 $c(e_{ij}^k)$ 和 $c(e_{ji}^k)$ 定义为

$$c(e_{ij}^k) = c(e_{ji}^k) = \begin{cases} b_{ij} + \Delta c_{ij} \times O(e_{ij}^k), & O(e_{ij}^k) < |F_{ij}| \\ \infty, & O(e_{ij}^k) = |F_{ij}| \end{cases} \qquad (5.5)$$

2. 波长分配子问题

在一条连接源宿节点的有效路由上可能同时存在多条可用波长，波长分配算法将从中选择一条最合适的波长建立光通道连接。

（1）随机选择（Random）

随机选择即从可用波长集合中随机选择其中一条波长建立连接。大量文献基于这种波长分配方式对波长路由网络的性能进行了理论分析。

（2）首次命中（FF，First Fit）[2]

首次命中方案是一种简单，而且很具有实践意义的波长分配方案。在 FF 方案中，全网的波长按照一定的顺序进行排列，当需要选择波长时，即按照顺序遍历集合中的所有波长，第一个可用波长即被选中建立光通道。

（3）最小负载（LL，Least Loaded）[2]

由于 FF 方案依照一定的顺序遍历波长，因此不利于均衡各波长平面上的业务流量。考虑到各波长平面上的业务均衡，文献[2]中针对多纤网络提出了一种简单而有效的波长分配方案——最小负载波长分配。在这种方案中，在当前状态下，在通道 p 的各条链路上，波长 w 的可用容量可能各不相同，其中，波长 w 可用容量最小的一条链路被定义为波长 w 在通道 p 上的瓶颈链路，即

$$c(\psi, l_{\text{bottle-neck}}, w) = \min_{l \in p}(\psi, l, w) \qquad (5.6)$$

其中，$l_{\text{bottle-neck}} \in p$。而通道 p 上波长 w 的容量等于这条通道上波长 w 的瓶颈链路的容量。通道 p 上波长 w 的可用容量被定义为波长 w 在通道 p 上瓶颈链路的容量。

LL 方案从通道 p 上的所有可用波长中选择可用信道数最大的波长：

$$w^* = \max_{w \in W} \min_{l \in p} c(\psi, l, w) \qquad (5.7)$$

（4）MaxSum（ $M\Sigma$ ）

在文献[7]中提出了 $M\Sigma$ 算法。这种算法对使用波长 w 建立连接后整个网络的剩余容量进行计算，并选择剩余容量最大的波长。 $M\Sigma$ 算法可以描述为

$$w^* = \max_{w \in W} \sum_{p \in P} c(\psi, p) \tag{5.8}$$

其中， P 表示所有节点对之间所有预计算路由构成的集合； $c(\psi, p)$ 表示通道 p 在状态 ψ 下的可用容量： $c(\psi, p) = \sum_{w \in W} \min_{l \in p} c(\psi, l, w)$ 。

（5）相对容量损失算法（RCL，Relative Capacity Loss）

在 $M\Sigma$ 的基础上，Zhang 和 Qiao 在文献[8]中提出了 RCL。这种算法的思想是，在请求的工作路由 p^* 已经确定的情况下，在这条通路上选择一条可用波长，并使得占用这条波长后整个网络中其他所有通路的相对容量损失最小。

RCL 算法中首先定义通路 p 上波长 w 的容量等于这条通路上波长 w 的瓶颈链路的容量：

$$c(\psi, p, w) = \min_{l \in p} c(\psi, l, w) \tag{5.9}$$

值得注意的是，在同一时刻，通路 p 上不同的波长，其瓶颈链路可能是不同的。

定义函数 $D(\psi, l, p, w)$ 表示链路 l 与通路 p 上波长 w 的瓶颈链路之间的关系：

$$D(\psi, l, p, w) = \begin{cases} 1, & c(\psi, p, w) = c(\psi, l, p) \\ 0, & c(\psi, p, w) \neq c(\psi, l, p) \end{cases} \tag{5.10}$$

然后 RCL 算法定义工作路由 p^* 的邻域 $G(p^*)$ ：如果一条通道 p 与工作路由 p^* 存在交集， $p \cap p^* \neq \Phi$ ，且在当前状态下通道 p 上还存在有可用波长，则通道 p 是 $G(p^*)$ 中的元素：

$$G(p^*) = \{ p : p \cap p^* \neq \Phi \quad \text{and} \quad \sum_{w \in W} c(\psi, p, w) > 0 \} \tag{5.11}$$

则 RCL 的波长选择过程可以表示为

$$w^* = \min_{w \in W} \sum_{p \in G(p^*)} \frac{U\left(\sum_{l \in p \cap p^*} D(\psi, l, p, w) \right)}{\sum_{w \in W} c(\psi, p, w)} \tag{5.12}$$

其中， $U(t)$ 为单位阶跃函数。

（6）相对容量影响算法（RCI，Relative Capacity Influence）[9]

RCI 算法是对 RCL 算法的改进。在 RCL 算法中使用单位阶跃函数计算网络瓶颈链路上的容量损失，因此当波长 w 在通道 p 上有多条瓶颈链路时，其计算结果与仅有一条瓶颈链路时的计算结果是完全相同的，在这一点上，RCI 算法对 RCL 算法进行了改进。另外，RCL 算法在计算相对容量损失时，将通道容量 $\sum_{w \in W} c(\psi, p, w)$ 作为分母，即计算波长占用对通道容量的影响，而 RCI 算法则计算波长占用对每个波长平面容量的影响，因此 RCI 算法可以更加准确地描述波长占用对网络状态的影响。

RCI 算法的波长分配策略可描述为

$$w^* = \min_{w \in W} \sum_{p \in G(p^*)} \frac{\sum_{l \in p \cap p^*} D(\psi, l, p, w)}{c(\psi, p, w)} \tag{5.13}$$

综上所述，在 IP over WDM 网络中，联合路由及波长分配问题要比一般的 RWA 复杂得多。目前已经有文献报道了一些解决这个问题的算法[10-14]，对影响算法性能的多种因素进行了分析，并在设计路由算法的过程中考虑到了多种因素的综合影响。但目前在联合路由问题研究领域中，仍然存在一些有待于进一步深入研究的问题。

首先是不同业务模型对算法设计和算法性能的影响。数据网络中的业务量呈自相似特征，传统的能够精确描述电话网的泊松模型不再适用于数据网络，应该使用自相似模型来描述数据业务的到达特性[15]。在基于 IP/WDM 结构的下一代智能光网络中，对路由机制的研究必须要考虑客户层（IP 层）网络的业务特征。因此，研究联合路由算法在自相似业务模型下的动态特性是十分重要的。而目前文献对 IP over WDM 网络的联合路由算法的研究中，业务模型都假定为泊松模型，针对这个问题，在文献[16]中首次研究了自相似业务在 IP over WDM 网中联合路由算法的动态性能，同时为了了解自相似业务和泊松业务的动态性能差异，在相同条件下将两种业务模型的动态性能进行了对比。

其次，就是路由策略问题，对于对等模型，文献中解决选路子问题的方法大都属于 FR 策略，即在为某对节点建立 LSP 时，根据链路代价函数，使用最短路算法如 Dijkstra 算法选择一条路由来建立 LSP，即链路权值的设定方案决定了选路的策略，由于链路权值的设置具有一定局限性，不能较好地考虑资源分配对全网的影响，这样将不利于节点对之间业务的均衡。在文献[17]中，考虑能够在路由的计算部分实现优化的备用选路（AR，Alternate Routing）策略，AR 在源宿节点之间计算多条备选路由，通过使用更多的当前网络状态信息，尽可能地考虑网络负载的均衡，可以有效地提高网络资源的利用效率，从而提高网络的性能。

另外，对联合路由的研究大多基于单纤辅助图模型，很少考虑多纤情况，使算法性能的分析具有片面性。基于以上问题，文献[17]将单纤辅助图模型扩展为多纤辅助图模型，基于多纤辅助图模型，研究了备用选路策略下的联合路由问题，提出了 3 种性能较好考虑资源分配对全网的影响的路由波长分配算法——Min_influence 算法、Max_loaded 算法以及 Max_sum 算法，并基于自相似业务模型对所提算法的性能进行了仿真分析。下面首先介绍一下多纤辅助图模型。

3．多纤辅助图模型

给定网络物理拓扑 $G(N, L, F, W)$。其中，N 代表节点集；L 代表双向链路集；F 是每条链路的光纤集，W 是每条光纤上的可用波长集。假定每条链路都由 $|F|$ 对方向相反的单向光纤组成，每根光纤可支持的波长集都是 $\{\lambda_1, \lambda_2, \cdots, \lambda_{|W|}\}$。考虑的光路也是双向光路。节点数、链路数、光纤数、波长数分别用 $|N|$、$|L|$、$|F|$、$|W|$ 表示。节点可能是路由器，也可能是 OXC。用 R 代表所有路由器的集合，用 X 代表所有 OXC 的集合，即 $N = R \cup X$；属于 R 的节点可以按任意粒度对不同带宽的业务流进行复用和解复用，而且可以根据需要将业务流输出到适当的波长上，假定每个路由器都有足够的接口来处理所有到达它的业务流。属于 X 的节点只能进行波长交换，将一条输入光纤上的波长交换到另一条输出光纤上的同一波长上，二者通过波长接口连接。R 集合中的一部分作为输入/输出节点对，假定所有业务流的源、宿节点都包含在这些节点对间，而且每次只有一个业务流动态到达源路由器，然后源路由器通过明晰路由为它建立一条满足带宽要求的 LSP。

IP over WDM 网的联合路由是个 NP-C 问题，为解决联合路由算法，考虑采用多纤辅助

图模型，利用该模型可以一次性解决选路和带宽分配问题。在多纤辅助图中，上述物理拓扑 $G(N,L,F,W)$ 被转化为 $|W|$ 个互不相邻的子图 $G(N^{\lambda},L^{\lambda})$，$\lambda \in W$，分别对应特定的波长，称为波长平面（WP，Wavelength Plane）。$G(N,L,F,W)$ 中的每个节点在辅助图中被复制 $|W|$ 次，$G(N,L,F,W)$ 中节点 i 对应图中的节点 i^1、i^2、$\cdots$、$i^{|W|}$。为计算路由，我们添加了 2 个新节点，对应到达业务的源、目的节点，分别称为虚源节点（VSN，Virtual Source Node）和虚目的点（VDN，Virtual Destination Node）。物理拓扑中的链路 $l_{kn} \in L$ 在每个波长平面中都影射为 $|F|$ 条弧段，每条弧段对应物理拓扑中的一对光纤。

辅助图中的边取决于网络的当前可用资源，以及此时已建光路的情况。具体分为 4 种类型：物理链路边（PLE，Physical Link Edge）、波长变换边（WCE，Wavelength Conversion Edge）、单向边（DE，Directed Edge）和逻辑链路边（LLE，Logical Link Edge）。如果物理拓扑 G 中节点对 (i,j) 之间存在一条光纤链路，而且该光纤上的波长 λ 空闲，则在波长平面 WP-λ 上的节点对 $(i^{\lambda},j^{\lambda})$ 之间存在一条 PLE；逻辑链路边表示物理拓扑 G 中，在节点 i 和 j 之间建立的一条光路，该光路使用波长 λ_i，建立一条逻辑链路必然要占用 WDM 层部分节点间的物理链路。因此，在辅助图中应该去掉相应的物理链路。如果节点 i 具有波长变换能力，那么在辅助图中节点 i^{λ} 和节点 $i^{\lambda+1}$（$\lambda = 1,2,\cdots,|W|-1$）之间存在一条双向边，它具有无限带宽和零代价函数，称为波长变换边。当为请求建立连接时，将在辅助图中增加 VSN 和 VDN。此时，在辅助图中需要添加两条单向边（DE）分别将 VSN 连接到节点 s^{λ} 和将节点 d^{λ} 连接到 VDN（λ 取值从 1 到 $|W|$），且 DE 具有无限带宽和零代价函数。对于到达的连接业务请求，只需在辅助上运行最短路径算法（如 Dijkstra 等），找出从 VSN 到 VDN 的最短路径。如果存在，则该路可能由 PLE、LLE、DE 和 WCE 组成。在为请求建立 LSP 时，只需将找到的路径映射回物理拓扑，此时所有的 WCE 和 DE 被忽略。

图 5.8（a）所示为一个 5 节点，$|F|$=2，$|W|$=2 的物理拓扑，图 5.8（b）为其多纤辅助图模型，所有节点为路由器节点，图中表示了 1、2 节点之间已经存在一条带宽为 0.4（设网络的单波长带宽容量为单位 1）的逻辑链路（点画线），也就是说在这两点间已经建立一条 LSP，并且其带宽已经被占用 0.6，使用光纤 1 中的波长 λ_2，因此，在辅助图中应该去掉 λ_2 对应的波长平面 WP-2 上相应节点对间的物理链路。此时，到达了一个新业务请求，源节点为 1，目的节点为 4，带宽请求为 0.2，经过一定选路策略，波长平面 WP-1 上选择了一条 VSN→1^1→5^1→4^1→VDN 的路径，则在 1^1→5^1 和 5^1→4^1 建立逻辑链路，同时去掉相应的物理链路，且修改这两条逻辑链路的剩余带宽为 0.8。

由于 LSP 动态建立和拆除，逻辑链路的剩余带宽是动态变化的，如果一条逻辑链路的剩余带宽为 0，则在辅助图中就应该删除这条逻辑链路；相反，如果一条逻辑链路的剩余带宽为 1，则应该将该逻辑链路返还成 WDM 层中的物理链路。

4. 路由策略

除了上述几节中涉及的相关路由和资源分配算法，以下将从其他两方面对目前的研究热点进行总结，主要包括基于均衡的路由策略和 WDM 网络中的流量疏导问题。其中，基于均衡的路由策略中，主要考虑链路资源和节点资源在路由建立中对业务均衡的影响；WDM 流量疏导问题主要集中在 WDM Mesh 网中的动态业务疏导问题。

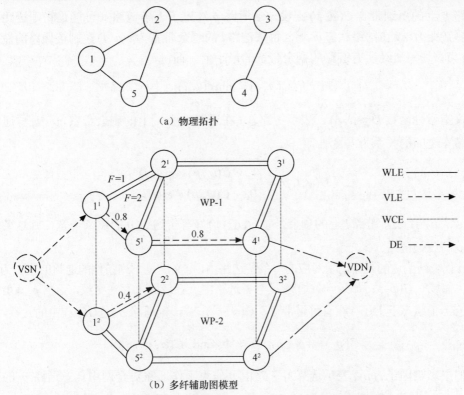

（a）物理拓扑

（b）多纤辅助图模型

图 5.8　IP over WDM 网中的物理拓扑及相应的多纤辅助图模型

（1）基于均衡的路由策略

对于对等模型，文献中解决选路子问题的方法大都属于固定选路（FR，Fixed Routing）策略，即在为某对节点建立 LSP 时，只是根据链路代价函数，使用最短路算法如 Dijkstra 算法选择一条路由来建立 LSP，较少考虑资源分配对全网的影响，这样将不利于节点对之间业务的均衡。因此，文献[19]考虑能够在路由的计算部分实现优化的备用选路（AR，Alternate Routing）策略，AR 在源宿节点之间计算多条备选路由的同时，尽可能地考虑网络负载的均衡，将能够有效地提高网络资源的利用效率，从而提高网络性能。基于多纤辅助图模型，研究了备用选路策略下的联合路由问题，通过使用更多的当前网络状态信息，提出了 3 种从不同程度考虑链路负载均衡的联合路由及波长分配算法——Min_influence 算法、Max_loaded 算法以及 Max_sum 算法。首先来介绍能较好考虑资源分配对全网的影响的 Min_influence 算法。

① Min_influence 算法描述

该算法的核心思想是将物理拓扑转化为多纤辅助图后，确定辅助图中链路的权值，用最短路算法为该请求计算出 k 条备选路由，令 $P(k)$ 代表为新到达的连接请求所选的 k 条备选路由。最小影响算法将从 $P(k)$ 中选择影响函数值最小，即对全网影响最小的那条来建立 LSP。其中，对于影响函数的确定主要考虑了备选路径与网络中其他路径的公共链路中，瓶颈链路所占的比例。该算法能更精确地描述新建光路对全网状态的影响，据此进行的带宽分配能更利于促进网络资源的合理分配，从而改善全网的阻塞概率性能。

首先介绍几个概念，设 p 代表一对源和目的节点间的工作通路，$L(p)$ 代表 p 所经过的所有链路的集合。

通路 p 上的瓶颈带宽 $C(\psi, p)$：设一条通路 p 经过了 L 条链路（可能是物理链路，也可能是逻辑链路），设在网络状态 ψ 下，每条链路 l 的剩余带宽为 $c(\psi, l)$，则该通路的瓶颈带宽 $C(\psi, p)$ 为该通路所经所有链路的剩余带宽的最小值。即

$$C(\psi, p) = \min_{l \in p} c(\psi, l) \qquad (5.14)$$

定义指示性函数 $D(\psi, l, p)$，表示链路 l（在通路 p 上）上的剩余带宽 $c(\psi, l)$ 与通路 p 上的瓶颈带宽之间的关系为

$$D(\psi, l, p) = \begin{cases} 1, & C(\psi, p) = c(\psi, l) \\ 0, & C(\psi, p) \neq c(\psi, l) \end{cases} \qquad (5.15)$$

$D(\psi, l, p) = 1$ 表示链路 l 上的剩余带宽 $c(\psi, l)$ 恰好等于通路 p 的瓶颈带宽，则这条链路称为通路 p 的瓶颈链路。

令 p 代表新到达的光路请求对应的一条备选路由，定义满足下列条件的通路的集合为备选路由 p 的"邻域" $G(p^*)$：如果一条通路 p^* 与备选路由 p 在链路上存在交集，$p \cap p^* \neq \Phi$，且此通路 p^* 在当前状态下上还存在有可用带宽，$C(\psi, p^*) > 0$，则通路 p^* 是 $G(p^*)$ 中的元素，即

$$G(p^*) = \{p^* : p \cap p^* \neq \Phi \ \text{and} \ C(\psi, p^*) > 0\} \qquad (5.16)$$

我们用影响因子 $r(p^*)$ 表示选择备选路由 p 作为工作通路对全网中任意通路 p^* 的影响。只考虑 p 与 p^* 共享的链路集 $l \in L(p) \cap L(p^*)$，其中 $L(p)$ 与 $L(p*)$ 分别代表通路 p 与 p^* 所经过的所有链路的集合。p^* 在 l 上遭遇的瓶颈链路总数用 $B(p^*, l)$ 来表示。$B(p^*, l)$ 与 p^* 上的可用信道总数的比值就是 $r(p^*)$。全网所有通路的 $r(p^*)$ 的总和为影响函数 $R(p^*)$，$R(p^*)$ 的数学表达式为

$$R(p^*) = \sum_{p^* \subset G(p^*)} \frac{\sum_{l \subset p \cap p^*} D(\psi, l, p^*)}{C(\psi, p^*)} \qquad (5.17)$$

Min_influence 算法用它来表示选择通路 p 为工作路由时对全网的影响，该算法将从 $P(k)$ 中选择使 $R(p^*)$ 取得最小值的 p 作为工作通路，相应的数学描述为

$$p = \min \sum_{p^* \subset G(p^*)} \frac{\sum_{l \subset p \cap p^*} D(\psi, l, p^*)}{C(\psi, p^*)} \qquad (5.18)$$

将物理拓扑转化为辅助图后，LSP 的建立问题就可以转化为在辅助图上寻找一条从源路由器到宿路由器的代价最小的通路，此时，如何确定辅助图中链路的权值成为解决问题的关键。在辅助图中，对于物理链路 $p_{i,j}^\lambda$ 和逻辑链路 $l_{i,j}^\lambda$，应该采用不同的方式决定它们的代价函数 $c(p_{i,j}^\lambda)$ 和 $c(l_{i,j}^\lambda)$。具体设置如下。

A. 对于物理链路 $p_{i,j}^\lambda$ 的代价函数 $c(p_{i,j}^\lambda)$，我们设

$$c(p_{i,j}^\lambda) = \begin{cases} c_{ij}, & o(p_{i,j}^\lambda) = 1 \\ \infty, & \text{其他} \end{cases} \qquad (5.19)$$

其中 $o(p_{i,j}^{\lambda})$ 是物理链路 $p_{i,j}^{\lambda}$ 的占用函数。在物理拓扑 G 中，如果节点 i、j 之间的所有光纤上波长 λ 的空闲数不为 0，则占用函数 $o(p_{i,j}) = 1$，如果空闲数为 0，则 $o(p_{i,j}) = 0$，c_{ij} 是物理链路对应的基本代价函数，它由多种因素共同决定，如相应链路的物理长度、建设费用等，我们设 c_{ij} 为物理链路 $p_{i,j}^{\lambda}$ 所对应的物理跳数，即对于所有的物理链路来说都为 1。

B．对于逻辑链路 $l_{i,j}^{\lambda}$ 的代价函数 $c(l_{i,j}^{\lambda})$，考虑到该逻辑链路的剩余带宽 b_{ij} 和所经过的物理跳数 Hop，可表示为

$$c(l_{i,j}^{\lambda}) = \begin{cases} \infty, & b_{ij} < b \\ Hop, & \text{其他} \end{cases} \tag{5.20}$$

Min_influence 算法的具体步骤可描述为：

步骤 1，根据网络初始状态构建多纤辅助图。

步骤 2，等待到达业务请求 $r(s,d,b)$。如果是业务连接请求，则转到步骤 3；如果是业务释放请求，则转到步骤 6。

步骤 3，为 $r(s,d,b)$ 寻找可用路径。在辅助图中添加 VSN 和 VDN 以及相应的 DE，在辅助图中并删除带宽小于 b 的逻辑链路；根据到达 LSP 建立请求的带宽要求 b，以及各个链路上的剩余带宽情况，按照式（5.19）和式（5.20）决定辅助图中物理链路和逻辑链路的代价函数值，然后转至步骤 4。

步骤 4，在辅助图中运行 k 通路 Dijkstra 算法，计算出从 VSN 到 VDN 的 k 条最短通路 $P(k)$（本例选 $k=2$），要求每条通路总代价函数满足 $0 < C(P_k) < +\infty$。

（a）如果一条没找到，则拒绝该 LSP 请求，并转至步骤 2；

（b）如果找到 k 条最短路径 $P(k)$，则转至步骤 5。

步骤 5，从这 k 条可用通路中找出影响函数值最小的那条通路，如果值相同就按 FF 原则选出一条。并在该通路上建立 LSP，然后删除相应波长平面上该通路所经节点对间相应的物理链路，并修改该通路所在平面上相应链路的剩余带宽。从辅助图中删除 VSN 和 VDN 及所有的 DE，然后转至步骤 2。

步骤 6，释放该条 LSP 所占用的资源，修改该 LSP 所经逻辑链路上的剩余带宽值，如果某条逻辑链路的剩余带宽值达到一个单位，则释放该条逻辑链路，将它还原为相应节点对间的物理链路，然后转至步骤 2。

② Max_loaded 算法

由于 IMH、HIRA 等已有的一些基于固定选路策略的 IR 算法，只是通过简单设置链路权重来选一条代价函数和最小的唯一路径，并没有将整个网络负载的均衡考虑进去。因此不利于均衡各条链路上的业务负载。针对以上问题，考虑到各条链路上的业务均衡，基于备用选路策略，提出了一种简单而有效的联合路由算法——Max_loaded 算法。其中备选路径的选择过程主要考虑了路径的瓶颈带宽值。

在该算法中，假设当前状态 ψ 下，一条通路 p 经过了 L 条链路（可能是物理链路，也可能是逻辑链路），该通路的瓶颈带宽 $C(\psi, p)$ 为该通路所经所有链路的剩余带宽的最小值。也就是说在当前状态下，通道 p 上的可用容量为通道 p 上的瓶颈带宽 $C(\psi, p)$。

为请求 $r(s,d,b)$ 寻找可用路径时，先将物理拓扑转化为多纤辅助图，在辅助图中添加 VSN

和 VDN 以及相应的 DE，并在图中删除带宽小于 b 的逻辑链路；根据到达 LSP 建立请求的带宽要求 b，以及各个链路上的剩余带宽情况，按照式（5.19）和式（5.20）决定图中物理链路和逻辑链路的代价函数值。设置好链路权值之后，用 k 通路 Dijkstra 算法为该请求计算出 k 条备选路由，令 $P(k)$ 代表为新到达的连接请求所选的 k 条备选路由。

Max_loaded 算法将从所有备选路由 $P(k)$ 中选择瓶颈带宽 $C(\psi, p)$ 值最大的 p 作为工作通路，相应的数学描述为

$$p = \max_{p \subset p(k)} \min_{l \in p} c(\psi, l) = \max_{p \subset p(k)} C(\psi, p) \tag{5.21}$$

如果值相同，就按 FF 原则选出一条，并在选定的通路上建立 LSP，然后删除相应波长平面上该通路所经节点对间相应的物理链路，并修改该通路所在平面上相应链路的剩余带宽，最后从辅助图中删除 VSN 和 VDN 及所有的 DE。算法结束。Max_loaded 算法的具体执行步骤与 Min_influence 算法相似，这里不再重复。

③ Max_sum 算法

考虑到各条链路上带宽的均衡，本节基于备用选路策略，提出了一种联合路由算法——Max_sum 算法。该算法的核心思想是将物理拓扑转化为多纤辅助图后，确定辅助图中链路的权值，用最短路算法为该请求计算出 k 条备选路由，令 $P(k)$ 代表为新到达的连接请求所选的 k 条备选路由。Max_sum 算法将从 $P(k)$ 中选择各条链路剩余带宽总和最大的那条来建立 LSP。

在这种方案中，在当前状态 ψ 下，一条通路 p 经过了 L 条链路（可能是物理链路，也可能是逻辑链路），每条链路的可用带宽可能各不相同，每条链路 l 的剩余带宽为 $c(\psi, l)$。

Max_sum 算法将从所有备选路由 $P(k)$ 中选择剩余带宽总和最大的 p 作为工作通路，相应的数学描述为

$$p = \max_{p \subset p(k)} \sum_{l \in p} c(\psi, l) \tag{5.22}$$

将物理拓扑转化为辅助图后，LSP 的建立问题就可以转化为在辅助图上寻找一条从源路由器到宿路由器的代价最小的通路，此时，如何确定辅助图中链路的权值成为解决问题的关键。在辅助图中，对于物理链路 $p_{i,j}^{\lambda}$ 和逻辑链路 $l_{i,j}^{\lambda}$ 的代价函数 $c(p_{i,j}^{\lambda})$ 和 $c(l_{i,j}^{\lambda})$，分别按式（5.19）和式（5.20）设置。

Max_sum 算法的具体流程如图 5.9 所示。

文献[19]通过在两种不同的业务模型——自相似模型和泊松模型下对以上算法性能进行了比较分析，结果显示，Min_influence、Max_loaded、Max_sum 算法在连接阻塞率和带宽吞吐率方面都优于 HIRA[20]算法。

另一方面，在以往的路由策略中，主要考虑链路对整个业务提供过程的影响，包括物理跳数、链路资源的利用率等。虽然这样对于减小业务端到端时延，保证业务流量在链路上的均衡起到了一定作用，但是，在业务提供过程中，考虑网络业务延迟时间的问题时，大部分是由波长转换和路由器排队延迟所造成的。由文献[21]可知，路由器排队延迟的时间消耗比光电转换更加严重，所以为了降低在 IP/WDM 网络中业务端到端的时延，减少路由器的排队时间异常重要，即均衡节点的业务负载。同时，在实际的网络中，故障的出现除了链路失效，还有节点失效。目前，对于节点失效的恢复主要在 IP 层，而节点失效会导致与其相连的所有

链路失效，如果该节点承载的业务量过大，会给网络造成很多额外开销，容易造成网络不稳定，阻塞率上升。因此，在业务选路时，保持通过某一节点的业务负载在一定范围内非常重要。而在以前的路由算法中，并未充分考虑到这个因素的影响。文献[22]提出了一种考虑节点负载均衡的新型联合路由算法——负载均衡算法（LBA，Load-Balancing Algorithm）。

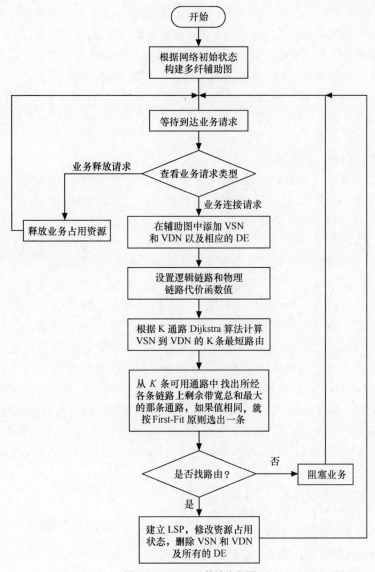

图 5.9　Max_sum 算法流程图

④ LBA 算法

本算法通过对拓扑的重新绘制和相关链路权值的分配来实现考虑节点负载的业务均衡。在拓扑绘制过程中，将物理层拓扑和 IP 层逻辑拓扑混合绘制，得到混合拓扑。较传统的分层拓扑图的绘制方法复杂度降低，链路数减少，这样有效降低了算法的收敛时间。而对于 IP 层逻辑链路和 WDM 层的物理链路采用分别标识的方式，赋予不同的权值。在权值分配过程中，逻辑链路的权值综合考虑了逻辑链路映射的物理链路（部分）权值和逻辑链路首尾节点的负载情况的影响，较以前的处理更加符合实际网络情况，对资源更加有效、合理地利用。同样的，在物理链路的权值分配过程中也考虑了通过节点的业务量的影响，从而实现对联合路由过程中路径选择的影响。特别的，对逻辑链路的权值部分有 $\left(\dfrac{v_{\max(ij)}}{\overline{v}}\right)^3$，而物理链路的权值是 $\left(\dfrac{v_{\max(ij)}}{\overline{v}}\right)^2$，其中 $v_{\max(ij)}$ 表示链路 ij 两端点中负载较大一侧的业务负载。这样，节点的负载没有超过阈值 $\overline{v}$ 的时候，采用的选路策略趋向于选择已建的光路，利用其剩余带宽；而当节点的负载超过阈值时，会倾向于选择占用新的波长资源。通过这种方式，实现了路由选择在已建光路和新建物理链路之间的转换，从而在节点负载和业务阻塞率、资源利用率之间实现了平衡。

最后通过对节点负载分布的方差和业务阻塞率的仿真分析可知，LBA 算法性能优于不考虑节点负载的 WSP 和 MIRA[23]算法，验证了该算法在负载均衡和网络资源优化利用，降低端到端时延等方面的优势。

（2）WDM 动态业务流量疏导

光网络中波分复用（WDM）技术的飞速发展，已经使 WDM 光传送网技术成为宽带骨干网络的核心技术。由于光网络中每个波长可提供高达吉比特（如 OC-48、OC-192、OC-768）的传输容量，光路所承载的业务速率却常常达不到单个波长的传输容量，很多业务请求是 OC-1、OC-3、OC-12 等小于一个波长容量的低速业务，如果为每个带宽小于一个波长粒度的业务请求分配一个独立的波长信道，会造成网络资源的极大浪费。因此，有必要进行业务（流量）疏导（traffic grooming）[24]，即通过有效的复用、解复用及交换处理，将低速率的业务流汇聚到高容量的光路（lightpath）中传输，以提高网络的资源利用率。在流量疏导中，由于受网络中光纤链路波长数和网络节点处收发器（transceiver）数目等资源的限制，很难为任意业务请求建立直接的光路。因此，动态流量疏导的目的就是在收发器一定的情况下减小业务的平均阻塞率，或者在阻塞率一定的情况下减少全网收发器的使用。

目前，WDM 流量疏导问题的研究已经从环网发展到了网状网。其中，一些自适应路由算法尝试为每一个业务请求动态地计算出合适的路由并进行相应的资源分配，但是这些算法往往不能同时考虑网络收发器和波长资源的限制[25-26]，并且，对于规模较大的疏导网络来说，AR 算法本身比较费时，导致算法效率不高。FAR 预先为每一对源宿节点计算多条备选路由构成备选路由集，可以实现在业务请求到来时，根据当前网络状态动态地选择一条最优的路由并进行波长分配。为此，文献[27]提出了一种在 WDM 疏导网络中的 FAR 方法，但其未考虑疏导业务的均衡分配，同时也没能充分考虑节省全网的收发器数目和波长资源，从而导致网络的整体阻塞率很高。

流量疏导问题的另外一个复杂的方面，不仅是业务请求粒度小于一个波长粒度，而在于即使一条业务的端到端的通路都可能包含很多个不同的波长路由方案。如图 5.10 所示，在节点 1 到节点 6 业务请求下，取路由为 1-2-3-6 的情况。其中，疏导节点（grooming node）表示一个波长通道的终止或发出节

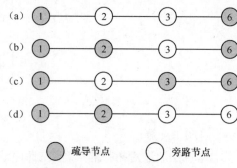

图 5.10 节点 1~6 的所有波长通道示意图
（a）单跳通道；（b）两跳路由通道 1-2 和 2-3-6；
（c）两跳路由通道 1-2-3 和 3-6；
（d）三跳路由通道 1-2、2-3 和 3-6。

点，其上可有波长变换能力，需要为这条波长准备收发器一对，而旁路节点（bypass node）则不需要该波长的收发器，业务只在光层转发/旁路，不下到电层进行处理。从图中可以看到，根据不同的波长通道数量，路由 1-2-3-6 共可以得到 4 个不同的波长通道方案。一般来说，一个包含 H 跳的端到端通路，共有的波长通道数量为

$$C_0^{H-1} + C_1^{H-1} + \cdots + C_{H-1}^{H-1} = 2^{H-1}$$

可见，流量疏导策略必须要限制通路包含的波长数量，同时还要保证更小的网络资源利用率和较低的全网平均阻塞率。

针对上述问题，文献[28-29]提出了两个基于固定备选路由的动态流量疏导算法：最小负载流量疏导（LLTG，List Load Traffic Grooming）和最小阻塞流量疏导（LCTG，List Congestion Traffic Grooming）算法，不仅考虑了疏导业务的均衡，还充分考虑了节省全网的收发器数目和波长资源，具有较低的时间复杂度，并且仿真验证了算法的有效性。以下将详细地介绍基于固定备选路由的 LLTG 和 LCTG 算法的具体实现步骤。

① 初始化虚拓扑。首先我们需要根据物理拓扑来初始化网络的虚拓扑，LLTG 与 LCTG 均采用网络动态虚拓扑重构的方法。在此过程中，虚拓扑网络的资源初始时都是空闲的，当业务动态的到达网络中时，在虚拓扑上为每个业务动态地建立光路连接。因为一个子波长的带宽请求只占用一个光路总带宽 C 的一部分，所以其他的业务请求可以被合理地疏导到该光路中，如果一个光路所承载的所有业务请求都超过了它们的持续时间而离开了网络，则这条光路将被动态地从虚拓扑中拆除以释放网络资源。

② 预计算通路。在物理拓扑上，首先利用 K 最短路径（KSP，K Shortest Path）[30]算法计算出任意源宿节点间的 K 条备选端到端通路 P，它是若干物理链路（link）的集合，并且相同源宿节点对间不同的通路满足无重边（edge-disjoint）的限制。

③ 当某个业务连接请求 $r = (s, d, x)$ 到来时，其中 $s, d \in N$，表示该请求对应的源宿节点，$x \in X$，表示该业务的带宽请求。对于步骤②中预计算出来的 K 条通路，假设当前的网络状态为 ψ，我们用 $a(\psi, L, \omega)$ 表示 ψ 状态下链路 L 上波长 ω 的剩余信道数（只要某波长内的带宽有剩余即为该信道可用）。

A. LLTG 算法

计算每个波长上的可用光纤信道数，依据可用信道数与其在该波长上的剩余带宽 R 的乘积作为参数，找到可用信道数最多的波长对应的通路，可用信道数相同时使用首次命中原则进行选择，LLTG 将根据下式确定可用的通路：

$$p^* = \max_{\omega, p} \{\min_{L \in p}[Ra(\psi, L, \omega)]\} \tag{5.23}$$

B. LCTG 算法

计算每条通路上各波长平面的可用带宽的总和，可用带宽相同时使用 FF 原则进行选择，LCTG 选择总可用带宽最大的通路：

$$p^* = \max_p \{\sum_{\omega \in W} \min_{L \in p}[Ra(\psi, L, \omega)]\} \tag{5.24}$$

将上面两个算法动态选出的最优通路 p^* 作为工作通路，重新统计其每根光纤中的每个波长的可用带宽，并且依次按照可用带宽由大到小对波长进行排序。至此，疏导业务的物理通

路被确定，包括各节点及其连接的链路。接下来的工作就是在该物理通路上为疏导业务找到路由和相应的网络资源。

④ 利用以下部分中介绍的路由选择疏导策略对通路 p^* 进行路由与资源（波长和收发器等）分配，进入步骤⑤。

⑤ 返回步骤④的处理结果，如果未找到路由及其资源，则业务请求阻塞；否则，为业务请求 $r = (s, d, x)$ 分配相应的带宽以及节点处的收发器资源，必要时建立新光路，然后相应地更新网络的虚拓扑和物理拓扑，算法结束。

为配合 LLTG 和 LCTG 算法的实现，疏导策略的主要目的是对于给定的通路及其相关信息查找路由并进行资源分配，给出两种疏导策略：MNL（Multi-hop with New Lightpaths）和 MEL（Multi-hop with Existing Lightpaths），其中 MEL 主要考虑新建光路和已建光路混合使用的情况，具体描述如下。

a. 单跳（SH，Single Hop）路由：对于通路 p^*，首先在虚拓扑上利用步骤③给出的波长排序表依次遍历各个已经被部分占用的可用波长，检查能否在已建光路中通过疏导建立业务。如果是，跳转至步骤⑤，否则进入多跳路由步骤。

b. 顺序标记通路 p^* 中各波长的瓶颈链路点，从波长排序表中依次检查是否能通过已建的两条波长（光路）建立业务，如果成功，跳转至步骤⑤，否则进入步骤 c。

c. 步骤 b 循环下去，在虚拓扑中检查能否通过 3，4，…，H 条光路建立业务。如果成功，跳转至步骤⑤，否则进入步骤 d 或 d'新建波长（光路）部分。

d. MNL 策略。在波长排序表中依次检查通路 p^* 记录的空闲波长，看能否用某个新波长（光路）建立并分配业务，即为业务请求 $r = (s, d, x)$，从源节点 s 到宿节点 d 端到端新建一条光路，跳转至步骤⑤。

d'. MEL 策略。在波长排序表中依次检查通路 p^* 记录的空闲波长，看能否新建一条波长（光路），使得该波长和已建的波长共同建立业务，即业务请求 $r = (s, d, x)$，从源节点 s 到宿节点 d 由一条已建光路和新建光路共同完成，跳转至步骤⑤。

该算法基于疏导优于新建，单跳优于多跳的流量疏导策略设计思路，通过动态固定备选路由方法，充分考虑了疏导业务的均衡分配，并同时减小疏导算法的时间复杂度，以提高相同资源情况下的全网平均阻塞率来改善 WDM 疏导网络的性能。仿真表明[28]，LLTG 和 LCTG 算法可以有效改善网络性能，并且 LCTG 算法优于 LLTG 算法。同时，在对 LLTG 和 LCTG 涉及的 2 种不同新建波长资源的疏导策略 MNL 和 MEL 进行了仿真比较后得出，MEL 在阻塞率等方面略优于 MNL。

5.5.3　联合生存性

通信网络的生存性（Survivability）是指当网络发生故障或受到攻击时，网络确保信息正常传送的能力。对于业务而言，恢复时间是衡量生存性技术最为关键的指标，通常有 3 个重要的门限：50ms、200ms 和 2s。50ms 内的故障恢复可满足绝大多数电信业务的质量要求；200ms 内的故障恢复基本可满足数据业务的质量要求；2s 内的故障恢复使中继传输和信令网的稳定性都可得到保证，因此 2s 这一恢复时间也被称为连接丢失门限。

根据实现机制，生存性技术可以分为保护与恢复两大类。根据 GMPLS 的描述，二者的主要区别在于在建立 Recovery LSP 链路的过程中，如何对资源进行配置。LSP 链路保护是指通过建立保护 LSP 或是保护链路对一条或多条工作 LSP 链路进行保护。建立保护 LSP 的过程既包括保护 LSP 的路由计算也包括完整的信令过程，在建立工作 LSP 的同时，应完成对保护 LSP 的资源配置，在 LSP 的源节点与宿节点之间，所有中间节点的交叉连接都已完成。LSP 链路恢复是指通过建立恢复 LSP 或是恢复链路保证用户业务在网络发生故障时能够得到及时的恢复。恢复资源可以是预先计算好的，而且可以通过信令过程对恢复资源进行预留，但并未实现交叉连接。在故障发生以后，必须要通过额外的信令过程才能完成恢复 LSP 的建立。

在保护技术方面，又可分为专用保护（Dedicated Protection）和共享保护（Shared Protection）。专用保护包括 1+1 和 1：1 两种保护方式。1+1 保护要求源端始终处于桥接状态，宿端采用择优接收的方式，即所谓的并发优收机制。1：1 保护需要在业务的源节点与宿节点之间建立工作 LSP 和保护 LSP，但信号只通过工作 LSP 传送，当接收端发现信号质量劣化时，再将信号倒换到保护 LSP 中进行传送。$M:N$ ($M \geqslant 1$, $N \geqslant M$) 保护是一种共享保护技术，即使用 M 条保护 LSP 对 N 条工作 LSP 进行保护。

在恢复策略方面，主要包括共享恢复与重路由恢复。共享恢复是一种通过预留资源实现受损业务恢复的生存性技术，与保护机制相比，恢复机制不要求 LSP 完成交叉连接。共享恢复可有效提高网络的资源利用效率，而且可实现对受损业务的 100%恢复。但由于在故障发生时需要信令过程实现恢复 LSP 的建立，因此与保护机制相比，共享恢复的恢复时间较长。重路由恢复是指，当建立工作 LSP 时，并不为业务预留保护/恢复资源。当故障发生时，根据网络的当前状态，通过某种路由策略为业务实时地计算恢复路由。与共享恢复策略相比，由于不必预留恢复资源，重路由恢复的网络资源利用效率更高，但重路由恢复的问题在于无法保证受损业务的 100%恢复。图 5.11 为光网络生存性策略分类。

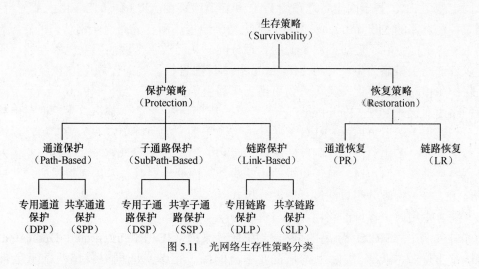

图 5.11　光网络生存性策略分类

此外，随着研究的深入，基于共享风险链路组的网络生存性研究也逐渐展开，包括基于 SRLG 分离的通道保护、SRLG 陷阱问题等方面。另一方面，在对恢复策略的研究中发现路由过程对网络故障时业务的恢复能力有显著的影响。例如，在 IP over WDM 网络中，当不考虑这种影响时，在网络故障时（即使是单链路故障），可能使得 IP 网络拓扑的连接性受到破坏，出现孤岛，导致无法实现基于 IP 层的业务恢复。文献[31-33]中称为可生存的网络映射

（survivable mapping）问题，对于该问题的详细描述，读者可参见文献[33]。以下将对上述几类恢复问题进行详细阐述。

1. 联合通道保护的路由选择与资源分配

通道保护提供的有效机制是为每个 LSP 请求建立两条"物理分离"的通路，分别作为工作通路和保护通路。一旦工作通路失效，可以立刻将业务切换到保护通路上运行。物理分离根据防止的失效程度不同具有多种含义，如节点分离、链路分离和范围分离等。IETF 在草案文本中提出共享风险链路组（SRLG，Share Risk Link Groups）的概念，对"物理分离"概念进一步抽象和扩展。SRLG 是指共享相同物理资源（也就是具有共同失效风险）的一组链路。SRLG 可以通过物理链路的路由信息自动导出，也可以由网络操作者人工指定。每个 SRLG 都对应一个唯一的标识，称为 SRLG 标识（SRLG Identifier）。网络操作者可以通过指定物理链路属于不同的 SRLG 来满足不同的可靠性要求。例如，可以指定同一光纤中所有波长属于同一 SRLG，也可指定一根光缆中的所有光纤属于同一 SRLG。为业务流建立两条 SRLG 分离的 LSP 可以减少它们同时失效的可能性，从而提高了其抗毁能力。

在 IP over WDM 对等模型的网络结构中，如果我们定义光网络的物理链路与 SRLG 是一一对应的，则一条逻辑链路可能跨越多条物理链路，因此，一条逻辑链路可能同时属于多个 SRLG；同时，一条物理链路上可能承载多条逻辑链路，因此，一个 SRLG 中可能包含多条逻辑链路。所以 IP over WDM 对等模型中的基于 SRLG 的联合通道保护路由机制要比光网络中相应的路由机制复杂的多。在这一节中，我们将对 IP over WDM 对等模型中的基于 SRLG 的联合通道保护路由选择与资源分配进行深入的研究。

与上一节中介绍的 IP over WDM 网络中联合路由算法相似，联合生存性路由算法也可分为基于固定路由 FR、基于固定备选路由 FAR 和自适应路由 AR 3 种策略。由上节分析可知，基于固定备选选路的 Min_influence 算法，能更精确地描述新建光路对全网状态的影响，据此进行的带宽分配能更利于促进网络资源的合理分配，从而改善全网的阻塞概率性能。所以本节选路以备选路由策略为主，并将 Min_influence 算法进行扩展来计算保护/恢复路由，而在工作—保护路由对的选择上，又可分为可用工作路由优先 APF（Active Path First）策略和工作—保护路由对优先 PPF（Path Pair First）策略。所谓 APF 算法，是指首先根据路由算法确定一条工作通道，然后再根据 SRLG 无关（或资源无关）的原则确定业务的保护路由，一旦确定有效的工作—备用路由对，则算法结束。而 PPF 策略则同时计算工作—备用路由对，根据具体策略选择合适路由对。基于以上路由策略，下面分别对联合专用通道保护、共享通道保护的路由选择与资源分配算法进行研究分析。

（1）联合专用通道保护的路由选择与资源分配

本节主要研究 SRLG 分离的联合专用通道保护（IDPP，Integrated Dedicated Path Protection）的路由算法，实际上就是在业务流的源、宿节点间同时找出两条满足带宽要求的可用通路（可能经过物理链路，也可能经过逻辑链路，或者两者都有），其中一条作为工作通路，另一条作为保护通路，不能被其他业务共享，并且要求工作通路所经过的链路与保护通路所经链路不能具有相同的 SRLG 标识。此时工作通路上的链路与保护通路上的链路属于不同的 SRLG，从而保证了两条通路没有共享风险，这样便可以大大降低它们同时失效的可能性。根据 APF 和 PPF 策略，并将 Min_influence 算法进行扩展，提出了两种 SRLG 分离的联合专用通道保护路由算法：MI-APF-IDPP 算法和 MI-PPF-IDPP 算法，下面分别介绍。

① MI-APF-IDPP 算法

MI-APF-IDDP 算法采用工作通道优先的策略确定工作—保护路由对，它的核心思想是将物理拓扑转化为多纤辅助图后，确定图中链路的权值，首先计算工作 LSP，用最短路算法为该请求计算出 k 条备选工作路由 $P_A(k) = \{P_A^1, P_A^2, \cdots, P_A^k\}$，工作路由集中的备选路由之间没有资源无关限制或是 SRLG 无关限制，然后从 $P_A(k)$ 中选择影响函数值最小的那条 P_A 来建立工作路径。如建立成功，则为该工作路径该寻找保护路径，在辅助图中计算出 k 条与工作路径 P_A SRLG 分离的备选保护路由集 $P_B(k)$，即 $P_B(k) = \{P_B^1, P_B^2, \cdots, P_B^k\}$，$P_B(k)$ 中的备选路由之间没有资源无关限制或是 SRLG 无关限制，MI-APF-IDDP 算法将从 $P_B(k)$ 中选择影响函数值最小的一条 P_B 来建立保护 LSP，则该 LSP 请求的工作—保护路由对为 (p_A, p_B)，

下面将详细介绍 MI-APF-IDDP 算法。

假定网络的当前状态为 ψ，设 p 代表一对源和目的节点间的工作通路，该通路经过了 L 条链路（可能是物理链路，也可能是逻辑链路），每条链路 l 的剩余带宽为 $c(\psi, l)$，该通路 p 的瓶颈带宽为 $C(\psi, p)$，定义指示性函数 $D(\psi, l, p)$，表示链路 l（在通路 p 上）上的剩余带宽 $c(\psi, l)$ 与通路 p 上的瓶颈带宽之间的关系，$D(\psi, l, p) = 1$ 表示链路 l 上的剩余带宽 $c(\psi, l)$ 恰好等于通路 p 的瓶颈带宽，则这条链路称为通路 p 的瓶颈链路。

定义通路 p 的"邻域"为 $G(p^*)$。p^* 是 $G(p^*)$ 中的元素，我们用影响因子 $r(p^*)$ 表示选择备选路由 p 作为工作通路对全网中任意通路 p^* 的影响。只考虑 p 与 p^* 共享的链路集 $l \in L(p) \cap L(p^*)$，其中 $L(p)$ 与 $L(p*)$ 分别代表通路 p 与 p^* 所经过的所有链路的集合。p^* 在 l 上遭遇的瓶颈链路总数用 $B(p^*, l)$ 来表示。$B(p^*, l)$ 与 p^* 上的可用带宽总数的比值就是 $r(p^*)$。全网所有通路的 $r(p^*)$ 的总和为影响函数 $R(p^*)$，$R(p^*)$ 的数学表达式为

$$R(p^*) = \sum_{p^* \subset G(p^*)} \frac{\sum_{l \subset p \cap p^*} D(\psi, l, p^*)}{C(\psi, p^*)} \tag{5.25}$$

对于新到的带宽要求为 b 的 LSP 建立请求，首先应该为它建立工作通路，由于辅助图中所有剩余带宽不满足要求的链路都不能被该 LSP 使用，因此可以对辅助图进行剪裁，删去这些不满足带宽要求的链路。实际上就是通过修改辅助图中相应链路的代价函数来实现。在辅助图中，对于物理链路 $p_{i,j}^\lambda$ 和逻辑链路 $l_{i,j}^\lambda$，应该采用不同的方式决定它们的代价函数 $c(p_{i,j}^\lambda)$ 和 $c(l_{i,j}^\lambda)$。具体设置如下。

对于物理链路 $p_{i,j}^\lambda$ 的代价函数 $c(p_{i,j}^\lambda)$，我们设

$$c(p_{i,j}^\lambda) = \begin{cases} c_{ij}, & o(p_{i,j}^\lambda) = 1 \\ \infty, & \text{其他} \end{cases} \tag{5.26}$$

其中 $o(p_{i,j}^\lambda)$ 是物理链路 $p_{i,j}^\lambda$ 的占用函数。在物理拓扑 G 中，如果节点 i、j 之间的所有光纤上波长 λ 的空闲数不为 0，则占用函数 $o(p_{i,j}) = 1$，如果空闲数为 0，则 $o(p_{i,j}) = 0$，c_{ij} 是物

理链路对应的基本代价函数，它由多种因素共同决定，如相应链路的物理长度、建设费用等，我们设 c_{ij} 为物理链路 $p_{i,j}^\lambda$ 所对应的物理跳数，即对于所有的物理链路来说都为 1。

对于逻辑链路 $l_{i,j}^\lambda$ 的代价函数 $c(l_{i,j}^\lambda)$ ，考虑到该逻辑链路的剩余带宽 b_{ij} 和所经过的物理跳数 Hop ，可表示为

$$c(l_{i,j}^\lambda) = \begin{cases} \infty, & b_{ij} < b \\ Hop, & 其他 \end{cases} \tag{5.27}$$

在剪裁过的辅助图上利用最短路算法为该请求计算出 k 条备选路由集 $P_A(k) = \{P_A^1, P_A^2, \cdots, P_A^k\}$ ，MI-APF-IDDP 算法将从 $P_A(k)$ 中选择使 $R(p^*)$ 取得最小值的一条作为工作通路 p_A ，相应的数学描述为

$$p_A = \min_{p \subset P_A(k)} R(p^*) \tag{5.28}$$

为到达请求找到可用的工作通路 p_A 后，下面应该为它选择保护通路 p_B 。在 MI-APF-IDDP 算法中，要求工作通路和保护通路必须 SRLG 分离。在建立保护通路时，可以先对辅助图进行适当裁减，删除那些不满足带宽要求的链路，以及与选定的工作通路所经链路具有相同 SRLG 标识的链路，这些都可以通过修改相应链路的代价函数值来实现。我们定义链路 l 所对应的 SRLG 标识为 S_l ，设选定的工作通路 p_A 经过的链路的 SRLG 标识构成 SRLG 标识集 $\Omega = \{S_l, l \subset p_l\}$ ，在计算保护通路 p_B 时，代价函数 $c(p_{s,j}^\lambda)$ 和 $c(l_{i,j}^\lambda)$ 的具体设置如下所示：

对于物理链路 $p_{i,j}^\lambda$ 的代价函数 $c(p_{i,j}^\lambda)$ ，我们设

$$c(p_{i,j}^\lambda) = \begin{cases} c_{ij}, & o(p_{i,j}^\lambda) = 1, S_{p_{i,j}^\lambda} \notin \Omega \\ \infty, & 其他 \end{cases} \tag{5.29}$$

对于逻辑链路 $l_{i,j}^\lambda$ 的代价函数 $c(l_{i,j}^\lambda)$ ，可表示为

$$c(l_{i,j}^\lambda) = \begin{cases} Hop, & b_{ij} > b, S_{l_{i,j}^\lambda} \notin \Omega \\ \infty, & 其他 \end{cases} \tag{5.30}$$

修改完所有链路的代价函数值，然后在剪裁过的辅助图上利用最短路算法为该请求计算出 k 条备选路由集 $P_B(k) = \{P_B^1, P_B^2, \cdots, P_B^k\}$ ，MI-APF-IDDP 算法将从 $P_B(k)$ 中选择使 $R(p^*)$ 取得最小值的一条作为保护通路 p_B ，相应的数学描述为

$$p_2 = \min_{p \subset P_2(k)} R(p^*) \tag{5.31}$$

MI-APF-IDDP 算法的具体步骤可描述为：

步骤 1，根据网络初始状态构建多纤辅助图。

步骤 2，等待到达业务请求 $r(s, d, b)$ 。如果是业务连接请求，则转到步骤 3；如果是业务释放请求，则转到步骤 10。

步骤 3，首先为该 LSP 请求寻找工作路径 p_A 。在辅助图中添加 VSN 和 VDN 以及相应

的 DE。按照式（5.26）和式（5.27）决定辅助图中物理链路和逻辑链路的代价函数值，然后转至步骤 4。

步骤 4，在辅助图中运行 k 通路 Dijkstra 算法，计算出从 VSN 到 VDN 的 k 条最短通路 $P_A(k)$（本例中选 $k=2$），要求每条通路的总代价函数 $C(p_k)$ 满足 $0 < C(p_k) < +\infty$。

（a）如果一条没找到，则拒绝该 LSP 请求，并转至步骤 2。

（b）如果找到 k 条最短路径，则转至步骤 5。

步骤 5，从这 k 条可用通路中找出影响函数值最小的那条通路作为工作路径 p_A，如果值相同就按 FF 原则选出一条。然后转至步骤 6。

步骤 6，为该 LSP 请求寻找保护路径 p_B。按照式（5.29）和式（5.30）决定辅助图中物理链路和逻辑链路的代价函数值，然后转至步骤 7。

步骤 7，在辅助图中运行 k 通路 Dijkstra 算法，计算出从 VSN 到 VDN 的 k 条最短通路 $P_B(k)$（本例选 $k=2$），要求 $0 < C(p_k) < +\infty$。

（a）如果一条没找到，则拒绝该 LSP 请求，并转至步骤 2。

（b）如果找到 k 条最短路径则转至步骤 8。

步骤 8，从这 k 条可用通路中找出影响函数值最小的那条通路 p_B，如果值相同就按 FF 原则选出一条。然后转至步骤 9。

步骤 9，在作通路 p_A 上建立 LSP，同时在保护通路 p_B 上预留相应的带宽资源；然后修改两条通路相应链路的剩余带宽值，并从辅助图中删除 VSN 和 VDN 及所有的 DE，然后转至步骤 2。

步骤 10，释放该条 LSP 所占用的资源，修改该 LSP 所经逻辑链路上的剩余带宽值，如果某条逻辑链路的剩余带宽值达到 1 个单位，则释放该条逻辑链路，将它还原为相应节点对间的物理链路，然后转至步骤 2。

② MI-PPF-IDPP 算法

MI-PPF-IDPP 算法与 MI-APF-IDPP 不同，根据具体策略同时选出选择合适工作保护路由对。下面将具体介绍 MI-PPF-IDDP 算法。

对于新到的带宽要求为 b 的 LSP 建立请求，首先应该为它寻找 k 条备选工作通路 $P_A(k) = \{P_A^1, P_A^2, \cdots, P_A^k\}$，工作路由集中的备选路由之间没有资源无关限制或是 SRLG 无关限制。将物理拓扑转化为辅助图后，LSP 的建立问题就可以转化为在辅助图上寻找一条从源路由器到宿路由器的代价最小的通路，此时，如何确定辅助图中链路的权值成为解决问题的关键。在辅助图中，对于物理链路 $p_{i,j}^\lambda$ 和逻辑链路 $l_{i,j}^\lambda$，它们的代价函数 $c(p_{i,j}^\lambda)$ 和 $c(l_{i,j}^\lambda)$ 的具体设置与 MI-PPF-IDDP 算法相同，即按照式（5.26）和式（5.27）进行设置。并求出 $P_A(k)$ 中每条备选工作通路的相应的影响函数值 $R_A^t(p^*)$，$1 \leqslant t \leqslant k$。

找到 k 条备选工作通路 $P_A(k)$ 以后，就要为 $P_A(k)$ 中的每一条工作路由 P_A^t（$1 \leqslant t \leqslant k$）计算 k 条备选保护路由 $P_B^t = \{P_B^{t,1}, P_B^{t,2}, \cdots, P_B^{t,k}\}$。集合 P_B^t 中的每一条路由都与 P_A^t SRLG 无关，但集合 P_B^t 中的各条路由之间没有 SRLG 无关性限制。计算备选保护路由时，辅助图中链路的权值与 MI-PPF-IDDP 算法相同，即按照式（5.29）和式（5.30）进行设置，并求出 P_B^t 中的每一条备选保护通路相应的影响函数值 $R_B^{t,n}(p^*)$，其中 $1 \leqslant t \leqslant k$，$1 \leqslant n \leqslant k$。

这样所有的工作路由和保护路由就组成了工作—保护路由对集合 $P_{AB} = \{(P_A^1, P_B^{1,k}),$ $(P_A^1, P_B^{2,k}), \cdots, (P_A^k, P_B^{k,k})\}$，MI-PPF-IDPP 算法在集合 P_{AB} 中，选一组影响函数和最小的工作—保护路由对，分别作为当前请求的工作路径 p_A 和保护路径 p_B，可描述为

$$(p_A, p_B) = \min_{(P_A^t, P_B^{t,n}) \subset P_{AB}} [R_A^t(p^*) + R_B^{t,n}(p^*)], \quad 1 \leqslant t \leqslant k, \quad 1 \leqslant n \leqslant k \qquad (5.32)$$

MI-APF-IDDP 算法的具体步骤可描述为：

步骤 1，根据网络初始状态构建多纤辅助图。

步骤 2，等待到达业务请求 $r(s,d,b)$。如果是业务连接请求，则转到步骤 3，如果是业务释放请求，则转到步骤 10。

步骤 3，首先为该 LSP 请求寻找工作路径。在辅助图中添加 VSN 和 VDN 以及相应的 DE。按照式（5.26）和式（5.27）决定辅助图中物理链路和逻辑链路的代价函数值，然后转至步骤 4。

步骤 4，在辅助图中运行 k 通路 Dijkstra 算法，计算出从 VSN 到 VDN 的 k 条最短通路 $P_A(k)$，要求每条通路的总代价函数 $C(p_k)$ 满足 $0 < C(p_k) < +\infty$。

（a）如果一条没找到，则拒绝该 LSP 请求，并转至步骤 2。

（b）如果找到 k 条最短路径则转至步骤 5。

步骤 5，分别为 $P_A(k)$ 中的每条备选工作通路 P_A^t 寻找保护路径。如果值相同就按 First-Fit 原则选出一条。然后转至步骤 6。

步骤 6，为该 LSP 请求寻找保护路径 p_B。按照式（5.29）和式（5.30）决定辅助图中逻辑链路和物理链路的代价函数值，然后转至步骤 7。

步骤 7，在辅助图中运行 k 通路 Dijkstra 算法，计算出从 VSN 到 VDN 的 k 条最短通路 $P_B^t = \{P_B^{t,1}, P_B^{t,2}, \cdots, P_B^{t,k}\}$（本例选 $k=2$），要求 $0 < C(p_k) < +\infty$。

（a）如果一条没找到，则拒绝该 LSP 请求，并转至步骤 2。

（b）如果找到 k 条最短路径，则转至步骤 5，为 $P_A(k)$ 中下一条备选工作路由寻找保护路径；如果 $P_A(k)$ 中的每条备工作通路的保护路径都已计算完毕，则转至步骤 8。

步骤 8，计算所有的工作-保护路由对的影响函数和，选一组影响函数和最小的工作-保护路由对，分别作为当前请求的工作路径 p_A 和保护路径 p_B，如果值相同就按 First-Fit 原则选出一对。然后转至步骤 9。

步骤 9，在作通路 p_A 上建立 LSP，同时在保护通路 p_B 上预留相应的带宽资源；然后修改两条通路相应链路的剩余带宽值，并从辅助图中删除 VSN 和 VDN 及所有的 DE，然后转至步骤 2。

步骤 10，释放该条 LSP 所占用的资源，修改该 LSP 所经逻辑链路上的剩余带宽值，如果某条逻辑链路的剩余带宽值达到 1 单位，则释放该条逻辑链路，将它还原为相应节点对间的物理链路，然后转至步骤 2。

（2）联合共享通道保护路由选择与资源分配

本节主要研究基于 SRLG 的联合共享通道保护（ISPP，Integrated Shared Path Protection）机制的路由策略。与上节提到的 IDPP 一样，基于 SRLG 的 ISPP 在成功建立工作 LSP 的同时，同样需为此工作 LSP 保留一条与工作通道 SRLG 无关的保护 LSP。但与 IDPP 不同的是，在

ISPP 建立保护通道的过程中，它可以共享别的工作通道的保护资源，也就是说，基于 SRLG 的 ISPP，在为工作通道建立共享保护通道时，不仅要求工作路由和保护路由是 SRLG 分离的，而且还允许具有不同 SRLG 标识的工作通道之间可以共享相同的保护资源，这种资源之间的共享可以极大地提高网络资源的利用率。

另外，在 IDPP 中，保护通道的生存期和其工作通道也是相同的，但在 ISPP 中保护资源的生存期却取决于保护通道的复用度，复用度是时刻在发生变化的，所以保护资源的生存期也是时常在更新的，只有当复用度为 0 时，即所有共享该资源的保护通道都拆除了之后，才释放该保护资源。

可见，由于共享通道保护允许保护资源的重用，因此，与专用保护路由策略相比，共享通道保护的路由策略更为灵活，同时也更为复杂。本节我们基于工作—保护路由对的两种选择策略——APF 策略和 PPF 策略，通过将 Min_influence 算法进行扩展，提出了两种基于 SRLG 的联合共享通道保护路由算法——MI-APF-IDPP 算法和 MI-PPF-IDPP 算法，下面我们将对所提出的算法分别介绍。

① MI-APF-ISPP 算法

与 MI-APF-IDDP 算法相同，MI-APF-ISDP 算法也采用工作通道优先的策略确定工作—保护路由对。但由于 MI-APF-ISDP 可以共享保护资源，为了提资源利用率，在计算保护路由时，我们鼓励保护资源的共享，所以在链路权重的定义上与 MI-APF-IDDP 有所不同。

对于新到达的带宽要求为 b 的 LSP 请求，将物理拓扑转化为多纤辅助图后，确定图中链路的权值，首先计算工作 LSP，用最短路算法为该请求计算出 k 条备选工作路由 $P_A(k)=\{P_A^1, P_A^2, \cdots, P_A^k\}$，工作路由集中的备选路由之间没有资源无关限制或是 SRLG 无关限制，在辅助图中，对于物理链路 $p_{i,j}^\lambda$ 和逻辑链路 $l_{i,j}^\lambda$，它们的代价函数 $c(p_{i,j}^\lambda)$ 和 $c(l_{i,j}^\lambda)$ 具体设置与 MI-APF-IDDP 相同，按式（5.26）和式（5.27）进行设置。在剪裁过的辅助图上利用最短路算法为该请求计算出 k 条备选路由 $P_A(k)$，MI-APF-ISDP 算法将从 $P_A(k)$ 中选择使 $R(p^*)$ 取得最小值的一条作为工作通路 p_A。

为到达请求找到可用的工作通路 p_A 后，下面应该为它选择保护通路 p_B。在 MI-APF-ISDP 算法中，不仅要求工作路由和保护路由是 SRLG 分离的，而且还要求具有不同 SRLG 标识的工作通道之间可以共享相同的保护资源，此外，MI-APF-ISDP 算法尽量鼓励保护资源的共享，这些都可以通过修改相应链路的代价函数值来实现。对于逻辑链路 $l_{i,j}^\lambda$，假定网络的当前状态为 ψ，链路 $l_{i,j}^\lambda$ 上的空闲容量为 b_{ij}，被工作通道占用的容量为 a_{ij}，已预留用于故障恢复的容量为 r_{ij}；此外，我们定义链路 l 所对应的 SRLG 标识为 S_l，设选定的工作通路 p_A 经过的链路的 SRLG 标识构成 SRLG 标识集 $\Omega=\{S_l, l\subset p_1\}$，在计算保护通路 p_B 时，代价函数 $c(p_{i,j}^\lambda)$ 和 $c(l_{i,j}^\lambda)$ 的具体设置如下所示：

对于物理链路 $p_{i,j}^\lambda$ 的代价函数 $c(p_{i,j}^\lambda)$，我们设

$$c(p_{i,j}^\lambda)=\begin{cases} c_{ij}, & o(p_{i,j}^\lambda)=1, S_{p_{i,j}^\lambda}\notin\Omega \\ \infty, & 其他 \end{cases} \tag{5.33}$$

对于逻辑链路 $l_{i,j}^\lambda$ 的代价函数 $c(l_{i,j}^\lambda)$，可表示为

$$c(l_{i,j}^{\lambda}) = \begin{cases} Hop, & r_{ij} > b, S_{l_{i,j}^{\lambda}} \notin \Omega \\ Hop + b - r_{ij}, & b_{ij} + r_{ij} > b, S_{l_{i,j}^{\lambda}} \notin \Omega \\ \infty, & \text{其他} \end{cases} \tag{5.34}$$

修改完所有链路的代价函数值，然后在剪裁过的辅助图上利用最短路算法为该请求计算出 k 条备选路由集 $P_B(k) = \{P_B^1, P_B^2, \cdots, P_B^k\}$，MI-APF-ISDP 算法将从 $P_B(k)$ 中选使 $R(p^*)$ 取得最小值的一条作为保护通路 p_B，这时为该 LSP 请求选择的工作—保护路由对为 (p_A, p_B)，算法结束。

② MI-PPF-ISPP 算法

在 MI-PPF-ISPP 算法中，由于可以共享资源，在计算工作路径和保护路径时，辅助图中物理和逻辑链路的代价函数设置与 MI-APF-ISPP 算法相同。我们首先用 K 最短路径算法为新到达的 LSP 请求计算 k 条备选工作路由 $P_A(k) = \{P_A^1, P_A^2, \cdots, P_A^k\}$，工作路由集中的备选路由之间没有资源无关限制或是 SRLG 无关限制，对 $P_A(k)$ 中的每一条工作路由 P_A^t（$1 \leqslant t \leqslant k$），为其计算 k 条备选保护路由 $P_B^t = \{P_B^{t,1}, P_B^{t,2}, \cdots, P_B^{t,k}\}$。集合 P_B^t 中的每一条路由都与 P_A^t SRLG 无关，但集合 P_B^t 中的各条路由之间没有 SRLG 无关性限制。这样所有的工作路由和保护路由就组成了工作—保护路由对集合 $P_{AB} = \{(P_A^1, P_B^{1,k}), (P_A^1, P_B^{2,k}), \cdots, (P_A^k, P_B^{k,k})\}$，MI-PPF-IDPP 算法在集合 P_{AB} 中，选一组影响函数和最小的工作—保护路由对，分别作为当前请求的工作路径 p_A 和保护路径 p_B。MI-PPF-ISPP 算法的具体执行步骤与 MI-PPF-IDPP 算法相同。

2. 联合链路保护的路由选择与资源分配

在联合链路保护方案中，当工作通道建立后，网络就要在通道的每个链路附近分配备用的保护通道，此方案的主要优点是链路失效时的保护倒换只限于局部范围内，无需整条通路上的业务倒换。当网络较大时，业务恢复速度比通路保护方案更快。根据保护策略的不同可分为联合专用链路保护 IDLP 和联合共享链路保护策略 ISLP，由前几节分析可知，共享保护方案由于可以共享保护资源，网络性能要优于专用保护方案，所以本节我们主要研究基于 SRLG 约束的联合共享链路保护机制的路由选择与资源分配算法。

基于 SRLG 约束的 ISLP，要求在建立工作通道时需要为工作通道的每条链路建立相应的 SRLG 无关的保护通道，但是只要两条被保护的链路不处在同一个共享风险链路组中，即 SRLG 无关，就可以共享相应的保护资源。

在分配保护资源的操作流程方面，ISLP 与相应的基于通道的保护策略 ISPP 流程类似，只是在链路保护策略中被保护对象变成了工作通道上的单个链路，而不是通道保护策略中的整个工作通道，这样可以增强网络整体的抵御故障的性能，即抗毁性能。但另一方面，很明显，基于链路的保护策略普遍比相应的通道保护需要更多的网络资源。

在 IP over WDM 对等模型中，网络中的链路分为物理链路和逻辑链路两种。在为到达的业务请求建立 LSP 时，既可以建立在逻辑链路上，也可以在 WDM 层为它新建立一条光路，还可以同时使用物理链路和逻辑链路来建立 LSP。所以基于 SRLG 的链路保护路由及资源分配将更为复杂。本节将对对等模型的联合共享链路保护路由算法进行研究，与联合通道保护相似，在路由计算方面将性能较好的基于备用选路的 Min_influence 算法进行扩展，而在工作—备用路由对的选择上，我们选择较简单的 APF 策略，并在此基础上，提出了一种基于 SRLG 的联合共享链路保护路由算法——MI-APF-ISLP 算法，并基于自相似业务模型，对其动态性能进行了仿真分析[19]。

MI-APF-ISLP 算法采用工作通道优先的策略确定工作—保护路由对。对于新到达的带宽要求为 b 的 LSP 请求，MI-APF-ISLP 算法首先计算工作 LSP。将物理拓扑转化为多纤辅助图后，LSP 的建立问题就可以转化为在辅助图上寻找一条从源路由器到宿路由器的代价最小的通路。辅助图中物理链路 $p_{i,j}^{\lambda}$ 和逻辑链路 $l_{i,j}^{\lambda}$，它们的代价函数 $c(p_{i,j}^{\lambda})$ 和 $c(l_{i,j}^{\lambda})$ 与 MI-APF-ISDP 算法相同，即分别按照式（5.26）和式（5.27）来设置。

在剪裁过的辅助图上，利用最短路算法为该请求计算出 k 条备选工作路由 $P_{A}(k)=\{P_{A}^{1}, P_{A}^{2}, \cdots, P_{A}^{k}\}$，工作路由集中的备选路由之间没有资源无关限制或是 SRLG 无关限制，MI-APF-ISLP 算法将从 $P_{A}(k)$ 中选择使 $R(p^{*})$ 取得最小值的一条作为工作通路 p_{A}。

为到达请求找到可用的工作通路 p_{A} 后，下面应该为它的每条链路寻找 SRLG 无关的保护通道，而且只要两条被保护的链路 SRLG 无关，就可以共享相应的保护资源，而且我们尽量鼓励共享保护资源，可以通过修改相应链路的代价函数值来实现。设被保护的工作链路的 SRLG 标识构成 SRLG 标识集为 Γ，在为该链路计算保护通路时，物理链路 $p_{i,j}^{\lambda}$ 和逻辑链路 $l_{i,j}^{\lambda}$ 所对应的 SRLG 标识分别为 $S_{p_{i,j}^{\lambda}}$ 和 $S_{L_{i,j}^{\lambda}}$，代价函数具体设置如下所示：

对于物理链路 $p_{i,j}^{\lambda}$ 的代价函数 $c(p_{i,j}^{\lambda})$，我们设

$$c(p_{i,j}^{\lambda})=\begin{cases} c_{ij} & o(p_{i,j}^{\lambda})=1, S_{p_{i,j}^{\lambda}} \notin \Gamma \\ \infty, & 其他 \end{cases} \tag{5.35}$$

对于逻辑链路 $l_{i,j}^{\lambda}$，假定网络的当前状态为 ψ，链路 $l_{i,j}^{\lambda}$ 上的空闲容量为 b_{ij}，已预留用于故障恢复的容量为 r_{ij}；则逻辑链路 $l_{i,j}^{\lambda}$ 的代价函数 $c(l_{i,j}^{\lambda})$，可表示为

$$c(l_{i,j}^{\lambda})=\begin{cases} Hop, & r_{ij}>b, S_{l_{i,j}^{\lambda}} \notin \Gamma \\ Hop+b-r_{ij}, & b_{ij}+r_{ij}>b, S_{l_{i,j}^{\lambda}} \notin \Gamma \\ \infty, & 其他 \end{cases} \tag{5.36}$$

修改完所有链路的代价函数值，然后在剪裁过的辅助图上利用最短路算法分别为工作通路 p_{A} 的每条链路寻找一条 SRLG 无关的保护通道。为每条链路成功寻找到保护通道之后，就在工作通路 p_{A} 上建立 LSP，同时在所有的保护通路上预留相应的带宽资源，算法结束。

MI-APF-ISLP 算法具体流程图如图 5.12 所示。

3. 多层联合恢复

（1）基于通道的联合恢复

保护和恢复是网络中生存性方案的两种主要方式，它们各有优缺点。恢复与保护相比，无需预留恢复资源，尽管存在着不能提供 100%的业务恢复率以及业务恢复速度慢等缺点，但是却有着很高的资源利用率。本节在综合考虑 IP 层和 WDM 光层的拓扑和资源利用信息的基础上，来研究单链路故障模型下的 3 种联合恢复策略——基于通道的联合恢复 IPR（Intergrated Path Restoration）、基于链路的联合恢复 ILR（Intergrated Link Restoration）、基于区段的联合恢复 ISR（Intergrated Segment Restoration），下面分别介绍。

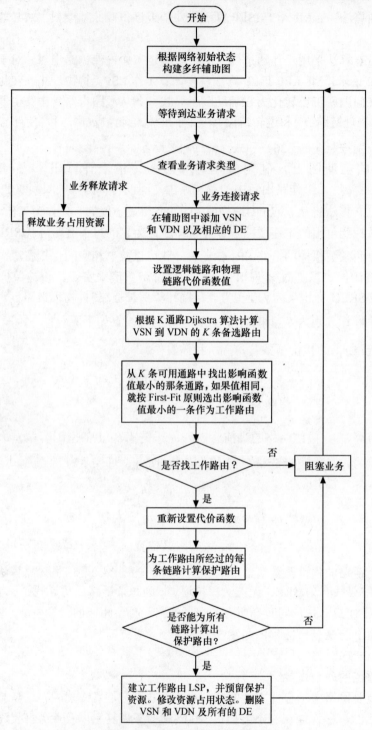

图 5.12　MI-APF-ISLP 算法流程图

先来介绍基于通道的联合恢复，它是以通路为单位的恢复技术。所有经过该故障链路的工作 LSP 都要通过实时重路由计算得到一条端到端的恢复通道，对故障业务进行恢复。如果其中的某个连接没有足够的恢复资源可用，那么它就会被阻塞。如图 5.13 所示，当链路 $v_u v_d$

发生故障,经过该链路的通路 SD 就需要重新找一条从源节点 S 到目地节点 D 端到端的路径,从而建立恢复通道。

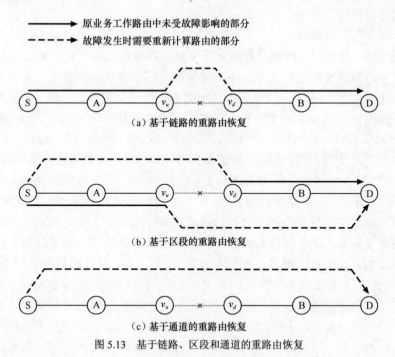

（a）基于链路的重路由恢复

（b）基于区段的重路由恢复

（c）基于通道的重路由恢复

图 5.13　基于链路、区段和通道的重路由恢复

　　这种策略的具体步骤就是,当探测到网络的单链路故障后,首先通过信令机制将故障消息传送到所有故障通道的起始节点,然后触发联合路由算法对所有故障通道进行重路由,寻找端到端的路径。若成功,将故障链路上的 LSP 业务切换到恢复通道上去,并释放掉该故障通道所占用的资源。如果其中的某个连接没有足够的恢复资源可用,那么它就会被中断,并释放掉所占用的资源。

　　在通道恢复中,进行重路由建立恢复通道时,有两种方案:一种是允许恢复通道使用受损业务工作通道中未受故障影响部分所占用的网络资源,另外一种则相反。从资源的利用效率上面考虑,业务工作路由上未受损部分的网络资源在通过信令过程得到释放后,可以用于建立业务的恢复通道,从而有更高的资源利用效率。

　　（2）基于链路的联合恢复

　　再来介绍基于链路的联合恢复,是以链路为单位的恢复技术。与 IPR 不同,链路恢复不是基于端到端的业务恢复,而仅仅是在故障链路的两个端节点进行重路由来进行业务恢复。和 IPR 相比较,不需要 IPR 那样复杂的信令,故可以减少恢复操作的时延。

　　具体步骤就是当一条链路发生故障后,首先将故障链路从网络拓扑中删除,之后利用联合路由算法,为经过这条链路的所有工作 LSP 计算一条恢复通道以避开故障链路,并与各业务工作 LSP 未受故障影响的部分共同组成端到端的恢复 LSP,保证业务的正常传送,如果建立恢复通道失败则中断掉故障信道上的业务,并释放该故障信道对应的资源。如图 5.13 所示,当链路发生故障时,假设故障链路的端节点分别为 v_u 和 v_d,并且假设对于某受损业务,v_u 是 v_d 的上游节点。基于链路的联合恢复方案首先将故障链路从网络拓扑中删除,然后利用联合路由算法，计算从 v_u 到 v_d 的路由，如果可以找到一条有效路由，则在 v_u 到 v_d 之间建立新的连接，再加上原业务路由中未受故障影响的部分，构成业务的恢复路由。如果没有足够资源可用，则连接不能恢复，业务会被中断。

（3）基于区段的联合恢复

基于区段的联合恢复，它的恢复粒度是介于链路和通道之间，是指对工作 LSP 中的一个区段进行恢复，有时也被称为基于子通道的故障恢复。联合区段恢复是一种非常灵活的恢复方案，工作 LSP 故障链路两侧的任意节点之间都可进行子通道恢复，通过联合路由策略，寻找恢复路径。如图 5.13 所示，在本节中，我们主要考虑两种方案，从源节点 S 到故障链路下游节点 v_d 之间的重路由，以及从故障链路的上游节点 v_u 到业务的目的节点 D 之间的重路由。

第一种方案的具体的步骤就是，当链路发生故障时，首先将故障链路从网络拓扑中删除，通过联合路由算法，为经过这条链路的所有工作 LSP 计算一条从故障链路的源节点到故障链路下游节点的恢复子通道，以避开故障链路，并与各业务工作 LSP 未受故障影响的故障链路，即下游节点到故障链路目的节点的部分共同组成端到端的恢复 LSP，保证业务的正常传送，如果建立恢复通道失败，则中断掉故障通道上的业务，并释放该故障通道所占用的资源。

第二种方案的具体的步骤就是，当链路发生故障时，首先将故障链路从网络拓扑中删除，通过联合路由算法，为经过这条链路的所有工作 LSP 计算一条从故障链路的上游节点到工作通道目的节点的恢复子通道，以避开故障链路，并与各业务工作 LSP 未受故障影响的源节点到故障链路上游节点的部分，共同组成端到端的恢复 LSP，保证业务的正常传送，如果建立恢复通道失败，则中断掉故障通道上的业务，并释放该故障通道所占用的资源。

4. SRLG 陷阱问题

针对 SRLG 的共享通道保护主要考虑两个方面的限制：

① 同一个连接请求的工作通路和保护通路必须"SRLG 分离"；

② 共享链路上同一资源（如波长）的保护通路对应的工作通路之间必须"SRLG 分离"。

一般来说，满足这两个条件的共享保护算法可以被称作为基于"SRLG 分离"的共享保护算法。

在大多数情况下，对于任何一条工作通路，都可以找到与之相对应的保护通路。但在某些情况下，使用特定的算法，在网络拓扑中找不到任何一条保护通路，使这条保护通路与原来工作通路"SRLG 分离"。这种情况的出现势必会影响整个网络的性能，大大提高了网络的阻塞率，很多学者将这种情况称之为 SRLG 陷阱问题[30][34]（SRLG trap）。

经过大量的仿真和实现，人们发现，SRLG 的陷阱问题可以分为下面两类。

一是 SRLG 真陷阱。这种情况下，在特定的源、目的节点对之间，确实不存在一对"SRLG 分离"的通路。这样的陷阱任何算法都无法避免，因此称之为真陷阱。这是由于网络拓扑结构的不完善、连通度不够造成的。

二是 SRLG 自阱。这种情况下，按照某种算法，某些源、目的节点对之间看上去不存在"SRLG 分离"的工作通路和保护通路。但是，实际上这些源、目的节点对之间存在一对"SRLG 分离"的通路。也就是说，SRLG 可避免陷阱是由所用算法存在某些缺陷造成的，网络资源分配的不合理、新到请求工作路由计算的不完善都可以造成算法无解，因此把这种陷阱称为 SRLG 自阱。如果算法更完善的，就可以避免算法中的陷阱。由此可见，要避免这种 SRLG 陷阱，就要从算法的本身出发，通过一些特定的策略提高算法的可靠性。

基于多层规划问题的描述可知，基于整数线性规划算法的解决方案处理 SRLG 共享通道保护问题耗时特别长，而且很难处理有大量 SRLG 的大规模网络。

而启发式算法，例如 APF（Active Path First），是替代整数线性规划算法的有效方案。然而，使用 APF 有一个主要问题，就是一旦工作通道找到了，有可能找不到"SRLG 分离"的保护通道。实际上如果换一个工作链路的话，网络中存在一对"SRLG 分离"的通道。这个问题在使用 APF 算法寻找链路/节点分离的通道时很少出现，但在使用 APF 算法寻找"SRLG 分离"的通道时会经常发生。文献[34]中提到，在典型的光网络中出现 SRLG 可避免陷阱的可能性会达到 30%。

在本小节中提出了两种在波长一致网络中基于 SRLG 不相关的 WDM 疏导网络中的共享保护算法。第一种算法是基于 K 条最短路，在不同的波长平面上，计算出 K 条备选路由，再使用不同的策略进行选择。第二种算法借用了迭代的思想，通过反复的迭代过程，选择两条最优的基于 SRLG 不相关的路由。

为了叙述方便，假设 WDM 光网络物理拓扑 G（N，L，W，C，S），其中 N 代表网络节点的集合，L 代表网络中链路的集合，所有链路均为双向链路。在每一根光纤中，波长集合表示为 $\{\lambda_i \mid \lambda_1, \lambda_2, \lambda_3, \cdots, \lambda_w\}$，其中 W 代表光纤中的波长数目。$C_{i,j}$ 代表在第 i 个节点和第 j 个节点之间链路的代价（权重）。集合 S 代表由所有 SRLG 标识组成的 SRLG 标识集合。C 和 X 分别表示每个波长的总带宽容量和每个业务的请求带宽集合。假定每个节点处支持可调谐收发器数目为 T，收发器可以调谐到光纤链路的任意波长上去。

（1）KWFF 算法（K-Shortest Paths on Wavelength Plane FF）

KWFF 算法使用 KSP（KSP，K Shortest Paths）策略在原有拓扑上计算出 K 条最短路由，并在计算保护路由的过程中，引入波长平面，每一个波长形成一个单独的波长平面，在所有波长平面中，选择一个最优的平面，基于此波长平面中计算保护路由。使用 KSP 策略，可以尽可能地挖掘出拓扑中潜在的路由信息，而通过使用波长平面逐个计算，可以使得保护路由及其资源的分配在整个网络环境中是最优的。

步骤 1：调用 KSP 函数，对网络中任意节点对之间进行预计算，得到任意两节点之间的 K 条路由。当有新业务到达时，找到其对应的 K 条最短路由。

步骤 2：对于任意第 t（$1 < t < k$）条路由，可以表示为 $WP_{i,j}^t$，其权重定义为

$$\left| WP_{i,j}^t \right| = \frac{H_{i,j}^t}{SH_{i,j}^t} \tag{5.37}$$

其中，$H_{i,j}^t$ 为第 t 条路由的跳数，$SH_{i,j}^t$ 为第 t 条路由所经过 SRLG 标识的数目，将此 K 条路由按照其权重大小重新排队，记为 $\{WP_{i,j}^1, WP_{i,j}^2, WP_{i,j}^3, \cdots, WP_{i,j}^K\}$，其中 K 条工作路由的权重满足 $|WP_{i,j}^1| > |WP_{i,j}^2| > |WP_{i,j}^3| > \cdots > |WP_{i,j}^K|$。之所以将原始的 K 条工作路由进行重新排队，是为了在后面的计算中，可以优先使用包含 SRLG 标识最少的那条工作路由。

步骤 3：对于集合中的第 t 条工作路由 $WP_{i,j}^t$，统计其每根光纤中的每个波长的可用带宽，并且依次按照可用带宽由大到小对波长进行排序。至此，疏导业务的保护物理通路被确定，包括各节点及其连接的链路。对通路 p^*，首先在虚拓扑上利用波长排序表依次遍历各个已经

被部分占用的可用波长，检查能否在已建光路中通过疏导建立业务。如果是，使用首次命中策略为$WP_{i,j}^{t}$分配波长λ_w，工作波长记录为$\lambda_{work} = \lambda_w$。为业务请求$r = (s,d,x)$分配相应的带宽以及节点处的收发器资源，必要时建立新光路，然后相应地更新网络的虚拓扑和物理拓扑。否则，业务请求阻塞。

步骤4：从最小波长平面开始，动态地调整网络拓扑中所有链路的权重值。对于某一个波长λ_f来说，根据以下几个条件来修改链路权重。

A．如果该链路已经被工作路由$WP_{i,j}^{t}$所使用，则该链路权重被设定为无穷大。

B．如果该链路所对应的SRLG标识与工作路由$WP_{i,j}^{t}$所对应的SRLG标识重复，则该链路权重被设定为无穷大。

C．如果该链路上所有光纤中的波长λ_f均已被用来作为工作波长，则该链路权重被设定为无穷大。

对于节点i和节点j之间的链路，其权重设定为

$$c_{i,j} = \begin{cases} \infty & \text{，如果满足A、B、C中的任何一条} \\ 1 & \text{，其他} \end{cases}$$

步骤5：在所有链路的权重按照步骤3更新完毕以后，调用Dijkstra算法来计算工作路由$WP_{i,j}^{t}$所对应的保护路由$PP_{i,j}^{t}$。如果$PP_{i,j}^{t}$不为空，则说明已经为该业务找到了其对应的保护路由，其保护波长$\lambda_{protect} = \lambda_f$；波长分配策略同步骤3中的处理。

否则，如果$PP_{i,j}^{t}$为空，则$f = f + 1$，返回步骤4，在下一个波长平面内重新计算；如果所有波长平面均已计算，还是没有找到对应的保护路由$PP_{i,j}^{t}$，则$t = t + 1$，返回步骤3，基于下一个工作路由重新计算。遍历K条路由以后，如果$PP_{i,j}^{t}$仍然都为空，则该业务被阻塞。

KWFF算法由于引入了KSP策略，虽然可以最大限度地挖掘网络潜在的路由信息，却是以增大计算时间为代价的。考虑到KSP策略是基于网络拓扑结构来计算的，与业务无关，在每一次网络仿真中，只要在拓扑结构确定下来以后，调用一次KSP算法即可，这就大大降低了算法的时间复杂度。此算法的时间复杂度为$O(K^2 + KW)$，其中K代表备选路由的数目，W是波长总数。

（2）IFF算法（Iterate FF）

IFF算法借用了迭代的思想，通过K次的迭代过程，得出工作路由和保护路由均为最优的结果。通过分析上一次查找工作路由和保护路由失败的原因，找出导致由于SRLG限制而不能满足的最大SRLG冲突链路，在下一次计算中，使工作路由不使用这条链路，这样可以使算法避免由于找不到最优解而陷入死循环中。

步骤1：当有新业务到达时，调用Dijkstra算法计算该业务的工作路由$WP_{i,j}$，在计算工作路由时，所有链路的权重根据以下公式来更新：

$$C_{i,j} = \frac{\text{总容量}}{\text{空闲容量}} = \frac{\sum\limits_{i,j \in N\text{且}i \neq j} w_{i,j}}{\sum\limits_{i,j \in N\text{且}i \neq j} f_{i,j}} \tag{5.38}$$

其中$w_{i,j}$代表节点i和节点j之间的总容量，$f_{i,j}$代表节点i和节点j之间的空闲容量。

步骤 2：调用 Dijkstra 算法计算该业务的保护路由 $PP_{i,j}$，在计算保护路由时，所有链路权重根据以下公式来更新：

$$C_{i,j} = \frac{总容量}{混合容量} = \frac{\sum\limits_{i,j \in N \text{且} i \neq j} w_{i,j}}{\sum\limits_{i,j \in N \text{且} i \neq j} (x * f_{i,j} + y * s_{i,j})} \tag{5.39}$$

其中 $s_{i,j}$ 代表节点 i 和节点 j 之间的空闲容量，x 和 y 是比例因子。

步骤 3：如果 $WP_{i,j}$ 和 $PP_{i,j}$ 有一个为空，则查找最大冲突链路，并将该链路在拓扑中删除掉，$k = k+1$ 并转到步骤 1 继续下一次计算。如果 $k > K$（K 为迭代次数），则说明此业务被阻塞。

步骤 4：调用资源分配模块为 $WP_{i,j}$ 和 $PP_{i,j}$ 分别分配工作波长 λ_{work} 和保护波长 λ_{protect}，统计 $WP_{i,j}$ 和 $PP_{i,j}$ 每根光纤中的每个波长的可用带宽，并且依次按照可用带宽由大到小对波长进行排序。对于通路 p^*，首先在虚拓扑上利用波长排序表依次遍历各个已经被部分占用的可用波长，检查能否在已建光路中通过疏导建立业务。如果是，使用首次命中策略为 $WP'_{i,j}$ 分配波长 λ_w，工作波长记录为 $\lambda_{\text{work}} = \lambda_w$。为业务请求 $r = (s, d, x)$ 分配相应的带宽以及节点处的收发器资源，必要时建立新光路，然后相应的更新网络的虚拓扑和物理拓扑。

如果不成功，$k = k+1$ 并转到步骤 1 继续下一次计算。如果 $k > K$（K 为迭代次数），则说明此业务被阻塞。

在步骤 1 和步骤 2 中，使用不同的权重计算公式来动态地更新链路权重，这样做是为了根据网络状态而进行实时计算，可以更好地降低整个网络的阻塞率，同时提高网络的资源利用率。在 IFF 算法中，通过迭代思想和动态计算链路双权重，大大降低了算法的时间复杂度，提高了整个网络的资源利用效率，因此 DDLW 算法的时间复杂度为 $o(KW)$，其中 K 代表迭代的次数，W 是波长总数。

此算法通过动态调整链路权重以及排除冲突链路的方法，提高了整个网络资源的利用效率，并且降低了时间复杂度，此算法的时间复杂度为 $o(KW)$，其中 K 代表迭代的次数，W 是波长总数。

通过大量的仿真数据得出[35]，KWFF 算法和 IFF 算法有不同的适用环境。在 SRLG 标识组数目远远大于网络中链路数目的情况下，IFF 的性能更优一些，但在链路数目与 SRLG 标识组数目大体相当的环境下，KWFF 性能更胜一筹。

5. 动态流量拓扑映射的生存性

随着 IP over WDM 恢复机制的研究，IP 层业务恢复的快捷性和灵活性逐渐成为共识。同时，已有的研究结果指出 IP over WDM 网络的联合路由过程对 IP 层业务恢复能力有显著的影响，主要表现为故障情况下对 IP 层恢复能力的影响。Eytan Modiano 提出了通过最大限度保证虚拓扑的连通性来保证 IP 层业务恢复能力的可生存性映射问题，并有大量相应的研究结果。然而，之前的研究主要集中在静态的映射和规划问题上，下面将针对动态业务为主导地位的网络现实情况，提出一种基于动态业务的虚拓扑生存性映射机制。相对于静态映射问题，动态的生存性映射问题呈现出更多的复杂性。因为随着业务的产生和结束，虚拓扑中的光路需要动态地创建和释放（虚拓扑的重构）来适用上层业务的变化，在这样的情景下，怎样最大限度地保证虚拓扑的生存性，成为关注的主要问题。同时，探讨在虚拓扑生存性和网络资源利用率之间如何获得平衡，进而研究网络生存性的算法、机制对业务阻塞率、网路资源利用率等网络性能的影响，并为评价相关算法的有效性提出主要的指标。

分别针对虚拓扑链路的建立过程和拆除过程，下面提出两个策略：动态路由（DR）策略和网络虚拓扑重路由（重映射，RILT）策略，目的在于恢复由于虚拓扑的变化导致的网络生存性的减弱，最大限度地保证虚拓扑的生存性映射。具体地，如图5.14所示为可生存的虚拓扑映射，其中自下而上（每行的3幅图）分别表示物理拓扑、生存性映射拓扑和逻辑拓扑。在此，比如在虚链路 g^l 拆除以后，g^p 成为危险链路，即 g^p 的故障会导致上层虚拓扑的连通性受到影响，进而导致失效的业务无法正常恢复。针对该情况，当需要新建逻辑链路 i^L 时，我们可以通过策略影响该逻辑链路的物理路由，例如，可以把 i^L 映射到 c^p-d^p-e^p-h^p，而非最短路 b^p-g^p，如图 5.14（b）所示；这样，逻辑拓扑的生存性得到了恢复，任何物理链路的故障都不会影响到逻辑拓扑的连通性，进而能保证良好的业务恢复能力。另一方面，当 g^p 成为危险链路时，可以通过重新映射原拓扑上的相关逻辑链路来恢复或提升逻辑拓扑的生存性，例如，如图5.14（c）所示，可以重新映射 j^L 到 a^p-f^p-h^p，这样逻辑拓扑的生存性也得到了相应的恢复。通过采用上述两种方法，可以在虚拓扑的生存性受到破坏时，快速并最大限度地完成恢复。

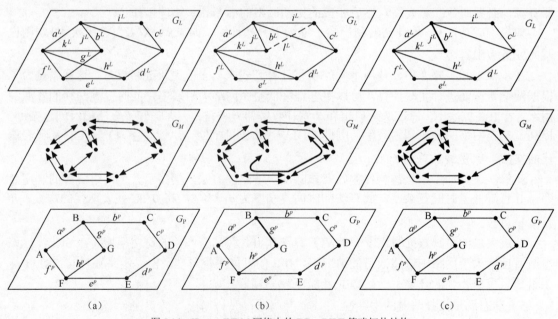

图 5.14　IP over WDM 网络中的 DR、RILT 策略拓扑结构

下面使用传统的 NSFNET 和一些具有不同连通性的构造拓扑来验证所提算法的效率和有效性，使用阻塞率（BP）、资源利用率（RU）、危险链路保持时间（CLHT）、随机故障的恢复率（RR）等参数作为指标。同时，引入参数 α 来协调虚拓扑的生存性与资源消耗之间的关系。以下针对提出的 NCIA（Novel Cutset Inherited Algorithm，割集继承算法）算法（与传统方法的最大区别在于采用了不同的割集搜索算法，使得整个算法的时间复杂度显著降低），列举了部分仿真结果，同时与没考虑生存性映射问题的业务路由方式（最短路由，D 算法）进

行了比较。

图 5.15 所示为业务阻塞率随业务强度 TI 和参数 α（表示相对权重的调节系数）的变化情况。值得注意的是，提出的 NCIA 算法在不同的业务强度下，都有相应的 α 值使得网络有较小的阻塞率，这对不同业务强度下 α 的选取提供了相应的参考。同时，仿真结果还显示与物理拓扑的连通度有明显关系。

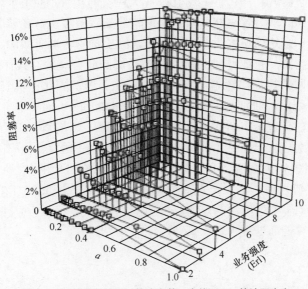

图 5.15　不同业务量不同策略参数 α 中的 NCIA 算法阻塞率

图 5.16 对 NCIA 和 D 算法的资源利用率和业务阻塞率随业务强度的变化进行了相应的分析。结果显示，NCIA 的业务阻塞率在很大业务强度下较 D 算法有显著提高，然而并未伴随过多的资源消耗。就其原因，主要是 NCIA 算法在维护虚拓扑生存性的同时起到了流量均衡的作用，进一步降低了业务的阻塞率。以上仿真结果表明所提的方法在很在程度上提高了网络的生存性，还具有可以接受的资源利用率。

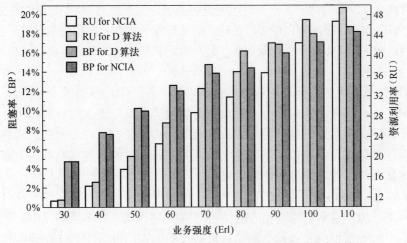

图 5.16　NCIA 与 D 算法的阻塞率和资源利用率随业务强度的变化情况

5.6　其他网络多层联合规划方法与策略

5.6.1　跨层、跨域的联合优化

随着数据业务的增长，会出现 2.5G 或 10G 等大粒度的需求，它们同 2M 的小粒度业务（话音业务等）需求是共存的，为解决这个问题，该软件支持多层次、多粒度的联合规划。在这种情况下，软件采用一定的算法将业务加以疏导，给出最为合理有效的各层配置。此外，软件支持多粒度的节点交换，光纤级/波带级以及波长级的联合交换，具有很大的参考价值。

带有多层优化的网络规划问题是一项非常困难的工作。因此必须作出相应的简化处理，通常是将其分解为一系列独立的子问题，并尝试将不同层的计算分开处理。按照逻辑的观点，通常整个的规划过程可以依次分解为以下 3 个基本的步骤：分组（适配）、路由和资源分配，如图 5.17 所示。这些步骤可以分别独立地应用于每一层，层间的接口可以考虑以下两种简单的方式：在 client 层考虑路由，在 server 层考虑传输的开销。

在不同层间的计算处理过程中引入某种反馈。

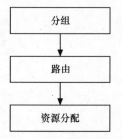

图 5.17　规划过程的简化流程

5.6.2　业务分层规划

1. 业务层（IP）与 SDH 层间的联合优化

当 SDH 设备能够支持虚级联时，规划软件能够实现业务层（IP）与 SDH 间的联合优化策略，实现业务的疏导，而不是简单的业务支配，从而优化网络中的资源。下面我们在 SDH 环网和 Mesh 网中分别阐述 IP 层到 SDH 层间的联合优化问题。

在 SDH 环网中：

各种不同形式的业务请求到来时，除去静态和动态的业务支配和分配以外，可以实现利用虚级联和 LCAS 协议的业务疏导，在这个过程中，将业务请求（比如 30 个 2M 带宽请求）进行分类，优先将符合要求的带宽疏导入原有时隙的虚容器中，在不同的 SDH 节点设备上的同宿的业务请求，可以级联到同一个虚容器中进行传输，如果业务带宽大于已建的虚容器，考虑新建一个出端带宽以满足业务，可以基于带宽利用率和经济性等算法与策略对确定综合的疏导策略。

在 SDH Mesh 网中：

Mesh 网通常是环网的组合，当业务请求到来时，将一组端到端的业务请求（比如 30 个 2M 带宽请求）进行拆分，优先将符合要求的带宽疏导入某个路由的虚容器中，其他的一部分则选择其他路由到达宿端，这里要考虑疏导策略和传输的时延，以保证最后利用虚级联和 LCAS 的业务的传输质量。可以基于带宽利用率和经济性等算法与策略对确定综合的疏导策略，同时考虑实现环网中的疏导算法与策略。

2. SDH 层与 WDM 层间的联合优化

通过光网络传输的业务需求是由 SDH 网产生的：通过 SDH，一系列 VC-4 复用成 STM-N 光信号，然后通过光层网络来传输。路由过程必须沿着网络的分支确定光通道连接的最优分布，而对于该软件中实现的 WDM 环网结构而言，很明显，这一过程自由度的数目是有限的。

最后，资源分配的目标是为每一个光通道分配合适的波长，避免光通道之间出现冲突和干扰，同时尽量使得整个网络的开销最少。

为了提供与光传送网相关的增强模拟能力，一个额外层——OCH 层被包括进网络层结构。这个层允许模拟光信道层。OCH 层提供增强的光网络设计情形，如：

① 电域和光域的区分；

② 为一个没指定比特速率的波长业务产生波长业务矩阵；

③ 根据波长信道来表示端到端的连接；

④ 为其他客户层提供一个光聚合层。

SDH 层作为光层的客户层存在，因此我们需要解决的是一个多层网络规划问题。一种方法是将 SDH 层的规划结果作为光层的业务要求从而对光层进行优化，另一种方法是将客户层（SDH 层）和服务层（光层）两层网络统一起来进行考虑。

（1）分层规划方案

在该方案中，要得到最终的结果可以通过将问题分解为两步来达到：

① 客户层的计算（主要完成疏导功能）；

② 服务层的计算（主要完成路由和资源分配的功能）。

我们称这种先对客户层进行规划（主要是组合），然后再对服务层进行规划的方法为分层规划方案。在这种两步走的方法中，分组疏导过程的目的既得到了 SDH 层通过 STM-N 复用功能得到的计算结果，也获得了光层进行计算的业务需求矩阵。从这个角度看，分组属于 SDH 层上的计算过程的一部分，而光通道的路由和相应的资源分配则属于光层上的计算过程（如图 5.18 所示）。

当然，为了尽量减小整个网络的开销，分组可以考虑部分光层上的开销。注意到这些，则用这种方法来进行环形光网的计算时可以不用考虑客户层的最优化而直接从光信号连接需求开始。也就是说，我们认为业务的输理工作已经在我们得到光连接请求矩阵之前就已经实现完毕，从而可以单独处理光层上的路由和资源分配问题。具体的业务模型和路由及波长分配算法就不在此赘述了。

（2）联合规划方案

在该方案中，将客户层的业务需求与光层的规划结合起来进行考虑，它是将分组过程融合进光层计算过程的一部分，将客户层的业务需求（VC-4s）作为输入，并对两层进行联合优化。这种方案被称为联合规划方案，如图 5.19 所示。

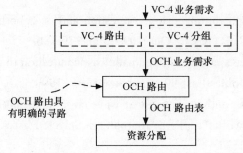

图 5.18　分层规划方案：SDH 层与光层因素间存在不同

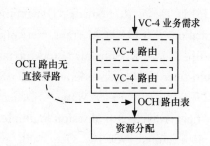

图 5.19　联合规划方案：联合最优 SDH 与光层

和前一种方法相比，分层规划方案是将问题的需求输入定义在光传送层，而联合规划方案则是将所需连接的描述定义在了客户层。当然，主要的不同之处还是在于联合规划方案将分组问题纳为光层计算处理问题的一部分，即分组和路由问题是一起解决的。

在该方案中，首先在尽量降低费用的情况下优化 SDH 系统，即确定具有最小开销的 SDH 系统的数目，由此可以得出整个波长数的下界。这是该方案中实现的重点，即考虑两层重叠的网络（SDH 和 WDM）中，客户层对于服务层的经济模型问题。最后为每一个电层上的系统分配相应的波长。具体算法在此就不做详细介绍了。

5.7　本章小结

在骨干网领域，SDH、WDM、OTN、PTN 等网络共存，ASON 与 WSON 技术已全面应用，导致网络组网日益复杂，正形成多层网络（MLN）和多域网络（MRN）的传送环境。在此，IP over WDM 网络的组网模型以及联合路由/生存性策略成为发展的重中之重，各大厂商和研发机构都力图在此方面取得突破。其中，在技术上来说，正如本章中所介绍的，研究已经相对比较成熟，接下来的关键是产业界的应用，这涉及方方面面的工作，包括如何实现联合组网模型与功能，在标准上取得进展与统一等，从而真正推动创新的研发技术能够应用在实际设备上。

参考文献

[1] 徐斌，李南，白芳．求解多层规划问题的新方法研究．科技进步与对策，2007 年 12 月．

[2] S. Xu，L. Li，S. Wang．"Dynamic routing and assignment of wavelength algorithms in multi-fiber wavelength division multiplexing networks"．IEEE Journal on Selected Areas in Communications，Vol. 18，Oct. 2000，pp. 2130-2137.

[3] S. Subramaniam, K. N. Barry. "Wavelength assignment in fixed routing WDM networks."in Proceedings IEEE ICC，1997，pp. 406-410.

[4] H. Zang, J. P. Jue, B. Muhkerjee. "A review of routing and wavelength assignment approaches for wavelength-routed optical WDM network."Optical Networks Magn.，Vol. 1，Jan. 2000，pp. 47-60.

[5] L. Li, A. K. Somani. "Dynamic wavelength routing using congestion and neighborhood information，"IEEE/ACM Trans. Networking，Vol. 9，No.2，Oct. 1999，pp. 779-786.

[6] L. Li, A. K. Somani. "Blocking performance analysis of fixed path least congestion routing in multi-fiber WDM networks."in Proc. SPIE Photonics East'99，Boston，MA，1999.

[7] S. Xu，L. Li，S. Wang．"Dynamic routing and assignment of wavelength algorithms in multi-fiber wavelength division multiplexing networks"．IEEE Journal on Selected Areas in Communications，Vol. 18，Oct. 2000，pp. 2130-2137.

[8] X. Zhang, C. Qiao. "Wavelength assignment for dynamic traffic in multi-fiber WDM networks."in Proc. ICCCN'98 Vol. S18-2，Lafayette，LA，1998，pp. 479-485.

[9] S. Xue, et al.. "Wavelength assignment for dynamic traffic in WDM networks，"in Proc. IEEE Institute of Electrical and Electronics Engineers，2000，pp. 375-379.

[10] M. Kodialam，et al.. Integrated dynamic IP and wavelength routing in IP over WDM networks．IEEE INFOCOM，Anchorage，Alaska，Apr. 2001，pp. 358-366.

[11] Bin Wang，Xu Su. "A Bandwidth Guaranteed Integrated Routing Algorithm in IP over WDM Optical Networks"．Kluwer Photonic Network Communications，5:3，2003，pp. 227-245.

[12] Zheng Q，Mohan G. An efficient dynamic protection scheme in integrated IP/ WDM networks．IEEE ICC 2003，pp. 1494-1498.

[13] He Rongxi, et al.. "A dynamic routing and wavelength assignment algorithm in IP/MPLS over WDM". IEEE ICCCAS2002，pp. 855-859.

[14] 何荣希，李乐民，等．"IP over WDM 网中的策略路由算法"．电子与信息学报，Vol.25，No.6，Jun，2003，pp. 808-815.

[15] V. Paxon，et al.. "Wide-area traffic: The failure of Poisson modeling．"Proc of the ACM Sigcomm'94，1994，pp. 257-268.

[16] Mingxia Bo，Xiaofei Pan，Fanghua Ma，Wanyi Gu. "Analysis of Dynamic Performance in IP over WDM Networks under Self-similar Traffic"．SPIE Asia and Pacific Optical Conference，Nov. 2005.

[17] 薄明霞，潘晓菲，马芳华，顾畹仪．"多纤 IP over WDM 网中的一种新型联合路由算法"．北京邮电大学学报．Vol.29，No.5，2006.

[18] B. Rajagopalan．RFC 3717，IP over Optical Networks: A Framework．March 2004.

[19] 薄明霞．面向自相似业务的智能光网络路由与生存性问题研究．博士学位论文.

[20] Zheng Q，Mohan G. An efficient dynamic protection scheme in integrated IP/ WDM networks．IEEE ICC 2003，pp. 1494-1498.

[21] Jinwook Burm，Kerry I. Litvin，William J. Schaff，et al.. Optimization of high-speed metal- semiconductor-metal photo detectors. IEEE Photonics Technology Letters，Vol.6，No.6，June 1994.

[22] 郭秉礼，黄善国，顾畹仪等．基于负载均衡的联合路由策略．2009，32（4）：pp. 1-5.

[23] Yuki KOIZUMI, et al.. An integrated routing mechanism for cross-Layer traffic engineering in IP over WDM Networks. IEICE Transaction on Communication，2007，Vol. E90–B: 1142-1151.

[24] E. Modiano，P. J. Lin. Traffic grooming in WDM networks．IEEE Commun. Mag.，Vol. 39，pp.124-129，July 2001.

[25] K. Zhu，B. Mukherjee. Online approaches for provisioning connections of different bandwidth granularities in WDM mesh networks. OFC2002，pp. 549-551，Mar. 2002.

[26] J.Q. Hu，B. Leida. Traffic grooming，routing，and wavelength assignment in optical WDM mesh networks．INFOCOM2004，Vol. 1，pp.495-501，Mar. 2004.

[27] W. Yao, B. Ramamurthy. Dynamic traffic grooming using fixed-alternate routing in mesh optical networks．In First Workshop on Traffic Grooming in WDM Networks 2004（WTG2004），Oct. 2004.

[28] 黄善国，罗沛，薄明霞，顾畹仪. "WDM 网状网中的动态流量疏导算法". 北京邮电大学学报，第 2 期，2006.

[29] Shanguo Huang，Mingxia Bo，Jie Zhang，Wanyi Gu. "Dynamic Traffic Grooming with Adaptive Routing in Optical WDM Mesh Networks". SPIE Asia and Pacific Optical Conference，Nov. 2005.

[30] Dahai Xu，Yizhi Xiong, Chunming Qiao. Failure Protection in Layered Networks with Shared Risk Link Groups [J]. IEEE Network，2004，18（3）:36-41.

[31] M. Kurant, P. Thiran. Survivable Routing of Mesh Topologies in IP- over-WDM Networks by Recursive Graph Contraction. *IEEE Journal on Selected Areas in Communications*，vol. 25，No. 5，JUNE 2007.

[32] Chang Liu，Lu Ruan. A New Survivable Mapping Problem in IP-over- WDM Networks. IEEE Journal on Selected Areas in Communications，vol. 25，no. 4，APRIL 2007

[33] Eytan Modiano，Aradhana Narula-Tam. Survivable Lightpath Routing: A New Approach to the   Design of WDM-Based Networks. IEEE Journal on Selected Areas in Communications，Vol. 20，No. 4，MAY 2002.

[34] Bingli Guo，Shanguo Huang, et.al. Dynamic Traffic Survivable Mapping in IP over WDM Network. submitted to Journal of Lightwave Technology.

[35] 何荣希，张治中，李乐民，等. IP/MPLS over WDM 网中基于共享风险链路组限制的共享通路保护算法[J]. 电子学报，2002，30:1638-1642.

[36] 黄善国. 下一代光网络联合路由与生存性若干关键技术研究. 博士论文，2006.

第6章 城域分组传送网规划与优化

近年来，由于受到新涌现出的各种新的 IP 应用业务推动，例如三重播放、有线或无线 IP 视频和以太网数据业务，网络中的业务流量已经从以 TDM 为主转变为以分组数据业务为主（如图 6.1 所示）的技术驱动和业务驱动。业务 IP 化、Ethernet 化，体现在本地传输网主要是基站的 IP 化和专线业务的 IP 化。由于以太网是传送 IP 的最广泛、廉价的技术，因此对传输（二层网络）主要是以太网业务 IP 化，由于 IP 的巨大优势，业务网络已基本统一采用 IP 承载（本质是分组技术承载）。传输网也需要适应业务网 IP 趋势，由 TDM 交叉转变为分组交换。网络扁平化，由于 IP 网络的参考模型远比电信网络的参考模型简单，因此，网络扁平化的要求（建设成本、维护难度）也要求通信网络 IP 化（分组化）分组网络天然的 Mesh 结构，也有助于本地传输网络自身的扁平化传送网技术也应该与时俱进，这有两种解决方案：一种是将分组业务简单的适配到基于 TDM 业务的网络中，比如 SDH 网络，目前的 MSTP 技术（多业务传送平台）就是基于这种思路。但是，当数据业务成为网络的绝对主导业务类型后，这种解决方案显示出其不足。第一，SDH 的开销处理复杂，传输效率低，用 SDH 固定帧长度和时隙来支持突发性数据业务的带宽效率较低。第二，SDH 网络基于同步时钟工作，抖动要求严。第三，传统 SDH 网的带宽指配是通过集中网管系统来实现的，无法适应高容量 IP 业务动态和不可预测的特性，难以灵活地生成新业务。第四，SDH 在本质上只有一层 MAC 地址转发，没有层次化的地址结构和用户地址隔离，其网络和业务扩展性受限。在这种情况下，基于优化网络扩展性，成本和效率的考虑，目前业界越来越关注第二种方案，即对目前的分组网络技术进行扩展，在分组网络中处理分组业务。另一方面，鉴于目前 ITU-T 架构下的传送网影响力，如何将传送网技术与分组技术相融合，给运营商提供向未来分组传送网演进的一种低成本的方案，是业界的焦点之一。

以 Alcatel 为代表的多家知名厂商认为可以在 ITU-T G.805/G.809 体系下构建一种面向连接的分组传送网络。这种方案可以最大化利用已有的运营商网络设施，并且在网络的操作与维护方面也可以无需对操作维护人员进行大量技术培训，能够最小化运营商成本。主流的分组技术包括 IP/MPLS 技术和以太网技术，T-MPLS 和 PBT 标准对比如图 6.2 所示。相应地，基于 MPLS 技术的 T-MPLS（传送 MPLS）和基于以太网技术的 PBT（运营商骨干中继）也自然成为分组传送网中两种主流技术。ITU-T 对这两种分组传送技术进行了标准的启动与起草等一系列相关工作。图 6.3 所示为 MPLS-TP（MPLS-Transport Profile）标准化进展，MPLS-TP 标准化路标（2009 年 11 月）。

图 6.4 所示的是承载网络技术演进路线，PTN（分组传送网）由电信阵营（ITU-T）主导，是下一代的传输技术，沿用 IP/MPLS 的帧结构，简化了 MPLS 中相对复杂的控制协议，强化了面向连接的特性，并在 OAM 和 PS 等方面进行了增强 PBT（PBB-TE）技术，沿用了以太网中 MACinMAC 帧结构，简化了 MAC 地址学习等功能，强化了面向连接的功能，并在 OAM 和 PS 等方面进行了增强 VPLS（虚拟专用局域网服务），是成熟的以太网技术，通过伪线仿真技术在基于 IP/MPLS 的网络中模拟二层的网络或链路，通过 BGP 或 LDP 的方式实现网络的扩展性。

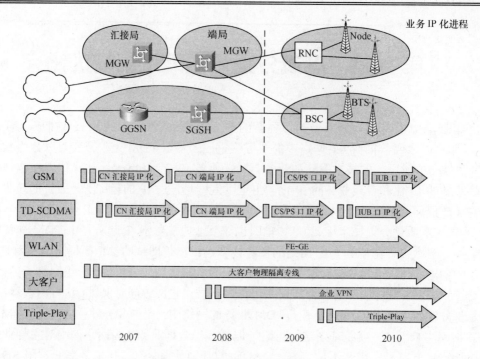

图 6.1 IP 的业务驱动和技术驱动

功能	T-MPLS	MPLS-TP
转发	MPLS 属性 • 无 MP2P（标签合并） • 无 ECMP • 无向同等 P2P 连接 • 用户平面不要求 IP 转发能力 • 无 PHP • （隐性）可与现有的 LSP 和 PWE 转发平面互操作	MPLS 属性 • 无 MP2P（标签合并） • 无 ECMP • 支持双向同等 P2P 连接 • 用户平面不要求 IP 转发能力 • 不排除 PHP，PHP 可选择 • 可与现有的 LSP 和 PWE 转发平面互操作
OAM	OAM 分组识别 • LSP 标签后的第 14 标签 • PW 标签后的第 14 标签 G.8114 中完全定义了 OAM 功能	OAM 分组识别 • LSP 标签后的 GAL（第 13 标签）+G-ACH • PW 标签后的 PW-ACH 定义下的 OAM 功能（早期可用草案）
生存性	G.8131 中完全定义了线性保护（已通过） G.8131 中定义了环保护（草案）	定义中（线性，环，FRR 保护处于草案阶段）
控制平面	静态 CMPLS RSVP-TE 用于 LSP 信令 GMPLS RSVP-TE 用于 PW 信令 TE 使用 GMPLS OSPF-TE 和 ISIS-TE 信息分布式	静态 GMPLS RSVP-TE 用于 LSP 信令 LDP 用于 PW 信令 TE 使用 GMPLS OSPF-TE 和 ISIS-TE 信息分布式

图 6.2 T-MPLS 与 MPLS-TP 标准对比

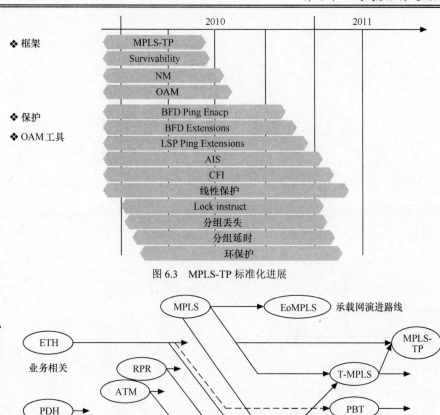

图 6.3　MPLS-TP 标准化进展

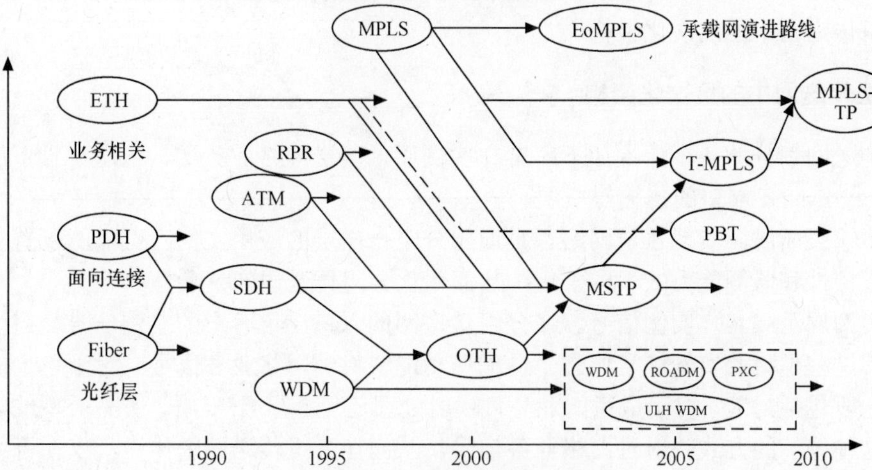

图 6.4　承载网络技术演进路线

　　PTN 最初由 ITU-T 制定 T-MPLS 标准后与 IETF 成立联合工作组，统一制定 MPLS-TP。T-MPLS 较为成熟，是事实上的标准，但 IETF 介入后对 MPLS-TP 的 OAM 等问题存在较大分歧，标准进展缓慢，国内由于中国移动的强力推动，有可能根据 T-MPLS 先行制定国内标准。PBT 由 IEEE 的 802.1Qay 任务组负责开发，是在 PBB（运营商骨干桥接，即 MAC in MAC 技术）基础上发展，增加业务流量工程和 1∶1 快速保护等面向连接的传送特性。标准体系目前尚未完成，多数标准仍停留在草案阶段。中国移动、中国电信都已经进行了基于 T-MPLS 技术的 PTN 设备测试，中国联通正在进行 PTN 技术测试，已完成单厂家功能与性能测试和部分互通测试，主要侧重于联通自身的网络应用。PBT 基本没有大规模应用案例 VPLS（IP RAN），在数据网和小规模网络中应用广泛，在电信网络（3G 回传）中应用尚需充分测试和全面论证。图 6.5 为 PTN 的技术体系。

　　本章内容是这样组织的，首先介绍 ITU-T 分组传送网（PTN）的总体框架，接下来进一步详细分析目前标准化程度最高的两种 PTN 方案——T-MPLS 和 PBT，进行对比总结，最后对 PTN 的组网模式和网络形式进行了探讨。

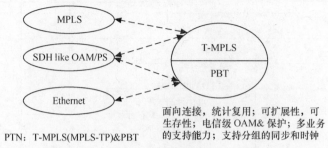

图 6.5　T-MPLS 和 PBT

6.1　分组传送网结构特征

本小节根据 ITU-T G.ptn 规范对分组传送网的一般结构特征进行说明，介绍 PTN 的主要特征、分组传送网中的层次化架构。

6.1.1　分组传送网中的层次化架构

分组传送网划分的 4 个层次如下：客户实例层、传送网络业务层、传送网骨干层、位于 I-NNI 端口和 E-NNI 端口的传输媒质层。

除了传输媒质层，其他 3 层网络都是通用分组传送层的应用实例，可能的配置有通用分组传送层连接性和监测能力的不同子集，从而优化分组传送层的复杂性。

客户实例层承载客户实例信号。在分组传送网的入口，该客户的实例信号交付网络业务层处理，其过程是将此实例信号通过"适配"功能映射到网络业务信号。对于单一的业务，映射处理一般包括封装，对于成束的业务，映射处理还包括聚合/复用。所有类型的客户实例信号通过这种统一的方式映射进网络业务信号，从而在分组传送网中传送，仅在分组传送网边缘才重新感知各客户实例信号。

一个世界范围的分组传送网络支持数以百万级的业务。在网络的大部分，业务都以聚合的方式传送，从而将管理复杂度限制在一定范围之内。网络业务信号首先交付给网络骨干层，在骨干层上，网络业务信号被映射入网络骨干信号，映射包括聚合/复用以及封装。分组传送网中实际的距离在网络传输媒介层通过网络传输媒质信号桥接，每个传输媒质层承载着网络骨干信号的聚合。

传输媒质层包括复用段层，段层出现在如下应用场合：
① 监测到光纤上传送的信号失效或信号劣化；
② 在第三方网络以及连接的光纤上监测到传送的信号失效或劣化；
③ 1+1/1∶n 线路保护（通过段层路径保护来实现）；
④ 共享环保护（SPRing）；
⑤ 通道层恢复（ASON/GMPLS）。

对于分组传送网络的上述 3 层，存在多种的名词定义，为了描述分组传送网络，采用表 6.1 的命名方式来描述网络信号和网络层。

表 6.1　　　　　　　　　　　　　　　**PTN 分层术语定义**

层次实例	信号名称	层次名称
客户实例		
传送网络业务实例	虚电路（VC）	分组传送电路（PTC）
传送网骨干实例	虚通道（VP）	分组传送路径（PTP）
传送网传输媒介实例	虚段（VS）	分组传送段（PTS）
	分组传送模块（PTM）	物理媒介（PTY）

6.1.2　分组传送网中的 OAM（操作、维护与管理信息）

根据 OAM 对象的不同，分为 3 类，即对分组传送网所维护的实体的 OAM、对域的 OAM 以及对于生存性的 OAM。

1. 分组传送网维护的实体及其 OAM

穿越层网络边界的信号显然是需要管理和监测的维护实体（ME）。一个 N 端（$N \geqslant 2$）的单向业务，其骨干连接性或者物理连接性构成包括 $N-1$ 个维护实体 ME，N 端的双向连接业务，骨干或物理连接构成包括 $N（N-1）$ 个 ME。与单个业务、干线或者传输媒介相关的 ME 组，就称为维护实体组（MEG）。分组传送网络包含有虚电路层维护实体组，虚通道层维护实体组，以及虚段层维护实体组。

在层边界之间，对客户信号进行封装、聚合处理以及 OAM 处理，从而执行监测功能。维护实体组端点（MEP）功能代表了监测功能的扩展。属于相同业务（VC）、相同干线（VP）以及传输媒介（VS）连接性组成的一个或多个维护实体在 MEP 终止。MEP 默认的位置即信号穿过层边界处。

OAM 可分为两种：预置 OAM 和按需 OAM。预置 OAM 连续检验电路、通道或者段的连续性和性能，在故障和劣化条件下能够自动告警。按需 OAM 有助于定位告警错误，根据请求来检验连续性和性能。

分组传送网的 MEG 支持多种的 OAM 功能（见表 6.2）。这些 OAM 功能可以根据其主要应用分为预置连接监测、按需连接监测、保护倒换通信以及通用目的的通信。连接监测 OAM 可以根据所支持的类型，进一步划分为状态、性能、维护、故障定位和发现。分组传送网络中的 OAM 或者提供额外业务，或者用于维护网络有效性和定位错误/劣化。

表 6.2　　　　　　　　　　　　　　　**OAM 帧的等级、类型和功能分类**

等级	类型	功能
预置 （与网管系统自动交互）	状态	连通性&连续性校验
	性能	中断&丢帧率
	维护	警报压制 锁定指示 远端故障指示 客户信号故障

等级	类型	功能
按需 （由请求者发起）	状态	连通性校验
	性能	丢帧率
		帧延时
		网络容量
	故障定位	连通性
	发现	流连通性
保护	交互信道	自动保护倒换（APS）信息
信令通道	交互信道	
测试		
厂商认证		

2. 分组传送网的域及其 OAM

世界范围的分组传送网络是作为较小的分组传送网子网络的集合来架构的，整个网络被分为特定的运营商和客户域，较大的域可以是较小子域的集合。

每个域可能需要独立的监测功能，这种要求不能通过默认的 MEG 获得，因此要实现这一要求，需要建立额外的 MEG，每个段 MEG 通过各自的段 MEG 终点建立，下面是相同网络的两种模型。图 6.6 用原子功能模型了描述一个包含 5 个 MEG 的网络，客户业务横跨 3 个域内 MEG 和两个域间 MEG，域间的 MEG 终端点功能通常被停用。图 6.7 使用另一种模型对相同的客户业务进行了解读，通过元件符号代表了跨越多个 MEG 的客户业务实例。

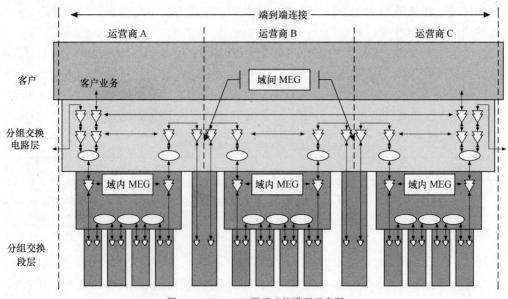

图 6.6 PTN MEG 原子功能模型示意图

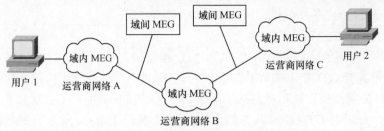

图 6.7　一条端到端连接跨越多个 MEG

3．分组传送网的生存性及其 OAM

分组传送网为业务和基础架构提供了增强的生存性机制，通过恢复或者业务级别的保护倒换可以提供业务的生存性，而基础架构的生存性则由传输媒介段和干线的恢复和保护倒换提供。

对于物理环状拓扑的应用情况，生存性可能由段层的共享保护环（SPRing）来提供。路径保护和恢复则依赖于网络连接 MEG 终点功能中的故障检测和劣化检测，子网连接保护依赖于 MEG 终端点功能相关的专用故障和劣化检测。因此在分组传送网中还有额外的串联（TCM）MEG。具有生存性（保护，恢复）的 MEP 功能的位置则取决于具体的设备结构和生存性类型。

6.1.3　分组传送网接口

分组传送网由分组传送网元构成，网元间通过 PT-NNI 接口互联。在支路侧，PTN 提供了 Eth-UNI、EoT-NNI、T-MPLS NNI，以及如同 PDH 接口等用于电路仿真业务（CES）的接口。其中，G.8012 中定义了 Eth-UNI、EoT-UNI，G.8112 中规范了 T-MPLS NNI 接口。

图 6.8 描述了基于 T-MPLS 的分组传送网。PTN 通过 T-MPLS NNI 接口（MoS-NNIs 或 MoO-NNIs）与其他传送网络互联。此外，还可以使用和具体技术无关的 MoE-NNI 接口和 OTN 互联，比如图中与右边的 OTN 通过 MoE-NNI 互联。

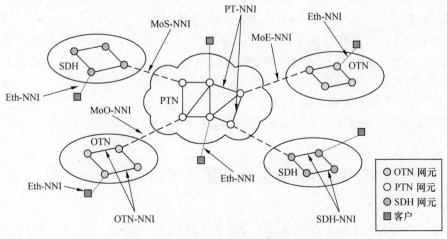

图 6.8　用于以太网和 T-MPLS 服务的 PTN

PT-NNI 接口可以为 SDH、WDM 和 OTN 子网提供客户端层的接口，也可以提供本地的 SDH、WDM 或者 OTN 层接口。

连接两个 PTN 网元的物理接口可以分为以下几种。

1. 基于 OTM-n 的 PT-NNI

如果 PTN 网元间的物理接口为 OTN 子网，根据网元上的本地 OTN 接口就可知，PTN 物理接口信号是具有 OTUk（k=m），ODUk 以及基于 GFP 封装的分组传送网帧流的 OTM-0.m 信号。因此，PTN 物理接口端口就包括了用作"终端站"的 ODUk、OTUk 以及 OCH 终止点。通过这些接口，可以对 OTN 隐藏具体的 PTN 技术类型。由于 OTN 并不知道具体的 PTN 技术类型，因此，PTN 可以优先选择 OTN 网元上可以感知 PTN 技术类型的接口，对于每种类型的 PTN，都有其特殊的处理和配置操作。

在未来由 PTN 和 OTN 层网络构成的传送网络中，分组传送网元中基于 OTM 的分组传送接口将保持分组传送和光传送网的各自独立。因此，分组传送网和光传送网各自的演进也将相互独立，从而具有很好的后向兼容特性。如同当今的 SDH 网络，分组传送网要求受限的网络节点接口集合，比如 10Gbit/s、40Gbit/s 以及 100～160Gbit/s 的下一代接口。

2. WDM 优化的 PT-NNI

短期来看，在电路传送层包含很多 pre-OTN CWDM/DWDM 子网，因此分组传送接口对 CWDM/DWDM 子网业务格式的匹配非常必要，这些业务格式包括 STM-N 和 802.3 信号格式。

3. 基于 PDH 的 PT-NNI

在网络边界仍然会有大量的 PDH 接入链路，网络终止设备间的低速 PT-NNI 接口和第一个 PTN 交换设备仍然会由这些 PDH 接入链路承载。

4. STM-N VC-n VCAT based EoS-NNI 和 MoS-NNI

世界上任意两个 PTN 节点可以通过世界范围的 SDH/SONET 网络由虚级联 VC-n 信号互联，这样的虚级联 VC-n 信号承载 GFP-F 封装的分组传送网络帧流。在 ITU-T 的 G.709、G.707、G.704、G.832、G.7041、G.7042、G.7043、G.8012、G.8112 和 G.8040 等建议中，规定了速率为在 1.5Mbit/s～10Tbit/s 之间的 PTN 接口类型的集合，这些 PTN 接口可以是信道的也可以是非信道的。

可以根据下述因素对 PTN 信号进行分类。

① 线路接口：铜线、光纤、WDM 波长、OTN 波长等；
② 网络接口：用于 SDH 网络、OTN 网络；
③ 物理媒介技术：PDH、SDH、OTN、802.3；
④ 通道/波长数：单通道/波长、多通道/波长；
⑤ 信道化：非信道接口、信道接口；
⑥ 比特速率：1.5Mbit/s～10Tbit/s 比特速率的接口。

6.2 T-MPLS/MPLS-TP 数据面技术

分组传送网 T-MPLS 体系结构包括 3 个平面（如图 6.9 所示），另外，T-MPLS 信令通信网是可选的。T-MPLS 可以看成是 ASON 向分组传输领域的一次扩张。3 类主要的传送网（SDH、OTN 和分组传输）都采用 ASON 的体系结构，将有利于各类传送网的网间互联互通，简化传送网的运营管理，从而有利于未来传送网络整体向分组传输的平滑过渡。

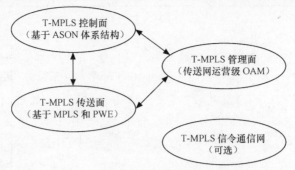

图 6.9 T-MPLS 体系结构中的 3 个平面

T-MPLS 控制面的主要功能包括传送标签交换通道（T-LSP）的维护（建立、拆除、状态监视）、路由控制、保护恢复等。认为 T-MPLS 控制面的体系结构应基于 ASON 控制面体系结构，这是 ITU-T 专家比较倾向的解决方案。但由于 T-MPLS 基于分组交换技术 MPLS 的特殊性，其控制和数据传送耦合性更强，在实际设备的开发中，不一定像 ASON 那样，将两个平面分割得那么清晰。此外，由于 T-MPLS 控制面的引入，使得分组传输网生存性不强的问题得到较好的解决，通过控制面可以引入更多更有效的保护恢复方案，比如利用预配置通道保护和利用复用段保护环对基于分组传输的组播业务进行保护等。

T-MPLS 传送面负责将客户数据进行分组传输，对客户信号进行适配和转发。对于不同的客户层信号，T-MPLS 应采取不同的适配和转发方法。对分组数据（以太网、帧中继）、信元数据（ATM）和时分数据（PDH、SDH），由于其长度、格式、复用方式等方面的差别，在对其进行适配传输过程中牵涉的汇聚、分段、封装、排序、定时、复用/解复用处理也将不同。

T-MPLS 的传送面还应具有一个特点，即对客户层和服务层透明，对客户层透明是指任何客户层信号都可以承载到 T-MPLS 网络上进行基于分组的传送，客户网络可以是 IP、Ethernet、ATM、FR、FC、PDH、SDH 等。对服务层透明是指 T-MPLS 可以使用任何底层技术传输，在 T-MPLS 扩展出自己的数据链路层协议之前，为了做到前向兼容，可以承载在已有的 Ethernet、SDH 等网络中传输。

T-MPLS 管理面要对传送面和控制面进行管理，它具有比 MPLS 更加强大的管理功能。MPLS 网络用于分组传输的一大不足就是它的 OAM 功能较弱，离运营级的 OAM 相去甚远，对于这个问题的研究思路是在已有 MPLS 网络 OAM 的基础上，借鉴 SDH/OTN 传送网中的 OAM 需求和解决方法，扩展其 OAM 功能，使 T-MPLS 真正做到运营级分组传输。

由于 T-MPLS 是一种分组传送技术，有其特有的机制，而且它拥有很多 MPLS 的特点，比如标签可以无限嵌套，所以 T-MPLS 的 OAM 应有其特别的实现机制，应根据 T-MPLS 分组传输的特殊性，找到这些特别问题的解决方案。

T-MPLS 可以使用带内信令，亦可采用带外信令，所以在 T-MPLS 中信令通信网（SCN）是可选的。带外信令的好处是信令网与数据网独立，而带内信令则更适应分组传输的特殊性，比如可以利用带内信令进行数据信道连通性检验，所以 T-MPLS 最好使用带内信令。核心技术需求：电信级别服务质量、灵活的带宽和服务质量选项、在商业应用和家庭应用融合传送的技术上，提供语音、视频和数据业务的 SLA 保障、根据 SLA 内容提供网络运行指标监控、电信级网络管理，提供基于第三方的标准的集中管理、监控、故障诊断，提供电信级别的 OAM 管理手段、快速业务提供能力，图 6.10 所示的是 T-MPLS 和 MPLS 的关系。

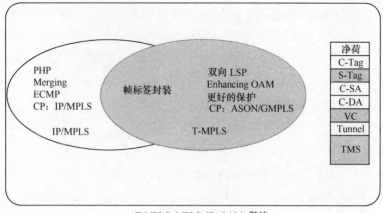

T-MPLS=MPLS-IP+OAM+保护

图 6.10 T-MPLS 和 MPLS 的关系

业务类型（以太网业务），E-LINE、EPL（以太网专线）业务、实现以太网业务端口的点到点透明传输、EVPL（以太网虚拟专线）业务，在 EPL 的基础上，通过 VLAN 进行业务的隔离，从而也实现端口的带宽共享。业务类型（以太网业务），E-LAN、EPLAN（以太网专网）业务，通过虚拟二层交换功能，实现接入数据根据其目的 MAC 地址进行传送、EVPLAN（以太网虚拟专网）业务，在 EPLAN 的基础上，通过 VLAN 进行业务的隔离，从而也实现端口的带宽共享。业务类型（以太网业务）E-TREE，由一个根节点和多个叶子节点构成，根节点到叶子节点可以通信，叶子节点到叶子节点不能通信，同样分为 EPTree 和 EVPTree，适用于组播业务，应用较少，但可能较适合 RAN 无线回传业务。TDM 业务通过电路仿真业务（CES）实现，即 MPLS 网络提供在质量上可以同常规数字电路相比拟的数字电路业务，包括结构化仿真和非结构化仿真，主要提供 2M 电路，也可提供通道化 155M 和 VC4 业务通过 PWE3 实现业务封装，图 6.11 所示的是 T-MPLS 业务类型。

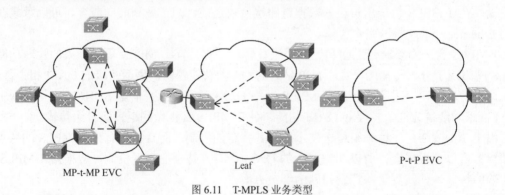

图 6.11 T-MPLS 业务类型

作为标准化程度最高的 PTN 技术，T-MPLS 技术是介绍的重点。本章将分数据面、管理面和控制面 3 部分说明 T-MPLS 技术。

6.2.1 T-MPLS 网络结构

PTN 分层传送模型如图 6.12 所示，通道（Channel）层-TMC：通道层表示业务的特性，比如连接的类型和拓扑类型（点到点、点到多点、多点到多点）、业务的类型等，等效于 PWE3 的伪线层（或虚电路层）。通路（Path）层-TMP：通路层表示端到端的逻辑连接的特性，等效于 IETF MPLS 中的隧道层。段层（Section）（可选）-TMS：段层可选，表示物理连接，比如 SDH、OTH、以太网或者波长通道。物理媒介层：物理媒介层表示传输的媒介，比如光纤、铜缆或无线等。

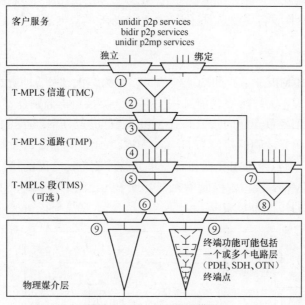

图 6.12 PTN 分层传送模型

如图 6.13 所示，在 T-MPLS 中存在两类接口，即用户网络接口（UNI）和网络节点接口（NNI）。NNI 接口又根据所处 T-MPLS 网络中的位置分为域内网络节点接口（Ia-NNI）和域间网络节点接口（Ir-NNI）。如前面所述，T-MPLS 可以基于当今已有的任何传送网传输，如以太网和 SDH。

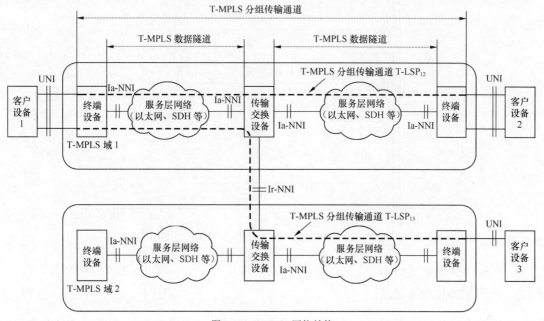

图 6.13 T-MPLS 网络结构

T-MPLS 网络由终端设备、传输交换设备和客户设备组成。客户设备类型可以 IP、Ethernet、ATM、FR、FC、PDH、SDH 等。终端设备为客户设备提供虚电路，赋予客户设备接入 T-MPLS 网络的功能，它会对客户信号执行封装/解封装、复用/解复用、标签交换等操作，并替客户设备向 T-MPLS 网络发起建立或拆除分组传输通道 T-LSP 的请求，从而实现客户数据在 T-MPLS 网络中的传输。而传输交换设备主要是对打上 T-MPLS 标签的数据进行交换、转发和 OAM 处理。

6.2.2　节点功能结构

如图 6.14 所示，T-MPLS 节点的功能结构可以分为三大部分，即数据交换和转发（S&F）单元、控制单元和管理单元；节点功能结构中存在 3 类接口，分别是不同节点的相同单元模块间的接口、节点内部各单元间的接口和 T-MPLS 节点与客户节点间的接口。不同 T-MPLS 节点数据交换和转发单元之间的接口为 NNI_D，控制单元之间的接口为 NNI_C，管理单元之间的接口为 NNI_M。同一节点内分组交换和转发单元与控制单元之间的接口为 CI 接口，与管理单元之间的接口为 NMI-D 接口，控制单元与管理单元之间的接口为 NMI-C 接口，T-MPLS 节点与客户节点之间的接口为 UNI 接口。

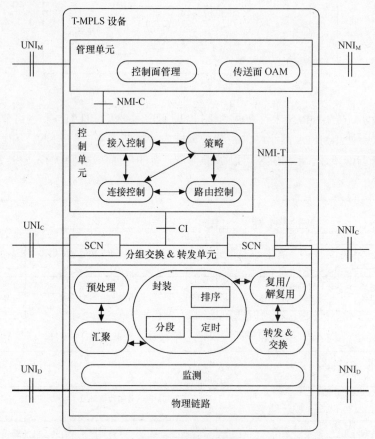

图 6.14　节点功能结构

6.2.3　分组交换和转发单元

分组交换和转发单元主要对携带 T-MPLS 标签的分组客户数据进行标签交换和数据转

发，其主要功能包括预处理、转发和交换、封装、分段、排序、定时、复用/解复用和监测。

预处理是指对客户数据在做进一步处理之前先进行的处理，比如数据和地址的转换、对客户数据类型的识别等，通过预处理可以降低下一步处理的设计难度。

汇聚模块主要负责根据客户数据信号或信令信号的类型及重要性将分组进行分类汇聚，并安排到不同类型的传送信道中传输，使不同类型的信号可以具有不同的 QoS。

封装模块在信号进行 T-LSP 复用和转发之前将信号进行适配，封装模块的实现与所要封装的客户信号类型紧密相关，对于分组、信元和时分这 3 种信号采用封装方法差别较大。封装主要是指给分组打上 VC 标签和 T-LSP 标签，并插入适当的 OAM 信息的过程，但根据客户信号类型的不同，有可能要使用到封装模块的 3 个子模块，即分段、排序和定时。对于超过服务层网络所能承载的最大分组长度时，则要对客户信号进行分段。有些客户可能需要信号顺序传送和实时性支持，对这些信号的传输需要排序和定时功能，排序功能包括帧排序、复帧监测、丢帧监测。还有一些客户层信号，比如 SDH、FR 等，可能需要 T-MPLS 传输具有时序性，即具有定时功能，包括时钟恢复及基于时间的分组传递。

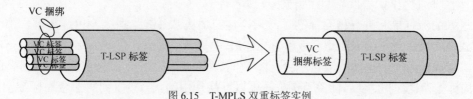

图 6.15 T-MPLS 双重标签实例

CII 标签可以具体表现为某一客户信号的标签，例如，在图 6.15 中，将 CII 标签表示为虚电路标签（VC 标签）。复用/解复用模块通过虚电路捆绑的方法可以将多个 VC 捆绑成一个虚电路组（VCG）在同一个 T-LSP 上传送。这样可以降低网络传输交换设备的复杂度，同时减少对带宽资源的占用。

6.2.4 标签处理过程

在 T-MPLS 终端设备上转发和交换模块把处理完的客户数据交换到相应的 T-LSP 上并转发，在中间传输交换设备中 T-MPLS 标签分组数据被继续转发直到目的终端设备被解复用，转发给目的客户设备。T-MPLS 标签处理过程依据以下原则：

1．保留标签

标签值 0～15 是保留的，在 RFC 3032 中定义了 4 个保留的标签值，见表 6.3，注意标签值 3 仅用于控制平面而不用于承载平面，标签值为 0、1 和 2 的 MPLS 标签包会在适配宿功能的引导下转向一个 FTP。

表 6.3   保留标签值说明

标签值	标签名称	描述
0	IPv4 显式空标签	指示标签栈必须弹空，并且对载荷中 IPv4 包的转发必须基于 IPv4 的字头。此标签仅在栈底有效
1	路由器告警标签	当接收到此标签，数据包在本地被处理。转发由客户层字头决定，但是路由器告警标签应该在出口被压入。 除了栈底外，此值在标签栈的其他任何位置都有效

标签值	标签名称	描述
2	IPv6 显式空标签	指示标签栈必须弹空，并且对载荷中 IPv6 包的转发必须基于 IPv6 的字头。此标签仅在栈底有效
3	隐式空标签	在控制平面，LSP 的最后一跳使用一个值为 3 的标签，指示 MPLS 字头将被移除，下面的转发基于 MPLS 的载荷。隐式空值不在 MPLS 字头中显示出来
4~13		保留
14	OAM 告警标签	在 ITU-T Y.1711 建议书中描述的用于 MPLS OAM 包的标签，在 G.809 模型中不使用
15		保留

2．标签合并

T-MPLS 网络中不支持标签合并。

3．全局标签空间

当进入的流量单元具有相同标签时，无论它们是从哪条链路到达 MPLS 矩阵，都会以相同的方式被转发，对于去向流点（或存在 ECMP 的流点）而言，可认为标签是来自全局标签空间的。全局标签空间也被称为每平台标签空间。"空间"一词可以由"范围"代替，因此称谓"全局标签空间"和"全局标签范围"是可以互换使用的，当接收到属于全局标签空间（也被称为每平台标签空间）的标签时，链路不为其定义关联关系。因此对于矩阵来说它们是惟一的。在面向连接的关联关系中，从全局标签空间中取出的某个特定标签值只能与一个 LSP 关联。

4．接口标签空间

如果 MPLS 标签值仅对于链路中的一个连接点是唯一的，可选择使用接口标签空间以替代全局标签空间。每接口标签空间指的是对于链路上的一个流点，MPLS 标签值是唯一的。标签 A、B 和 C 的值是独立的，可以相同也可以不同。标签 X、Y 和 Z 可以被独立地设置成任意有效值，唯一的限制是 Y 不能等于 Z。

5．多标签空间

可能会支持多标签空间在一条链路上出现的标签可以从全局或每接口标签空间中获得。对于链路而言，一个标签只能属于一个标签空间。在一条链路上可以有多个全局或每接口标签空间的实例不支持倒数第二跳弹出。

6．LSP 隧道

LSP 隧道是点对点的 LSP 可用于构建不直接相连的路由器之间的隧道。示例如图 6.16 所示，在路由器 Ru 和 Rd 之间存在一条 IP 链路流，Rd 是一个中转路由器，两个路由器之间通过标签交换路由器 R1 和 R2 相连，在 Ru 和 Rd 之间的 IP 流穿过一个构成 LSP 隧道<Ru，R1，R2，Rd>的 LSP，Ru 是隧道的发送端点而 Rd 是隧道的接收端点。在这个例子中，LSP 隧道在 R2 处有倒数第二跳弹出。

图 6.17 显示了具有通道<R1，R2，R3，R4>的 LSP。倒数第二跳弹出发生在 R3 上。LSP 表现为 R1 和 R4 间 IP 链路流的两个端点之间的一条隧道，此链路流由 Z 路径支持，并且 Z 层的特征信息是一个 IP 包。

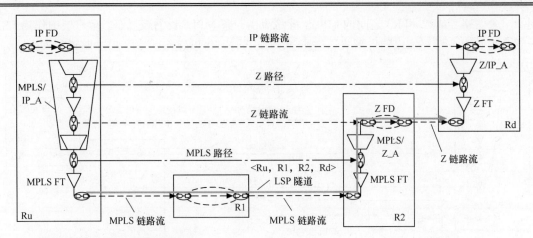

注：按照图表规约在链路流的旁边描出隧道。

图 6.16　LSP 隧道示例

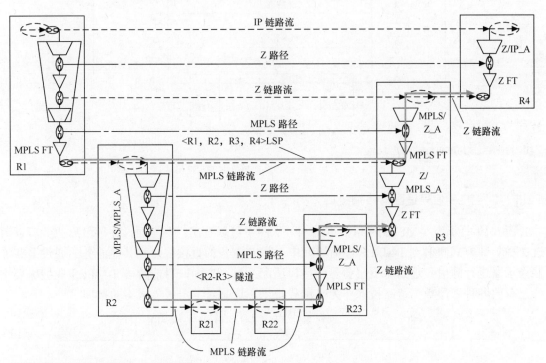

注：按照图表规约在链路流的旁边描出隧道。

图 6.17　服务层 LSP 有 PHP 时的 LSP 隧道

　　R2 和 R3 之间 MPLS 链路流的两个端点形成了 LSP 隧道 R2-R3 的两端，此隧道由具有通道<R1，R21，R22，R23，R3>的 LSP 构成。LSP 的倒数第二跳弹出发生在 R23 上。R2 和 R3 之间的 MPLS 链路流由 Z 路径支持，并且 Z 层的特征信息是标签栈条目。图 6.18 显示了具有通道<R1，R2，R3，R4>的 LSP。倒数第二跳弹出发生在 R3 上。LSP 表现为 R1 和 R4 间 IP 链路流的两个端点之间的一条隧道。此链路流由 Z 路径支持，并且 Z 层的特征信息是一个 IP 包。R2 和 R3 之间的 MPLS 链路流的两个端点形成了 LSP 隧道 R2-R3 的两端，此隧道由具有通道<R1，R21，R22，R23，R3>的 LSP 构成。这个 LSP 中没有倒数第二跳弹出，等同于一条网络流。R2 和 R3 之间的 MPLS 链路流由一条 MPLS 路径支持。当客户层中作为 LSP 一部分的 MPLS 链路流以隧道形式通过服务层 LSP 时，可以递归地使用 LSP 隧道的概念。

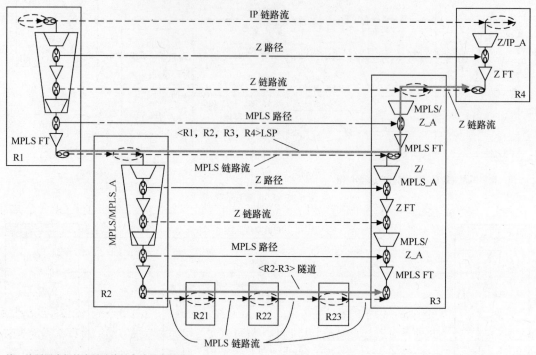

注：按照图表规约在链路流的旁边描出隧道。

图 6.18　在服务层 LSP 没有 PHP 时的 LSP 隧道

6.2.5　T-MPLS 信号适配与传输接口

图 6.19 所示为 T-MPLS 网络节点结构，从图中可以看出：一方面，各种用户业务可以通过 2 种封装方式映射到 T-MPLS 净荷单元中，即 IP 业务的直接映射和其他业务的通过公共连接指示器进行映射，这是对上层业务的接口适配；另一方面，目前阶段 T-MPLS 业务需要支持已有的各种 2 层数据链路技术作为其承载技术，这是对下层服务网络的接口。

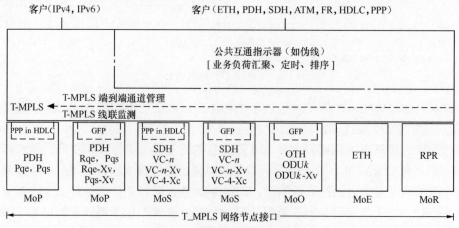

图 6.19　T-MPLS 网络节点接口结构

T-MPLS 网络中从客户信号到链路帧的映射，包括了客户业务封装、信号复用和 T-MPLS 包映射到链路帧的过程。T-MPLS 网络中各种信息结构单元之间的关系如图 6.20 所示。

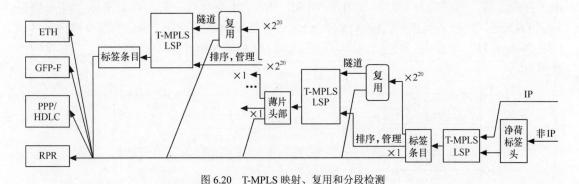

图 6.20　T-MPLS 映射、复用和分段检测

客户信号可以直接映射到 T-MPLS LSP（如 IP 客户信号），也可以通过基于 CII（公共互通指示器）的封装（非 IP 客户信号）间接映射。可以附加 T-MPLS 网络 OAM，并且数据包和 OAM 包都可以加上一个标签头进行复用。最后，T-MPLS 包映射到数据链路帧上，这些链路帧通过 T-MPLS 拓扑链路传送。

1．信号适配

客户信号可以直接映射到 T-LSP，也可以基于 CII 进行间接映射。根据双标签的体系结构，所有类型业务信号（IP 信号可选择直接或间接映射）都可以通过相同的双标签结构进行信号的封装。封装层为在虚电路上传送的指定负荷信号提供了必要的结构。封装层包含 3 个子层：负荷汇聚、定时、排序，负荷汇聚子层与指定的负荷类型密切相关，可以将一组负荷类型归入一个通用类，然后对整个组提供单一的汇聚子层类型，定时层和排序层对负荷汇聚层提供通用的服务。

① 负荷汇聚层的主要任务是将负荷封装成虚电路 PDU 类型。负荷汇聚层承载在客户设备边界处需要重现本地数据单元所必需的附加信息，而比特流在送往 T-MPLS 时，有一部分在本地业务处理模块被剥离。举例来说，在结构化的 SDH 中，段开销和线路开销可能会被剥离。

② 排序子层提供了帧定序、重复帧和丢失帧检测三方面的功能。有些类型的业务必须按顺序传递，有些类型的业务不需要顺序传递，对于所发现的帧顺序错误，以及检测到的帧重复和丢失的具体处理办法的选择，与具体的业务类型有关。一些客户层信号，比如 SDH、FR 等，可能需要 T-MPLS 传输具有时序性，即具有定时功能，包括时钟恢复及基于时间的分组传递。

③ 定时子层提供了时钟恢复和定时传输两方面的功能。时钟恢复是从传输的比特流中提取时钟信息，并通过锁相机制恢复时钟，定时传输是指要求对接收到的不连续虚电路 PDU 按固定相位关系向客户设备传输。

IP 业务可以直接映射到 T-LSP 上，也可使用双标签方式间接映射。在双标签封装方式中，节点不需要具有 3 层转发能力，因此在大量节点不具备 3 层转发能力的网络中，双标签封装方式具有优势。对于非 IP 业务的适配，基于虚电路进行间接映射，由于多个虚电路复用在一个隧道 LSP 中进行传送，提供的业务颗粒可以小于 2M，同时由于对业务加上 CII 标签和采用的标签栈，克服了一些技术地址空间的限制。

业务的通用封装格式如图 6.21 所示，净荷信息可以是 IP 分组、Eth 分组、ATM 信元、FR 信元、SDH 净荷等，净荷信息包含 2 层报头或者 1 层的开销。数据信息加上控制字信息用于净荷汇聚，然后压入 CII 标签确定 T-LSP 中的虚电路类型，压入 T-LSP 标签用于确定 T-MPLS LSP。控制字信息一般包括标记、分段、长度和顺序号信息。在目的端终端设备终结 LSP 并弹出外层 T-LSP 标签之后，将会根据内层 CII 标签来确定是属于哪个高层业务实例的数据流。

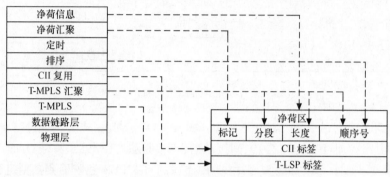

图 6.21　业务通用封装格式

2．传输接口

T-MPLS NNI 支持以下多种服务接口：MOS、MOO、MOF、MOP，MOE，MOA 等，按其采用的链路层技术类型，可分为如下 3 种。

① SDH、PDH 和 OTH 技术（TDM 技术）：这 3 种技术使用块状帧结构，T-MPLS 业务先映射为 GFP-F（通用帧处理映射）帧，GFP-F 帧是一种块状帧，再将其进行处理封装成 VC-m、ODU-j 和 P11s-xv 信号，分别与 SDH、PDH 和 OTH 技术相对应，然后进行传输。

② ETH 技术（分组技术）：先在 T-MPLS 信息包基础上，加上 Type 信息，构成 M-SDU，再加上 MAC 地址和接口的信息 DA、SA，接着加上一些 OAM 信息和差错检验信息，构成 ETH 链路帧。

③ ATM 和 FR 技术（信元技术）：ATM 和 FR 机制依据 VPI/VCI 和 DLCI 进行交换，这说明标签所起作用与 VPI/VCI 和 DLCI 相似，可以用 VPI/VCI 和 DLCI 对标签进行编码，以简化操作。这两种技术对 T-MPLS 业务的承载机制相似。

一方面，带内控制信息的传输也需要由链路层技术承载，其映射方式与 T-MPLS 数据信息映射方式一致；另一方面，成帧后，都有一特定域指出该帧是控制信息帧，与一般的数据帧相区别，如 ETH 链路帧中是 Type 信息、GFP-F 链路帧中是 UIP Value 信息，其他链路处理过程类似。

6.2.6　T-MPLS 保护与恢复自愈技术

在 TM 的保护技术中，被保护的资源可以是物理资源（链路或节点），也可以是逻辑资源（穿过链路或者节点的 LSP）。无论如何看待失效，网络失效始终是由于物理原因（承载 LSP 的链路或者节点失效）引起的。保护是在物理失效（链路或节点）期间对于逻辑资源的保护（LSP）。保护可分为路径保护、局部保护（含链路保护、节点保护）。路径保护是通过和现有的 LSP 并行建立一条额外的 LSP 来实现的，备份 LSP 只在失效情况下承载流量。而且与主

LSP 的路径尽量不同，主备 LSP 都是在首端配置，且预先在控制平面建立。弊端是占用了大量的备份带宽。局部保护则是在备份或者保护隧道只经过了主 LSP 的一段，它也需要提前建立备份 LSP。备份 LSP 从失效的链路（链路保护模式）或者节点（节点保护模式）的附近通过，主 LSP 将会穿过被封装用来取代失效链路或者节点的备份 LSP。和路径保护相比，局部保护有几点优势——更快的失效恢复、1:N 的扩展性以及消耗更少的网络状态等。链路保护和节点保护有以下共同点：在主隧道首端启用 FRR；把被保护链路和备份链路进行绑定；失效检测；连通性恢复；失效后的信念过程。区别是：在 PLR 上配置 NNHop 备份隧道；需要记录 NNHop 备份隧道的标签；NNHop 隧道处理链路失效和节点失效。

1. 基于 TE 的 FRR（FRR）保护技术

TM TE 具备处理分组失效技术，它具有可以使流量脱离内部网关协议（IGP）驱动的最短路径的能力，TM 因此可以帮助减轻网络中和链路或节点失效有关的分组丢失。它提供这种能力的机制被称为 FRR，或者称为简单 TM TE 保护。从 TM 网络恢复的角度出发，对受故障影响的业务进行重路由。当在光层发现故障发生后，TM 的传送面将通过与控制面的 CCI 接口将故障信息向控制面传送，通过故障定位后，故障通告信息将通过控制面发送给故障路径的源节点 T-CC，源节点 T-CC 向其路由控制器（T-RC）查询预计算的恢复路径，而后沿恢复路径的节点进行恢复路径的配置。这种方法中要用到 TM 控制面的分布式的路由和信令协议，利用控制面或管理面的 GUI 可以实现对网络相关资源状态变化的观察，从而可以验证故障恢复过程中的分布式路由信令协议作用和故障恢复资源的调度；故障恢复的验证可以通过控制面 GUI 的显示，或对光层实际物理信号或业务信号的检测来证实。

2. 基于资源配置策略的 TM 网络保护

根据 ITU-T G.8131 协议所提出的 TM 保护与恢复机制、TM 的网络生存性实现，除了基于 TE 的 FRR 保护技术外，还可基于不同的保护策略配置网络资源，为业务建立相应的保护 LSP。保护策略参考主要包含 1:1、1+1 两种形式的路径保护、SNC 保护。它们通过管理面的策略控制器进行统一调度。选择保护类型时需要确定结构类型、单/双向和恢复/非恢复。

从结构类型来看，保护倒换是可以适用于任何拓扑的一种完全分配保护机制。它能够完全用于探测保护连接中用于恢复受保护工作连接而预留的路由和带宽。它提供了一种快速而又简单的生存性机制。网络维护人员在保护倒换时捕捉网络状态（如动态网络拓扑）比其他生存性机制下更为方便。以下网络目标将被应用：倒换时间、发送延迟、保护时间、扩展保护、倒换类型、操作模式、人工控制、倒换开始标准。为了在各种可能的工作连接失败下均有效，保护连接必须能够由于与全部普通失败模式之间有完整的物理差异而被确认。这一点可能并不总是可实现的。同样，这个可能要求工作连接不遵循最短路径。

TM 路径保护专用于端到端保护，通常存在 1+1、1:1 两种结构，可用于 Mesh 和环网，1+1 用于单向倒换，1:1 用于双向倒换。1+1 结构如图 6.22 所示，一个保护传送实体被用于另一个工作传送实体，正常的工作流量将在保护域的源端复制后通过永久性地桥接至工作和保护两个传送实体。在工作及保护传送实体上，流量同时被传送到了保护域的宿端，那里将对工作及保护传送实体基于一些预定标准进行由选择器选择，如业务缺陷指示。如果连通性检验分组用于探测工作与保护连接的缺陷，它们将被在源端插入工作和保护实体并在宿端探测和拆解。需要注意的是，无论该连接是否被选择器选中，这个引起探测包均在发出。单向 1+1 保护可被恢复也可不恢复。

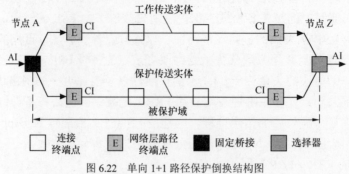

图 6.22　单向 1+1 路径保护倒换结构图

如图 6.23 所示，如果一个单向缺陷（由 A 至 Z）发生了，这个缺陷将在节点 Z 宿端被探测。节点 Z 的选择器将切换到保护连接。

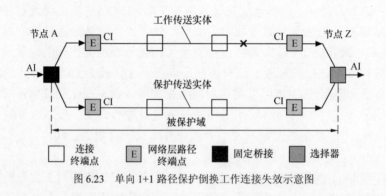

图 6.23　单向 1+1 路径保护倒换工作连接失效示意图

在 1：1 结构中，一个保护传送实体被用于另一个工作传送实体，正常的工作流量将在保护域源处通过一个选择器桥接至工作和保护两个传送实体之一，在保护域宿端由另一个选择器选择承载有正常流量的实体，由于源端和宿端需要协同工作以确定以保护选择同一个实体，因此 APS 协议是必须的。为了增加网络可靠性，减少复杂度，在设想的三节点并行工作的局部环网中，以 1+1 方式工作。

TM SNC 保护用于一个段，也存在 1+1、1：1 两种结构。在单一或多个运营商网络可以有两个独立的 SNC 存在，分别是工作及保护的传送实体。对于受保护的正常流量信号，TM 的子层路径终端功能（如一前一后连接终端功能）产生/插入和监听/拆解 TM OAM 信息，以确定 TM 子层路径的工作及保护状态。APS 信息将在保护的 SNC 中传播，但对于 1+1 单向倒换的情况 APS 不支持。图 6.24 为单向 1+1/1：1 SNC/S 保护倒换：在该保护结构中，由节点 Z 的宿端的选择器来完成保护倒换，工作流量在节点 A 的源端永久性地桥接，服务器/子层的路径终端及适配功能被用于监视和探测工作及保护连接的状态。更细化的 1+1 SNC/S 保护倒换机制参照路径 1+1 保护。在 1：1 中，保护倒换由保护域两侧的选择器来完成，它基于本地或近端的信息，而 APS 协议信息来自于远端。单向 1+1/1：1 SNC/S 保护可以是恢复式或非恢复式。图中 AI 为适配信息，CI 为属性信息。

在这个机制中，工作流将被作为路径两侧的"E"点被标识出来，正常状态由 3 个连接构成。这个机制将由标签堆栈实现。工作和保护传送实体分别是 1#和 2#。

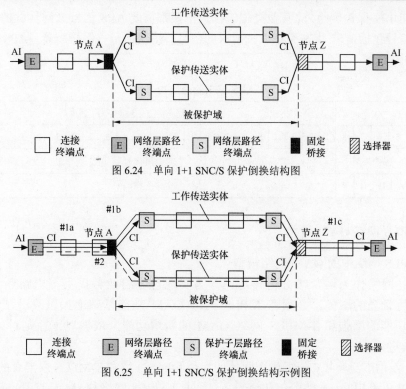

图 6.24　单向 1+1 SNC/S 保护倒换结构图

图 6.25　单向 1+1 SNC/S 保护倒换结构示例图

端到端的流量，标记为 TMp 路径，以及 NC，连接#1b、#2 对应子层路径（TMs 路径），注意桥接及选择器功能将终端子层路径，可通过监听连接#1b 和#2 实现，由于 NC 已在两个终端点间确定，并且桥接及选择功能未处理 AI，仅处理了 CI（除生存时间 TTL 外），因此它被认为是 SNC 保护，而非路径保护。没有一个更高的优先级请求在实现中时，倒换操作触发机制可以由操作人员控制。信号失效条件可以分为信号失效（SF）和信号劣化（SD），由 G.8121 定义，高于任何通过 APS 通道从远端收到的任何请求时被标示出来。在双向倒换中，当远端请求具有最高的优先权时，近端将发出去逆向请求。

操作类型分为恢复及非恢复两种，在非恢复类型中，当切换要求终止时业务将不恢复到原工作连接中。当失效连接不再处理于 SF、SD 状态时，也没有外部告在相关连接中，如工作及保护连接。没有在其他连接中并且保持关闭计数器已终止。在终止模式下等待恢复计数器终止了，SF 或 SD 没有在工作连接中宣布。人为控制保护倒换功能将被从网元或 NMS 中传递。请求/状态分有优先级，在单向倒换中，优先权仅由近端确定。在双向倒换中，本地请求将在它同高或复与否均可。但是对于中断的节点和线路仍然组织抢修抢通，以迅速恢复网络的健壮性。发起的命令，一个"无要求"状态将进入，在这状态时，将不发生倒换。T-MPLS 中的自动保护倒换协议（APS）处于 T-MPLS OAM 框架的 APS 有效载荷结构，由 4 个连续的 8 位字符组成，定义见表 6.4。

表 6.4　　　　　　　　　　　　　　　　　APS 净荷信息结构

功能类型	保留值	路径终端标识（可选，默认为全 0）	APS 字节	填充信息（全 0）	16 位奇偶校验码
1Byte	3Bytes	20Bytes	4Bytes	14Bytes	2Bytes

除了单向 1+1 保护倒换外，其他类型的保护倒换都需要 APS 信号来同步保护域 A 端和 Z 端的动作。信号包括请求/状态类型、被请求的信号、桥接信号、保护配置。APS 字节净荷结构参见表 6.5。

表 6.5   APS 字节信息结构

1								2								3								4							
1	2	3	4	5	6	7	8	1	2	3	4	5	6	7	8	1	2	3	4	5	6	7	8	1	2	3	4	5	6	7	8
请求/状态				保护类型				请求信号								桥接信号								预留值							
				A	B	D	R																								

6.2.7   T-MPLS 网络 OAM 技术

1. T-MPLS 网络中的 OAM 网络模型

T-MPLS 网络作为运营级分组传送网，为实现对分组业务提供与电路业务同样的可用、有效与可管理的服务，必须在 MPLS 网络 OAM 功能基础上加以改进，包括 MPLS 网络 OAM 功能的增强和 T-MPLS 网络 OAM 的新增功能，依据以下原则对 MPLS 网络 OAM 进行改进。

Ethernet 使用广泛，未来分组传送网被认为是 Ethernet 层和 T-MPLS 层混合的网络，为了协调基于 MPLS 和 Ethernet 的分组传送设备，要求 T-MPLS 网络 OAM 具有 Ethernet OAM 功能，因此 T-MPLS 网络 OAM 功能在传统 MPLS 网络 OAM 功能基础上还引入了许多 Ethernet OAM 功能，包括性能信息分组、环回请求、环回响应、链路追踪、锁定、环回、单端丢包测定、双端丢包测定、双向延时测定和单向延时测定等功能。MPLS 网络 OAM 原有功能，如 BDI（反向通告）、CV（连通性检测）、FDI（前向缺陷通告）、FRR（快速重路由）等功能必须能够适应运营级传送网的需求，借鉴 SDH 传送网中的 OAM 需求和解决方法，对 MPLS 网络 OAM 功能进行扩展。

不同于 MPLS OAM，T-MPLS 网络作为分组传送网，根据 1.1 节所提的 PTN 体系架构，需要为不同的组织机构提供不同的管理维护范围和内容。因此，T-MPLS OAM 的维护对象是基于 MEG 的，任何一个域的两个边界点间和两个相邻域的边界点间都可以确定一个 MEG。由 PDU 中不同的 MEG level 字节来区分不同域的 OAM。相对标签栈来说，label 表征分层的概念，MEG 主要表征分域、分割的概念，主要用于 TCM 场合。

图 6.26 中标识了维护实体端点（MEP）和维护实体中间点（MIP）的位置。其中对于点到点 T-MPLS 网络连接，一个 MEG 只包含一个维护实体（ME）；对于点到 N 个端点的 T-MPLS 网络连接，则含有（$N-1$）个 ME。MEP 表示一个 MEG 的端点，能发起并终结用于故障管理和性能监控的 OAM 帧。MIP 是 MEG 的中间节点，能够响应某些 OAM 帧，除 LB 信号外，不会发起 OAM 帧，对途经的 T-MPLS 网络流量也不采取任何动作。

2. T-MPLS 网络 OAM 的帧格式

T-MPLS 网络 OAM 帧封装成 T-MPLS 网络帧，OAM 协议数据单元（PDU）的帧格式采用统一的帧头格式（如图 6.27 所示）。OAM 帧和普通 T-MPLS 网络流量是区别开来的，但是却和 T-MPLS 网络流量共用相同的转发流程，由此可以监控 T-MPLS 网络流量。T-MPLS 接入点输入 T-MPLS 属性信息，首先检查信息是否刚刚到达栈底并且标签值为 14，以区分 OAM 信息与普通数据信息。

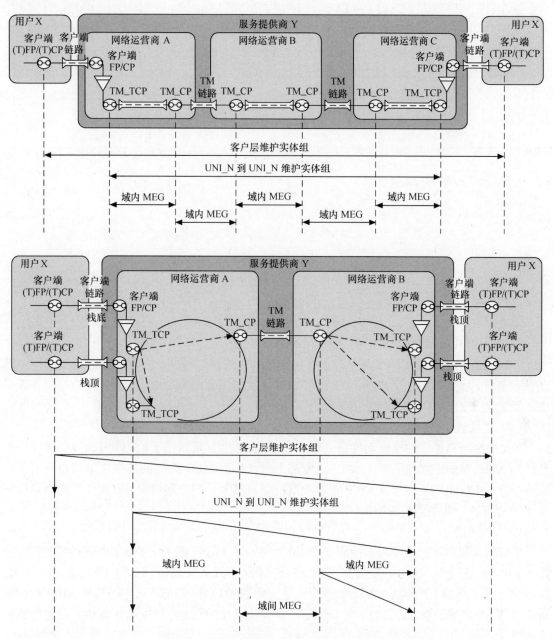

图 6.26　多域点到多点 T-MPLS 连接及相关 MEG

其中 MEL（MEG level）标识 OAM PDU 所属的 MEG 的级别，范围从 0 到 7。当数据流不能通过 T-MPLS 层封装的方法来区分时，就用 8 个 MEL 来区分嵌套于不同域的 OAM 帧。客户、业务提供商和运营商也可通过相互协商的方式来修改缺省 MEL 的分配。OAM 消息类型通过 Function Type 来标识，各 OAM 消息的额外信息通过 TLV（Type、Length、Value）方式来表示。

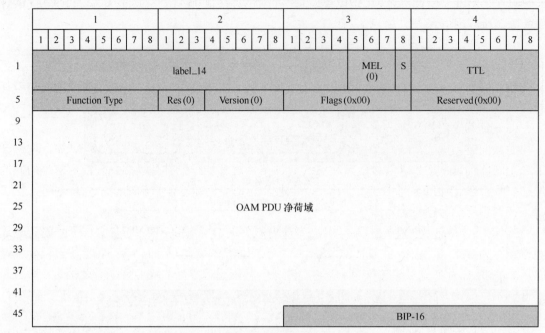

图 6.27　T-MPLS OAM 协议数据单元帧头格式

3. T-MPLS 网络 OAM 的功能类型

T-MPLS 网络业务级的故障管理主要包含连通性检测、环回、链路追踪、告警指示、远端故障告警和测试功能等。ITU-T 的 Y.17TOM 定义了预置 OAM 和按需 OAM 的故障管理机制。现已定义的 OAM 消息包括以下功能类型。

（1）连续性检查消息

T-MPLS 网络连续性检查功能是一种主动 OAM 功能，可以用于检测处于一个 MEG 中的任一对 MEP 间的连续性丢失（LOC），可用于检测两个 MEG 之间的错误连接，也可用于检测在一个 MEG 中出现与错误 MEP 相连的情况以及其他一些缺陷情况。连续性检查消息可应用于故障管理、性能监测或倒换保护。

（2）环回消息

T-MPLS 网络环回功能用于检验一个 MEP 与一个 MIP，或者一个 MEP 与对等一个或多个 MEP 间的连通性，该功能类似于 Ping。它是一种按需 OAM 功能，通常由管理者命令发起。目前只定义了单播 LB 信息，单播环回检测是一种按需 OAM 功能，可用于检验 MEP 和 MIP 或者对等 MEP 间的双向连通性，也可以在一对对等 MEP 间进行双向诊断测试，比如检验带宽吞吐量、检测比特错误等。

（3）链路追踪消息

T-MPLS 网络链路跟踪功能是一种按需 OAM 功能，可用于以下两个目的。

① 邻接关系检索：链路跟踪功能可以用于识别一个 MEP 和一个远端 MEP 或 MIP 之间的邻接关系检索。为了建立邻接关系，需要得到 MIP 和 MEP 的序列。每个 MIP 和 MEP 可通过其 MAC 地址来标识。

② 故障定位：链路跟踪功能可以用于故障定位。当发生故障（例如链路和/或设备故障）

或者产生转发平面环路时，MIP 和/或 MEP 的顺序关系很可能与预期的不同。这种不同的顺序关系就提供了故障位置信息。

（4）告警指示消息

当 MEP 检测到连接故障后，将以组播方式通告故障。T-MPLS 网络告警指示功能主要用于在检测到服务（子）层的缺陷情况后通告客户（子）层该 T-MPLS 网络通道故障，同时抑制客户（子）层的警告，以免 NMS 对同一故障收到大量冗余告警。

（5）远端缺陷指示

在双向链路中，MEP 使用 T-MPLS 网络远端缺陷指示功能通知它的对等 MEP，它遇到了一个缺陷情况。例如，信号故障和 AIS 等缺陷情况都能导致带有远端缺陷指示信息的帧的发送。只有当 T-MPLS 网络连续性检查功能被激活时，远端缺陷指示功能才会被使用。

（6）锁定信号消息

T-MPLS 网络锁定信号功能用于 MEP 向它紧邻的客户层的 MEP 通告它有计划的管理或者诊断行为。本功能使得客户层 MEP 能够区分缺陷情况和服务（子）层 MEP 在进行有计划的管理/诊断行为时所可能导致的数据流量中断。其中引起中断的缺陷情况需要报告，而引起数据流量中断的有计划的行为则不需要报告。该功能只有 Y.17tom 支持。

（7）测试信号消息

T-MPLS 网络测试信号功能用于进行单向按需的中断业务或不中断业务诊断测试，其中包括对带宽吞吐量、帧丢失、比特错误等的检验。当执行这样的测试时，MEP 插入具有特定的吞吐量、帧尺寸和发送模式的带有测试信号信息的帧。中断会引起锁定信号。

（8）维护通信通道消息

T-MPLS 网络维护通信通道功能用于进行远端维护。维护通信通道功能为一对 MEP 提供一条维护通信通道。与管理面交互信息。

（9）设备制造商专用和实验用 OAM 消息

Y.17tom 专门为设备制造商和实验用 OAM 预留了两个操作码。T-MPLS 网络设备制造商专用的 OAM 功能可以由设备制造商在其设备内使用，但是不可以跨越不同制造商的设备。实验用的 OAM 功能可以在一个管理域内临时使用，但是不可以跨越不同的管理域。这两种消息都用一个 OUI 字段，以标识特定的制造商或管理域。

（10）帧丢失率

帧丢失率用于描述在点到点连接中，在时间间隔 T 内，丢失的帧数和发送的总帧数的比率。其中，丢失的帧数是入口点收到的报文和出口点收到的报文之差。

（11）帧时延

帧时延可以用帧的双向时延表示。双向时延指从源节点发送帧第一个比特的时间到同一个源节点收到帧的最后一个比特的时间间隔，其中的环回动作由信息帧的目的节点完成。

（12）帧时延抖动

帧时延抖动用于测量点到点 T-MPLS 连接中，属于同一个服务等级的两个帧之间的时延抖动。

结合表 6.2 可以看出，根据 ITU-T Y.17tom 建议，T-MPLS OAM 具有 PTN 所需的所有 OAM 功能，但部分内容有待完善。

6.3 T-MPLS/MPLS-TP 管理面技术

2006 年，ITU-T 制定了"T-MPLS 网络部件的管理方面"（G.tmpls.mgmt）。该协议陈述了 T-MPLS 传输网络的管理方面，包括 T-MPLS 网络传输功能。管理功能与客户层相互独立，因此一些管理方法可以不必考虑客户层使用的管理方法。目前只有故障管理还有属性管理有所进展，性能管理、安全管理和账号管理有待研究。进一步，只有下列 T-MPLS 设备函数的管理信息（MI）在此说明：

① T-MPLS 层链接函数；
② T-MPLS 层追踪终端功能；
③ T-MPLS 服务层到 T-MPLS 客户信号的适配功能；
④ T-MPLS 服务层到 Ethernet 客户信号的适配功能；
⑤ SDH 服务层到 T-MPLS 客户信号的适配功能；
⑥ PDH 服务层到 T-MPLS 客户信号的适配功能。

在 T-MPLS 中，对于其他类型的用户和业务的适配的管理还在进一步的研究中。协议同时也描述了对于元件管理层（EML）操作系统还有 T-MPLS 网络元件中的设备管理函数之间通信的网络管理组织模型。

6.3.1 T-MPLS 管理面需求

ITU-T 规定 T-MPLS 管理面有以下需求。

① 网络元件功能部分的管理应该统一，不管这些是内部接口还是外部接口。本建议中包括了对于形成统一的管理角度必需的一些属性。

② TMPLS 网络实体是指追踪终端、适配、连接，在 ITU-T 建议 G.8110.1/Y.1370.1 中有介绍。

③ 网络元件只能有 T-MPLS 网络实体。

④ 网络元件可能同时包括 T-MPLS 层网络实体（TMLNE）和客户层实体（CLNE）。

⑤ 客户层实体在本地逻辑域进行管理（例如以太网管理网络）。

⑥ TMLNE 和 CLNE 可能不共享共同消息通信功能（MCF）和应用程序函数管理（MAF），取决于所使用的程序。

⑦ CLNE 和 TMLNE 可选择是否共用同一代理商。

6.3.2 T-MPLS 设备管理功能

T-MPLS 要求支持域间或网络间通信和 MSN 中 NEs 的单端维护功能的通信，或者通过网络接口在同类 NEs 之间通信所需要的最小化功能的总结。单端维护是指可以访问 T-MPLS 的远端 NEs 执行维护的功能。具体的从管理对象分类，属性和消息样述的方面描述管理功能，还在进一步的研究当中。

T-MPLS 设备的管理功能模块 EMF 提供了由内部或外部管理者管理 T-MPLS 网络元件功能模块（NEF）的方法。如果 NE 包括内部管理者，要求必须是 EMF 的一部分。EMF

和原子功能模块通过在 MP 参考节点之间交换管理信息建立通信，见 ITU-T 协议 G.806 和 G.8121。EMF 包括一系列的功能子模块，对从参考接口得到的信息进行数据压缩。功能输出与网络元件源和管理应用模块（MAF）中的 agent 进行联系，将输出的信息作为管理对象。网络元件源提供事件处理和存储功能，MAF 处理由 NE 传输并发送的信息，agent 将信息转化为管理信息，并且当管理者对管理对象进行适当的操作时响应管理信息。

Agent 接收和发送的信息通过 V 参考节点造消息通信功能模块（MCF）管理接口（MP）的信息流是具有功能性的，信息流的存在依赖于 T-MPLSNE 提高的功能以及选择的功能。由于发生异常和在原子功能模块中检测到的错误产生的 MP 参考节点的信息流，在协议 G.8121 中有详细介绍。位于属性设置和预备信息的之后的信息通过 TMPLS EMF 传输到原子功能模块。得到的信息汇报状态信息 T-MPLS EMF 中的日期和时间功能模块包括本地实时时钟功能（RTC），执行检测始终（PMC）功能模块，NEF 中的消息通信模块应具有设置本地实时时钟的功能。日期和时间值通过自由运行本地时钟增加，或者通过外部时间源。FCAPS 功能需要日期和时间信息，例如抽样事件报告、从日期和时间模块中获得信息。

6.3.3　T-MPLS 故障管理功能

1. 监督

监督进程描述了如何通过分析实际发生的干扰和故障向管理人员提供恰当的运行或者故障状况的信息。监督体制基于 ITU-T G.8110.1 的功能模块的概念，以及 ITU-TX.733 中的报警模块。

五大基本监督分类是和传输、业务质量、处理、设备以及环境有关的。这些监督进程可以发现故障原因，但是在发送报告前需要进一步的确认，见 ITU-T G.7710/Y.1701 对于另外分类的讨论。当终端节点不能再监督信号时（执行设备出现故障或者功率不够时）T-MPLS 的 NE 将向 OS 通报。将某个管理实体的报警关闭（利用 NALM、NALM-TI 或 NALM-QI）可以使用户有足够的时间检查或者执行其他的维护操作在无警报的状态下。一旦管理实体准备好，报警系统自动打开（到 ALM），允许源自动传送出去，或者首先唤醒 EMS 的 NALM 状态，当维护活动完成时，唤醒 ALAM 状态，后一步由 EMS 自动进行。

2. 故障报告

警报监管是和网络中发生的相关事件和状态的检测和报告有关的。其中，在设备和到来信号中检测到的状态和事件是需要报告的。另外，设备外的一些时间也需要报告。当检测到故障后，由 NE 自动生成 OS。决定事件和状态产生怎样对应的报告，哪些在有请求时应发送报告。以下的警报相关的功能应该支持：

① 自主发送报警报告；

② 请求发送所有警报；

③ 报告所有警报；

④ 允许或禁止自主发送警报；

⑤ 报告或者禁止报警的状态消息；

⑥ 发送保护交换事件。

3．故障管理功能

网络元件中的设备管理功能模块在声明故障原因之前一直进行持续的检测（通过 MP 参考接口进行汇报）。除了传输错误，信号传输中断的硬件错误也会汇报给故障原因功能模块的输入端口，为了进一步的处理。协议提供了一种对于呈现在 MP 参考接口的故障和性能检测原始信息的数据压缩机制。目前相关工作刚刚开展，尚待完善。

6.4　T-MPLS/MPLS-TP 控制面技术

T-MPLS 标准化工作目前主要集中在数据平面，T-MPLS 的控制平面标准化工作还未完全展开，目前标准化程度是提出了控制平面问题和解决步骤。

6.4.1　T-MPLS 控制平面需求

根据传送网控制结构体系的相关文档，以及传送网的控制平面实现，T-MPLS 控制平面具有以下需求。

（1）T-MPLS 的数据平面（或用户平面）功能应当独立于控制或管理平面的选择。这就使得选择 T-MPLS 数据平面技术和选择运营 T-MPLS 层网络的控制或管理技术两者是相互独立的，在 G.8110.1 中也有关于这点的描述。

（2）T-MPLS 控制平面功能应适用于传送应用。有许多可以用于控制 T-MPLS 层网络的协议。有的协议具有的特性使其不尽支持 T-MPLS 的应用，同时也支持 T-MPLS 并不提供的应用和网络模式。如果一个协议支持的特性要比 T-MPLS 应用所必需的多，就应该详细规定适用于 T-MPLS 控制平面的该协议的充分必要的协议子集。

（3）应该对客户隐藏 T-MPLS 网络地址。网络的选址如果提供给客户，将导致冲突，客户试图改变其网络的接入点，同时保持自己的终端地址不变；而运营者则想根据网络拓扑来管理选址计划。因此，T-MPLS 网络运营时，必须确保不对客户提供自己的内部地址。即网络地址对于客户是不可见的。

（4）对于 T-MPLS 网络的接入点（或代理接入点的连接点），控制平面应当可以对其命名，以便客户确认呼叫请求或连接请求的终端点。因为对客户隐藏了网络地址，并且允许客户改变自己的连接点的同时保持相同的终点标示，所以应当对客户提供接入点的名称命名，以用作终端点标示。

（5）T-MPLS 的控制平面支持终端点名称，以及网络地址之间的转换。

（6）T-MPLS 的控制平面支持对连接预先设定的保护。在某些情况下，期望恢复性能达到动态连接路由重新计算时地性能是不切实际的。因此，为选定连接预先设计保护路由非常必要。

（7）T-MPLS 的控制平面应当具有很好的可扩展性，以支持大量的连接数量。如果 T-MPLS 被用来当作一个通用的传送层网络，使用此 T-MPLS 网络时，其需要支持的实际连接数量等价或者可能比现有的 SDH 和 PDH 层网络的连接数量更大。因此，可扩展性是 T-MPLS 控制平面的一个重要的特性。

（8）T-MPLS 的控制平面支持约束的路由计算。T-MPLS 是一种灵活的传送网络技术，支持不同的连接类型，所以控制平面路由计算必须支持由于连接类型不同而引起的各种限制。

（9）T-MPLS 的控制平面支持建立、修改并释放 T-MPLS 通道、网络连接和子网连接。T-MPLS 层网络提供给客户的最基本的功能就是 T-MPLS 的通道，以及在通道终端点的客户适配。根据网络域的边界情况，层网络提供通道、网络连接或者子网连接等业务。

（10）T-MPLS 控制平面支持对其逻辑上独特的元件做出独立标示。在控制平面中，这些结构独特的元件包括节点和链路（受控的层网络中）、控制平面功能组件、协议控制器等。这些元件必须被独立地标示及提供，以允许控制平面部件在不受数据平面业务的影响下重构，反之，控制平面部件的重构，也不应影响数据平面的业务。

（11）T-MPLS 的控制平面必须明确区分其所控制的资源是属于 T-MPLS 网络的还是属于其他网络的。如果多个网络在同一控制平面控制下运行，就必须区分属于每一层网络的资源。这对增强各层网络的内部操作以及保持各层网络的独立而言，非常重要。

（12）T-MPLS 控制平面为结构类似的操作提供了共同的控制机制。为了支持传送网络的有效运作，必须尽可能避免所有可能出现的特例。例如，对于连接建立，不论连接的长短（即连接的跳数）有多长，控制机制都应适用。

（13）T-MPLS 控制平面支持将受控网络划分为独立、对等的控制域或者层次化的控制域。大型传送网往往需要根据规模，运营职责划分或者其他方面的因素来进一步细分。因此，T-MPLS 的控制平面必须支持对等和层次化的区域结构。

6.4.2 T-MPLS 的控制平面进展

目前 T-MPLS 控制面标准化程度提出了控制平面问题和解决步骤。

1. 实现方式的选择

T-MPLS 控制平面有两种可选的实现方式，一种是基于 ASON 建议 G..8080 定义的方法。目前的 ASON 建议 G.8080 只支持 SDH 和光传送网的网络应用。随着 T-MPLS 建议的不断完善，显然有需要为 T-MPLS 的应用来扩展 ASON 协议族。与此同时，IETF 已经为基于 MPLS 和伪线的分组网络的控制平面制定了一系列 rfc 文档。所以除了扩展 G.8080 定义的 ASON 协议族外，T-MPLS 控制平面的另一个选择是可以用 IETF 所定义相关 RFCs 的一个子集，在其 T-MPLS 控制平面实施概要中记载。但是 IETF 制定的 MPLS/PW 相关的 RFC 中是否包括了 T-MPLS 所需要的全部功能尚不明确。

2. 与其他网络的互通

此外，在控制平面的选择上，关于 T-MPLS 和 IP/MPLS 域的互通也是一个重要问题。目前，关于 T-MPLS 和 MPLS 的互通问题出现在 G.8110.1 附录中，但是其中仅涉及用户平面，对于具有高度独立性的控制平面，互通问题如何解决也需进一步研究。IETF 的 CCAMP 和 MPLS 工作组已经开始思考 MPLS 和 GMPLS 的互通。在其制定的草案 draft-shiomoto-ccamp-mpls-gmpls-interwork-fmwk-01.txt（"Framework for IP/MPLS-GMPLS interworking in support of IP/MPLS to GMPLS migration"）中总结了 MPLS 和 GMPLS 互通问题的需求以及解决此问题的框架。

3. 控制平面信令

对于控制平面的信令，GMPLS 和 MPLS 存在以下方面的差异，成为需要解决的关键问题：

① GMPLS 建立的是双向 LSP，而 MPLS 建立的是单向 LSP；

② 不同的信令对象，导致需要映射来解决互通问题；

③ 错误恢复的差异。在路由方面 GMPLS 引入了新的 sub-TLV。

IETF 制定的 MPLS-GMPLS 互通的草案建议采用分层的方法将使用不同控制平面技术的域分离。分层的方法可能适用于电路交换网和 MPLS 分组交换网，但当两个域都是分组交换时，此方法会更加复杂。

4．ASON 的路由需求

对于 ASON 的路由需求，ITU-T SG15 Q14 工作组和 IETF ccamp 工作组已经展开密切合作，并形成了一系列成果。IETF 已经制定了关于 ASON 需求的 RFC 4139 和关于 ASON 路由需求的 RFC 4258。IETF 已经评估了现有的 ASON 路由与路由协议的要求，并制定了草案。ITU-T SG15 已制定了关于 ASON 路由要求的 G.7715.1 和 G.7715 建议。IETF 已经开始致力于制定 ASON 路由的解决草案。

但是，迄今为止，ITU/IETF 完成的 ASON 路由方面的标准建议只支持 SDH、光传送网电路交换及相关应用。对于 T-MPLS，应当如何扩展路由方面的建议尚需考虑。IETF PWE3 工作组在 PW 信令方面已经取得很大进展，并已选定基于 LDP 的实现方法来实现单跳和多跳伪线（MH-PW）的信令。尽管对于多跳伪线，也提出了一个基于 RSVP-TE 的实现方法，但 PWE3 小组决定只规范一个 MH-PW 的信令协议，即基于 LDP 的信令协议。IETF 工作组已经为 L2 VPN 工作组已经为实现层 2 VPN 的自动配置，扩展了单跳 PW 信令协议，相关的 IETF 草案和 RFCs，主要在以下几方面进行扩展：单跳伪线，2 层 VPN，多跳伪线。

目前，T-MPLS 控制平面的需求才刚刚提出，其框架结构及技术体系的实现还要很长时间才能完成。对于控制平面的最终实现方案，ITU-T 提出了以下步骤来解决。

（1）T-MPLS 的控制平面是应基于 ASON/GMPLS，还是基于以 IETF RFCs 为基础的执行概况需要达成共识。T-MPLS 与 MPLS 域的互通应该在此进程中考虑。

（2）如果未来选择 ASON/GMPLS 的方法作为 T-MPLS 控制平面地实现途径，ITU 将为其制订一个工作计划，其中包括以下内容。

① 明确哪些 ASON 建议必须更新，G.8080、G.7713 等。

② G.7713 "分布式呼叫与连接管理"是否适用于 T-MPLS?哪个 G.7713 信令协议应该为 T-MPLS 而扩展，是 G.7713.1（P-NNI）还是 G.7713.2（RSVP-TE），或者是 G.7713.3（CR-LDP）？

③ G.7714 自动发现技术是否适用于 T-MPLS，是否应该基于 IETF L2 VPN 技术的方法来实现 T-MPLS 控制平面的自动发现？

④ 为了支持基于分组传送的 T-MPLS，哪些新的 ASON 技术是必须扩展的？

⑤ 确定对当前联合的 ITU-IETF CCAMP 工作于 ASON 路由上的冲击。同时对于 G.715/G.7715.1 的 ASON 路由需求是什么影响？

⑥ 确定支持 PW 应用的方法。LDP 是否应该用于单跳 PW、RSVP-TE 是否应该用于多跳 PW、或者 RSVP-TE 应该用于两个单跳和多跳？

⑦ 确定如何记录 T-MPLS 域到 IP/MPLS 域控制平面的互通。这应该是用附录 G.8110.1 或 G.8080 哪个做？

⑧ 创造一个适当的联络到 IETF，为 ITU-T 与 IETF 如何共同致力于 T-MPLSASON/GMPLS 的扩展提出了一个框架。

6.5　PTN 的分组同步技术要求

6.5.1　PTN 承载 CES 业务的同步要求

1．功能要求

PTN 承载 CES 业务（如 E1 电路仿真业务）时，需提供业务时钟的透明传送，保证发送端和接收端业务时钟具有相同的长期的频率准确度。PTN 应至少支持以下一种 CES 业务时钟恢复方式：网络同步，自适应法，差分法。

2．性能要求

根据 PTN 承载 CES 业务处于不同的网络环境，存在以下 3 种部署方式。

① 部署方式 1：PTN 承载的 CES 作为一个孤岛，位于传输链路的中间，两端分别与传统的 SDH 网络互联，如图 6.28 所示。

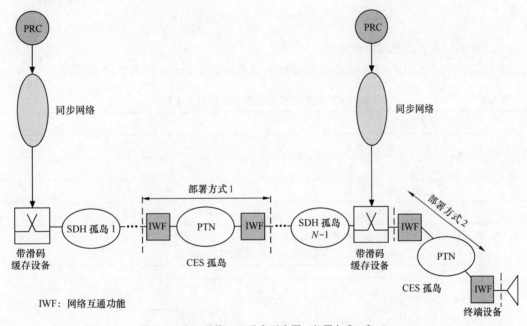

图 6.28　PTN 承载 CES 业务示意图（部署方式 1 和 2）

② 部署方式 2：PTN 承载的 CES 孤岛在传输链路的末端，与业务设备相连，如图 6.28 所示。在这种部署方式下，存在两种应用场景：PTN 上联具有滑码缓存的设备，称为应用 A；末端业务设备直接从 CES 孤岛输出的 TDM 业务中获取定时，称为应用 B。

③ 部署方式 3：PTN 承载的 CES 作为一个孤岛，位于传统 SDH 传输链路的下游，与 PTN 相连的 SDH 网络打开再定时功能，如图 6.29 所示。

针对不同的部署方式，下面分别规范 PTN 网络承载 E1 CES 业务的网络性能要求，其他承载在 PTN 上 PDH 信号（如 34 368kbit/s、44 736kbit/s 以及 139 264kbit/s）的网络性能要求有待后续研究。

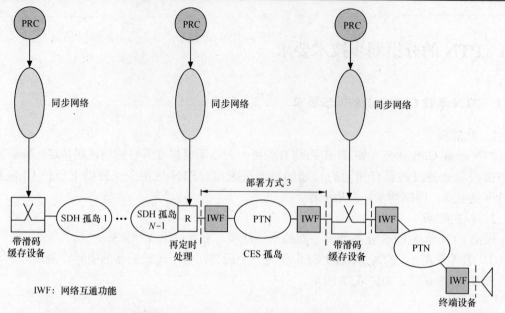

图 6.29　PTN 承载 CES 业务示意图（部署方式 3）

（1）部署方式 1 的漂动限值要求

对于部署方式 1，E1 CES 业务的漂动限值要求应满足表 6.6 和图 6.30 的要求。

表 6.6　　　　　　　　　　　　　E1 CES 业务的漂动限值（部署方式 1）

观察窗口 τ（s）	$MRTIE$（μs）
$0.05<\tau\leqslant0.2$	10.75τ
$0.2<\tau\leqslant32$	2.15τ
$32<\tau\leqslant64$	0.067τ
$64<\tau\leqslant1\,000$（备注）	4.3

备注：1. 对于异步配置，最大观察窗口必须考虑到 80s；

　　　2. 对于异步接口，80s 与 1 000s 之间的观察窗口内的指标值待以后研究。

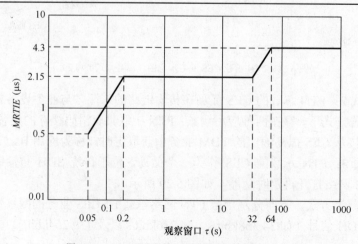

图 6.30　E1 CES 业务接口漂移限值（部署方式 1）

（2）部署方式 2A 的漂动限值要求

对于部署方式 2A，E1 CES 业务抖动和漂移为 2 048kbit/s 业务接口网络容限以及 2 048kbit/s 同步接口网络容限的差值。E1 CES 业务漂移限值应满足表 6.7 和图 6.31 的要求。

表 6.7　　　　　　　　　　**E1 CES 业务的漂动限值（部署方式 2A）**

观察窗口 τ（s）	$MRTIE$（μs）
$0.05<\tau\leqslant0.2$	40τ
$0.2<\tau\leqslant32$	8
$32<\tau\leqslant64$	0.25τ
$64<\tau\leqslant1\,000$（备注）	16

备注：1. 对于异步配置，最大观察窗口必须考虑到 80s；

　　　2. 对于异步接口，80s 与 1 000s 之间的观察窗口内的指标值待以后研究。

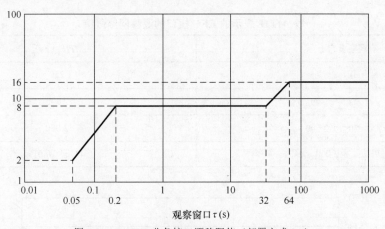

图 6.31　E1 CES 业务接口漂移限值（部署方式 2A）

（3）部署方式 2B 的漂动限值要求

在这种应用方式中，终端设备从 PTN 输出的 TDM 信号中恢复同步信号，由于时钟与数据都是从同一个信号流中恢复出来，因此在时钟与数据之间的抖动和漂动不会存在差异。PTN 承载 CES 业务的漂动限值只需满足终端设备的要求。

（4）部署方式 3 的漂动限值要求

在部署方式 3 中，与 PTN 对接的 SDH 网络打开了再定时功能，从 SDH 网络输入到 PTN 的 PDH 接口与同步接口具有同等量级的噪声幅度。因此，在这种部署方式下，PTN 承载 E1 CES 业务的漂移限值要求可采用部署方式 2A 中的规定。

6.5.2　PTN 的频率同步要求

1. 基于物理层分配的频率同步要求

（1）功能要求

在 PTN 中，基于物理层进行频率同步信号的分配包括两种方式：一是基于 SDH 系统进行频率同步分配，二是基于以太网链路进行频率同步分配。PTN 基于 SDH 接口进行频率同步分配的功能要求参见行标 YD/T 1267-2003 第 10 节。PTN 基于以太网链路进行频率同步分配时，要求 PTN 具备同步以太网功能，上游网元支持通过 FE/GE/10GE 等同步以太网线路向下游传送同步时钟信号，下游网元可以通过同步以太网接口从线路码流中提取时钟信息。PTN 基于同步以太网链路进行频率同步分配时，应支持基于 SSM 的时钟源选择算法，SSM 信息在同步以太网链路上通过 ESMC 协议帧承载，ESMC 协议规范参见 ITU-T G.8264 要求。

（2）性能要求

PTN 基于 SDH 接口进行频率同步分配相关要求参见行标 YD/T 1267-2003 第 7 节的规定。PTN 基于同步以太网接口进行频率同步分配时，对应 EEC 输出接口的漂移网络限值以 MTIE 和 TDEV 表示时，应分别满足相应模板要求。以 MTIE 表示的 EEC 输出接口的漂移网络限值见表 6.8，合成的整体规范曲线如图 6.32 所示。注：这些值是相对于 UTC 的，即它们包含了 PRC 的漂移。

表 6.8　　　　　　　　　　以 *MTIE* 表示的 EEC 接口的漂移网络限值

观察窗口 τ（s）	*MTIE*（ns）
$0.1 < \tau \leqslant 2.5$	250
$2.5 < \tau \leqslant 20$	100τ
$20 < \tau \leqslant 2\,000$	2 000
$\tau > 2\,000$	$433\tau^{0.2} + 0.01\tau$

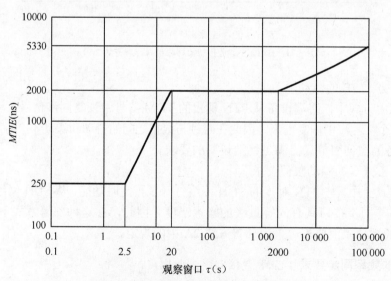

图 6.32　EEC 接口的漂移网络限值（MTIE）

以 TDEV 表示的 EEC 输出接口的漂移网络限值见表 6.9。合成的整体规范曲线如图 6.33

所示。

表 6.9 以 *TDEV* 表示的 EEC 接口的漂移网络限值

观察窗口 τ（s）	*TDEV* 要求（ns）
0.1<τ≤17.14	12
17.14<τ≤100	0.7τ
100<τ≤1 000 000	$58+12\tau^{0.5}+0.000\ 3\tau$

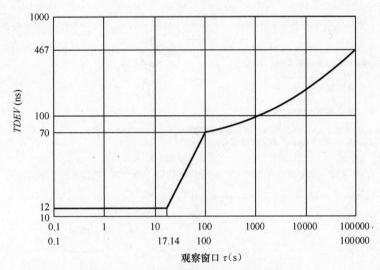

图 6.33 EEC 接口的漂移网络限值（TDEV）

2．基于包分配的频率同步要求

PTN 网络可以采用 NTP、PTP 等协议包恢复频率同步，进行频率同步信号的分配。基于分组协议包进行频率同步分配的 PTN 域，称为分组网络定时域（PNT）。当 PTN 网络基于协议包进行频率同步信号传送时，需要规定相应分组时钟（PEC）接口的网络限值。根据 PNT 不同的部署场景，PEC 输出接口存在不同的网络限值要求。

（1）PNT 部署场景 1

在 PNT 部署场景 1 中，通过分组网络定时功能（PNT-F）基于协议包恢复并传送频率同步信号，替代原基于 TDM 技术（如 SDH 或 PDH）的频率同步链路，如图 6.34 所示。图左（模型 A）给出部分同步链路由 PNT 域替代的案例，图右（模型 B）是指整个同步链路完全基于 PNT 实现。

（2）PNT 部署场景 2

在 PNT 部署场景 2 中，由 PNT 直接向终端应用提供定时，如图 6.35 所示。

在部署场景 2 中，PEC 接口的网络限值具体要求由终端设备决定，即终端业务应用能够接受的抖动和漂移容限。PNT 部署场景 2 的 PEC 接口的网络限值应符合 YD/T 1420-2005 第5 节的要求。

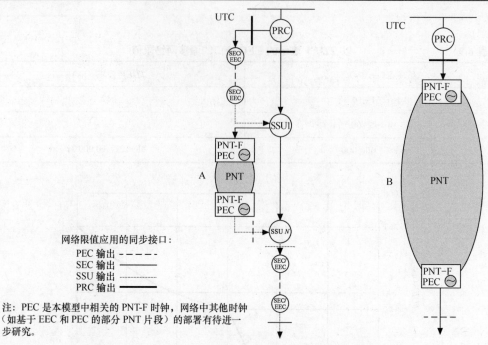

图 6.34　PNT 部分（模型 A）或全部（模型 B）替代基于 TDM 的同步链路

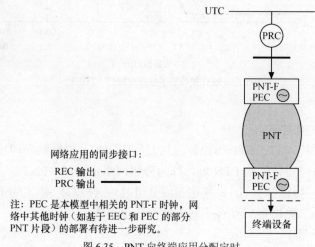

图 6.35　PNT 向终端应用分配定时

6.5.3　PTN 的时间同步要求

PTN 可以基于 NTP 或 PTP 实现时间信号的传送，本标准主要针对基于 PTP 的时间同步进行规范，对于基于 NTP 的方式不作要求。

1. PTN 的时间同步组网模式

在 PTN 中，首端设备（PTN 网元或时间源头设备）直接获取溯源至 UTC 的时间信号，称为主时钟（Master），末端设备（PTN 网元或业务终端设备）作为从时钟（Slave），其与主时钟或上游 PTP 边界时钟的 Master 端口之间进行 PTP 报文交互，实现本地时间的校准。根据主时钟与从时钟之间的 PTN 网元设置的 PTP 时钟模式不同，存在下列 4 种时间同步组网模式。

（1）边界时钟模式

在此模式下，中间的 PTN 网元均设置为边界时钟（BC）模式，其具有多个 PTP 端口，其中只有一个端口处于 Slave 状态，该端口接收并终结来自上游 Master 端口发送的 PTP 报文并调整本地时钟频率、执行 PTP 协议操作，根据调整后的本地时钟和本地状态信息，通过其他 Master 端口向下游设备发送 PTP 报文。边界时钟模式下的时间同步可以在 PTN 网络频率同步的基础上实现，PTN 网络的频率同步可以基于同步以太网功能或 1588 报文恢复。

（2）透传时钟模式

① E2E 透传时钟

在此模式下，中间的 PTN 网元均设置为 E2E 透传时钟（E2E TC）模式，其可能具有多个 PTP 端口，每个端口可以记录 PTP 事件报文的到达和离开的精确时间。PTP 报文按照业务报文处理和转发，并将事件报文在本节点的驻留时间（离开时间与到达时间之差）写入 PTP 报文的 correctionField 字段。

② P2P 透传时钟

在此模式下，中间的 PTN 网元均设置为 P2P 透传时钟（P2P TC）模式，其可能具有多个 PTP 端口，每个端口可以周期性地测量该端口对应的链路延迟，并储存在端口数据集。同时该端口还可以记录 PTP 事件报文的到达和离开的精确时间。端口接收到的 PTP 报文按照业务报文处理和转发，并将该端口对应的链路延迟和报文在本节点的驻留时间写入 PTP 事件报文的 correctionField 字段。

（3）混合时钟模式

在此模式下，中间的 PTN 网元部分采用 BC 模式，部分采用 TC 模式。

（4）透传模式

透传模式下，中间的 PTN 网元能够识别 PTP 报文类型，并按照业务报文处理和转发，不对报文的时延进行测量和补偿。为了保证较低的转发时延和时延变化（PDV），在透传模式下，要求 PTN 网元能够将 PTP 报文设置为最高优先级进行转发。基于 PTP 的 4 种时间同步组网模式如图 6.36 所示。

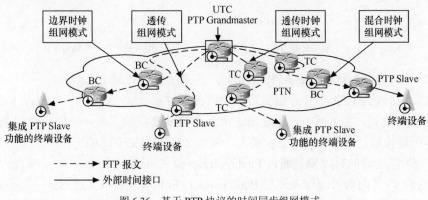

图 6.36　基于 PTP 协议的时间同步组网模式

2．时间同步基本功能要求

（1）PTP 报文交互流程

① PTP 报文基本交互流程

主时钟（Master）与从时钟（Slave）之间进行 PTP 报文交互，完成时延（delay）和时间偏差的测量，并实现时间同步，基本交互流程为（如图 6.37 所示）。

　　a．主时钟向从时钟发送一个 Sync 报文，并记录此报文发送的时刻 T_1。

　　b．从时钟接收到来自主时钟 Sync 报文，并记录接收到的时刻 T_2。

　　c．主时钟可以通过以下两种方式将时间戳 T_1 传送到从时钟：

　　i．将时间戳放在 Sync 报文中，这要求非常精确的底层硬件处理，这种方式称之为 one step；

　　ii．将时间戳 T_1 放在 Follow_Up 报文中传送，这种方式称之为 two step。

　　d．从时钟向主时钟发送 Delay_Req 报文，并记录其发送时刻 T_3。

　　e．主时钟接收到 Delay_Req 报文，并记录接收到的时刻 T_4。

　　f．主时钟通过 Delay_Resp 将 T_4 传送到从时钟。

　　g．从时钟根据 T_1、T_2、T_3 和 T_4 可计算出其与主时钟之间的时延 Delay 以及时间偏差 Offset，并实现与主时钟的时间同步。

　　② 用于链路时延测量的报文交互

　　用于两个端口之间进行链路时延测量的报文交互流程如图 6.38 所示。

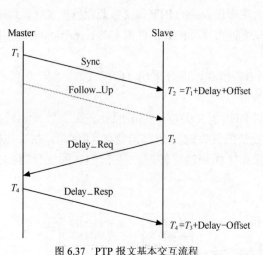

图 6.37　PTP 报文基本交互流程

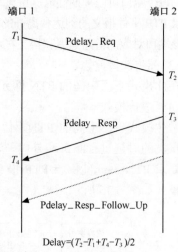

图 6.38　用于链路时延测量的报文交互

　　a．端口 1 向端口 2 发送 Pdelay_Req 报文，并记录发送时刻 T_1。

　　b．端口 2 接收到 Pdelay_Req 报文，产生时间戳 T_2；然后返回一个 Pdelay_Resp 报文，并产生相应时间戳 T_3，为了减小两个端口之间频率偏差造成的误差，端口 2 收到 Pdelay_Req 报文后应尽可能快地返回 Pdelay_Resp 报文，端口 2 返回报文方式如下：

　　i．将 T_2 和 T_3 之间的时间偏差通过 Pdelay_Resp 报文返回；

　　ii．将 T_2 和 T_3 之间的时间偏差通过 Pdelay_Resp_Follow_Up 报文返回；

　　iii．将时间戳 T_2 和 T_3 分别通过 Pdelay_Resp 和 Pdelay_Resp_Follow_Up 报文返回。

　　c．端口 1 收到 Pdelay_Resp 报文后，产生时间戳 T_4，然后通过 T_1、T_2、T_3 和 T_4 计算出两个端口之间的时延 Delay。

　　（2）时间同步接口

　　PTP 网元应同时支持 PTP 时间同步接口和 1pps+ToD 输入/输出时间接口，其中 PTP 时间同步接口类型可包括 FE 光口、FE 电口、GE 光口、GE 电口、10GE 光口等各种以太网接口。

（3）报文格式与传送

① PTP 报文封装

在 PTP 报文封装方面，PTN 网元应支持 PTP over IEEE Std 802.3/Ethernet，可选支持 PTP over UDP over IPv4，应支持 VLAN 功能的配置。

② PTP 报文传送模式

PTN 网元应支持 PTP 报文的组播方式，可选支持单播方式。

③ PTP 模式

PTN 网元应支持 BC、TC、OC、TC +OC 等 PTP 模式。

④ PTP 报文类型

PTP 报文可分为事件报文和通用报文两类，其中事件报文在报文收发时刻需要打时间戳，通用报文则报文收发时刻无需打时间戳。PTN 网元应支持事件报文和通用报文两类 PTP 协议报文，其中事件报文包括以下 4 种类型报文：Sync、Delay_Req、Pdelay_Req、Pdelay_Resp。

通用报文（General 报文）包括以下 6 种类型报文：Announce、Follow_Up（适用于 two step 模式）、Delay_Resp、Pdelay_Resp_Follow_Up（适用于 two step 模式）、Management（可选）、Signaling（可选）。

以上所有的报文都可以通过类型、长度、值（TLV）进行扩展。

⑤ PTP 报文发送间隔

PTP 报文发包频率可配，发包频率配置范围和默认发包频率见表 6.10。

表 6.10　　　　　　　　PTP 报文的发包频率配置范围和默认发包频率

序号	报文名称	可配发包频率（Hz）	默认发包频率（Hz）
1	Sync	1/2~256	16
2	Delay_Req	1/16~16	1
3	Pdelay_Req	1/16~16	1
4	Announce	1/16~8	1/2

PTN 网元应支持 P2P 和 E2E 两种延时机制。

a. E2E 延时机制使用 Sync、Delay_Req、Delay_Resp、Follow_Up（two_step 模式下）报文完成路径延时的测量。E2E 延时测量机制的方向和 Sync 报文的方向相同；下游设备处理 t_1、t_2、t_3、t_4 时间戳，计算路径延时。

b. P2P 延时机制使用 Pdelay_Req、Pdelay_Resp、Pdelay_Resp_Follow_Up（two step 模式下）完成路径延时测量。P2P 延时机制独立于 Sync 报文，任何设备的任何端口都可以执行延时测量。

PTN 网元应支持 one step 模式，two step 模式可选。

（4）时延补偿功能

PTP 设备应支持路径延迟不对称补偿，补偿范围 0ns～100μs，补偿的步长不大于 10ns，每个端口均应支持时延补偿设置功能。

（5）时间同步性能要求

在边界时钟模式、透传时钟模式以及混合时钟模式下，PTN 的 PTP 时间同步性能应满足如下要求：

① 在各种网络负载条件下，在 24 小时观察期间内，端到端最大时间偏差应小于 1μs；

② 在时间源头切换或时间路径发生倒换时引入的时间偏差应小于 240ns。

在纯透传组网模式下，PTN 的 PTP 时间同步性能要求待研究。

6.6 T-MPLS 到 MPLS-TP 的历程

6.6.1 T-MPLS 面临的问题和 MPLS-TP 的标准化

2007 年，IETF 处于 MPLS 利益之争以及兼容性问题，开始阻扰 ITU-T 通过 T-MPLS 相关标准。IETF 成立 MEAD（MPLS Interoperability Design Team）工作组，专门研究 T-MPLS 与现有 MPLS 的不同之处；ITU-T 成立 T-MPLS 特别工作组（T-MPLS Adhoc Group），专门负责 T-MPLS 标准的制定。这两个隶属不同标准组织的工作组合在一起、形成联合工作组 JWT（Join Working Team），一起开发 T-MPLS/MPLS-TP 标准。随后，T-MPLS 也更名为 MPLS-TP。2008 年 2 月，ITU-T 同意和 IETF 成立联合工作组（JWT）来共同讨论 T-MPLS 和 MPLS 标准的融合问题。

2008 年 2~4 月期间，JWT 相关专家深入研讨了 T-MPLS 和 MPLS 技术在数据转发、OAM、网络保护、网络管理和控制平面 5 个方面的差异。并于 2008 年 4 月 18 日得出正式结论：推荐 T-MPLS 和 MPLS 技术进行融合，IETF 将吸收 T-MPLS 中的 OAM、保护和管理等传送技术、扩展现有 MPLS 技术为 MPLS-TP（Transport Profile MPLS），以增强其对 ITU-T 传送需求的支持。今后由 IETF 和 ITU-T 的 JWT 共同开发 MPLS-TP 标准，并保证 T-MPLS 标准与 MPLS-TP 一致。

2008 年 7 月底，IETF 召开了第 72 次全会，讨论了 10 篇 MPLS-TP 文稿的 V00 或 01 版本，另外 10 篇文稿预计在 IETF73 次全会（2008.11）前发布 V00 版本，由 ITU-T 提供文稿处理的优先级次序，计划在 2009 年第 2 季度将 MPLS-TP 架构和需求等文稿发布为 RFC。之后，ITU-T 将根据这些 RFC 来修改原来 T-MPLS 标准，并保持协调一致，计划在 2009 年 10 月全会通过 T-MPLS 所有相关标准。

根据 IETF 和 ITU-T 的计划，预计 2009 年年底能够完成 MPLS-TP 的主要标准化工作。对于现有 ITU-T 关于 T-MPLS 的相关标准，将在 MPLS-TP 标准内容比较稳定是进行修订，并统一采用 MPLS-TP 的名称。ITU-T 在 2009 年 10 月的 SG15 全会上通过了对主要 MPLS-TP 标准的修订，使其和 IETF-TP 标准的修订，使其和 IETF MPLS-TP 的基本数据格式及转发机制与 MPLS 相同。目前的 PTN 设备都还是基于 T-MPLS 标准，厂商均承诺将来可以通过软件升级的方式演进到 MPLS-TP。预计大部分厂商可在 2010 年上半年推出符合 MPLS-TP 标准的 PTN 设备，图 6.39 描述的是 T-MPLS 到 MPLS-TP 的历程。

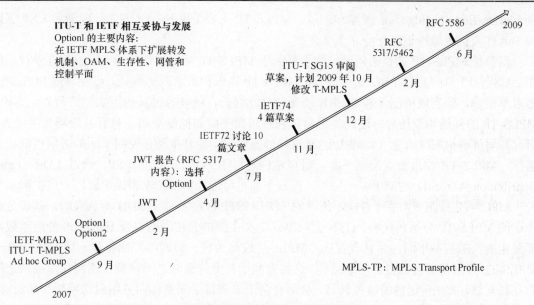

图 6.39　T-MPLS 到 MPLS-TP 的历程

6.6.2　MPLS-TP 分组传送网的体系架构

MPLS-T 分组传送网采用 ASON 的体系结构，因此，MPLS-TP 分组传送网仍将由传送平面（用户/数据平面），管理平面和控制平面这 3 个平面组成，这 3 个平面之间相互独立。传送平面的主要功能是根据 MPLS-TP 标签将客户数据和信令数据进行适配和分组转发，此外还包括面向连接的操作维护管理（OAM）和保护恢复功能。控制平面的主要功能是通过信令机制建立标签转发通道，进行标签的分发。管理平面执行传送平面，控制平面以及整个系统的管理功能，同时提供这些平面之间的协同操作。

分组传送网的体系架构在 MPLS-TP 分组传送网的体系架构中，MPLS-TP 无需重新定义 IP/MPLS 已经提供的功能，而是将沿用 IETF 已经对 MPLS，PWE（端到端伪线仿真）定义的数据平面的数据处理过程。所以 MPLS-TP 的传送平面将基于 MPLS 和 PWE，只是其 OAM 能力需要加强。MPLS-TP 的控制平面将首选 IETF 的 GMPLS 协议实现其功能，其控制和数据传送耦合性更强。将数据传送平面从网络资源管理中分离出来，可使 MPLS-TP 传送平面完全独立于其业务网络和相关的控制网络（管理平面及控制平面），更加便于网络的建设和扩容。

MPLS-TP 对现有的 MPLS 技术进行了裁减，并补充了少量机制，将 MPLS 的分组特征与传统传送网络的运维能力相结合，以满足传送网络简单有效地支持分组业务的传送需求。MPLS-TP 使得 SONET/SDH 向基于分组的传送网络的演进成为可能。标准的开发遵循以下原则:与现有 MPLS 保持兼容，满足传送的需求，提供最小的功能集。采用 20bit 的 MPLS LSP 标签，是局部标签，在中间节点进行 LSP 标签交换。采用 PWE3 的电路仿真技术来适配所有类型的客户业务，包括以太网，TDM 和 ATM 等，采用 VPWS 支持以太网专线业务（包括 EP-Line 和 EVP-Line），采用 VPLS 支持以太网专网业务（包括 EP-LAN 和 EVP-LAN）。MPLS-TP 借鉴 T-MPLS 的分层概念，涉及 PW（PseudoWire）、LSP（Label Switching Path）和段层（Section）。所有 MPLS-TP 机制都要同时考虑到对现有 MPLS、PWE3（Pseudo Wire

Emulation Edge-to-Edge）的兼容和扩展。MPLS-TP 主要采用 E-LSP 方式，即利用 EXP 字段的 3bit 作为优先级标记，支持 8 个优先级。

保护是 MPLS-TP 的核心问题，特别是关于 MPLS-TP 环保护的需求，一直存在争议。但在 2008 年 12 月的 ITU-T SG15 全会上，MPLS-TP 环保护需求得到确认，已经写进 MPLS-TP 需求草案中，但实现机制是基于 FRR 还是共享环保护，或者另觅其他方法，目前尚无定论。MPLS-TP 的互通场景还有待进一步澄清，包括转发平面和控制平面。只有互通场景明确后，研究互通处理机制才有意义。MPLS-TP 支持静态配置，要求在没有控制平面的时候也能正常运作。MPLS-TP 如果引入控制平面，可以考虑通过 RSVP-TE 建立 LSP，通过 LDP（Label Distribution Protocol）建立 PW；另外，控制平面也可能针对 OAM 和保护做出一些扩展。

MPLS-TP 控制平面基于 TDM 传送的 SDH/MSTP 网络及基于 SDH 的 ASON，基于分组传送的 MPLS-TP 分组传送网，OTN 光网络这 3 类主要的光传送网以及 IP/MPLS 分组承载网都采用统一的控制平面，并且会首选 GMPLS 协议作为统一的网络控制协议，图 6.40 为基于 MPLS-TP 分组传送网的多层网络结构。这将有利于各类传送网之间以及传送网与承载网之间的互联互通，简化传送网的运营管理，从而有利于未来传送网整体向分组传送网地平滑过渡。MPLS-TP 分组传送网和 TDM 交换，全光交换的控制面融合，也可以实现类似目前基于 SDH 的 ASON 的业务的恢复和保护，体现了分组和传送的完全融合。根据最新的标准动态，倾向于使用 OSPF 作为路由，RSVP 作为信令构成 MPLS-TP 的动态控制平面。未来几个月的标准会议将就这些问题进行更详细的探讨。目前 MPLS 普遍的做法是 OSPF 和 RSVP 作为控制平面，数据转发平面仍然使用二层传统的 ATM、TDM、FR 和以太网。预计多数的分组传送设备制造商将在 MPLS-TP 标准化后快速跟进。

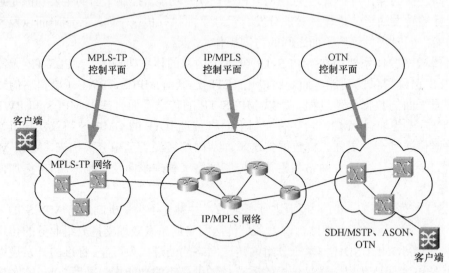

图 6.40　基于 MPLS-TP 分组传送网的多层网络结构

MPLS-TP 的 OAM 机制机制，2008 年 7 月，IETF72 会议讨论了 MPLS-TP 的 OAM，修改了 OAM 报文格式。T-MPLS 和 MPLS-TP 的 OAM 帧结构不相同，图 6.41 描述了 MPLS-TP 与 T-MPLS 的 OAM 帧比较。MPLS-TP 引入 ACH 来实现与 PWCV（连通性验证）兼容，PW 的 CC（连通性检测）可能会利用 VCCV-BFD 实现，同时引入 AIS、APS 等 OAM 功能。4

类 OAM，连续性检查（CC，Continuity Check），连接确认（CV，Connectivity Verification），性能管理（PM，Performance Monitoring），packet loss measurement，delay measurement，告警抑制（AIS，Alarm Suppression），远端完整性（RI，Remote Integrity），除 AIS 外，其他要求"continuous"、"on-demand"两种操作方式，在支持 IP 功能的 MPLS-TP 中，LSP-Ping、BFD、VCCV 等 OAM 也可应用。

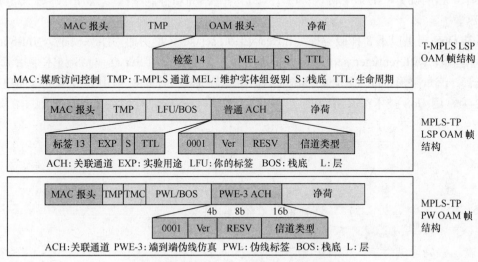

图 6.41　MPLS-TP 与 T-MPLS 的 OAM 帧比较

MPLS-TP 与 T-MPLS 在 OAM 上的差异在于 T-MPLS 使用保留标签 14 作为 OAM 标识，而 JWT 建议 MPLS-TP 使用标签 13 作为 OAM 标识。T-MPLS 采用 MEL 值的"+1"和"−1"方式来表示 OAM 的嵌套；而 MPLS-TP 采用标签堆栈的方式来表示 OAM 的嵌套。MPLS-TP 使用 TTL 进行 MIP 的路径追踪和环回监视。T-MPLS 使用 OAM 报文头标签中的 TTL 标识 MIP，TTL=MIP hops+1，MIP 处理 MEL=0 且 TTL=2 的 OAM 帧。MPLS-TP 仅使用 LSP 或 PW 中的 TTL。

在 MPLS-TP 保护方面，ITU-T 的 T-MPLS 支持 1+1 和 1∶1 线性保护（G.8131）以及 Wrapping 和 Steering 环网保护（G.8132），IETF 倾向于采用 MPLS FRR MPLS 的 FRR 完成 1∶N 线性和环网保护。目前 IETF 和 ITU-T 的 JWT 专家正在讨论 MPLS-TP 的环网保护需求，MPLS-TP 中生存性要求：线性、环网、Mesh 保护。环保护：小于 50ms、保护 PTP 和 PTMP 连接、需要拖延（hold-off）和等待恢复时间（wait to-restore）、保护故障范围：光纤、节点，环的段层、需要支持倒换优先级、双向倒换。线性保护：小于 50ms、保护 PTP 和 PTMP 连接、需要拖延和等待恢复时间、需要支持倒换优先级、双向倒换。

MPLS-TP 的标准化根据 IETF 和 ITU-T 的计划，预计 2009 年年底能够完成 MPLS-TP 的主要标准化工作。对于现有 ITU-T 关于 TMPLS 的相关标准，将在 MPLS-TP 标准内容比较稳定时进行修订，并统一采用 MPLS-TP 的名称。ITU-T 在 2009 年 10 月的 SG15 全会上通过了对主要 MPLS-TP 标准的修订，使其和 IETF MPLS-TP 标准保持一致。T-MPLS 和 MPLS-TP 的基本数据格式及转发机制与 MPLS 相同。目前的 PTN 设备都还是基于 T-MPLS 标准，厂商均承诺将来可以通过软件升级的方式演进到 MPLS-TP。

6.6.3 MPLS-TP 技术介绍

MPLS-TP 转发机制同 MPLS 转发机制关于 LSP 机制同 T-MPLS 如双向 p2p、无 merging 等不需 IP 包转发组播规范为 p2mp、而不是 mp2mp 功能和机制上要和 MPLS 控制平面、转发平面互通。MPLS-TP 的控制平面同传统 ASON 信令、路由、流量工程和基于约束的链路建立其中，已明确 PW 的信令协议：LDP-LSP，信令协议：RSVP-TE，路由协议：OSPF-TE、ISIS-TE。

通常 QoS 提供以下 3 种服务模型：Best-Effort service（尽力而为服务模型）、Int-Serv（综合服务模型）、Differentiated service（区分服务模型，简称 Diff-Serv）。QoS 技术包括流分类、流量监管、流量整形、接口限速、拥塞管理、拥塞避免等。下面对常用的技术进行简单介绍。图 6.42 为常用 QoS 技术在网络中的位置，图 6.43 为 QoS 技术在设备中的处理顺序。

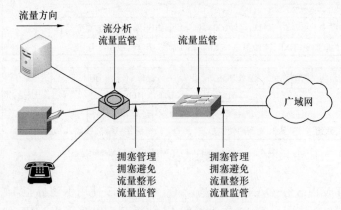

图 6.42 常用 QoS 技术在网络中的位置

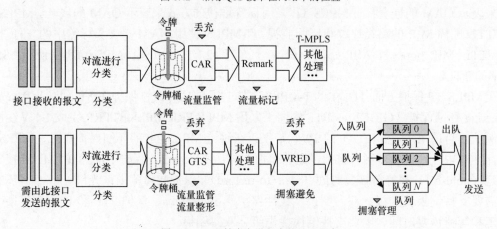

图 6.43 QoS 技术在设备中的处理顺序

QoS 技术中的流分类，采用一定的规则识别符合某类特征的报文，它是对网络业务进行区分服务的前提和基础。流量监管如图 6.44 所示，对进入或流出设备的特定流量进行监管，当流量超出设定值时，可以采取限制或惩罚措施，以保护网络资源不受损害，可以作用在接口入方向和出方向。流量整形：一种主动调整流的输出速率的流量控制措施，用来使流量适配下游设备可供给的网络资源，避免不必要的报文丢弃和延迟，通常作用在接口出方向。拥塞管理：就是当拥塞发生时如何制定一个资源的调度策略，以决定报文转发的处理次序，通常作用在接口出方向。拥塞避免：监督网络资源的使用情况，当发现拥塞有加剧的趋势时采取主动丢弃报文的策略，通过调整队列长度来解除网络的过载，通常作用在接口出方向。优先级介绍：优先级用于标识报文传输的优先程度，可以分为两类：报文携带优先级和设备调度优先级。报文携带优先级包括 802.1p 优先级、DSCP 优先级、IP 优先级、EXP 优先级等。这些优先级都是根据公认的标准和协议生成，体现了报文自身的优先等级设备调度优先级是指报文在设备内转发时所使用的优先级，只对当前设备自身有效。设备调度优先级包括以下几种：本地优先级（LP），设备为报文分配的一种具有本地意义的优先级，每个本地优先级对应一个队列，本地优先级值越大的报文，进入的队列优先级越高，从而能够获得优先的调度。丢弃优先级（DP），在进行报文丢弃时参考丢弃优先级值越大的报文越被优先丢弃。用户优先级（UP），设备对于进入的流量，会自动获取报文的优先级，这种报文优先级称为用户优先级设备提供了多张优先级映射表，分别对应相应的优先级映射关系。通常情况下，可以通过查找缺省优先级映射表来为报文分配相应的优先级。如果缺省优先级映射表无法满足用户需求，可以根据实际情况对映射表进行修改流量监管、流量整形和接口限速简介：令牌桶（Token Bucket），令牌桶可以看作是一个存放一定数量令牌的容器。系统按设定的速度向桶中放置令牌，当桶中令牌满时，多出的令牌溢出，桶中令牌不再增加。用令牌桶评估流量 CIR（Committed Information Rate）、PIR（Peak Information Rate）、CBS（Committed Burst Size）、EBS（Excess Burst Size）。突发尺寸 CBS 即令牌桶的容量，每次突发所允许的最大的流量尺寸。设置的突发尺寸必须大于最大报文长度。每到达一个报文就进行一次评估。每次评估，如果桶中有足够的令牌可供使用，则说明流量控制在允许的范围内，此时要从桶中取走与报文转发权限相当的令牌数量；否则说明已经耗费太多令牌，流量超标了。

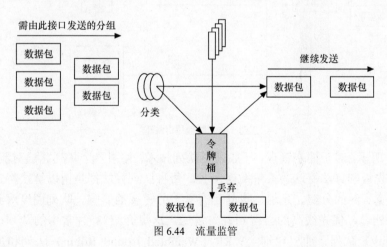

图 6.44　流量监管

流量整形如图 6.45 所示，TS（Traffic Shaping，流量整形）是一种主动调整流量输出速率的措施。一个典型应用是基于下游网络节点的 TP 指标来控制本地流量的输出。流量整形和流量监管的主要区别在于，流量整形对流量监管中需要丢弃的报文进行缓冲——通常是将它们放在缓冲区或队列内，如图 6.45 所示。当令牌桶有足够的令牌时，再均匀地向外发送这些被缓冲的报文，流量整形与流量监管的另一区别是，整形可能会增加延迟，而监管几乎不引入额外的延迟。

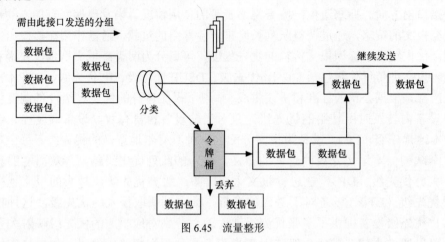

图 6.45 流量整形

物理接口限速如图 6.46 所示，利用 LR（Line Rate，物理接口限速）可以再一个物理接口上限制发送报文（包括紧急报文）的总速率。LR 也是采用令牌桶进行流量控制。如果在设备的某个接口上配置了 LR,所有经由该接口发送的报文首先要经过 LR 的令牌桶进行处理。如果令牌桶中有足够的令牌，则报文可以发送；否则，报文进入 QoS 队列进行拥塞管理。这样，就可以对通过该物理接口的报文流量进行控制。

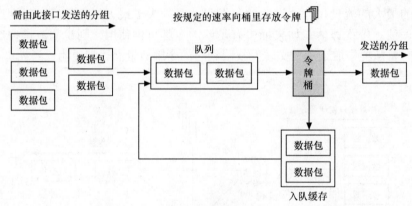

图 6.46 物理接口限速

如图 6.47 所示，对于拥塞管理，一般采用队列技术，使用一个队列算法对流量进行分类，之后用某种优先级别算法将这些流量发送出去。每种队列算法都是用以解决特定的网络流量问题，并对带宽资源的分配、延迟、抖动等有着十分重要的影响。队列调度对不同优先级的报文进行分级处理，优先级高的会得到优先发送。这里介绍 3 种常用的队列：严格优先级（SPStrict-Priority）队列、加权轮询（WRR，Weighted Round Robin）队列和加权公平队列（Weighted Fair Queuing）。

如图 6.48 所示，优先队列将端口的 8 个输出队列分成 8 类，依次是 7、6、5、4、3、2、1、0 队列，它们的优先级依次降低。在队列调度时，SP 严格按照优先级从高到底的次序优先发送较高优先级队列中的分组，当较高优先级队列为空时，再发送较低优先级队列中的分组。这样将关键业务的分组放入较高优先级的队列，将非关键业务放入较低优先级的队列，可以保证关键业务的分组被优先发送，非关键业务的分组在被处理关键业务数据的空闲间隙被传送。

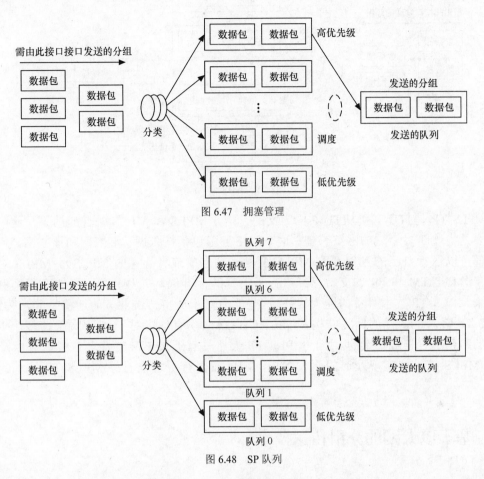

图 6.47　拥塞管理

图 6.48　SP 队列

图 6.49 所示为基本 WRR 队列，WRR 队列包含多个队列，用户可以定制这个队列的权重、百分比或者字节计数，WRR 按用户设定的参数进行加权轮询调度。分组 WRR 队列：所有对垒全部采用 WRR 调度，用户可以根据需要将输出队列划分为 WRR 优先级队列组 1 和 WRR 优先级队列组 2。进行队列调度时，设备首先在优先级队列组 1 中进行轮询调度，优先级队列组 1 中没有报文发送时，设备才在优先级队列组 2 中进行轮询调度。带最大时延的 WRR 队列调度算法与基本 WRR 队列相比，一个特别之处是，保证在优先级最高的队列中的报文从进入队列到离开队列的最大时间不超过所设定的最大时延。

WFQ 队列与 FQ 相比，WFQ 在计算报文调度次序时增加了优先权方面的考虑。从统计上，WFQ 使高优先权的报文获得优先调度的机会多于低优先权的报文。WFQ 能都按流的"会话"信息（协议类型、源和目的 TCP 或 UDP 端口号、源和目的 IP 地址、ToS 域中的优先级位等）自动进行流分类，并且尽可能多地提供队列，以将每个流均匀地放入不同队列中，从而在总体上均衡各个流的进程。在出队列的时候，WFQ 可以按照流的优先级来分配每个流应占有出口的带宽。优先级的数值越小，所得的带宽越少。优先级的数值越大，所得的带宽越大。

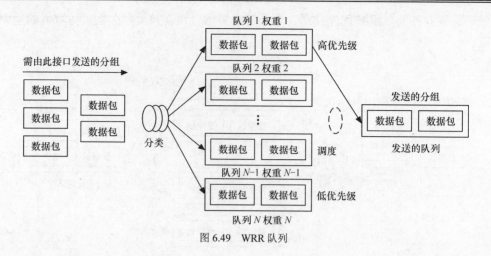

图 6.49　WRR 队列

MPLS-TP 是 ITU-T 和 IETF 共同定义的，是 T-MPLS 和 MPLS 融合的结果。这个标准的初衷是实现跨多个域的网络管理。这个网络范围包括接入网，汇聚网和核心网，每一个子网都可以运行自己的 MPLS 和 MPLS 变种（动态的或者静态的 MPLS）。MPLS 对于传统的 TDM、ATM 和 FR 的支持已经进行了很好的标准化，并且具备大量的商用案例，这是未来 MPLS-TP 技术具备的巨大优势。这些能力对于支持传统业务的迁移是非常关键的。MPLS-TP 引入了多样的标签结构和 GE-ACH OAM 分组。这对于 端到端，跨多个 MPLS 子网的 OAM 是非常关键的。由于 MPLS-TP 天然具有通过 PW 支持多业务承载以及便于和 IP/MPLS 核心网实现互通的两大优势，因此业内有更多人看好 MPLS-TP 技术的发展前景。

6.7　基于以太网的分组传送技术

电信运营商一直在开发下一代网络的概念，该网络应该可以同时传递基于分组的业务以及基于电路的业务，同时运营商也在寻找一种可以作为传输汇聚层的技术。现在一个得到业界广泛认同的观念就是 IP 协议构成了新业务的基础，同时也有助于从基于电路的业务向基于分组的业务转换（例如基于 IP 的话音和视频），但是把 IP 路由接受为传输汇聚层还有待时日。现在，在运营商网络中，95%的数据流量都起止于以太网，这个事实让电信运营商开始考虑是否可以把以太网作为下一代网络潜在的汇聚解决方案。但是在以太网被接受之前，它必须能够提供至少和现在运营商所提供业务具有相同质量级别的多种业务。也就是说，以太网必须能够提供电信级的质量，才可以真正地进入电信市场，因此，业界出现了"电信级以太网（CE）"的概念以及相应的解决方案。

既然以太网是一种用户领域的技术选择，因而排除可能出现的互通问题，利用和保护客户驱动的投资，把以太网技术加以改进作为在运营商领域的一种选择，是很自然的事。然而，传送技术的转换是一个长期过程，也意味着一种承诺。其结果是新技术大规模应用的先决条件必须是具有比较综合全面的功能。从运营商的角度来说，现有的以太网技术还缺乏电信级的 OAM 能力、流量管理能力和可扩展性。

针对以太网的上述缺陷，ITU-T、IETF 和 MEF 等几大组织在原有以太网技术的基础上进行扩展，发展出基于以太网技术的分组传送技术，主要成果有 PBT 技术（Provider Backbone Transport），如图 6.50 所示。

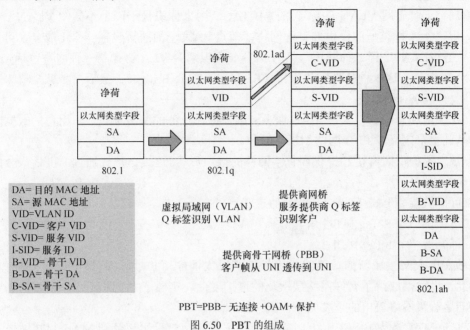

图 6.50　PBT 的组成

PBT 可以支持以太网所不支持的扩展性、流量工程、QoS、可扩展性以及可管性使得业务供应商可以利用以太网作为汇聚的、下一代城域网的结构来支持商业以及住宅话音、视频以及数据业务。

PBT 是业界对传统以太网标准进行提高以及改进的产物，继承了多种城域以太网新技术，主要是基于 PBB（Provider Backbone Bridge，运营商骨干网桥接）技术发展形成的。为了更好地说明 PBT 技术，有必要先介绍 PBB 技术。

6.7.1　PBB 技术

PBB 又称为 MAC in MAC 技术，它是在 IEEE 802.1ah 标准中提出的，是 IEEE 对城域以太网的重要贡献之一。

MAC in MAC 是一种基于 MAC 堆栈的技术，用户 MAC 被封装在运营商 MAC 之中作为内层 MAC 加以隔离，增强了以太网的扩展性和业务的安全性。PBB 在 MAC in MAC 的基础上引入了 I-Tag。I-Tag 更适合用来与其他的技术比如 MPLS 进行互通，它不再被用作标识一个虚拟的网络而是标识一个业务。

IEEE 802.1ah 标准在运营商网络的边界点将用户以太网帧之外再封装运营商的以太网帧头，从体系架构上将传统以太网革新为层次化的结构，从而避免了传统以太网的平面结构带来的 MAC 地址学习与泛滥、STP 协议相互影响等安全隐患。

PBB 以太网的分组传送技术主要目标是允许由 802.1ad 所规定的提供商网桥网络在数量上支持 224 个业务 VLAN，同时定义了提供商网桥骨干网络（PBBN）的架构和桥接协议，实现多个提供商网桥网络的兼容和互联。其主要方法如下。

① 为在数量上提供 224 个业务 VLAN，制定了业务 VLAN 的标签（Tag）格式 I-Tag，用来标识不同业务 VLAN。

② 规定了骨干网 VLAN 的标签格式 B-TAG，用来标识骨干网上不同的 VLAN。

③ 规定了 4 种类型的提供商骨干网桥（节点）。第一种网桥包括一个 I 成分（可以识别和封装业务 VLAN）；第二种网桥包括 B 成分（只识别 B-VLAN）；第三种网桥包括一个 I 成分和一个 B 成分，这 3 种是骨干边缘桥（Backbone Edge Bridge）；最后一种就是原来普通的提供商网桥（802.1ad）。

④ 在保留和修改原以太网 MAC 服务、维护每种业务的服务质量、与用户的数据隔离等功能的基础上，定义了 PBB 网络的操作原理。

⑤ 规定了提供商网桥到提供商骨干网桥的接口形式。该接口形式通过 I 和 B 成分的配置和操作来构成：

a．可提供端口形式（Port-based）的透明接口；

b．可提供一个 S-Tag 接口；

c．可提供一个 I-Tag 接口。

这种在以太网领域新的革新将极大地增强以太网的可扩展性及其作为传送网技术的能力。据此，以太网取得了允许网络层次化的可扩展性，实现了完全同用户广播域的隔离，是以太网向运营级网络迈出的重要一步。

MAC in MAC 封装由 IEEE 802.1ah 进行定义和规范，采用运营商 MAC 封装用户 MAC，从体系架构上将传统以太网改造为层次化的结构（如图 6.51 所示）。

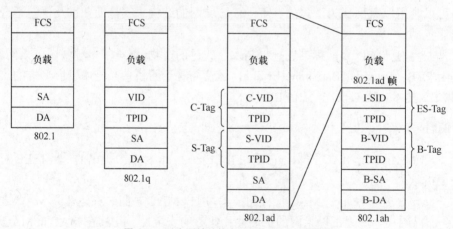

图 6.51　以太网帧结构向 MAC in MAC 的演进

MAC in MAC 用双层 MAC 地址分别表示用户和运营商的 MAC 地址—负载中的（SA、DA）表示用户地址空间、（B-SA、B-DA）表示运营商地址空间，从而完全分割了用户和运营商的地址空间，同时引入了 24 位的标签域 I-SID（服务实例标识符），大大扩展了 802.1ad 定义的 12 位 S-VID 的地址空间，可同时提供高达千万级的服务实例，大大突破了以太网业务扩展性的局限。同时，MAC in MAC 技术隔离了用户的 MAC 地址，数据帧根据 B-DA（骨干目的地址）、B-SA（骨干源地址）、B-VID（骨干 VLAN 号）进行转发。

MAC in MAC 技术主要具有如下优点。

① 安全：由于在客户和网络提供商网络之间有一个清晰的分界点，从而显著增强了网络、服务和应用的安全性；

② 稳定：服务提供商的网络现在更加稳定，它不仅与广播风暴分隔开来，还与可能在最终客户网络中创建的转发环路隔离开；

③ 运营的便捷：服务提供商可以规划自己的网络，而无需担心相关资源与客户重叠；

④ 运营成本的降低：MAC in MAC 由于采用了二层技术，没有复杂的信令机制，因此设备成本、建网和运维成本较低。

尽管 MAC in MAC 通过对以太网的革新，使其具有传送网络的一些功能，但是这种技术还存在以下缺陷。

① 在 MAC in MAC 封装的基础上，如果采用流量工程一类的功能仍然存在一些缺陷。

a．流量工程要求在多种方式路由交通流量，以便实现运营设施的充分利用。

b．流量工程要求具有强制或约束性的路由管理以及业务的接入控制，实现业务保障性。

c．保护能力要求一些业务具有迅速恢复能力。例如，一些网络要求在 20ms 的时间内从故障中恢复。

d．保护必须支持流量工程，并具有全部的 QoS 保障。

② MAC in MAC 技术具有一些仅仅面向以太业务的功能，比如以太网的生成树和 MAC 学习功能，不适用于通用的传送网。

③ MAC in MAC 技术不具备类似 SDH 可靠性和管理能力的硬 QoS 和电信级性能。

由于 PBB 技术存在着不尽如人意之处，在 PBB 基础上进行改进的 PBT 技术应运而生。PBT 技术为原来的以太网技术增加了一些新的内容，从而使该技术成功地应用到了 MAN 和 WAN 中。它的最简单的形式就是，PBT 提供以太网隧道，从而可以传递业务供应商所需的具有流量工程、QoS 以及 OAM 需求的确定的业务量。现在利用 PBT 技术，通过纯粹的以太网就可能支持面向连接的转发。

6.7.2　PBT 技术分析

运营商骨干网传输 PBT 技术源自 IEEE 802.1ah 定义的运营商骨干网桥接 PBB，是 PBB 技术的改进。面向连接的具有电信网络特征的以太网技术 PBT 最初在 2005 年 10 月提出，如图 6.52 所示，具有以下技术特征。

① 基于 MAC in MAC（PBB）但并不等同于 MAC in MAC，其核心是：通过网络管理和网络控制进行配置，使得电信级以太网中的以太网业务事实上具有连接性，以便实现保护倒换、OAM、QoS、流量工程等电信传送网络的功能。

② 使用运营商 MAC（Provider MAC）加上 VLAN ID 进行业务的转发，从而使得电信级以太网受到运营商的控制而隔离用户网络。

③ 基于 VLAN 关掉 MAC 自学习功能，避免广播包的泛滥，重用转发表而丢弃一切在 PBT 转发表中查不到的数据包。

PBT 通过简单地关闭一些以太网的功能从而实现上述内容，使得现存的以太网硬件有能力执行新的转发行为。这也就意味着无需复杂以及昂贵的网络技术就可以把面向连接的转发模式引入到当前的以太网网络中。

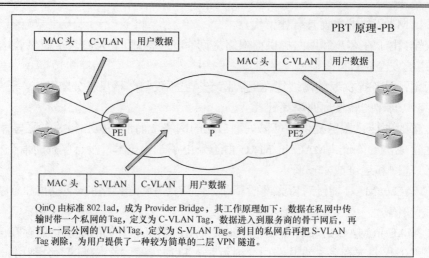

QinQ 由标准 802.1ad，成为 Provider Bridge，其工作原理如下：数据在私网中传输时带一个私网的 Tag，定义为 C-VLAN Tag，数据进入到服务商的骨干网后，再打上一层公网的 VLAN Tag，定义为 S-VLAN Tag。到目的私网后再把 S-VLAN Tag 剥除，为用户提供了一种较为简单的二层 VPN 隧道。

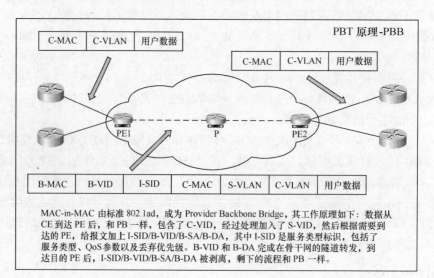

MAC-in-MAC 由标准 802.1ad，成为 Provider Backbone Bridge，其工作原理如下：数据从 CE 到达 PE 后，和 PB 一样，包含了 C-VID，经过处理加入了 S-VID，然后根据需要到达的 PE，给报文加上 I-SID/B-VID/B-SA/B-DA，其中 I-SID 是服务类型标识，包括了服务类型、QoS 参数以及丢弃优先级。B-VID 和 B-DA 完成在骨干网的隧道转发，到达目的 PE 后，I-SID/B-VID/B-SA/B-DA 被剥离，剩下的流程和 PB 一样。

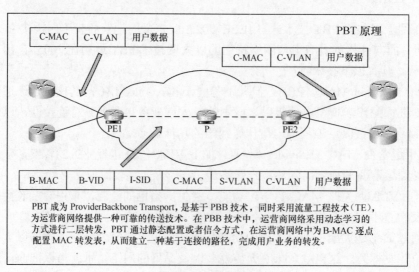

PBT 成为 ProviderBackbone Transport，是基于 PBB 技术，同时采用流量工程技术（TE），为运营商网络提供一种可靠的传送技术。在 PBB 技术中，运营商网络采用动态学习的方式进行二层转发，PBT 通过静态配置或者信令方式，在运营商网络中为 B-MAC 逐点配置 MAC 转发表，从而建立一种基于连接的路径，完成用户业务的转发。

图 6.52　PBT 的原理

由于采用了两层 MAC 技术，业务通过 DA+VID 的方式进行识别，VLAN ID 不再是全局有效，不同的 DA 可重用相同的 VLAN ID，VLAN ID 的相同不会造成以太网交换机在数据帧转发中的冲突。PBT 技术可以与传统以太网桥的硬件兼容，DA+VID 在网络中间节点不需要变化，数据包不需要修改，转发效率高，可支持面向连接网络中具有的带宽管理功能和连接允许控制（CAC，Connection Admission Control）功能以提供对网络资源的管理，通过网管配置或通过网络控制器（NC，Network Controller）建立连接，可以很方便地实现灵活的路由和流量工程。为了更好地说明 PBT 技术，从以下几方面对 PBT 技术进行说明。

（1）转发机制

由于要建立一个面向连接的分组交换网络层面，PBT 采用了同 IVL 交换机相同的转发原理，根据 60 位的标签进行转发（B-VID+B-MAC），MAC 学习功能是关闭的，通过接收管理系统或其他管理层面的指令进行交叉连接实现转发，丢弃所有的广播包。要实现 PBT 转发，交换机必须支持 IVL 功能，禁止对未知地址数据包的广播，直接将它们丢弃，另外，交换机必须支持转发表的软件配置，支持 802.1q 和 802.1ah 的桥接。

PBT 使用了全局唯一的地址空间，使得连接和转发动作变得简单，而且不易出错。12 位的用户 VID 域标识到目标 MAC 地址的路径，其保护功能，如对路径的保护，可通过分配两个不同的 VID 实现，一个代表工作路径，一个代表保护路径。通过使用多个 VID，可以实现最短路径路由或者区分不同的出错情况并实现保护功能。另外，使用 VID 鉴别各种不同路径，可以实现对不同路径的实时监控。OAM 包的传送路径和数据平面的包传送路径是一致的，在源和目的之间的工作路径上传送。

（2）VID 表管理

传统以太网交换机根据对每个以太网帧中的 VLAN 标记（12bit）以及目的 MAC 地址（48bit）这 60bit 的查看来进行转发操作的。在传统的操作中，VLAN ID（VID）以及 MAC 地址都是全局唯一的，但是也会存在一些特例，此时 VID 标识一个无环路的域，在这个域中，可以对 MAC 地址进行洪泛。如果选择配置无环路的 MAC 地址而不是采用洪泛和学习，VID 可以用来指示另外的内容。PBT 利用这个概念来分配一定的 VID 来标识到给定目的 MAC 地址的网络中的特定通路。因此，每个 VID 对于目的 MAC 地址来讲具有本地意义，因为 MAC 地址仍旧具有全局意义，因此 VID+MAC（60bit）也是全局唯一的。

PBT 分配了一系列的 VID/MAC，它们的转发表通过管理或者控制平面产生而不是通过传统的洪泛和学习技术而获得。交换机在很大程度上还是按照传统以太网的方式来工作：转发数据到目的地址。发生改变的就是转发的信息不再是通过交换机的学习得到，而是直接由管理平面提供，从而可以得到指定的、预先确定好的网络上的通路，而且在任何情况下都可以预知网络行为。PBT 不支持广播帧，它会直接丢弃未知 VID+MAC 的分组。

保护转换：在 PBT 网络中，工作路径和保护路径是预先计算好的，路径上所有节点的转发表也预先配置好相关的条目。PBT 通过 IEEE 802.1ag（连接故障管理）消息获得连接监控能力。在两条通路上建立一个连接检验（CC）会话。链路的两端以 10ms 的间隔（可配置）发送 CC 帧并且监听收到的消息。如果有 3 个 CC 消息没有到达，就认为链路已经发生故障同时启动保护倒换。也可以通过告警指示信号（AIS）消息来触发保护倒换。

工作流和保护流的 D-MAC（目的地 MAC 地址）数值是一样的，工作流使用工作路径的 VID，保护路径使用不同的 VID 值。通过使用 802.1ag 的连接出错管理功能，可以检测到错误并上报。数据不连续的问题也会作为一种错误上报，并且触发保护转换功能。路径保护的实现是通过源节点改变 VID 值，同时将数据流切换到预先配置好的保护路径上实现的，节点保护则由离故障节点最近的分叉点转换 VID 值。由于保护路径和 VID 值都已经预先配置好，保护转换可以在很短的时间内完成。

层次化网络模型：PBT 网络结构类似 ITU G.805 定义的模型，分成了两层结构。

① 路径子层。以连接终结点（TCP）为界，并通过 B-SA 和终结 PBT 的 B-DA 地址予以识别。

② 路径标识层。数据包根据 60 位的（B-VID、B-MAC）进行转发时，工作路径和保护路径在同样的、全局唯一的 B-MAC 终结。从网络的层面上看，就是要知道路径经过了哪些节点才能准确标识整条路径，所以需要将路径层分解为多跳的点到点连接，构成路径标识层，由各段的（B-VID、B-MAC）元组确定的一系列 TCP 来标识。配置保护路径时，可以将路径标识层的 TCP 和路径层的 TCP 设为一样，但是，为了使 PBT 更加具有扩展性，通常允许路径层的路由经过路径标识层的一系列链路，这样不仅可以提供备用路径，还可以提供类似 SDH 复用段保护或子网保护功能，但这些附加的保护功能需要交换机的交换板卡支持 VID 交换功能。

PBT 的优势：作为一个针对流量设计的隧道技术，PBT 为在城域范围内部署 MPLS 隧道（例如 RSVP-TE）提供了一个可选的方法并且在 PBT 隧道内支持任何以太网或者 MPLS 业务的复用。因此，业务供应商除了可以在 PBT 隧道上传递基于 MPLS 的业务例如 VPWS 或者 VPLS，还可以传递纯粹的以太网、802.1Q、802.1ad 或者 802.1ah 业务。这种灵活性使得业务供应商可以在最初部署纯粹的以太网业务，在需要的时候部署 MPLS 业务（例如 PBT 支持伪线）。作为一个隧道以及业务结构技术，PBT 为业务供应商提供了下述优势。

① 可扩展性：通过关闭 MAC 学习特性，去除了会产生 MAC 洪泛从而限制网络规模的广播功能。除此以外，通过全 60bit 寻址以及基于目的地的转发，PBT 实际上在业务供应商网络内提供了无数量限制的（260）隧道。

② 保护：PBT 不仅允许业务供应商在网络内配置点到点以太网连接，而且还可以配置附加的备份路由从而提供弹性以及可靠性。和 IEEE 802.1ag 相结合，这些工作和保护路由使得 PBT 可以提供低于 50ms 的恢复时间——这和 TDM、SONET/SDH 或者 MPLS 快速重路由技术相似。

③ 硬 QoS：通过定义一个分组穿越网络所需的路由，业务供应商现在可以为他们的网络提供流量工程。PBT 支持硬 QoS，无需超额配置网络能力就可以满足带宽预留以及用户的 SLA。这使得业务供应商可以最大化网络的利用率，进而也就降低了携带每个比特所需的开销。除此以外，提高了安全性，因为此时在网络内采用点到点以太网连接的时候，任何的误配置或者分组泄漏都变得显而易见。这意味着流量受到了保护，不会受到因为误操作、有恶意或者无恶意地将分组泄漏给不是它的目的地端点的侵害。

④ 业务管理：OSS 知道每个业务所占据路由的事实使得业务供应商可以实现告警关联、业务—故障关联以及业务—性能关联。它还可以实现在可控的模式下执行用于维护目的的保护倒换，从而保证 SLA 中规定的性能。

⑤ 支持 TDM 业务：作为一个 2 层隧道技术，PBT 可以和现存的 WAN 技术互通，从而支持以太网 E-Line 业务以及基于 MPLS 的业务，例如 VPLS。以太网交换机非常低的时延和 PBT 确定性的流量流结合起来，为仿真传统的 TDM/电路仿真业务提供了一个完美的平台。

PBT 可以支持以太网所不支持的扩展性、流量工程、QoS、可扩展性以及可管性使得业务供应商可以利用以太网作为汇聚的、下一代城域网的结构来支持商业以及住宅话音、视频以及数据业务。PBT 只对普通的以太网行为进行了较少的改动，因此这个技术可以很容易地在现存的以太网硬件上执行，从而没有必要在 MAN 内引进复杂而且昂贵的网络叠加技术（例如 MPLS）。PBT 将以太网中最好的部分与 MPLS 中最好的部分结合起来，随着网络叠加的减少，设备本身变得更加简单，从而降低了初始费用。另外，随着设备的简化，运营负担相对降低，从而节省一些重复费用。

6.8　组网模型

6.8.1　分组传送平面和 MSTP 传送平面的联合组网

作为一种全新的面向分组应用的传送光网络，与目前现存网络的 SDH+MSTP 结构之间存在不同的衔接关系。新旧传送平面之间的关系主要有混合组网方式和独立组网方式。混合组网方式：指将两个新旧原本平面的网络混合在一张网上，又包括分层和分区两种方式。混合组网的优点在于网络的资源可以被充分利用，其潜在的最大缺点在于两种技术存在互通的瓶颈，对网络维护、使用带来困难。分层方式是同一层面采用同一系列的设备，不同层面采用不同系列的设备，分层方式优点是网络层次清晰。分区方式是将城域传送网分为两个区域，每个区采用同一系列设备从接入层到核心层独立的组网。此方式的优点是大部分业务在区域内可通过同一系列的网管系统灵活调度，且互联互通性比较好；缺点是对于跨区域的业务，如同城异地的大客户专线业务，需要考虑不同系列设备之间业务的互通问题，且无法实现端到端的业务配置和管理。独立组网方式：两种系列设备均全部覆盖整个网络，且从接入层到核心层独立的组网，形成独立的两个平面。它的优点是网络容量大，适应突发业务需求。双平面网络的负载分担可增强业务的安全性；两个平面可采用不同的网络拓扑结构，适应不同的业务流向，简化业务调度，不同的网络拓扑结构还可以进一步提高安全性。两个平面可采用不同的传输技术，以适应不同的业务类型，可以实现端到端的网络资源配置和管理，数据业务可在各个平面独自实现，不用考虑业务互通问题。缺点是设备数量翻番，投资和维护投入较大，在初期业务量不大时，资源闲置，特别在接入层，节点众多，而单点业务量并不大。从安全性上考虑，由于接入层光缆资源有限，而光缆故障比设备故障的可能性要大，近期可首先从光缆成环上解决安全问题，不一定采用设备叠加的方式提高安全性。采用独立组网方式，两个平面采用不同的传输技术，以适应不同的业务类型。此方式更符合大部分已有 SDH 网络的移动城域光网络未来的需求，原有平面承载 SDH 的 2M、155M 业务，新平面承载 FE、GE、2.5G POS、10GE 等业务，对于原 MSTP 承载的业务逐步改为由传输新平面承载。面向分组传送网络平面的功能定位：主要承载具有突发性强、流量大、流向分散等特点的数据业务，取代原先 MSTP 作为以太业务的承载网，解决 FE、GE、2.5G POS、10GE、10G POS 等业务需求，组建全程端到端城域高运营级、高扩展性的网络，满足电信级以太网（CE）的要求。面向分组传送网络平面的网络分层：整个 WDM 网络采用扁平化的组网结构，淡化原 SDH 网的三层分层结构。整张 IP over WDM 网络将分成两部分：核心传送网与边缘接入网。核心传送网将网络节点进行必要的连接，每个节点在该部分中处于同一级别。由于采用 WDM 的组网技术，与传统 SDH 网络比较而言，WDM 网对纤芯资源的利用率较高，不同颗粒业务调度灵活，配合功能强大的 WDM 传输设备，能实现 OTNfPTN 智能网络的传输管理，边缘接入网对一定的接入点或数据用户起到收敛、集中作用，在网络中是必不可少的组成部分。

1. 中心汇聚，边缘汇聚演进方案

主要解决网络核心节点间的大颗粒分组业务，如 IP 承载网、CMNET、IT 支撑网、软交换 IP 化、WLAN 等需求的 GE、2.5G 和 1G 业务。作为承载电信级分组业务的传送网，其中心汇聚层具有如下特点：在网络容量方面，网络业务宽带化，对容量的需求较高。接口需求方面，网络的业务颗粒逐渐增大，向 GE、2.5G POS 发展。由于网络与数据网配合，对业务调度能力的要求趋弱。同时，网络结构扁平化，对组网能力的要求不高。根据其特点，采用 OTN 组 Mesh 化网络比较适合（采用环形组网在光层保护技术已经成熟，但由于存在点到点的灵活的电路需求，从网络可扩展性、灵活性、健壮性、安全性等方面看，Mesh 结构更具优势）。按照各节点加载的业务等级、业务数量分类，分为中心汇聚节点和边缘汇聚节点。中心汇聚节点之间根据业务需求以及纤缆情况配置光方向，两两之间连接的直达跳数宜小于等于 2。边缘汇聚节点则主要在与之有业务的中心汇聚节点之间作光连接。OTN 网（IP over WDM）在提供带宽、业务颗粒度、承载效率等各方面均具备不可替代的优势，突出表现在城域核心层的应用上。OTN 除了能够提供 GE、10GE 和 POS 等 IP 接口外，还提供 STM、FC、ESCON、FICON 等接口，能满足目前干线核心网络的大部分业务接口需求。同时能提供速率业务向高速率业务汇聚功能以节约系统波长。采用 OTN 的最大原因是可以减少开销，当采用 SDH 承载 IP 数据时，IP 数据速率约为线路速率的 95%。因此如果线路带宽较小或价格较贵，比如租用 E1 线路构成 ISP 骨干网或企业骨干网，采用 WDM/SDH 承载 IP 效率较高。考虑采用独立组网方式，需充分考虑各机房的装机条件及空余机位对于 OTN 和 SDH 设备占用的比例。

2. 接入/边缘接入演进方案

此方案主要针对 Backhaul（回程）的话音/数据、专线出租、其他接入点等以太业务。数据显示，对大部分移动运营商而言，移动数据业务的收入在 10% 以内，因此任何对该业务的投入不能影响现有语音业务的投入。关键在于应用（也意味着对传输网的更高要求）何时出现来满足移动数据业务的提升。因此，解决办法之一是在回程电路等业务上引入分组技术，分组技术能很自然地支持移动数据并根据需要灵活地满足。然而大部分移动运营商不愿意在回程电路等业务上使用无连接的网络，并且无连接的分组网络需要额外的运营流程和员工培训（CAPEX、OPEX）。考虑采用面向连接的分组网络的 PTN（PBB-TE/T-MPLS）网来解决这一矛盾。考虑到新平面的接入/边缘接入层演进跨度较大，将重点介绍引入面向分组技术的接入/边缘接入层的传送网络的演进。演进一般分为两个阶段：第一阶段将分组在 NGSDH 和 SONET/SDH 上重用，如图 6.53 所示；第二阶段使用 T-MPLS、PBB-TE 等技术替换现有的分组部分结构，如图 6.54 所示。第一阶段使用 GFP、VCAT、LCAS 等标准化的映射技术保证可靠而有效的现网重用。第二阶段一般有两种技术：PBB-TE、T-MPLS，都是面向连接的分组传送。这些技术提供类似 ATM/SDH 等网络的 QoS、可靠性、流量工程、端到端保护以及 OAM 管理。在确保 UNI 接口不变的情况下，使 SONET/SDH 网平滑过渡到第二阶段。这个阶段的 SONET/SDH 可尽可能的重用。以太网承载在 NG-PDH、NG-SONET/SDH 上，通过 GFP、VCAT、LCAS 映射提供健壮、可靠的分组数据。ATM 信元可以通过 PWE3 封装在以太网上，通过 NG-SONET/SDH 传递。语音业务直接通过已有架构传递。这种方法的好处是能节省接入层传送网的资源，不需要独立的设备即可满足分组映射。

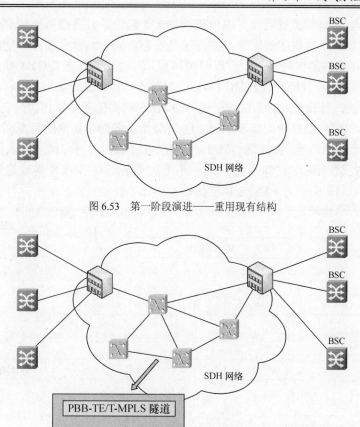

图 6.53　第一阶段演进——重用现有结构

图 6.54　第二阶段演进——面向连接的分组传送

第二阶段演进：采用基于以太网的 **PBB-TE** 或基于 MPLS 的 T-MPLS 技术的面向连接的分组传送网。对于运营商而言，面向连接的分组传送网络的最大优点在于具有 SONET/SDH 的特征。对于维护管理、技术培训、网络规划等方面，过渡的可操作性比较好。面向连接的分组传送网络提供和现网相同的保护、监控能力。这里重点关注基于全分组的 RAN 网，在模拟电路上的语音业务可以可靠传送，通过配置信道和 OAM 管理确保语音质量监控。信道的特征可以根据语音业务的需求以可控的方式灵活调整。由于 PBB-TE 和 T-MPLS 从技术上和 SONET/SDH 有很大的相似度，用这些技术组网，运营的流程可以最大限度地得到重用。传送网络可以相对平滑地演进。另外，PBB-TE 和 T-MPLS 提供有效的分组传送能力，支持统计复用，可以有效地为 RAN 网提高每基站的传送带宽。PBB-TE 和 T-MPLS 同样可以根据不同的通道和应用，提供不同的支持，为今后移动数据业务提供了支撑。

对于今后的 3G 和 4G 网络，分组的传送：最后一公里的 Bs 连接先通过 NG-SDH 承载在以太网接口，其他 RAN 网各段的传送均可通过 PBB-TE/T-MPLS 实现分组传送。语音业务的传送：基于电路传送或通过 PBB-TE/T-MPLS 通道传送 VoIP。已有的 2G 和 3G 网的业务，可采用伪线技术（Pseudo Wire）以 EI/IMA E1 等现有 RAN 网上的电路形式进行传送。

6.8.2　PTN 组网模型

PTN 产品为分组传送而设计，其主要特征体现在如下方面：灵活的组网调度能力、多业务传送能力、全面的电信级安全性、电信级的 OAM 能力、具备业务感知和端到端业务开通管理能力、传送单位比特成本低。为了实现这些目标，同时结合应用中可能出现的需求，需要重点关注 TDM 业务的支持能力、分组时钟同步、互联互通问题。TDM 业务的支持方式在对 TDM 业务的支持上，目前一般采用 PWE3（Pseudo Wire Emulation Edge-to-Edge，端到端伪线仿真）的方式，目前 TDMPWE3 支持非结构化和结构化两种模式，封装格式支持 MPLS 格式。分组时钟同步分组时钟同步需求是 3G 等分组业务对于组网的客观需求，时钟同步包括时间同步、频率同步两类。在实现方式上，目前主要有如下 3 种：同步以太网、TOP（Timing Over Packet）方式、IEEE 1588v2。PTN 中所有的业务通过 MPLS 伪线进行承载，图 6.55 为 PBT 组网模型，图 6.56 为 PTN 与目前传输网的比较。

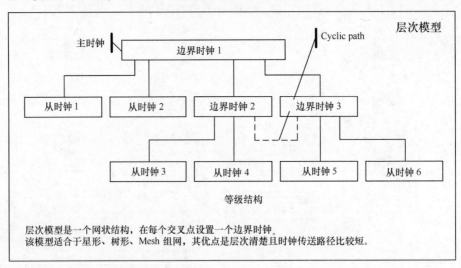

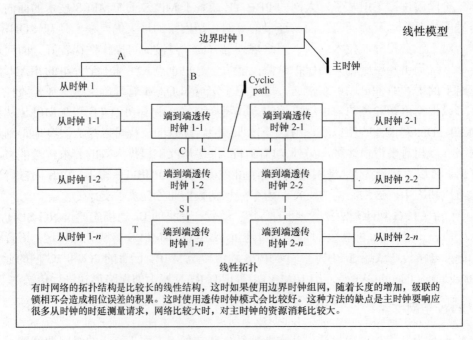

图 6.55　PBT 组网模型

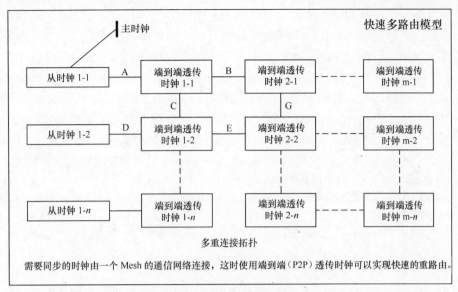

图 6.55　PBT 组网模型（续）

	MSTP	IP/MPLS	增强以太	PTN
TDM 接口	2M/155M	仿真 2M	仿真 2M	2M/155M
IP 接口	FE/GE			
网管和 OAM	好	一般	一般	好
同步	频率同步	/	频率同步	频率／时间同步（1588）
安全性	好	好	广播风暴	好
LTE 承载能力	带宽不足	统计复用，满足需求		
功耗	30W	400W	100W	50W

图 6.56　PTN 与目前传输网比较

图 6.57 所示的组网模式 1，PTN 接入环 GE 带宽直达核心机楼汇聚层组建 10GE 速率组 PTN 环，环上设置两个核心机楼节点，同时兼顾 2G/3G 两种业务需求。接入层组建 GE 速率 PTN 环，直接挂接在汇聚环的两个节点设备，双归接入。汇聚环为 GE 接入环保留完整的 GE 带宽直达核心机楼，然后直接利用汇聚环核心机楼节点的 PTN 设备进行带宽整合处理，再上连归属的 RNC 或 BSC。汇聚环和接入环可根据需要采用 1+1、1：1 或 FRR 保护方式。

优点：（1）延续 SDH 汇聚接入层的典型组网应用模式与网络维护习惯，管理简单；（2）GE 接入环上行容量可灵活调整，保障汇聚环下挂的所有接入环均有足够带宽容量，并为其他业务接入提供带宽预留。缺点：（1）完全套用 SDH 的组网应用思路，PTN 的技术优势发挥不足；（2）由于在汇聚环没有进行带宽整合，同时考虑双归接入段虚拟成环带宽和上行核心机楼带宽，一个 10GE PTN 汇聚环只能下挂 6～9 个 GE PTN 接入环，对于大规模本地网，汇聚环的建设压力将很大；（3）汇聚环核心机楼节点设备直接上连 RNC/BSC 等业务侧设备，既缺乏电路局的调度能力又增加业务侧设备的端口需求。应用场景：该组网模式主要适用于网络建设初期规模较小的场景或网络总规模较小的本地网，或者作为目前尚没有 OTN 情况下的过渡方案。

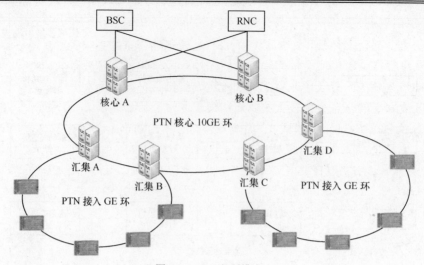

图 6.57 PTN 组网模式 1

图 6.58 所示的组网模式 2，汇聚层整合 PTN 接入环带宽汇聚层组建 10GE 速率组 PTN 环，环上设置两个核心节点，同时兼顾 2G/3G 两种业务需求。接入层组建 GE 速率 PTN 环，直接挂接在汇聚环的两个节点设备，双归接入。其网络拓扑与组网模式相同，但汇聚节点设备把从 GE 接入环上来的带宽整合处理后再上传至核心机楼端设备。当网络规模较大时，一个 RNC/BSC 管理的基站需要通过多个汇聚环来传送，汇聚环通过交叉调度系统进行局向梳理和带宽整理后再上连归属的 RNC 或 BSC。汇聚环和接入环可根据需要采用 1+1、1∶1 或 FRR 保护方式。

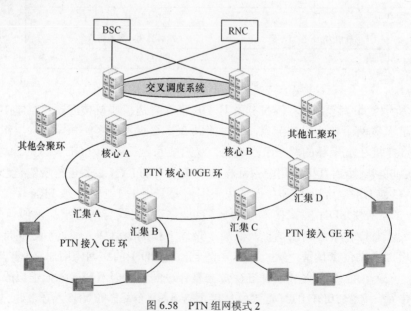

图 6.58 PTN 组网模式 2

优点：（1）延续 SDH 汇聚接入层的典型组网应用模式，接入环双节点保护；（2）发挥 PTN 技术优势，汇聚环对分组数据包进行带宽整合，有效提高带宽使用效率，大幅提高可带接入环的数量；（3）交叉调度系统的应用提高了业务侧 RNC/BSC 端口带宽利用率，节约

RNC/BSC 端口资源。缺点：(1) 接入环的带宽可能受到汇聚环带宽限制，特别是后期网络扩容时，无法为全部接入环提供 GE 带宽；(2) 汇聚环的带宽规划需同时考虑双归接入段虚拟成环带宽和上行核心机楼带宽，需注意各双归接入段所带接入环数量的均衡问题，避免上行核心机楼的带宽瓶颈，建议控制每个双归接入段的接入环数量不大于 5 个。应用场景：该组网模式主要适用于网络总规模较大的本地网，或者作为目前尚没有 OTN 情况下的过渡方案。

图 6.59 所示的 PTN 组网模式 3：汇聚节点同时建设 OTN、PTN 汇聚环采用 OTN 设备组建 10G 环，环上设置两个核心机楼节点，同时兼顾 2G/3G 和承载 IP 城域网路由器链路等多种业务需求，汇聚层采用 OTN+汇聚节点组网，采用 10G 接口互联。接入环组建 GE 速率 PTN 环，采用 1+1、1∶1 或 FRR 保护方式，挂接在两个汇聚节点的两端大容量 PTN 设备上。汇聚节点 PTN 设备把接入环的 GE 通道进行带宽整合后连接至 OTN 设备。OTN 汇聚环把基站业务调度传送至核心机楼端 OTN 设备，通过交叉调度系统进行局向梳理和带宽整理后再上连归属的 RNC 或 BSC。

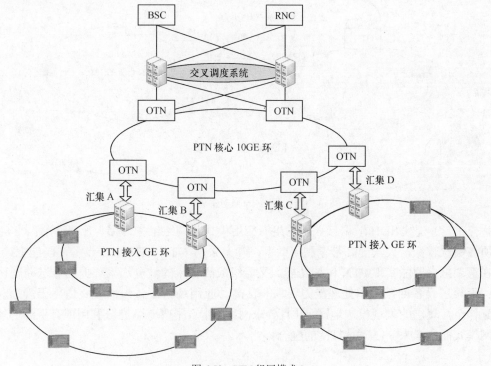

图 6.59　PTN 组网模式 3

优点：(1) 带宽整合所在层次较低，大大提高了带宽利用效率；(2) 相比组网模式 3，接入环终结在汇聚机房即能实现 PTN 保护。缺点：(1) 汇聚机房既要设置 OTN 设备，又要设置 PTN 设备，增加投资；(2) 接入层与汇聚层衔接需要硬连接，增加网络复杂性和维护成本；(3) OTN 与 PTN 设备连接，全程的保护机理复杂，能否实现双节点接入保护有待验证；(4) 汇聚机房需建设 OTN 及多套 PTN 设备，对汇聚机房空间及电源压力较大。应用场景：该组网模式适用于 OTN 网络已延伸至汇聚层的大规模本地网，并且要求充分利用现有资源的场景。该组网模式是泰乐建议中国移动的推荐组网模式。

图 6.60 所示的 PTN 组网模型 4：汇聚层采用 OTN/PTN 融合设备直挂 PTN 接入环汇聚环

采用 OTN 设备组建 10G 环,环上设置两个核心机楼节点,同时兼顾 2G/3G 和承载 IP 城域网路由器链路等多种业务需求。接入环采用 8630/8620 组建 GE 速率 PTN 环,采用 1+1、1:1 或 FRR 保护方式,直接挂接在两个汇聚节点的 OTN/PTN 融合设备上,实现双归接入。双归接入段之间由 OTN 汇聚环的 GE 子波长提供 PTN GE 接入环的虚拟成环通道。汇聚节点的 OTN/PTN 融合设备把 PTN 接入环的带宽整合后,通过 OTN 汇聚环把基站业务调度传送至核心机楼端 OTN 设备,再通过交叉调度系统进行局向梳理和带宽整理后再上连归属的 RNC 或 BSC。

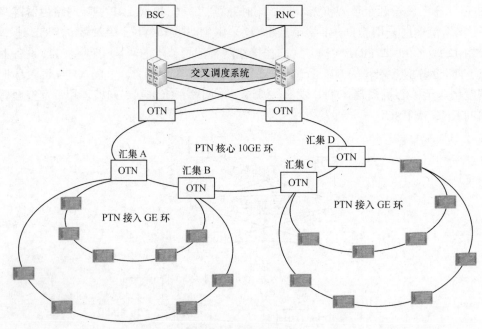

图 6.60　PTN 组网模型 4

优点:(1)延续 SDH 汇聚接入层的组网应用模式与网络维护习惯,管理简单;(2)带宽整合所在层次较低,大大提高带宽利用效率;(3)采用 OTN/PTN 融合设备,既能把接入环终结在汇聚机房即能实现 PTN 保护功能,又能组成高容量的波分汇聚环提供传送调度功能。缺点:汇聚层设备的接入和处理能力要求非常高。应用场景:该组网模式适用于规划 OTN 网络延伸至汇聚层的大规模本地网,并且要求网络拓扑结构清晰、充分利用现有资源的场景。该组网模式面向未来 PTN 和 OTN 的融合。

6.9　本章小结

PBT 代表的是以太网技术进展,是以太网技术的面向连接的扩展,并使用了多种电信级以太网技术,是用户驻地网技术向城域网的延伸,而 T-MPLS 代表的是在现有电路传送网络与分组传送需求的结合,是核心网技术在城域网的延伸。不管采用那种方案,抑或方案将来有所变化,但未来传送网面向分组业务是大势所趋。当前的统一而成的 MPLS-TP 技术,主要是来源于 T-MPLS 的传送体系,而其关键技术,也主要集中在传送(数据)平面的各关键技术,也包括其与 OTN 或 WSON 等网络的统一控制与互联互通方面。

参考文献

[1] 韦乐平. 城域电信级以太网的特征与新发展. 电信科学，2007.2.

[2] 荆瑞泉. 传送网融合技术发展趋势. 电信科学，2005.11.

[3] 刘洁. 电信级以太网技术 PBT 和 T_MPLS 的分析和比较. 电信科学，2007.2.

[4] 李喜祥. 电信级以太网的三大主流技术. 华为技术，2006.8.

[5] MPLS OAM 白皮书. 华为技术.

[6] 面向分组应用的城域传送光网络规划研究，王健 汤进凯（中国移动通信集团设计院有限公司上海分公司上海 200060）.

[7] PTN 技术交流. 中讯邮电咨询设计院，2010.2.

[8] 新邮通信 PTN 产品介绍. 售前技术部，2010 年 1 月 15 日.

[9] PTN 技术交流. 中兴通讯承载网规划系统部 易宇.

[10] PTN 技术原理介绍. 烽火通信科技股份有限公司，技术支援部，2009.12.

[11] PTN 总体技术要求—征求意见稿，2010.03.

[12] 李芳. 《分组传送网（PTN）总体技术要求》征求意见稿[S]. 2009.

标准与规范

[13] ITU-T, G.8110 MPLS Layer Network Architecture.Nov.2006

[14] ITU-T, G.8110.1 Architecture of Transport MPLS（T-MPLS）Layer Network.Nov.2006

[15] ITU-T, G.8112 Interfaces for the Transport MPLS（T-MPLS）Hierarchy.Nov.2006

[16] ITU-T, G.8121 Characteristics of Transport MPLS equipment functional blocks.Nov.2006

[17] ITU-T, Y.1720/G. 8131 Protection switching for MPLS networks.Apirl.2007

[18] ITU-T, G. tmpls-mgmt Management aspects of the T-MPLS network element

[19] ITU-T, G.tmpls-mgmt-info Protocol-neutral management information model for the T-MPLS network element.Apirl.2007

[20] ITU-T, Y.1711 Operation and maintenance mechanism for MPLS networks.Apirl.2007

[21] ITU-T, Y.17tom Operation and maintenance mechanism for T-MPLS layer networks. Apirl. 2007

[22] ITU-T, Y.17tom Requirements for OAM function in T-MPLS based networks.Apirl.2007

[23] ITU-T, G.7712 Architecture and specification of data communication network.Apirl.2007

[24] ITU-T, G.8080 Architecture for the automatically switched optical networks（ASON）. Apirl.2007

[25] PBT: carrier grade Ethernet transport，http://www.tpack.co

[26] T-MPLS: a new route to carrier Ethernet，http://www.tpack.com

[27] 1. FC 5317 Joint Working Team（JWT）Report on MPLS Architectural Considerations for a Transport Profile 2009.

2. FC 5654 MPLS-TP Requirements 2009.

3. FC 5921 A Framework for MPLS in Transport Networks 2010.

4. FC5860 Requirements for OAM in MPLS Transport Networks 2010.

5. FC 5960 MPLS Transport Profile Data Plane Architecture 2010.

6. FC 5586 Assignment of the Generic Associated Channel Header Label（GAL）2009.

7. FC 5951 MPLS TP Network Management Requirements 2010.

8. FC 5950 MPLS-TP Network Management Framework 2010.

在线网络资源

[28] http://www.tpack.com

[29] http://www.itu.int/ITU-T/studygroups/com15

[30] http://www.transport-mpls.com/t-mpls-forum

[31] http://www.itu.int/ITU-T/studygroups/com15/index.asp

第 7 章　光接入网规划与优化

随着可视电话、IPTV 和视频点播等宽带应用业务的不断发展，传统铜绞线接入技术的带宽瓶颈日益突显，接入网络光纤化成为不争的发展趋势。光纤接入是指本地交换机或交换模块与用户之间采用或部分采用光纤通信的光传输系统，与传统的光传输网络系统不同，光接入网（OAN）是针对接入环境所设计的特殊的光传输系统。随着 OAN 建设规模的扩大，采用有效的方法对 OAN 进行合理规划，在提高网络质量与可靠性的同时，能够有效地控制建网的工程投入，降低建网周期。

本章首先对光接入网的概念、关键技术、现状及发展趋势进行介绍；然后对光接入的主要技术——无源光接入网的网络规划、建设规范、规划算法等进行阐述；最后对以太无源光网络（PON）的运行维护等进行阐述介绍。

7.1　光接入网现状及发展趋势

7.1.1　光接入网概述

1. 光接入网定义

所谓光接入网，就是采用光纤作为主要的传输媒质取代传统的铜双绞线的接入网，泛指本地交换机或交换模块与用户之间采用光纤通信或部分采用光纤通信的光传输系统。根据光接入网中光线路终端（OLT）与光网络单元（ONU）之间的传输设施是否含有有源设备，光接入网可以划分为无源光网络（PON）和有源光网络（AON）。

2. 光接入网网络架构

本地接入网的光部分可以是点到点、点到多点的网络架构。图 7.1 为介于业务节点接口（SNI）和用户网络接口（UNI）间的光接入网网络架构示意图，涵盖了光纤到交接箱（FTTCab）、光纤到路边（FTTC）、光纤到楼（FTTB）以及光纤到户（FTTH）等几种情况。FTTCab 中，ONU 设置在交接箱处，ONU 到接入网网络终端（NT）之间采用双绞线、同轴电缆等连接。FTTC 相比于 FTTCab，本地接入网光纤部分又向前延伸，此时 ONU 设置在路边的入孔和电线杆的分线盒处，ONU 到用户之间仍是采用双绞线或同轴电缆等铜缆连接。FTTC 和 FTTCab 可以利用现有铜缆设施，建网投资小，具有较好的经济性。但在这种光缆/铜缆混合系统中，最后一段铜缆可提供的带宽资源有限，同时还存在室外有源设备需要维护等不利因素，因而适用于带宽要求较小且分散的用户。

FTTB 可以看作是 FTTC 的一种变形，不同之处在于将 ONU 放到楼内，ONU 到用户侧可以用五类线或其他局域网技术连接。FTTB 的光纤化程度比 FTTC 更进一步，光纤敷设到楼，更适合于高密度用户区。FTTH 实现了本地接入网的全光纤化，这时 ONU 变为光网络终端（ONT）直接放在用户室内，与终端设备相连。FTTH 的全光纤化使得本地接入网成为全透明的光网络，因而对于传输制式、带宽、波长等没有任何限制，易于引入新业务。ONT 放在用户处，环境条件、供电、安装维护等问题都得到简化。没有铜缆，全光纤化的本地接入网也使得可提供的更大容量带宽成为可能，是一种理想的宽带光接入方式。

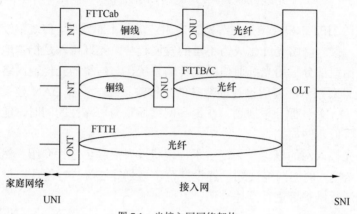

图 7.1　光接入网网络架构

3．光接入网功能配置

ITU-T 规范 G.982 提出了一个与业务和应用无关的光接入网功能参考配置。由光接入网参考配置可以看到，通常情况下，光接入网是一个点到多点的光传输系统。根据系统配置不同，可分为无源光网络和有源光网络，如图 7.2 所示。

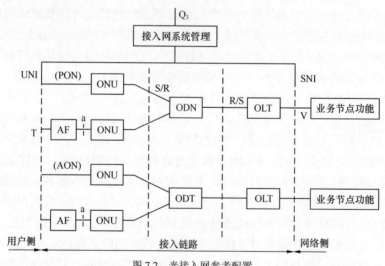

图 7.2　光接入网参考配置

图中：

SNI 为业务节点接口，即接入网和业务节点之间的接口。

UNI 为用户网络接口，即接入网和用户终端之间的接口。

Q_3 为接入网网管接口。

OLT 为光线路终端，光接入网网络侧接口，连接一个或多个光分配网络。

ONU 为光网络单元，光接入网用户侧接口，连接一个光分配网络。

ODN 为光配线网络，光线路终端和光网络单元之间的光传输网媒体，由无源光器件组成。

ODT 为光分配终端，光线路终端和光网络单元之间的光传输网媒体，由有源光器件组成。

AF 为适配功能。

S 为光发送参考点。

R 为光接收参考点。

V 为接入网与业务节点间的参考点。

T 为接入网与用户终端间的参考点。

a 为适配功能与光网络单元之间的参考点。

在图 7.2 中，单个用户接口（T 接口）与业务网络接口（V 接口）之间传输通道的总和称为接入链路。利用这一概念可以方便地进行功能和规程的描述。通常，接入链路的用户侧和网络侧是不同的，即也是不对称的。

光发送参考点 S 是紧靠在光发送机光连接器之后的光纤参考点，而光接收参考点 R 是紧靠在接收机光连接器之前的光纤参考点。

ODN（AON 中则是光分配终端 ODT）在一个 OLT 和一个或多个 ONU 之间提供一条或多条光传输通道。光接入网中，上行链路传输方向是从 ONU 的 S 参考点到 OLT 的 R 参考点；下行链路传输方向则是从 OLT 的 S 参考点到 ONU 的 R 参考点。

根据 OLT 和 ONU 之间是否含有有源设备，光接入网可分为 AON 和 PON 两大类。在 AON 中，利用有源设备或网络系统的 ODT 取代了 PON 中的 ODN，使得传输距离和容量大大增加，易于扩展带宽，网络规划和运行灵活，代价是成本较高、维护复杂。在 PON 中，在 OLT 和 ONU 之间没有任何有源设备，ODN 中只使用无源器件进行简单的分光/耦合等操作，实现光分配功能。PON 对各种业务透明，易于网络升级扩容，便于管理维护，实现成本低。不足之处是 OLT 和 ONU 之间的距离和容量受到一定限制。

7.1.2 有源光网络简介

AON 是指局端设备与用户分配单元之间使用有源光纤传输设备，包括光/电、电/光转换设备、有源光电器件及光纤等。目前，有代表性的 AON 包括光纤数字环路载波（DLC）系统、基于 SDH 的多业务传送平台（MSTP）等。

光纤数字环路载波系统采用光纤作为传输媒介，应用脉冲编码调制（PCM）技术和光纤传输技术实现在一对光纤上复用数百（或数千）路电话、综合业务数字网（ISDN）基本业务和数据业务等多种业务。基于 DLC 与 DSL 技术构成的 FTTCab 方案对于较低 DSL 密度的接入应用环境是比较经济的解决方案之一。

基于 SDH 的 MSTP 是将多种不同业务直接或经过处理后再通过虚电路（VC）级联等方式映射进不同的 SDH 时隙，将 SDH 设备与二层乃至三层分组设备在物理上集成为一个实体，构成业务层和传送层一体化的 SDH 多业务节点，并应用于接入网的位置。其相当于将 SDH 复用器、数字交叉连接器（DXC）、波分复用（WDM）终端、二层交换机乃至 IP 边缘路由器等多个独立的设备集成为一个 MSTP 网络设备，统一控制和管理。这种基于 SDH 的接入网保留了 SDH 的特点，主要有以下几个优势。

① 兼容性强。SDH 的各种速率接口都有标注规范，在硬件上保证了各种供应商设备互联互通，为统一管理打下基础。

② 完善的自愈保护能力，增加网络可靠性。借助 SDH 的大容量、高可靠性，可组成传输与接入的混合网。使接入网除可承载接入业务外，还可以承载无线基站等其他业务，降低了整个电信网络的投资。

③ 面向网络发展的升级能力。可根据接入网带宽升级的需求，利用 SDH 标准化结构实现灵活扩展升级。

④ 网络运行、维护、管理（OAM）功能大大加强。SDH 帧结构中定义了丰富的管理维护开销字节，大大方便了维护管理。

另外，MSTP 通过将具有很好汇聚特性和优化的数据接入能力的弹性分组环（RPR）功能集成进来，较适合于城域网的接入层应用，特别是以太网业务带宽需求占绝对优势的场合。另外，利用与 MPLS 相结合的方法，可以使跨环业务流配置成同一个 MPLS 标记交换通道，从而实现多个 RPR 业务的互通和端到端业务调度。

但这种基于 SDH 的 MSTP 接入网方案是基于同步工作的，抖动要求严格，设备成本较高，而且灵活生成业务的能力不足，因此主要适用于局间或大型企事业用户的点到点通信。

由于有源光网络接入网设备需要机房及供电，存在维护困难及成本较高等不足，因而近年来无源光网络技术成为光接入的主流技术，得到了极大的发展。本书下述章节重点对无源光网络技术及其规划机制进行介绍。

7.1.3　无源光网络技术

顾名思义，PON 的最大特征是"被动"，也即无源：OLT 和 ONU 之间的 ODN 不含有源器件，完全由无源器件构成。PON 的无源特点，使得它能经济、有效、透明地传输高速数据，从而成为光接入网的首选方案。

1. 传输原理

在 PON 中，OLT 和 ONU 之间的通信一般可以划分为上行链路和下行链路两个方向。由于上/下行是共享信道，因此下行链路方向 OLT 与多个 ONU 之间的通信，需采用某种复用方式；上行链路多个 ONU 与 OLT 之间也需采用某种多址接入方式进行通信。上/下行信道的多址/复用方式，理论上有多种技术可供选择。

（1）时分复用/时分多址（TDM/TDMA）

下行链路方向，OLT 采用时分复用（TDM）方式与多个 ONU 通信；上行链路信号传输采用时分多址（TDMA）技术共享信道与 OLT 通信，这种方传输方式的 PON 也称为 TDM-PON，其传输原理如图 7.3 所示。在 TDM-PON 系统中，下行方向 OLT 以 TDM 方式发送不同 ONU 的数据，各 ONU 均可接收到所有下行数据，但可通过判断数据目的地是否为本 ONU 而进行对应接收或滤除操作；上行链路中可能同时有多个 ONU 要竞争占用上行信道，发送信息，因为需要一种仲裁机制来解决竞争问题，给各个 ONU 分配上行传输时隙，一般情况下，采用集中式仲裁机制，由 OLT 来给 ONU 分配时隙时间及长度。TDM/TDMA 的复用/多址方式在实现上所用器件（采用光分路/合路器）相对简单，技术上也相对成熟。

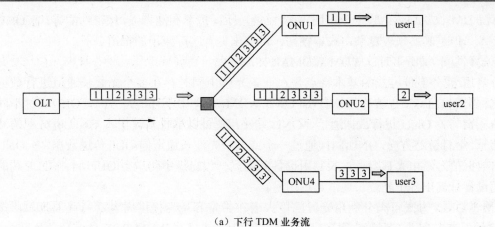

（a）下行 TDM 业务流

（b）上行 TDMA 业务流

图 7.3 TDM/TDMA 方式的 TDM-PON 传输示意图

（2）频分复用/频分多址（FDM/FDMA）

频分复用/频分多址，即通过调制将各 ONU 的上/下行链路信号频谱分别搬移到不同的频谱位置；在接收端，各 ONU 利用对应频段的滤波器滤出各自的数据信号。

一种可行的 FDM/FDMA 实现方案是副载波复用/副载波多址（SCM/SCMA）技术。此方案的上行链路方向是以射频波或微波作为副载波（频率一般为几百兆赫兹到十几吉赫兹范围），将各个 ONU 信号调制在不同频率的副载波上，再用调制后的副载波去调制各 ONU 的光发射机（波长相同）；下行链路方向，OLT 端将各 ONU 下行数据分别调制不同的副载波，再调制 OLT 的光发射机。

其特点是可利用成熟的射频/微波技术，信道彼此独立，不需复杂的同步技术，光器件较少，增减 ONU 较为方便。但由于距离因素，收到的上行链路信号功率相差较大，会引起较为严重的相邻信道干扰，影响系统性能，目前尚未有实际应用。

（3）码分复用/码分多址（CDM/CDMA）

码分复用/码分多址通过给每个 ONU 分配各自特定的地址码，利用共享信道来传输数据信息。各 ONU 的地址码相互具有准正交性。接收端采用与发射端相同码的相干检测，以恢复出原始信号信息。

CDM/CDMA 方式的主要特点是用户地址分配灵活，抗干扰能力强，保密性能好，各 ONU 可灵活接入。但是其实现较复杂，成本较高，目前未见有实际应用的报道。

（4）波分复用/波分多址（WDM/WDMA）

波分复用/波分多址方式的基本特点是在一条光纤中同时存在多个光波长通道进行数据传输，这种类型的 PON 也被称为 WDM-PON。WDM-PON 中下行链路方向，OLT 通过不同波长通道分别与各 ONU 进行数据通信，ONU 端采用光滤波器件，滤出本 ONU 所分配的波长通道信号。上行链路方向，ONU 同样通过一个或多个光波长通道向 OLT 传送数据，各 ONU 上行链路数据信号经由光耦合及波长复用设备复用到一根光纤中传送至 OLT，再由 OLT 端的光解复用设备分离出各个光波长通道数据信号。

WDM/WDMA 方式可充分利用光纤的巨大潜在带宽容量，提供高容量的宽带接入，是 PON 未来的发展方向并在近年来得到广泛的研究。但是，目前 WDM-PON 的实现成本较高，只适合于对带宽要求较大的高端用户。WDM-PON 中待解决的问题有标准化问题、无色 ONU 及动态带宽分配（包括动态波长分配）等技术问题、成本问题等。WDM-PON 目前已在部分国家得到了实际应用。

2．PON 标准

当前，国际上已经提出的主流 PON 技术标准有 3 种，分别是 ITU 制定的 A/BPON 和 GPON 标准，以及美国电气与电子工程师学会（IEEE）制定的 EPON 标准。这 3 种 PON 技术标准都是采用的 TDM/TDMA 复用/多址方式。下面将对这 3 种 PON 标准做概要介绍，并分析其特点。

（1）A/BPON 标准

1995 年，业界一些网络运营商和设备制造商组织成立了全业务网络接入组织（FSAN），共同致力于基于 ATM 的 APON 技术开发。在此基础上，由 ITU-T 在 1999 年制定了 APON 技术标准——ITU G.983 系列建议。为了突出 APON 的宽带接入能力，APON 后来又被改称为 BPON。

A/BPON 体系架构非常灵活，可适应多种应用场景。经过适配，链路层的 ATM 协议可以承载支持多种业务。较小的 ATM 信元以及虚通道虚连接的应用使得可以在较佳的颗粒度上给用户分配带宽。同时，通过采用 ATM 技术，使得 A/BPON 可支持语音、数据、视频等多种 QoS 业务。此外，A/BPON 的 ATM 信元可以很方便地映射到城域网或骨干网的 SDH/SONET 传输通道进行传输。

然而，ATM 协议的采用也同时成为 A/BPON 部署应用的最大障碍。ATM 协议的复杂性使得 A/BPON 的实现成本过高，封装开销大，并且在很多情况下也显得有些多余。特别是在 ATM 未能如预期的那样成为网络主导技术，而 IP 成为汇聚各种高层应用业务的承载层面技术的情况下，使得在接入网领域采用 ATM 技术会增加网络复杂性和协议转换开销。因而，目前 A/BPON 标准已基本退出 PON 接入网技术舞台，让位于新的 EPON 和 GPON 技术标准。

（2）EPON 标准

EPON 标准是由 IEEE 牵头，主要由设备商组织开发的 PON 技术标准。2000 年，IEEE 通过成立 802.3ah，即"第一英里以太网"（EFM，Ethernet in the First Mile）工作组的方式开始了 EPON 的标准化工作，于 2004 年通过了 1G EPON 标准即 802.3ah-2004 标准，于 2009 年通过了 10G EPON 标准，即 802.3av-2009 标准。

IEEE 制定 EPON 技术标准的基本原则是尽量在 802.3 Ethernet 体系架构上进行 EPON 的标准化，采用 Ethernet 帧格式封装，重点是 EPON 的 MAC 层协议，最小限度地扩充以太网

MAC 协议，其余则主要参照 ITU-G.983 建议。

EFM 技术标准，是对原有局域/城域以太网的拓展，是用户接入网领域的以太网技术标准，用于实现：① 点到点（P2P）铜线上的 10Mbit/s 以上速率，② P2P 光纤上的 1Gbit/s 以上速率，③ 点到多点（P2MP）光纤上的 1Gbit/s 以上速率等 3 类物理层拓扑结构及传输速率的以太网标准化。EFM 标准在所定义的新的物理层标准基础上，对 IEEE 802.3 MAC 以及 MAC 子层做了最小的扩展。根据拓扑结构，EFM 系列以太网规范标准可分为 P2P 和 P2MP 两类，EPON 属于其中基于 P2MP 拓扑的 PON 技术标准。在 EFM MAC 层，P2P 拓扑下引入了可选的 MAC 子层，而 P2MP 的 EPON 则引入了多点 MAC 子层（MPMC）。此外，为了加强以太网的 OAM 功能，EFM 的 MAC 层还引入了可选的 OAM 子层。

EPON 与其他 802.3 以太网系列标准规范最大的不同之处在于它是基于 P2MP 的拓扑架构，如图 7.4 所示。P2MP 是基于树形拓扑的非对称媒介。连接到树形拓扑主干的是 OLT 设备，连接到树形拓扑叶节点的是 ONU 设备。OLT 一般位于服务提供商中心局（CO），ONU 则一般位于用户驻地范围。

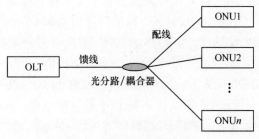

图 7.4　EPON 拓扑架构示意

图 7.5 所示为 EPON 标准规范的协议架构以及和 OSI 七层参考模型的对应关系。由图可见，如同 802.3 系列规范一样，EPON 标准也只涉及物理层和数据链路层的协议标准规范。其中，数据链路层分为 MAC 子层、多点 MAC 子层、可选的 OAM 子层以及包括 LLC 在内的 MAC 客户子层。EPON 物理层则是 P2MP 拓扑的 PON。

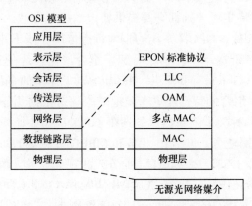

图 7.5　EPON 标准协议架构和 OSI 七层参考模型对应关系

EPON 中，下行链路方向（从 OLT 到 ONU），信号由 OLT 传输，经由一个（或多个级联的）1∶N 无源光分路器到达所有 ONU。OLT 采用 TDM 方式与多个 ONU 通信；上行链路信号传输 TDMA 技术共享信道与 OLT 通信。上行链路方向（从 ONU 到 OLT），信号由某一 ONU 起始传输，只能到达 OLT，不能到达其他 ONU。上行链路中可能同时有多个 ONU 要竞争占用上行信道，发送信息，为避免数据冲突，提高网络效率，ONU 的上行链路传输需要仲裁。仲裁通过 OLT 给每个 ONU 分配传输窗口授权实现。在没有收到授权时，ONU 不传输上行链路数据帧。当授权到达时，ONU 将在授权所分配的时隙内以线速传输帧。

多点 MAC 子层在 EPON 协议标准规范内占有核心地位。多点 MAC 子层的核心控制协议即是多点控制协议（MPCP）。多点 MAC 子层利用 MPCP，完成 ONU 自动发现及注册、ONU 与 OLT 的时间同步、ONU 上行链路传输带宽的申请与授权，以及动态带宽分配等功能。

EPON 的最大特点和优点是基于以太网帧格式的，兼容以太网，且实现复杂度小，成本较低。由于当前 Ethernet 接口大量普遍应用，局域网和城域上二层数据帧大多都是 Ethernet 帧，这种环境下部署 EPON 易于互联互通，封装效率很高。不过 EPON 的劣势是其对于传统话音业务和 TDM 类业务支持能力相对较弱。

（3）GPON 标准

GPON 是 ITU-T 开发的新一代吉比特无源宽带光接入技术标准，用于替代 ITU-T 早先开发的 G.983 系列基于 ATM 的 A/BPON 技术，标准建议为 G.984 系列。当前普遍将该技术认作为与 IEEE 802.3 开发的 EPON 进行竞争的 PON 技术。需指出的是，GPON 无法后向兼容 EPON 或 BPON。

根据 GPON 标准，GPON 可提供从 155Mbit/s 到 2.5Gbit/s（ITU-T G.984），直至 10Gbit/s（ITU-T G.987）的多种上/下行速率，并支持多种上/下行速率组合，因此可以灵活地提供对称和非对称速率。传输的物理距离可达 20km（逻辑距离可达 60km），系统分路比可以支持 1∶16、1∶32、1∶64 乃至 1∶128。

GPON 标准中定义了一个全新的传输汇聚层（GTC）架构，GTC 除了可以像 BPON 一样支持 ATM 成帧外，还引入了一种新的 GEM（GPON Encapsulation Mode）成帧方式，对上层数据进行封装复用。GEM 是一种类似于 GFP 通用成帧规程的链路层封装方法，由 5 字节的帧头和可变长度载荷构成，可以适应各种上层协议格式和各种传输网络制式的业务数据，无需附加 ATM 或 IP 封装层，封装效率高，提供业务灵活。相比于 GPON 的 GEM 成帧方式，BPON 和 EPON 对于每种特定业务则都需要提供特定的适配方法。

与其他的 PON 标准相比，GPON 系统的技术特点体现在如下几方面。

① 可提供很高的系统带宽及多种上/下行速率组合，尤其是在 10G GPON（G.987 标准）标准中上/下行速率高达 10Gbit/s，同时支持 10Gbit/s 以下速率的多种上/下行速率组合。其支持多种非对称上/下行速率组合的特性能更有效地适应宽带数据业务市场。

② 能够有效地支持各种类型的数据业务。在 GPON 标准中，明确规定需要支持的业务类型包括数据业务（以太网业务，包括 IP 业务和 MPEG 视频流）、PSTN 业务（POTS、ISDN 业务）、专用线（T1、E1、DS3、E3 和 ATM 业务）和视频业务（数字视频）。

③ 提供 QoS 的全业务保障，同时承载 ATM 信元和（或）GPON 封装模式（GEM）帧，有很好的提供服务等级、支持 QoS 保证和全业务接入的能力。承载 GEM 帧时，可以将 TDM 业务映射到 GEM 帧中，使用标准的 8kHz（125μs）帧，能够直接支持传统的 TDM 业务。

④ 作为电信级的技术标准，GPON 还规定了在接入网层面上的保护机制。

此外，GPON 在网管能力方面具有较为丰富的功能，包括带宽授权分配、链路检测、保护倒换、密钥交换和各种告警功能等。GPON 的缺点主要是实现较为复杂。

7.1.4　下一代光接入技术

因具有带宽大、可靠性高、单户成本低、支持多业务、互通性好、升级时不需改造外线路等特点，10G EPON、10G GPON 和 WDM-PON 三大技术被认为是下一代光接入技术的代表技术，它们由不同的技术分支演变而来，具有不同的技术特性。

1. 10G EPON

（1）10G EPON 技术简介

作为下一代的 EPON 技术，10G EPON 技术的特点主要体现为更高的传输速率、更丰富的物理层规格、与 10G Ethernet（简称 10GE）和 1G EPON（简称 EPON）技术的继承性以及与 EPON 的兼容性。

① 更高的系统传输能力

IEEE 802.3av 规定了下行 10Gbit/s、上行 1Gbit/s 的非对称模式和上/下行 10Gbit/s 对称模式两种速率，显著提高了系统的传输能力，可以满足未来相当长一段时间内高清 IPTV、多媒体、网络游戏等宽带业务发展的需求。另外，10G EPON 采用 64B/66B 线路编码，编码效率为 97%，与 EPON 的 8B/10B（编码效率为 80%）线路编码相比在效率上有了明显提升。10G EPON 的 FEC 功能采用 RS（255，223）编码方式，可增加 5～6dB 的光功率预算，与 1G EPON 的 RS（255，239）编码方式相比能力更强。

② 更丰富的物理层规格

针对 10G EPON 10Gbit/s 对称的系统速率和 10/1Gbit/s 非对称的系统速率，802.3av 分别定义了 10G Base-PR 和 10G/1G Base-PRX 的物理层要求。每种物理层要求又根据光功率预算的不同规定了 3 种规格，包括 10G Base-PR10、10G Base-PR20、10G Base-PR30、10G Base-PRX10、10G Base-PRX20、10G Base-PRX30，总共 6 种规格，以满足不同的链路损耗要求。具体规格及链路光指标见表 7.1。其中，10G Base-PR30 和 10G Base-PRX30 的光链路预算达到了 29dB，可以实现 20km 传输距离下的 1∶64 分光。

表 7.1　　　　　　　　　　　　　　　**10G EPON 系统的光物理层指标**

描述	低功率预算		中功率预算		高功率预算		单位
	PRX10	PR10	PRX20	PR20	PRX30	PR30	
光纤数量	1						
标称下行线速率	10.312 5						Gbit/s
标称上行线速率	1.25	10.312 5	1.25	10.312 5	1.25	10.312 5	Gbit/s
标称下行波长	1 577						nm
下行波长容限范围	±3						nm
标称上行波长	1 310	1 270	1 310	1 270	1 310	1 270	nm
上行波长容限范围	±50	±10	±50	±10	±50	±10	nm
最大传输距离	≥10		≥20		≥20		km
链路最大插损	20		24		29		dB
链路最小插损	5		10		15		dB

③ 对 10G Ethernet 和 EPON 协议的继承性

10G EPON 技术在开发时充分考虑了与现有 10GE 和 1G EPON 技术的继承性。10GE 的技术已经非常成熟，10G EPON 在下行方向和 10Gbit/s 速率的上行方向完全继承了 10GE 的技术特点和现有成果，因此可以有效降低自身的成本。

10G EPON 的 IEEE 802.3av 标准在 EPON 标准基础上对 MPCP 进行了扩展，增加了 10Gbit/s 能力的通告与协商机制。在 10G EPON 系统的发现注册过程中，OLT 在 Discovery GATE 帧中增加 Discovery Information 字节来请求 ONU 上报其是否支持 10Gbit/s 速率，ONU 在 REGISTER_REQ 帧中增加 Discovery Information 字节向 OLT 通告 10Gbit/s 速率的支持能力。这种简单的扩展使得 10G EPON 可以有效继承现有的 EPON 技术实现方案，使 10G EPON 的芯片和设备成本大大降低。

另外，为了降低 10Gbit/s 突发光模块的实现难度，对称速率的 10G EPON 的上行方向没有因为线路速率的提高而缩短突发模式光收发机的激光器打开（LaserON）、激光器关闭（LaserOFF）、时钟提取时间（CDR）等指标要求，而是保持与 EPON 相同的 512ns、400ns 的指标要求，自动功率调整的稳定时间（receiver_settling）还从 EPON 的 400ns 提高到 800ns，这样就显著降低了光模块实现的复杂性，降低了系统成本。

④ 与 EPON 的兼容性和共存

为了实现 10G EPON 与 EPON 的兼容和网络的平滑演进，IEEE 802.3av 标准在波长分配、多点控制机制方面都有相应的考虑，以保证 10G EPON 与 EPON 系统在同一 ODN 上的共存。

如图 7.6 所示，在波长规划方面，为了实现与 1G EPON 兼容，10G EPON 没有使用 EPON 系统所使用的 1 490nm 的下行波长，同时考虑避开模拟视频波长（1 550nm）和 OTDR 测试波长（1 600～1 650nm），IEEE 802.3av 标准选择 1 577nm 作为 10Gbit/s 下行信号的波长（波长范围 1 574～1 580nm）。因此，在下行方向可以确保 10Gbit/s 信号与 1Gbit/s 信号的隔离度。上行方向，EPON 系统的上行信号的波长是 1 310nm（1 260～1 360nm），IEEE 802.3av 标准规定 10Gbit/s 信号的上行波长是 1270nm（1 260～1 280nm），二者有重叠，因此不能采用 WDM 方式，只能采用双速率 TDMA 方式。

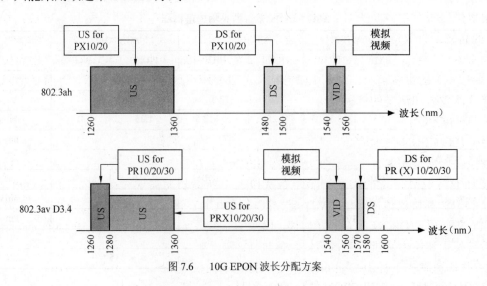

图 7.6 10G EPON 波长分配方案

对于非对称速率的 10G EPON 系统，则完全可以采用既有的 10GE 和 EPON 技术。10G EPON 的难点主要体现在对称速率的 10G EPON 系统，特别是由于对称 10G EPON 系统的上行方向数据速率是 10Gbit/s 且必须工作于突发模式，尽管 ONU 的突发模式光发送机和 OLT 的突发模式光接收机的指标并没有提得很高，甚至是适度降低。但对于光模块来讲，还是充满挑战的，主要体现在 Serdes 模块、高功率激光器和高灵敏度探测器，特别是对于 PR30 和 PRX30 的光模块。

（2）10G EPON 的应用模式分析

从系统成本来看，即使未来 10G EPON 得到规模商用后，其成本也会高于 EPON，这是由于下述 3 方面的成本因素。

① 10Gbit/s 速率光模块的成本较高

因为 10Gbit/s 速率光模块的成本远高于 1Gbit/s 速率光模块的成本，因此 10Gbit/s 速率光模块的成本会导致非对称/对称速率的 10G EPON 每线成本增加。

② MAC 芯片成本增加

由于接口速率的提高和实现的复杂度，在同样产量下，10G EPON 芯片的每线成本要比 EPON 的高。

③ 设备成本增加

除了光模块和 MAC 芯片导致成本增加外，OLT 和 ONU 设备也需要采用更高速的新的系统架构和交换芯片、背板总线等，以满足 10G EPON 的速率要求，这也会在一定程度上导致系统成本提高。

因此，总体来讲，10G EPON 的成本相比 EPON 会有一定程度的提高。因此，对于带宽需求在 10～30Mbit/s 之间的 FTTH 用户，技术成熟且成本较低的 EPON 完全可以满足其要求，应用 10G EPON 的必要性和可能性不大。

10G EPON 的优势是高速率，所以更适应于 FTTB/C/N 应用场景。FTTB/C/N 是目前国内运营商以及日韩运营商的主流"光进铜退"模式。在这种场景下，每个多住户单元（MDU）要接入多个用户。按照目前每个 PON 口覆盖最多 512 个用户的规划来计算，采用 10G EPON 技术可以确保每个用户至少有 20Mbit/s 的保证带宽，最大带宽甚至可以达到 1Gbit/s，考虑到 MDU 的高流量收敛特性，每个用户的速率已经接近 EPON FTTH 用户的速率。如果每个 PON 口覆盖 256 个用户，则平均每个用户的保证带宽可达 40Mbit/s，就可以满足用户相当长时间内（5 年以上）的带宽需求。由于 10G EPON 的主要应用场景是 FTTB/C/N，因而是特别适合中国接入网发展和演进的一种技术。

2．10G GPON

（1）10G GPON 技术简介

10G GPON 是在现有 1G GPON（简称 GPON）基础上的进一步演进，是为了应对将来新兴多媒体业务对高带宽的需求和满足带宽接入不断增长的需求而兴起的。10G GPON 与 GPON 类似，其协议栈主要由 PMD 层、TC 层和 ONT 管理控制协议（OMCI）构成，其中 10G GPON 继承了 GPON 的 OMCI 协议，仅做了少量扩展。在已经发布的 10G GPON 标准中，对其系统架构和层参数进行了规范，具体包括：

① 传输速率：下行 10Gbit/s，上行 2.5Gbit/s 或 10Gbit/s。

② 波长分配：上行使用 1 260～1 280nm 波长，下行使用 1 574～1 580nm 波长。

③ 光功率预算：分为无光放大器条件下的 N1、N2 类，以及有光放大器条件下的 E 类，各类支持的光功率预算见表 7.2。

表 7.2   **10G GPON 支持的光功率预算**

	N1	N2	E
最小插损（dB）	14	16	待研究
最大插损（dB）	29	31	待研究

④ 光分路比：物理分支至少 64，逻辑分支至少 256。

⑤ 传输距离：物理距离至少 20km，逻辑距离至少 60km。

⑥ FEC 功能为强制要求。

⑦ 与 GPON 通过 WDM 方式共存。与 10G EPON 和 EPON 的共存方式不同，10G GPON 和 GPON 通过 WDM 器件在同一个 ODN 上共存。10G GPON 上行使用 1 260～1 280nm 波长，下行使用 1 574～1 580nm 波长，与 GPON 使用的上行 1 310nm 波长、下行 1 490nm 波长不重叠，因此在同一个 ODN 上共存时不会造成冲突，如图 7.7 所示。

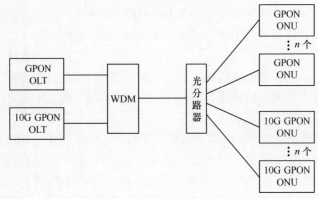

图 7.7   10G GPON 与 GPON 共存

（2）10G GPON 应用模式及解决方案分析

由于电信运营商已大量部署光接入网络，且投资是按几十年来摊销，因此 10G GPON 的设计及应用模式应该注重后向兼容的问题，目前对这一问题有效的解决办法之一是采用波分复用（WDM）技术与 GPON 共存应用。图 7.8 所示为一种可行的 GPON 与 10G GPON 混合实现方案，方案中上/下行方向采用不同的波段传输。GPON 上行采用传统的 1 310nm 波段，下行采用 1 490nm 波段，10G GPON 上行采用 1 270nm 波段，下行采用 1 577nm 波段。

在图 7.8 所示的 GPON 与 10G GPON 混合的实现方案中，10G GPON 采用注入锁定法布—泊罗激光器（FP-LD）架构。在 OLT 中，10Gbit/s 的光源用于下行广播传送信息。对于上行链路，OLT 中的 4 个分布反馈激光器（DFB-LD）被用来作为上行的种子光源，这 4 个种子光源由一个 1×4 波分复用器进行复用，然后通过一个波长耦合器（WC）传送到远程节点。在远程节点，1×N 的无源光功率分配器将下行广播信息和连续种子源分配到此 10G GPON

系统中的所有 ONU。在 10G GPON ONU 中，4 个连续的种子源由 1×4 的 WDM 所解复用，每个连续种子光源被注入到对应的 FP 激光二极管（FP-LD）。此外，在 OLT 中，4 个速率为 2.5bit/s 的突发模式接收机由一个 1×4 的 WDM 所复用，用于探测 10G GPON ONU 的上行信号。每个 10Gbit/s 的 ONU 包含 4 个速率为 2.5Gbit/s 直接调制 FP-LD 模块和一个 WDM，它们共同构成一个 10Gbit/s 上行模块。由于在每个 ONU 采用四阵列 FP-LD，所以在该方案中，信息在传输过程中被分为 4 部分，4 个分裂的信息通过 MAC 层协议控制分裂或重新进行组装。

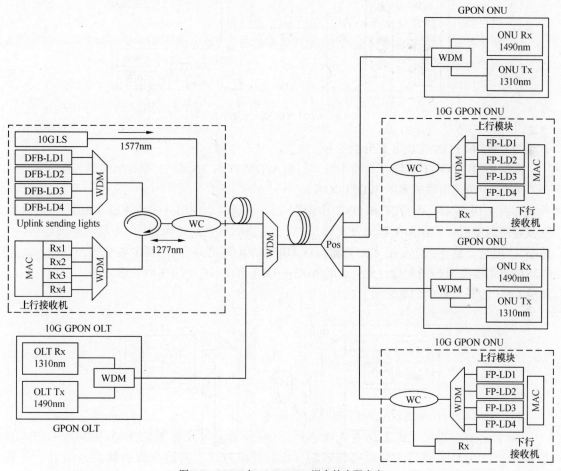

图 7.8　GPON 与 10G GPON 混合的实现方案

上述方案通过现有 GPON 的光器件实现了上/下行对称的 10G GPON 系统，且 10G GPON 和 GPON 分别为用户提供了高速的接入，满足用户对带宽的不同需求，具有较高的实用性，是一种可行的解决 GPON 与 10G GPON 混合应用的实现方案。

3．WDM PON

（1）WDM PON 系统原理

WDM PON 网络系统结构包括光线路终端（OLT）、传输光纤、远端节点（RN）和光网络单元（ONU）4 个部分，如图 7.9 所示。WDM PON 系统中，一般采用阵列波导光栅（AWG）实现复用/解复用功能，每个 ONU 只能接收到一个波长通道的信号。在下行数据传输中，OLT

中的多波长信号经过传输光纤，通过波分复用/解复用器，最终实现各个波长信号到达相应的 ONU 接收端被接收。在上行数据传输中，不同 ONU 的信号经波分复用/解复用器耦合到一根光纤中，传送到接收端，经 OLT 中的解复用器分路后，由接收机阵列完成接收。因此，WDM PON 在 ONU 与 OLT 之间实现了一种虚拟的点到点通信。

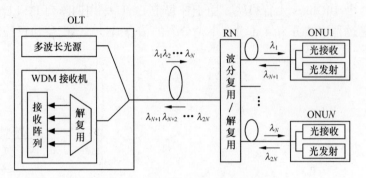

图 7.9　WDM PON 接入系统示意图

（2）WDM PON 实现方案分析

根据 OLT 及 OUT 实现方式的不同，目前 WDM PON 有以下 3 种典型实现方案。

① 基于可调谐激光器的 WDM PON

如图 7.10 所示，在 OLT 和 ONT 中所有上/下行通道均使用外腔激光器（ECL），通过控制波导的温度可以控制激光器的发光波长。这种方案的优点是结构简单，而且功率预算小（损耗小）；但是其缺点是需要很多的光源，成本很高，而且必须具有 ONT 波长管理功能，高速率环境下需要高速外调制器。此外，也可以在 OLT 和 ONT 使用多波长激光器，但同样不可避免 ONT 波长管理的问题。

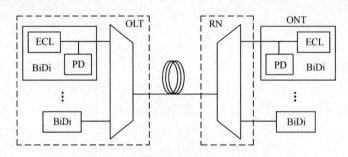

图 7.10　基于可调谐激光器的 WDM PON

② 基于 RSOA 的 WDM PON

另一种是基于反射型半导体光放大器（RSOA）的方案，其中一种是激光注入 RSOA，如图 7.11（a）所示。这种方案上/下行采用不同的波长，通过对 RSOA 的调制来实现信号的调制和放大。另外一种结构如图 7.11（b）所示，通过再调制部分下行信号作为上行信号，这种方案相比（a）中的方案要节省一半的激光器，但是其上行信号的性能会受到 RSOA 接收的信号强度和消光比的影响，而且波长完全一样，上/下行信号之间产生相干，噪声增大，性能下降。基于 RSOA 的 WDM PON 方案具有很好的高速调制性能，但成本较高、维护复杂。

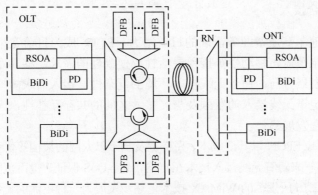

（a）激光注入 RSOA

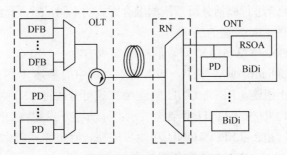

（b）通过再调制部分下行信号作为上行信号

图 7.11　基于 RSOA 的 WDM PON

③ 基于注入波长锁定 FP-LD 方案的 WDM PON

通常情况下，FP-LD 是多模输出，不能用于光通信中，但是通过外界注入波长方式可以实现单模输出。基于注入波长锁定 FP-LD 的 WDM PON 方案如图 7.12 所示，该方案利用 AWG 分割宽带光源，注入到 FP-LD 中，实现单模输出。E 频段和 L 频段作为下行光源，C 频段作为上行光源，其信号波长完全取决于 AWG，因此不需要波长管理功能。另外，通过对 FP-LD 的直接调制就可以完成信号的加载；锁定后的输出激光边模抑制比取决于注入功率、偏置电流和 FP-LD 的振荡模式与注入信号之间的波长失谐。这种方案具有成本低、结构简单、可以实现无色（Color-free）操作等优点。目前韩国商用化的 FTTH 方案采用的就是这种方案，其上/下行速率均为 125Mbit/s，每个 OLT 分配到 32 个 ONT。

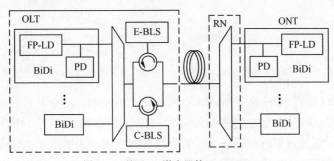

图 7.12　基于 FP 激光器的 WDM PON

7.1.5 光与无线融合接入

随着用户对高速率高质量业务需求的日益增大，FTTx 成为目前宽带接入的趋势。与此同时，由于用户对全覆盖、移动性等接入灵活性、便利性的需求，移动宽带化和宽带移动化成为接入技术新的发展方向。由于无线接入环境的复杂性、接入需求多样性和传输距离与带宽之间的矛盾，决定了无线接入的瓶颈及与光接入之间的共存互补性，光接入与无线接入融合是未来接入的长远发展趋势。

在光接入技术中，EPON 以其低成本、高带宽及基于以太网的架构等优势得到越来越广泛的应用。与此同时，近年来随着无线接入技术在传输带宽、QoS 保证、覆盖范围等方面取得了长足的发展，由 IEEE 802.16 所规范的 WiMAX 技术正逐步发展为一种主流的无线宽带接入技术。因此，以 EPON 和 WiMAX 两种接入技术为例分析光与无线的融合，具有典型性。下文对 EPON 系统与 WiMAX 系统的融合进行概括分析，依据融合方式的不同，重点介绍了 3 种融合方案。

1. BS 与骨干网间的 EPON 融合方案

图 7.13 所示为 EPON 与 WiMAX 间较简单的集成方案——EPON 作为 WiMAX 系统中 BS 与骨干网之间的 Backhaul。此方案中，WiMAX 系统中的基站（BS）作为 EPON 系统的一个普通用户，与 ONU 相连。BS 与 ONU 的连接方式可分两种，一种是二者之间采用标准接口进行互连，如图 7.13 中独立 ONU 型架构所示；另一种方式是将 ONU 与 BS 进行电路级集成，即将 WiMAX BS 功能与 EPON ONU 功能集成在一套电路系统上，使得统一模块同时兼具二者功能，如图 7.13 中 ONU-BS 混合架构所示。

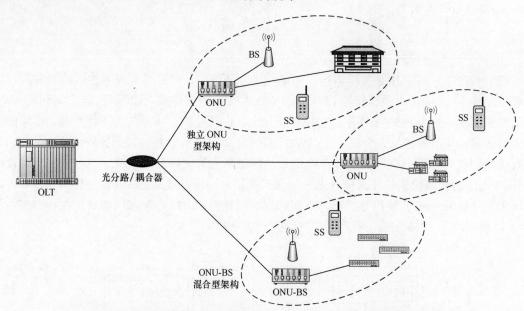

图 7.13　EPON 作为 WiMAX 系统 BS 与骨干网之间 Backhaul 的融合方案

相比传统的 PDH 或者 SDH 作为 WiMAX 网络 Backhaul 而言，由于 EPON 的无源特性和动态带宽分配机制，使得这种融合方案在网络成本上具有很大的优势。传统的 Backhaul 网络中，各基站带宽的分配只能是通过网管进行静态配置的方式进行更改。如果在某个时间段特定基站带宽需求增大，网管只能重新对各个基站的带宽进行人为的重新配置。由于 EPON 支持动态带宽分配，

EPON 作为 WiMAX 网络中的 Backhaul 可以动态地改变基站的带宽,无需人为地进行重新配置,与静态带宽配置相比,动态带宽分配的系统性能显著提高,而且更好地保证多业务 QoS 的要求。

2. MAC 层与 PHY 层分离融合方案

根据功能不同,可将 WiMAX 基站分为 4 部分,分别是 MAC 层功能处理模块、PHY 层功能处理模块、射频收发模块和天线,如图 7.14 所示。其中 MAC 功能处理模块与 PHY 层功能处理模块之间接口传递的数据是 WiMAX MAC PDU 格式的数据包,PHY 层功能处理模块与射频收发模块之间接口传递的是连续的基带或中频数字信号,射频收发模块与天线之间接口传递的是射频模拟信号。

图 7.14　WiMAX 基站功能模块及接口

"将 WiMAX 的 MAC 层与 PHY 层分离的融合方案"是将 WiMAX 基站的 MAC 层功能处理模块在 OLT 处实现(形成融合型 OLT),PHY 层功能处理模块、射频收发模块及天线放在 ONU 处实现(形成融合型 ONU)。图 7.15 描述了该融合方案结构及融合型 OLT 和融合型 ONU 的功能。此方案可以由一个融合型 OLT 和多个融合型 ONT 构成,融合型 OLT 中的 MAC 对所有 ONU 中的 PHY 进行集中控制,包括频率和带宽分配、上下行数据调度、切换等无线资源管理和移动性管理等。融合后的系统形成一个覆盖范围约为 20km、具有多个 WiMAX 基站、可以同时提供 WiMAX 和 EPON 两种接入方式的网络。

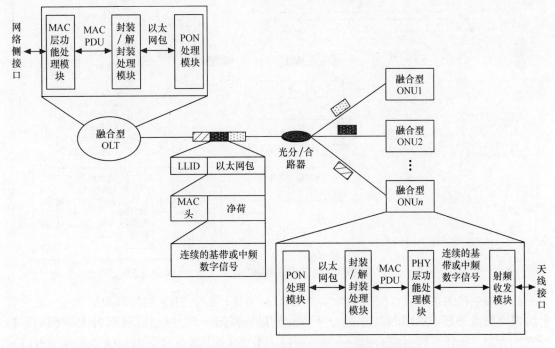

图 7.15　MAC 层与 PHY 层相分离的 WiMAX 与 EPON 融合方案

此方案中,对于下行数据(从网络侧接口进入到 OLT 的数据),先进行 WiMAX MAC 层处理,形成 WiMAX MAC PDU，然后 OLT 将这些 MAC PDU 封装成以太网包，送入到 EPON 网络进行传输；到达融合型 ONU 处后，将这些经过封装的以太网数据包进行解封装处理，还原成 WiMAX MAC PDU 后送入到 WiMAX PHY 层功能处理模块和射频收发模块进行处理，进而经天线以射频方式发出。对于上行数据（天线收到的数据），处理方式与下行数据方向相反，方法类似。

3．PHY 层与射频收发模块分离融合方案

"将 WiMAX 的 PHY 层与射频收发模块分离的融合方案"是将 WiMAX 基站的 MAC 层功能处理模块和 PHY 层功能处理模块放在 OLT 处实现（形成融合型 OLT），将 WiMAX 基站的射频收发模块和天线放在 ONU 处实现（形成融合型 ONU）。在此融合方案中，WiMAX 业务的所有 MAC 层和 PHY 层处理统一在融合型 OLT 内完成，而融合型 ONU 只负责 WiMAX 射频信号的收发处理。EPON 网络负责传递 PHY 层功能处理模块和射频收发模块之间的连续基带或中频数字信号，它将上述连续基带或中频数字信号当作一种数据业务来承载。由于 EPON 具有的高带宽以及灵活的带宽分配等特点，完全可以满足此种连续基带或中频数字信号对时延以及带宽的需求。融合后的 OLT 和 ONU 可以把 EPON 当作是一条光纤专线用来进行连续数字信号的传输。由于该方案中 WiMAX 的 MAC 层和 PHY 层处理都集中到了 OLT 所处的局端中，融合型 ONU 只需要增加一个射频信号收发模块，这样将较大地降低远端设备的复杂度，从而减少远端设备的体积、安装难度和功耗，进而显著降低整个网络的成本。图 7.16 描述了该融合方案中的 OLT 与 ONU 的功能。

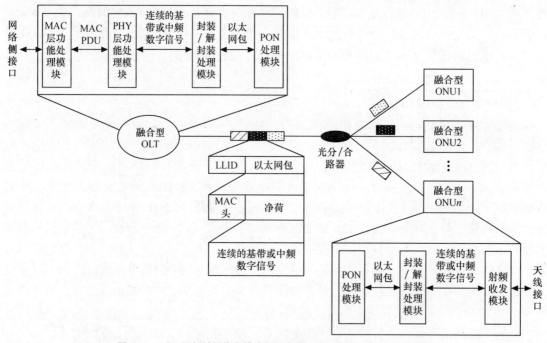

图 7.16　PHY 层与射频收发模块相分离的 WiMAX 与 EPON 融合方案

此方案中，OLT 处可以同时融合多个 PHY 层模块，每个 PHY 层处理模块与一个融合有射频模块的融合型 ONU 相对应。融合型 OLT 可统一采用一个 MAC 层多个 PHY 层模块进行管理和控制。融合后的系统形成一个覆盖范围约为 20km、具有多个 WiMAX 基站、可以同时提供 WiMAX 和 EPON 两种接入方式的网络。

此方案中，对于下行数据，融合型 OLT 先对其进行 WiMAX 所需要的 MAC 层和 PHY

层处理，形成连续的基带或中频数字信号，然后对所形成的信号进行格式转换处理，将其封装为以太网包，送入到 EPON 网络中进行传输；到达融合型 ONU 处后，首先将这些经过封装的以太网数据包进行解封装处理，还原为连续的基带或中频数字信号并送入到射频模块进行数模转换及调制，进而经天线完成射频发送。对于上行数据（天线收到的数据）处理方式与下行数据方向相反，方法类似。

4．射频光传输融合方案

"射频光传输融合方案"是把原本属于 WiMAX 基站（WiMAX-BS）的 MAC 及 PHY 层的功能模块都放到了中心节点 OLT 处加以实现（形成融合型 OLT），仅将 WiMAX 基站的天线放在 ONU 处（形成融合型 ONU），融合方案如图 7.17 所示。

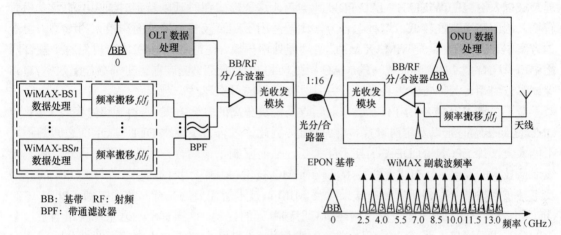

图 7.17　射频光传输融合方案

在融合方案下行方向，为了实现 EPON 基带信号和 WiMAX 射频信号同时在 EPON 系统中传输，同时为了区分属于不同 WiMAX 基站的射频信号，在 OLT 端采用副载波复用技术（SCM）。由于 1G EPON 基带信号频带范围为 $0\sim1.25$GHz，因此可把无线信号上变频到 2.5GHz 以上的副载波，每个副载波的带宽可设为 WiMAX 所需的最大带宽，相邻两副载波中心频点间隔大于上述最大带宽（图 7.17 中设为 0.75GHz）。每个 WiMAX 基站对应一个副载波，对于分支比为 1∶16 的 EPON 系统，一共有 16 个副载波。将基带信号和调制好的副载波合成后，即可直接对光收发模块进行调制。对于融合型 ONU，当接收到 OLT 下行传来的混合信号时，首先需要把其中包含的基带信号和副载波信号解复用出来，基带信号直接上传到相应 EPON 模块进行处理，对副载波信号则需要进行频率搬移处理。通过使用和 OLT 同频率的本振和变频器和带通滤波器，即可实现将属于本基站无线的射频信号解调出来，然后通过天线发射出去。因此，在融合型 ONU 中只需要进行频率搬移处理。

在融合方案上行方向，通过采用时分多址接入（TDMA）方式，实现基带信号和无线射频信号混合在一起发送。EPON 的媒体访问控制（MAC）层和 WiMAX 的 MAC 层相互配合，为各融合型 ONU 分配上行数据的发送时隙，各 ONU 在指定的时隙到来时按照 OLT 的授权窗口大小发送数据。在各融合型 ONU 端，不需要把无线射频信号上变频到副载波信号。因为不同的各融合型 ONU 位于不同的发送时隙中，彼此的上行射频信号不会冲突。同时由于 WiMAX 射频信号处于 2.5GHz 及以上的频段，而基带信号位于 1.25GHz 以下，因此基带信号和无线射频信号不会发生冲突。

对比上述 4 种融合方案,对于"EPON 作为 WiMAX 系统中 BS 与骨干网之间 Backhaul 的融合方案",此融合方案只是简单地将 EPON 系统和 WiMAX 系统整合在一起,EPON 与 WiMAX 的数据传输及带宽调度等相互之间是独立的,这种融合方案不能发挥融合的最大优势,不能达到两个系统带宽利用率和 QoS 保证的最优化;由于该方案中 WiMAX 与 EOPN 设备独立运行,系统成本较高。但另一方面,由于该融合方案结构最为简单,对原有 EPON 和 WiMAX 网络结构基本不做改动,因此可以在部署 EPON 和 WiMAX 融合网络时作为初期过渡方案,同时也可作为以 SDH 或 PDH 作为 WiMAX 基站 Backhaul 的替代方案。

对于"将 WiMAX 的 MAC 层与 PHY 层分离的融合方案",由于 EPON 网络所承载的是封装成以太网包的 WiMAX MAC PDU 数据包,这种形式在时延以及定时漂移上的要求相对较低,因而实现难度较低。这种融合方案比较适用于距离较长、覆盖面积较大的应用。由于该方案中 OLT 内融合了 WiMAX MAC 层功能处理模块,使得融合型 OLT 可以对整个融合网络中所有融合型 ONU 进行统一的 MAC 层处理和 PHY 层管理。该方案在带宽分配效率、QoS 保证等方面相比其他方案更具优势,并且具有良好的可实现性。

对于"将 WiMAX 的 PHY 层与射频收发模块分离的融合方案",由于该方案对 OLT 与 ONU 之间传输时延以及定时准确性非常敏感,因此该融合方案要求 OLT 与 ONU 之间的距离不能太大,且 EPON 的 DBA 周期不能太长,从而限制了该融合方案的应用。另外,随着无线通信技术的发展,分布式天线技术以及 MIMO 技术得到了广泛的应用。若与 EPON 的多播及组播技术相结合,将所有分布式天线及 MIMO 技术所需要的复杂算法集中到 EPON 中的 OLT 处,并且 OLT 还完成对整个网络所有射频单元的控制,这样整个融合系统就相当于一个大的分布式无线接入系统,因而该融合方案较适应于城区内建筑物集中的商业办公区或楼宇内的小范围高密度覆盖区。

对于"射频光传输融合方案",由于该方案仅将 WiMAX 基站的天线放在 ONU 处,因此大大的简化了融合型 ONU 的复杂度;另外,由于 OLT 管理所有基站的无线资源,相当于是一个集中控制器,因此能够根据实际情况通过一定的算法实时动态的为各个基站分配无线资源,使无线资源能够得到充分的利用。但另一方面,此方案易受到激光器的非线性效应、光纤的衰减、色散、光纤的非线性效应以及副载波之间交调干扰等因素的影响,而且该方案对调制技术和探测技术的要求较高,随着无线频率的提高,影响会更加明显;同时,因为无线信号在光纤中传输需要时间,随着传输距离的增加,系统性能也会受到很大的影响。该方案同样较适用于城区内建筑物集中的商业办公区或楼宇内的小范围高密度覆盖。

7.2 光接入网规划与优化

7.2.1 概述

PON 作为一种光网络技术,其网络规划及光缆建设对于技术推广具有重要意义。本节通过借鉴骨干网、城域网的光缆规划经验,结合接入网需求多样化、成本敏感等特点,介绍了 PON 网络规划建设方案,并对当前 PON 的主要规划算法进行了分析与介绍。

7.2.2　接入段光缆规划

1．接入网参考模型和网络组织结构

（1）接入网参考模型

所采用的接入网物理参考模型如图 7.18 所示，其中端局至灵活点（FP）的线路称为主干段（馈线段），FP 至分配点（DP）的线路称为配线段，DP 至用户驻地网（CPN）的线路称为引入线，交换局（SW）称为交换模块，远端交换模块（RSU）和远端设备（RT）根据具体情况决定是否设置。

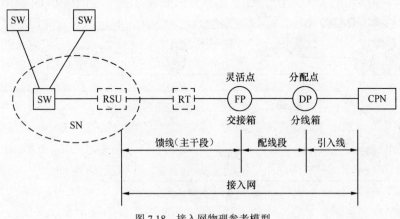

图 7.18　接入网物理参考模型

FP：对于铜缆网就是交接箱，对于光缆网就是主干段与配线段的联结处，通常也设置光交接箱。

DP：对于铜缆网就是分线盒，通常放置在楼群设备间（小区中心设备间，或大厦主设备间），对于光纤到小区（FTTZ）和 FTTB 就是光节点或是光网络单元 ONU。对于 FTTH（ONU 放置在用户处），光缆从 FP 点下来，在到最后用户之前，也会在小区中心设备间或楼内主设备间的配线架上再分配，这个分配点称为 DP。

（2）接入网网络组织结构

鉴于分层结构可以使网络的层次清晰，有利于各层独立规划和建设，独立采用新技术和新设备，独立地进行网络优化，方便运行管理和维护的优点，下文中采用接入网分层的结构。

接入网从局端起，逐步向用户端依次分为主干层、配线层和引入层 3 个层网结构。主干层上的分支节点就是 FP，配线层上的分支节点就是 DP，引入层是 DP 到用户的连接。

在 FTTC 模式中，光缆延伸到光交接箱即 FP 点，此时的光缆网只有主干层。

在 FTTZ 和 FTTB 模式中，光缆延伸到小区中心机房或楼内主设备间，即 ONU 放置在小区中心机房或楼内主设备间，此时光缆网含有主干层和配线层两层。主干层为局端到光交接箱，配线层为光交接箱到 ONU。

在 FTTH 模式中，光缆延伸到用户，即 ONU 到用户。此时光缆网含有主干层、配线层和引入线层。主干层为局端到交接箱，配线层为交接箱到楼内主设备间配线架，引入层为配线架到用户。

同时在实际应用中，对于某个用户来说，从局端到用户有时并不是主干段、配线段和引入线部分全都存在。如用户就在 FP 点交接箱处，则不存在配线段。

分层结构如图 7.19 所示。

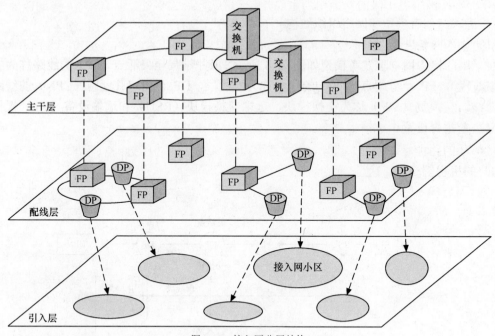

图 7.19　接入网分层结构

2. 主干层光缆规划

接入网主干层指 FP 与局端之间连接的部分。在光接入网中，主干层是指局端到第一光分支点（光交接箱或光分纤盒）之间连接部分。

光缆线路敷设一次性综合建设成本很大，建成后很难进行大规模变动来适应用户变化需求，因此要有较准的业务预测和网络发展规划，尽量减少短时间内的重复投资建设，主干光缆要满足 20～30 年的较长服务年限。

（1）网络结构与路由

无论在点对点结构，还是点对多点结构，主干层采用环型结构都具有一定的优势。

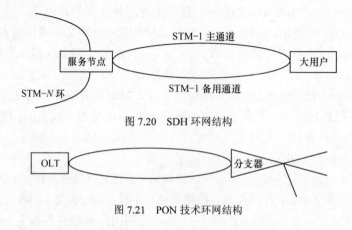

图 7.20　SDH 环网结构

图 7.21　PON 技术环网结构

主干层采用环形结构的优点：

① 采用 SDH 时，自愈环的方式的安全性高；

② PON 网络主干段的安全相当重要，主干段需双路由保护，主干成环，光纤能够按"顺时针"和"逆时针"两个不同的物理路由供给用户，具有一定的可靠性和安全性；

③ 由于环状光缆光纤芯数不递减，在环网上的任何一点，光纤都可以采取"顺时针"和"逆时针"两种途径来接入。如果需求的位置或大小有所变化，可灵活地加以消除和吸收。

因此，建议主干层采用环型结构。无法成环的地方，可以采用链型结构，逐步成环。

环路由选择原则：

① 主干环覆盖主要街道和重要用户，综合市政建设规划，避免移位。

② 环的路由尽量接近大用户，一方面可以减少大用户的配线距离，另一方面还可以利用大用户的机房等资源。

③ 因为接入网用户分散，单用户业务量小，环境复杂，投资大，光缆环覆盖范围小，业务量不大，如果考虑双归形式，则结构复杂，投资更大。因此，不建议采用双归方式，每环只经过一个业务节点。

④ 目前一个端局的覆盖范围为 3～5km，根据用户数量和分布将一个局端的服务区划分成 1～4 个接入网服务区，沿主要街道敷设，每个环周长 5～15km。划分应尽量使光缆总长最短，光缆芯数在各段管道中尽量平均分配，避免有的管道负荷过重，而有的管道利用不充分的情况。

⑤ 城域网汇聚、骨干层光缆业务量大，相对接入网重要性高，因此接入网光缆建设应尽量避免与城域网光缆同缆分纤，便于维护，减少接入网光缆维护工作对城域网光缆的影响，减少安全隐患。

（2）光纤、光缆规划

① 光纤类型

根据 ITU-T 建议，光纤分为 G.651（渐变型多模光纤）、G.652（1.31μm 性能最佳单模光纤）、G.653（色散位移光纤）、G.654（1.55μm 性能最佳单模光纤）、G.655（非零色散位移光纤）。G.652 光纤的损耗低、带宽宽、制造简单、价格低廉，在公用电信网中已成为主导光纤类型。因此，在接入网中仍然采用 G.652 光纤。

② 光缆类型

光缆缆芯结构可分为层绞式结构、中心束管式结构、骨架式结构和带状结构。目前在北美和欧洲地区，基本上采用前两种结构，日本主要采用骨架式结构。我国这几种结构都有。

层绞式结构制造较容易，光纤数较少时，多采用这种结构。层绞式还分为紧套光纤、松套光纤和单元式绞合。

中心管式结构具有体积小、质量轻、制造容易、成本低、安装时间少的优点，近年来发展很快。

骨架式结构简单，对光纤保护较好，耐压、抗弯性能较好，节省了松套管材料和相应的工序，但也对放置光纤入槽工艺提出了更高的要求。

带状结构是空间利用率最高的结构，可以容纳大量的光纤，便于识别、分支和连接。

在光缆接入网建设中，首先要求光缆的光纤集装密度高以满足节省管道资源和多用户接入需求，其次为了加快光缆的接续速度以提高效率和降低施工安装成本为原则。

当光纤芯数为 96 芯以下时，一般结构的光缆都能满足安装和使用要求。其中，中心松套管式光缆具有结构简洁，成本费用低的优势，通常建议采用。光纤芯数在 96～288 芯之间时，松套层绞式带状光缆，骨架式带状光缆和中心束管式带光缆相差不大，都可以采用。当芯数在 288 芯以上，360 芯以下时，骨架式带状光缆具有略高的光纤密集度，在提高施工效率和用户的灵活接入方面（纵向 S-Z 纽绞，配接光缆时对已开通业务的光纤影响小）优势突出，一般建议采用。在 360 芯以上时，中心管式带状光缆兼有层绞式带状光缆和骨架式带状光缆的优点，具有很小的外径，一般建议采用。

光纤带的光纤芯数为 4、6、8、12、24，接入网光缆为便于分纤建议采用 6、12 带。

③ 光缆敷设方式

光缆的敷设方式有管道、架空和直埋 3 种。

管道方式虽然一次性投资高，但是不可预见费用较少，路由安全，潜在隐患少，使用年限长，方便将来扩容时布防光缆。

直埋方式在长途网建设领域，具有投资省、周期短等优点，是常用的长途敷设方式。而在接入网领域，因土地补偿费等，直埋方式也有较高的成本。且安全性差，潜在隐患多，扩容困难。而接入网主干层重要性较高，安全要求较高，因此直埋方式不适合于接入网主干层。

架空方式投资最省，缺点是易受天气影响，传输质量差，并且影响市容，一般的城市规划已不允许通信线路架空。架空敷设光缆很可能面临一两年后就要重新入地敷设的尴尬。因此架空方式不适合于接入网主干层。

综上所述，接入网主干层建议采用管道方式。在一些允许线路架空的城市，可考虑架空方式。

④ 光缆芯数

光缆芯数的确定应综合考虑以下因素：

1）满足网络发展的需要，并考虑光纤冗余。

2）网络覆盖的用户类型和数量。

3）光缆网建成周期较长，光缆网建设要适度超前。

4）光缆敷设方式（架空、管道、直埋）。

5）光缆使用年限较长，在 25 年左右。

6）新建管道和租用管道费用较高，要充分利用管道资源。

7）充分考虑光纤出租、电话、数据、视频、3G 在内的各种业务对光纤的需求量。

光缆敷设一般要满足 5～10 年的使用需求。考虑到主干光缆的服务区比较大，用户数、用户需求等预测偏差较大，而且主干光缆是管道敷设，可方便增加芯数，因此建议主干光缆芯数建设满足未来 10 年的业务需求。

（3）光分支点的设置

这里光分支点是指主干光缆与配线光缆的交汇点。

① 光分支点位置

光分支点位置的选择应能满足覆盖的要求及用户比较集中的位置，以方便用户的就近、就便接入。通常，大的集团用户大多数分布在路边或者在十字路口交通较发达的路段，大部分的商用写字楼、商业大厦、门面房、网吧也都在路边、十字路口等繁华地段，所以分支点的位置应优先考虑设置在有较大面积的机房和重要路口处，便于以后配线光缆的组建。同时，分支点地理位置要比较稳定，以后不易受市政建设的影响，以便网络结构相对稳定。

② 光分支点个数的确定

在主干光缆的芯数和路由已基本确定的情况下，要确定该光缆环上光分支点的个数，需要考虑以下因素：配线光缆的芯数，电信大用户分布的密集程度，主干光缆和配线光缆的长度及路由。

如果开口点过多，则施工、维护工作量加大，同时主干光缆频繁分支而导致反射损耗加大；反之，则配线光缆网络相对庞大，使网络结构复杂，且会增加投资。综合考虑各方面因素，主干光缆开口点间距通常建议按 1km 左右考虑。一般在一个主干光缆环路上可设置 4～12 个光分支点。

3．配线段、引入线层光缆规划

配线和引入线层是从主干层的光分支点到用户之间的部分。这里光接入网配线段指从 FP 点到用户所在楼宇的 DP 点之间的部分，引入线指用户楼宇的室内部分。

在 FTTC，FTTZ，FTTB 模式中，光缆都不延伸到用户端，所以引入层不是光缆。光缆部分包含局端到交接箱之间的主干段，和交接箱到 ONU 之间的配线段。

在 FTTH 模式中，ONU 放在用户端。光缆经楼内设备间的配线架再延伸到用户。此时，从配线架到用户端之间的引入层也是光缆。

（1）网络结构与路由

配线段距离较短，业务流量较低，因此对安全性要求相对低一些，同时要方便用户灵活接入，因此建议采用星型结构，网络结构简单也便于故障定位维护。结构如图 7.22 所示。

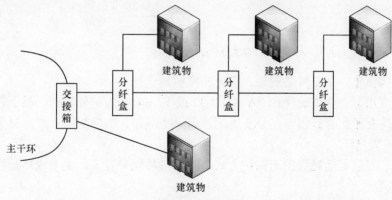

图 7.22　星形配线

配线光缆路由可根据光节点周围的用户群的分布情况和地理环境来确定，要求其线路具有隐蔽性、安全性和可行性。其建筑方式应优选管道式，亦可根据实际情况灵活确定。配线光缆覆盖区域应控制在以光交接点为中心的设定范围内（通常 2km 范围内）。

（2）光纤、光缆规划

① 光纤、光缆类型

配线层和主干层一样，都建议采用 G.652 光纤。配线段光缆芯数较低，建议采用中心束管式普通散纤光缆。引入层光缆采用室内 1～4 芯光缆。

② 光缆敷设方式

配线层与主干层一样，建议采用管道敷设方式。因为配线层与主干层一样存在着城市规划不允许明线架空的方式。

③ 芯数选择

配线光缆、引入光缆一般要满足 5～10 年的使用需求。

点到点结构中，一个 ONU 的配线段、引入段需 2 芯，带有保护。点到多点结构中，一级树型时，一个 ONU 的配线段、引入段需 2 芯（有保护），或是 1 芯（无保护）。二级树型时，视二级分支器分支比而定。

7.2.3 拓扑结构分析

PON 通过点到多点的拓扑结构来汇聚多用户。典型的拓扑有树形（包括单级和多级）、总线型等，为提高可靠性也可以配置成环型、"环带树"型等。下面分别对上述几种拓扑的特点和适用环境进行分析。

1．无保护的单级树形（见图 7.23）

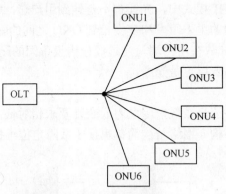

图 7.23　单级树形拓扑

结构：结构简单、便于网络规划、设计和维护。

升级性：采用固定分支比（1∶16 或 1∶32 或 1∶64），均匀分光比，易于设计，网络通用性好，可以方便地扩容升级。在分支器上预留 1/3 端口，当增加用户时，只需要增加相应的 ONU 和分支段光纤。

保护方式：可以灵活地选用无保护方式、主干成环保护方式，主干成环配线选择保护方式和全保护方式。

用户类型：单树形相对于其他拓扑结构，配线网络不是最优，配线光缆将可能造成一定的浪费（配线段较短，这种浪费不是很明显）。因此要求用户分布不能过于分散，造成配线段的庞大。

综上所述，单级树形是 PON 网络的优选结构。

2．单级树形的环型保护

单树形的环型保护有以下 4 种方式（见图 7.24）。

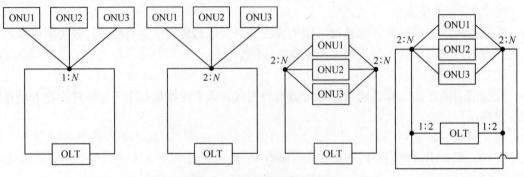

图 7.24　4 种单级树形的环形保护

（1）光纤线路保护

双光纤，走不同的物理路由，单口 ONU、OLT；OLT/ONU 没有倒换协议要求，倒换仅仅在光纤上实现。

（2）OLT 保护

双光纤，走不同的物理路由，双口 OLT，分光器为 $2:N$，在 OLT 侧有两个输入/输出端口。OLT 侧的空闲路线为冷备用。

（3）全保护

双光纤，走不同的物理路由，双口 OLT、ONU，两个 $2:N$ 的分光器。ONU 侧和 OLT 侧的空闲接收线路都需要热备用，完全的全双系统能够保证高可靠性。

（4）部分保护

双口 OLT，两个 $1:2$ 分支器，两个 $2:N$ 分支器，ONU 根据用户需求来选择是否采用双口保护。

成环结构光缆占用管孔少，纤芯使用率高，易于调度，顺时针和逆时针两条路由安全性高。配纤段一般距离较近，在 2km 范围内，非可用率低，不保护的情况下也可以满足一般用户的需求。

全保护方式网络可靠性最好，单网络建设成本高。主干段保护只对业务流量大的主干段实施保护，具有较好的性价比。主干保护可以满足一般用户的可靠性要求，对银行等大客户采用全保护方式。无保护方式网络建设成本最省，但同时可靠性最差。

在目前已经建设接入网光缆主干环的城市，PON 网络主干段成环保护也可以较容易实现。

3．两级树形的环形保护（见图 7.25）

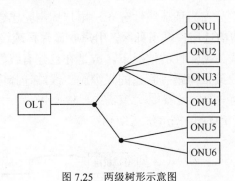

图 7.25　两级树形示意图

结构：两级树形与单级树形相比，结构较复杂，规划设计较烦琐，但是每级仍可以采用均匀分光比，一定程度上简化了设计计算，同时也保留了一定的通用性。连接关系复杂，故障定位复杂。

升级性：同时，由于两级结构适用于用户相对分散型，覆盖范围大，扩容压力大，可升级性较差。

保护方式：但是两级树形共享的光纤有多段，不能像一级树形那样方便地进行主干段成环保护。只能是 OLT 双 PON 口、ONU 双 PON 口、每个分支点均双分支器，形成全段保护。

用户类型：

① 用户分散稀疏分布，PON 接入网的覆盖范围大，两级树形通过适当的设计，可以用更短的线路达到更有效的覆盖。接入网覆盖范围在 10km 之内，两级树形相对于单级树形所带来的节省光缆长度的优点并不明显，而所带来的结构复杂，规划设计复杂，升级性低，非可用率高等问题确很明显。因此，这种情况下建议采用单级树形。

② FTTH 模式中，两级树形可能带来配线光缆的节省，具体在后面章节将详细说明。

4．线性拓扑结构（见图 7.26）

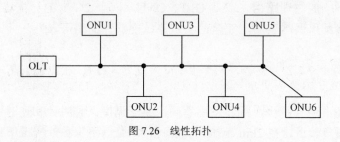

图 7.26　线性拓扑

结构：多级分路，结构复杂，计算繁杂。非均匀分光比，每级都需要根据距离计算光损耗，分光比。各个 ONU 之间的距离差大，测距要求高。

升级性：通用性小，扩容升级能力差。每节点情况均不同，牵一发而动全身。任何一个 ONU 的改变，都涉及整个网络的变化。

保护方式：各 ONU 地位不平等，随着分支器的增多，末端 ONU 的非可用率急剧上升。可用保护形式单一，只能选用全段保护，且无论主干段还是配纤段都无法形成双物理路由保护。

用户类型：适用于用户分布为稀疏线性分布，用户周围无已建的接入网主干环路。

综上所述，建议线性结构适用在城市郊区，用户明显呈稀疏线性分布，且用户发展缓慢，很长一段时间内不会发展成为密集性的情况下，或是在已建有线性光缆线路的情况下适用。可以暂时解决郊区零散用户接入问题。新建的光缆施工线路选择应结合发展趋势，尽可能在选择未来可以成环的地方。

5．环带树形拓扑结构（见图 7.27）

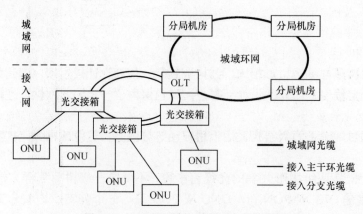

图 7.27　PON "环带树" 形组网方案示意图

此结构方案结合现有的接入主干光缆环网，将 OLT 置于分局接入机房，利用环网上的光交接箱作为无源交接节点，内置组合的光分路器，OLT 和无源交接节点通过光纤线路组成无源自愈环状网，ONU 通过支路光纤连接在无源交接节点上形成树形 ONU 支路。节点设备的配置上，OLT 配置两套光发送接收模块；ONU 配置一套光发送接收模块。OLT 和 ONU 光发射模块均内置光隔离器，用于阻断无用光信号的干扰。每个交接箱内设置两个光分路器，一个是 2×2 的耦合器，另一个是 $2 \times N$ 的耦合器，其中 N 为分支用户数，具体由系统的总功率预算情况确定。$2 \times N$ 的耦合器的配置可以结合地区业务的实际和预测发展情况预留一定数量的光接口，当出现新的用户时，仅需添置 ONU 通过光配线接入光配线箱即可完成业务开通，既可高效利用光纤，又可实现未来业务的快速开通。

PON"环带树"形组网方案具备以下优点。

① 通过在 OLT 中设置两套光发送接收模块，OLT 和 ONU 中设置光隔离器，在环网的无源交接节点中设置组合耦合器，实现了真正意义上的无源环型组网。

② 与目前接入网领域的光缆网布局充分匹配，初装成本比较低。

③ 通过环网主干光缆和 OLT 双模块实现环网单点故障和 OLT 模块故障的保护倒换，保证各节点业务信号正常传输。

④ 具有较高的网络生存性（对影响网络生存性较大的主干光缆故障、OLT 故障实施保护）。

⑤ 该方案相对于 SDH/MSTP 组网实现了接入网的低成本要求。

另外，该方案也同时存在下述缺点。

① 设计复杂，需要额外的光器件（光耦合器和光隔离器）。

② 系统所能承受用户数相对于树型拓扑要受限（以 EPON 为例，典型情况下该环网可以支持 6 个无源节点）。

③ 扩容压力大，可控容升级能力差。

综上所述，环型结构适用于，在已建有接入网主干光缆环，用户分布稀疏且发展极缓慢，短期内不会发展成为密集性分布的情况。

7.2.4　PON 规划与优化算法介绍

与点到点为基础构成的线性、环形等光网络不同，PON 的 ODN 是一种包含光分/合路器无源器件的点到多点的网络拓扑结构，这一特点给 PON 带来了诸如成本低、可靠性高、升级性好等优点的同时也使其工程设计比以往的有源光网络复杂得多。在 PON 的 ODN 规划设计中，如何选择网络拓扑结构，如何确定光分/合路器数量和安装位置，以及如何将各 ONU 连至各光分/合路器等一些在以往的网络规划中不存在的问题，都与 PON 拓扑是否最优化，建设费用是否最低化有重要关系。对于 PON 的规范与优化，目前已有诸多算法，例如线性规划、整数规划、启发式搜索方法神经网络、遗传算法等算法等。下述对 PON 网络规划中部分典型算法进行介绍。

1. 基于模式识别聚类思想的 PON 规划算法

（1）算法提出

此算法主要针对 PON 规划中的下述两类问题。

第一类问题，光分支器（OBD）位置给定（S_1，S_2，$\cdots$，S_M），N 个 ONU（T_1，T_2，$\cdots$，T_N）必须以星状连到 OBD。约束条件是：每个 ONU 仅连到一个 OBD，并且有不多于固定数目 k 的 ONU 连到任何一个 OBD。可以把这一问题称为 OBD 分配问题。优化的目标是：决定各 ONU 如何连至各 OBD 以减少建设费用。用数学表达式可表示为

$$Z = \sum_{i=1}^{n} \sum_{j=1}^{m} x_{ij} c_{ij} \tag{7.1}$$

式中，决策把 T_i 连到 S_j 时，$x_{ij}=1$，否则 $x_{ij}=0$，c_{ij} 表示把 T_i 连到 S_j 的费用。约束条件为

$$\begin{cases} \sum_{j=1}^{M} x_{ij}=1, & i=1,2,\cdots,N \\ \sum_{i=1}^{N} x_{ij}<k, & j=1,2,\cdots,M \end{cases} \tag{7.2}$$

即每个 ONU 恰好连到一个 OBD，不多于 k 个 ONU 连接到在用的 OBD。

第二类问题，OBD 位置不是事先给定的，必须选定 OBD 的位置，然后再将 ONU 连到各 OBD，称这类问题为 OBD 位置选择问题。优化的目标是：选择各 OBD 的位置，连接 OBD 和 OLT、决定 ONU 至 OBD 的连法以减少建设费用。用数学表达式表示为

$$Z = \sum_{j=1}^{m} f_j + \sum_{i=1}^{n} \sum_{j=1}^{m} x_{ij} c_{ij} \tag{7.3}$$

式中，f_j 是分支器 j 的费用（主要取决于 OBD 选定后与 OLT 的距离等），其他字母的含义同式（7.1），第二类问题的约束条件同式（7.2）。

（2）算法介绍

影响 ONU 连到 OBD 的费用的因素各不相同，可以用向量 $T_i=[t_1,t_2,\cdots,t_n]_i^t$ 来表示影响费用的因素 $t_1,t_2,\cdots,t_n$ 表示不同的因素。那么不同的 ONU 就可以用 n 维空间上的点 T_i 来表示。相对应地，用 n 维空间上的点 $S_j=[s_1,s_2,\cdots,s_n]_j^t$ 来表示各个不同的 OBD。相对应的分量之差值 $loss=|t_\eta-s_\eta|(\eta=1,2,\cdots,n)$ 表示了因素 η 对费用造成的影响。注意，这时的 T_i 和 S_j 已经不单纯表示 ONU 或 OBD 的物理位置，而是表示了包括物理位置在内的一系列损失系数（因为物理距离的长短是影响费用的重要因素，所以物理位置一定包含在 T_i 和 S_j 中）。

这样，可以很直观地发现，在第一类问题中的所有待分配的 ONU 中，应该分到 OBD S_j 的那些 ONU 具有下述共性：它们在 n 维空间中离 S_j 的距离要比别的 ONU 近。运用模式识别中的聚类思想，只要把这些具有共性的点聚为一类，它们就是应该连接到这个 S_j 的 ONU。由此，可以很容易地获得了解决第一类问题的算法。

第一类问题条件描述如下：待分配的 ONU 有 N 个，用 $T_i=(i=1,\cdots,N)$ 表示，确定的 OBD 有 M 个，用 S_j 表示。算法描述如下：计算每个 T_i 到 M 个 OBD 的损失函数

$J_{ij} = \left\| T_i - S_j \right\|^2$，在 M 个损失函数中取最小值 $J_{\min}$，这个 $J_{\min}$ 是由 S_j 造成的，则这个 T_i 应该属于 S_j。

同样的方法，第二类问题条件描述如下：待分配的 ONU 有 N 个，用 $T_i = (i = 1, \cdots, N)$ 表示，供选择的 OBD 有 L 个，用 S_j 表示，要求选出的 OBD 为 M 个。将动态聚类方法中的 C-均值算法加以改进，就获得了第二类问题的算法。

第 1 步：随机将 T_i 分成 M 组，每组的个数记为 num_α。可采取平均分配和顺序分配的方法。计算每组的均值 $m_\alpha = \dfrac{1}{num_\alpha} \displaystyle\sum_{i=1}^{num_\alpha} T_i$。

第 2 步：从 T_i 起计算 T_i，如果不属于本组可以减小的损失 $J_{i\alpha} = \dfrac{num_\alpha}{num_\alpha - 1} \left\| T_i - m_\alpha \right\|^2$，再计算如果将 T_i 移到其他组 $\beta (\beta \neq \alpha)$ 将产生的损失 $J_{i\beta} = \dfrac{num_\beta}{num_\beta - 1} \left\| T_i - m_\beta \right\|^2$，取 $J_{i\alpha}$ 及 $J_{i\beta}$ 中的最小值 $J_{\min}$。如果 $J_{\min} = J_{i\alpha}$，则 T_i 的归属不发生变化；若 $J_{\min} = J_{i\beta}$，则将 T_i 划归 β 组，重新计算每组个数和均值：$\tilde{num}_\alpha = num_\alpha - 1$；$\tilde{num}_\beta = num_\beta + 1$；$\tilde{m}_\alpha = m_\alpha + \dfrac{1}{\tilde{num}_\alpha}(m_\alpha - T_i)$；

$\tilde{m}_\beta = m_\beta + \dfrac{1}{\tilde{num}_\beta}(T_i - m_\beta)$。

第 3 步：当计算完所有的点 T_i 到 T_N 时，如果在这一次循环中没有一个点的归属发生改变，则进入下述第 4 步；如果在这一循环中，有点的归属发生改变，则跳至第 2 步。

第 4 步：到第 3 步为止，已经将 T_i 到 T_N 划分为 M 组，并获得了每组的 ONU 个数 num_α，每组的均值 m_α。如果 OBD 位置可由我们任意选择，则将 $S_1, S_2, \cdots, S_M$ 按 m_α 设计将获得最佳优化值。如果已经给定 L 个 OBD 的位置，要求我们选出 M 个，这时问题就简化为从 L 个位置中选出 M 个，使得这 $S_1, S_2, \cdots, S_M$ 与对应 $m_\alpha (\alpha = 1, 2, \cdots, M)$ 的损失之和最小，这 $S_1, S_2, \cdots, S_M$ 就是所要求的 OBD 位置。计算工作量约为 C_L^M。第二类问题也得到解决。

基于模式识别聚类思想的 PON 规划算法可用于大规模网络，优点是运算速度较神经网络、遗传算法等快。

2．基于增添算法的 PON 规划算法

（1）算法提出

对于光分支器位置选择问题，假定有 N 个 ONU 位置 T_1，T_2，$\cdots$，T_N 和 M 个可能的光分支器位置 S_1，S_2，$\cdots$，S_M。我们想要选定光分支器位置的一个子集，而使得把 ONU 连到光分支器，再把光分支器连到 OLT（其位置为 S_0）的全部通信线路费用为最小，且 ONU 到光分支器以及光分支器到 S_0 的所有连接都是点或星状结构。另外还要求，把每个 ONU 连到恰好一个光分支器和没有一个光分支器可以有多于 K 个 ONU 与它相连。

PON 光分支器位置选择问题的目标是：在仍满足 PON 功率预算（损耗）和保持客户服务质量（带宽、延迟等）的情况下，决定光分支器的最佳位置以减小光纤和光分支器的费用。这个问题可列出如下：令 f_j 是光分支器 j 的费用，包括它到 S_0 的通信线路的费用。令 c_{ij} 是把 ONUi 连到光分支器 j 的费用。进一步定义可能取值为 0 或 1 的变量的两个集，也就是当把 T_i

连到 S_j 时 $x_{ij}=1$，否则等于 0，和当在 S_j 有一个光分支器时 $y_j=1$，否则等于 0。在 f_j、c_{ij}、x_{ij} 和 y_j 的定义中，i 从 1 延伸到 N，j 从 1 延伸到 M。我们想要选定 x_{ij} 和 y_j 以便使下列费用最小：

$$Z = \sum_{j=1}^{M} y_j f_j + \sum_{i=1}^{N} \sum_{j=1}^{M} x_{ij} c_{ij} \tag{7.4}$$

而受到以下约束

$$\sum_{j=1}^{M} x_{ij} = 1, \quad i = 1,2,\cdots,N \tag{7.5}$$

也就是每个 ONU 恰好连到一个光分支器，和

$$\sum_{j=1}^{N} x_{ij} \leqslant K, \quad J = 1,2,\cdots,M \text{ 和 } y_j = 1 \tag{7.6}$$

也就是不多于 K 个 ONU 连到每个在用的光分支器。

（2）算法介绍

对于上述光分支器位置选择问题，可以使用增添算法予以解决。在该算法的第一阶段，假设，一个光分支器可能位于 M 个候选位置。对于每对 ONU 位置 T_i 和 OBD 位置 B_j，计算以下数量：

$$d_{ij} = \max[c_{i0} - (c_{ij} + \frac{f_j'}{K}), 0] \tag{7.7}$$

这里，c_{i0} 是把 ONUi 直接与 OLT 位置 S_0 相连的费用，c_{ij} 是把 ONUi 连到位置 j 的一个光分支器的费用，f_j' 是位于 S_j 的光分支器用于 S_j 和 S_0 之间通信的那部分费用；K 是可连到一个光分支器的 ONU 的最大数目。因而，如果 d_{ij} 是正的，就是把 ONUi 连到光分支器 j 所产生的通信费用节约的一种估计；不然的话，$d_{ij}=0$。然后，对于每个 ONU 位置找出把 ONU 连到光分支器 j 可以得到的全部节约 D_j，也就是遍及那些按递降顺序 d_{ij} 为最大的 K 个 ONU 的 d_{ij} 的总和。把第一个光分支器放在位置 j^*，它的 D_j^* 是所有位置 1，2，…，M 中最大的一个，把第一个光分支器以及分配给它的 ONU 撇开不管，而用类似的方式继续找出第二个光分支器位置。算法以这种方式继续下去，直到把所有的 ONU 都被分配到光分支器为止。

当前述的第一阶段结束时，便有了合理的一组光分支器位置，在数目上近似地为 N/K 个。为了改善结果，算法进入第二阶段，其中依次考察每个 ONUi{从离 S_0 最远，或一般来说 c_{i0} 为最大的 ONUi 开始}且当以下条件成立时变更它的分配：它原先被分配到光分支器 r，而有另一个具有较稀容量，也就是具有小于 K 个 ONU 连接到它的光分支器 s，且有 $d_{is} > d_{ir}$。

对于这种算法，由于运行一步增添一个光分支器。在某种意义上，这种算法是舍弃算法的反面。所以把它称为增添算法。增添算法的启发式方面是在任何一个步骤，一个真正的最小费用结构是保持一个已增添的光分支器不再变动而被找出的。

3．基于分布式遗传算法的 PON 规划算法

（1）分布式遗传算法简介

分布式遗传算法（DGA）作为传统遗传算法（GA）的改进，可以使种群进化跳出局部最优。但是由于进行传统遗传算法的单个种群变小，个体的多样性减少，进化能力也随之削弱。如果随机地选择个体迁移，那么迁移可能退化成每个子群分别执行变异概率很大的 GA，同时求它们的最优值；如果选择最优个体迁移，那么局部最优将主导全局的进化，丢失过多的多样性，不利于全局搜索最优。下文采用控制方法，即一个子群中的最优解迁移到比它进化更好的子群中去。在迁移部分观察每个子群的进化，并对迁移个体的选择以及子群的大小动态地做出调整，使进化能力好的子群得到更大的空间来搜索最优值，同时尽可能把进化能力弱的子群中的精英个体吸收到进化能力更好的子群中去，满足其进化个体的多样性，使其更好地搜索出最优解。

该方法将一个总的群体分成若干子群，各子群将具有略微不同的基因模式，它们各自的遗传过程具有相对的独立性和封闭性，因而进化的方向也略有差异，从而保证了搜索的充分性及收敛结果的最优性。另一方面，在各子群之间又以一定的比率定期进行优良个体的迁移，即每个子群将其中最优的几个个体轮流送到其他子群中，使各个子群共享优良的基因模式。DGA 的算法流程如图 7.28 所示。

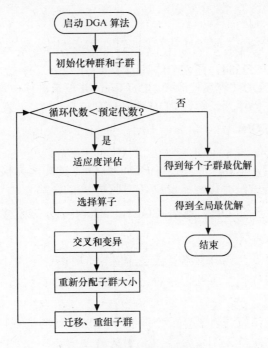

图 7.28 DGA 算法流程图

（2）算法提出

对于以太无源光网络（EPON）规划中的光分配网（ODN）和光网络单元（ONU）位置分配问题。设 EPON 中有 N 个光网络单元，位置为 $U_1 U_2 \cdots U_n$ 和 M 个光分配网，位置为 $D_1 D_2 \cdots D_m$。要求将各个 ONU 连到 ODN，再将 ODN 连接到 OLT（位置为 T_0）的全部通信费用（路径和）为最小并降低网络建设费用。ONU 到 ODN 以及 ODN 到 OLT 的所有连接都

是点状和星状结构。

约束条件 1：每个 ONU 恰好连到一个 ODN；

约束条件 2：1 个 ODN 最多只能有 K 个 ONU 和它相连。

数学模型表示为

$$Z = \sum_{i=1}^{N} \sum_{j=1}^{M} x_{ij} c_{ij}$$

式中，当 ONU 连接到 ODN 时，$x_{ij} = 1$，否则 $x_{ij} = 0$，c_{ij} 表示将 ONU 连接到 ODN 的通信费用，约束条件表示如下：

$$\begin{cases} \sum_{j=1}^{M} x_{ij} = 1, \ i = 1, 2, \cdots, N \\ \sum_{i=1}^{N} x_{ij} < k, \ j = 1, 2, \cdots, M \end{cases} \quad (7.8)$$

即每个 ONU 恰好连到一个 ODN，不多于 k 个 ONU 连到每个在用的 ODN。

（3）算法介绍

设 EPON 网络中有 1 个 OLT、M 个 ODN（每个 ODN 最多允许 K 个 ONU 连接）和 N 个 ONU，第 t 代群体 $G(t)$ 规模为 S，交叉概率为 p_e，变异概率为 p_v。

① 编码

算法采用自然编码，设 $M = 5$，$N = 10$，$K = 3$，群体 $G(t)$ 中第 n 个个体的 ONU1～ONU10 分别连接到 ODN 的 2351552234，则该个体基因序列 GENE(t, n)= 2351552234。同时为了保证 ODN 不会过载，建立 ODN 容量控制表 ODN Control 记录群体中每个个体中各 ODN 已有的连接数目，根据上述基因序列，得到 ODN Control(t,n) = 13 213，表示连接到 ODN_1 的 ONU 有 1 个，连接到 ODN_2 的 ONU 有 3 个等。

② 适应度函数的确定

对于每个 ONU 而言，本算法取其经过 ODN 到 OLT 的距离为权值，实际中可以根据应用环境设置权值，这对搜索没有影响。设 ONU_i 到 ODN_j 的距离为 d_{ij}，ODN_j 到 OLT 的距离为 D_j，$X_{ij} = 1$ 表示 ONU_i 通过 ODN_j 连接到 OLT，$X_{ij} = 0$ 表示未连接。则总费用可表示为

$$C(t,n) = \sum_{i=1}^{N} \sum_{j=1}^{M} (d_{ij} + D_j) X_{ij} \quad (7.9)$$

适应度函数：

$$F(t,n) = \frac{1}{C(t,n)} \quad (7.10)$$

③ 群体的初始化

此算法采用随机初始化，即参照表 ODN Control 随机产生满足约束条件 2 的第一代群体中每个个体的基因序列 GENE$(1, i)(i = 1, 2, \cdots, S)$。

④ 选择算子

根据实际情况我们选择排序法，个体选择的概率按照适应度函数从最优到最差以指数分布形式递减。把适应度高、性能好的个体保存下来。

⑤ 群体进化

A．交叉。在遗传算法中，交叉算子是主要算子，它的作用是全局寻优，它与编码方式密切相关。在 $G(t)$ 中随机选取 $S \times P_v / 2$ 对个体（每个个体被选中的概率正比于它的 $F(t, n)$ 值作为双亲用于繁殖 $S \times P_v$ 个后代。交叉时双亲的同一基因位进行随机交叉操作，同时需参照表 ODN Control，若无过载，操作成功，否则换位交叉或者另选一对双亲进行交叉。

B．变异。引入变异算子，一是使在选择和交叉的过程中某些丢失的遗传基因进行补充和恢复，二是避免算法陷入局部最优。变异算子是必不可少的辅助算子。一般根据实际情况采用以下变异算子。在 $G(t)$ 中随机选取 $S \times P_e$ 个个体，对每个个体进行随机位变异操作，同时也需要参照表 ODN Control，若无过载操作成功，否则换位变异。

C．产生下一代群体。采用最优保存策略，根据第 1 节 DGA 算法进行子群空间再分配并完成个体迁移子群重组，将 $G(t)$ 中 $S \times (1 - P_v - P_e)$ 个 $F(t, n)$ 较大个体保留，再加上 $S \times P_v$ 个交叉后代和 $S \times P_e$ 个变异后代共 S 个个体组成下一代群体 $G(t + 1)$。

基于分布式遗传算法的 PON 规划算法准确度比较高，但是收敛速度慢，一般用于较大规模网络规划。

4．多级分光 PON 网络规划算法

（1）多级多 PON（MHMP）算法的提出

PON 网络规划成本主要有两部分构成：光纤成本和设备成本。其中光纤成本包括光纤的购买成本和敷设光纤的人力成本，而光纤成本在总成本中占有相当一部分比重，因此降低光纤成本成本节约 PON 网络总体部署成本的关键。下述介绍可降低光纤成本从而降低总成本的多级多 PON 的方法。

图 7.29 所示为一个 MHMP 网络规划的实例（考虑了光纤沿道路方向敷设的因素），OLT 位于中心局（CO），ONU 分布在由用户确定的建筑内或者家庭内。OBD 的位置是通过规划来确定的。通常，规划者首先调查待规划地的实际地理条件，选择一些位置作为可选的 OBD 位置。规划问题转化为在可选 OBD 位置中选择最合适的地点安装 OBD，从而达到总体部署成本最低的目标。

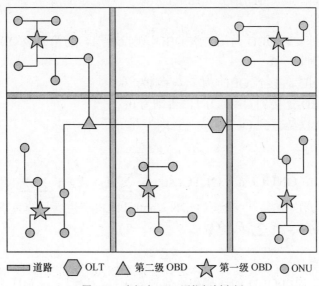

图 7.29　多级多 PON 网络规划实例

（2）MHMP 算法原理

定义 1：OBD 级数：在多级分光的 PON 网络中，一个 OBD 的级数指的是此 OBD 从距离 ONU 最近到距离 OLT 最近的层级数，即距离 ONU 最近的为第一级 OBD，其次为第二级 OBD，……，距离 OLT 最近的为第 N 级，N 为 PON 网络的最大分光级数。

定义 2：PON 组：在 PON 中，一个 OLT PON 口下所带的 ONU，OBD，所有分支、主干光纤和此 PON 口本身组成一个 PON 组。

MHMP 算法要解决问题为：在一个已知区域中，一个 OLT 位于 CO，在 ONU 位置确定，每个 ONU 服务的宽带接入用户数量和带宽需求确定，OBD 位置为一些可选项，实际 OBD 安装位置只能从这些潜在位置中选择。求出每个 ONU 所属的 PON 组，ONU 与 OBD 间的连接方式，以及 OBD 与 OLT 间的连接方式，使得此区域内 PON 网络部署可以满足用户需求且成本最低。

问题数学描述如下。

已知参数：

T：OLT 位置；

U：ONU 位置集合；

OBD：可能的 OBD 集合；

W_i：ONU 可提供的最大带宽；

W_j：OLT PON 端口可提供的最大带宽，即一个最高层 OBD 可以带的所有 ONU 支持的带宽和；

C_{ONU}：ONU 的成本；

C_{OLT}：OLT 的成本；

A_{ri}：ONU_r 到第一级 OBD_i 的光纤部署成本；

B_{ij}：OBD_i 到其高一级 OBD_j 的光纤部署成本；

C_{it}：最高级 OBD_i 到 OLT_t 的光纤部署成本；

D_i：OBD_i 的成本，与 OBD_i 的分光比成正比。

需要确定的变量：

① O_i：如果此处安装 OBD 为第一级 OBD，则 $O_i = 1$，为第 n 级 OBD，$O_i = n$，如果此处没有安装 OBD，则 $O_i = 0$；

② X_{ri}：如果 ONU_r 连接到 OBD_i 为 1，否则为 0；

③ Y_{ij}：如果 OBD_i 连接到 OBD_j 为 1，否则为 0；

④ Z_{it}：如果 OBD_i 连接到 OLT_t 为 1，否则为 0。

PON 网络成本为：

$$C = \min \left(\text{ONUCost} + \text{OLTCost} + \sum_{r \in U} \sum_{i \in O} A_{ri} \times X_{ri} + \sum_{i \in O} \sum_{j \in O} B_{ij} \times Y_{ij} \right.$$

$$\left. + \sum_{j \in O} C_{it} \times Z_{it} + \sum_{\substack{i \in O \\ O_i \neq 0}} D_i \times O_i \right) \tag{7.11}$$

总成本 C 的后 4 项由 OBD 的选择和级数划分决定。我们采用 MHMP 算法来进行 OBD

的选择和级数划分。

MHMP 算法的基本思想是：根据已知节点（ONU、OBD 和 OLT 的位置）的分布，在节点密集区域找到中心节点，通过中心节点的集中程度分析，在中心节点中找到进一步的中心节点，从而整体上减少光纤敷设长度，考虑到分光级数过多带来的运营维护管理的问题，通过对根据节点聚集情况划分得到的 PON 的级数进行评估，如果大于一级分光，则计算级数增加带来的成本降低百分比是否到达一定的门限 I，如果大于 I，则进行该级数的 PON 网络规划；否则，减少级数进行规划，门限值的具体确定由不同运营商不同的运维成本来决定。

MHMP 算法总体步骤如下。

① 计算每个 ONU 到任意一个潜在 OBD 位置的距离，选择距离最近的 OBD 为其优选 OBD 位置，每个优选 OBD 位置和其对应的所有 ONU 组成一个聚集 $SOU_i (i = 1, 2, \cdots, N, N$ 为聚集的个数）。

② 验证每个聚集 SOU_i 是否符合 ONU 非孤立性要求。如果聚集中 ONU 只有一个或者两个，构成 PON 组会造成资源浪费，则调整孤立 ONU 到其他的聚集中。调整的原则是 ONU 选择其他符合非孤立性要求的聚集中 OBD 位置到此 ONU 距离最近的聚集。调整后的 SOU_i 中的 OBD 成为第一级 OBD。

③ 验证每个聚集 SOU_i 中 ONU 的个数是否超过 OBD 的最大分光比，如果超过，则把距离相对较远的 ONU 调整到其他距离其次近的 OBD 上。

④ 通过最大最小距离聚集算法（MMDC）对①中得到的第一级 OBD 进行聚集划分，从除了第一级 OBD 的剩余潜在 OBD 集合 ROBD 中为每一个第一级 OBD 的聚集选择上级 OBD 作为第二级 OBD，选择方法在下述的"上级 OBD 获取"中具体阐述。

⑤ 除去已划分的第一级和第二级的剩余 OBD 集合成为新的 ROBD，对第二级 OBD 和 ROBD 运用 MMDC 算法按照④中的方法进行聚集划分。以此类推，进行多级 OBD 的聚集划分，直到不能得到更多的上级 OBD。最后把最上级的 OBD 直接连接到 OLT 的 PON 口上。

⑥ 对一个 OLT PON 端口下的所有 ONU 的带宽需求之和进行累加，验证是否超过 OLT 的 PON 端口容限。如果超过较少，则调整此端口下部分 ONU 到其他 OLT PON 端口下，如果超过较多，则去掉此 OLT PON 端口下的最高级 OBD，次高级的多个 OBD 直接连接到 OLT PON 端口上。

⑦ 多级分光导致光纤信号经过的 OBD 数目增加，OBD 带来的插入损耗增大，可能导致功率预算不足，因此，对多级规划后的 PON 链路必须进行功率预算，通过减少分光级数来调整功率预算。

⑧ 计算当前分光级数下的 PON 部署总成本和次高级 OBD 直接连接到 OLT 上时 PON 部署的总成本，如果减少的比例大于 I，则采用当前分光级数，否则减少一级分光。

整个过程可以通过流程图 7.30 来显示。

多级分光 PON 网络规划算法的优点是通过优化网络层级来优化网络连接，但应用时要考虑部署成本和维护成本的互相制约。

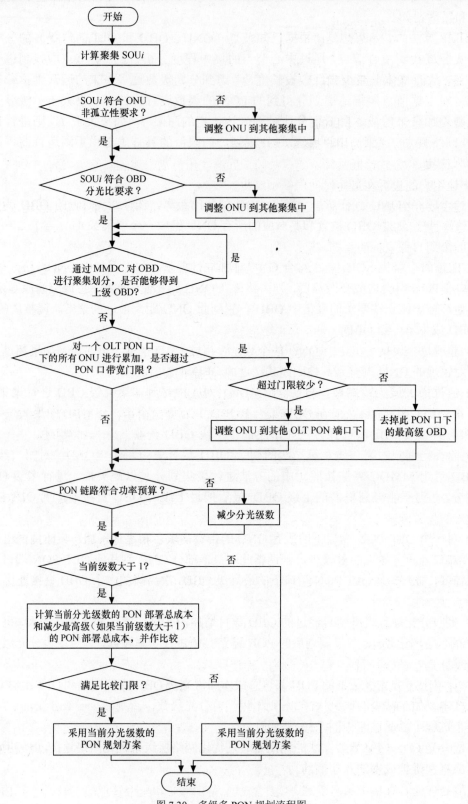

图 7.30 多级多 PON 规划流程图

7.3　EPON 运行维护

7.3.1　运维的要求和指导原则

运维应该达到以下基本目的。

① 以低的运行成本为用户提供优质的服务。

② 以快捷的方式诊断故障、定位故障，并解决用户端出现的问题。

③ 让用户的投诉在最短时间内得到解决。

下述主要介绍了 EPON 故障定位和性能监测，对 EPON 的被动运维和主动运维提供参考。EPON 运维框架研究遵循以下基本指导原则。

（1）采用"分层"的思想

基于通信网络的分层思想和 PON 协议的技术原理，将运维研究的内容主要按照物理层、数据链路层、网络层进行层次划分，在每一层根据不同的结构功能和协议特定进行分析研究。同时在每一层中，也可能按照其他的分类方式进行再次划分。

（2）以 EPON 本身提供的性能监测和测试手段为主，专门测试仪表为辅

EPON 协议本身定义了丰富的告警监测项和 OAM 环回等测试手段，基于这些项目和方法可以在不改变 EPON 设备本身的情况下，提供便捷有效的运维方案。

① 通过确定测量/监测项目和指标门限来保证故障定位和性能监测。

为对 EPON 系统进行有效地运行维护，在系统出现故障时进行快速准确的故障定位，甚至在故障没有产生之前通过有效地性能监测来排除可能产生故障的可能因素，需要确定EPON 的测试/监测项，以及测试/监测项的指标门限。

② 通过告警相关性分析进行主要故障定位。

在故障产生后，系统会产生大量的、重复的、无用的告警信息，而少量的、对网络状态影响重大的告警藏匿于这些无用的告警之中。需要通过告警相关性分析，对告警进行合并和转化，将多个告警合并成一条具有更多信息量的告警来确定能反应故障根本原因的告警，准确定位故障。

③ 同时，参考 GPON、ADSL 等其他技术也可以提出一些便于运维的告警监测项和一些常用的测试方法。

在考虑利用专门测试仪表进行辅助运维时，主要是通过对传统测试系统和方法进行改进以支持 PON 的网络测试。

传统的长途光传输网是点到点的结构，而使用 PON 技术的网络结构是点到多点的结构，这两种结构在网络测试观念上是完全不同的，其原因在于 OLT 和 ONU 之间使用了无源光分路器。为了对点到多点的光网络结构进行维护，对此一方面可以借鉴传统点到点光传送网的运维经验，另一方面需要对 EPON 的测试系统设备加以改进。以 OTDR 为例，传统的 OTDR 是用来测试点对点的光传送网的，经过改进，现在已出现可以对点到多点的 EPON 系统进行测试的 OTDR。

（3）测试要尽量满足局端测试和在线测试要求

故障处理应具有集中故障受理、集中测试、集中派修和集中管理的功能。对于 EPON 的测试系统，应该位于局端，在局端对整个网络进行测试。下文中所列的测试项，应尽可能在

局端进行测试，减少给用户造成的不便。

系统入网运行后，就意味着应该避免进行影响传输质量的测试，否则将影响用户的服务质量，因此测试要满足在线测试的要求。可以通过 PON 系统的性能监测及管理，实时对网络的各项性能参数的变化进行监测，一旦超过系统设置的门限值，就对可能发生故障原因进行测试、排查。性能监测能够实时在线地反映全网的变化状态，可以节约故障发生后的大量测试工作，真正实现以低成本和实时性实现 PON 的在线监测和性能维护。

7.3.2 EPON 运维的监测/测试项

1. PON 结构参考模型和测试参考点（如图 7.31 所示）

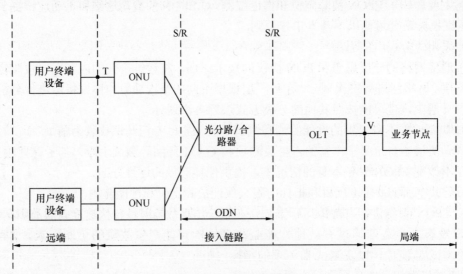

图 7.31　PON 结构参考模型

参考 PON 系统结构，整个 PON 系统接入链路可以分为 OLT 设备、ONU 设备、ODN 线路 3 部分；如果考虑 OLT 向业务侧的局端线路和 ONU 向用户侧的远端线路，可以将 PON 结构分为局端、远端、PON 系统接入链路 3 部分。

在上述的 PON 结构中，在结构分段的连接处设置如下的测试参考点。

S：在 OLT（下行）或者 ONU（上行）输出光纤上的光连接点（如光连接器或光接头）；

R：在 ONU（下行）或者 OLT（上行）输出光纤上的光连接点（如光连接器或光接头）；

V 参考点：接入网与业务节点之间的参考点；

T 参考点：接入网与用户终端之间的参考点；

该参考模型和测试参考点适用于 EPON 和其他 PON 系统。

2. PON 测试/监测项分类（见表 7.3）

根据网络分层概念，结合 EPON 的系统结构划分，将 PON 的测试/监测项按照横、纵两方面进行分类。

① 纵向分层，按照 OSI 体系结构，将测试/监测项分为物理层、MAC 层、IP 层测试/监测项 3 部分。

② 横向分割，按照 EPON 的系统结构对纵向的分层项再进行细分。

物理层分为 OLT（包括网络侧、ODN 侧）设备测试/监测项，ODN 线路测试/监测项，ONU（包括用户侧、ODN 侧）设备测试/监测项。

MAC 层分为局端测试/监测项、接入链路测试/监测项、远端测试/监测项。

表 7.3　　　　　　　　　　　　　　**PON 测试/监测项分类**

IP 层测试	IP 层 PING 测试		
MAC 层测试/监测	局端	接入链路	远端
物理层测试/监测	OLT（网络侧和 ODN 侧）	ODN 线路	ONU（用户侧和 ODN 侧）

该测试/监测项分类同样适用于其他 PON 系统。

本书提供了运维相关测试/监测项和指标门限的分析，可以在网络运行的各个阶段提供参考价值并结合具体情况进行应用。

该测试项列表以 EPON 为例，其中除 MAC 层监测项外，其他层的测试项均可应用在其他 PON 系统。

（1）物理层测试/监测项

① OLT 端设备监测项

OLT 端的主要监测项包括 GE 以太网端口发射/接收光功率，FE 端口、E1 端口信号，PON 口发射/接收光功率。

② ONU 端设备监测项

ONU 端的主要监测项同 OLT 端。

以太网端口的门限可以参考相关以太网标准，例如电路接口可以参考 YD/T 1098-2001《路由器测试规范—低端路由器》，光路接口可以参考 YD/T 1141-2001《千兆以太网交换机测试方法》，E1 端口的门限可以参考相关 E1 标准，例如 YD/T 885-1997《2 048kbit/s 30 路脉码调制复用设备技术要求和测试方法》。

③ ODN 线路监测/测试项

ODN 端的主要监测项包括 ODN 线路损耗、光缆衰减系数、物理层误码率，测试项包括插入损耗（光分路器和接头），该项的门限和分支比有关。这些监测/测试项可以参考点对点的光纤系统，例如 SDH 的相关标准。

（2）MAC 层监测项（EPON 为例）

① EPON 系统

MAC 的监测项需要按照业务进行区分。

对于 E1 业务，主要的监测项包括丢帧率、时延、抖动；次要的包括发送/接收帧、帧失位、帧丢失等，这些监测项的指标可以参考标准或者具体运营商的要求，一般情况下比较明确。例如，ITU-T G.982 中规定了时延的标准，G.742、G.823 中规定了抖动的标准。

对于以太网业务，主要的监测项包括丢包率/误包率、时延、抖动；次要的包括 FCS 错帧检测、Alignment 错帧检测、超长帧、超短帧、发送/接收到的单播包、发送/接收到的组播包、发送/接收到的广播包等。

目前的国际和国内的标准对 IP 网端到端的性能指标以及指标分配的原则有着明确的规定；而对以太网在公网中性能指标则没有明确地规定。可以通过参考 IP 网性能指标及其分配原则来确定 EPON 以太网业务的性能指标门限值。

另外，对于 EPON 的 MAC 层还需要一些协议测试项来支持，主要包括 VLAN 协议，STP 协议的测试项，具体要求可以参见协议标准 802.1p 和 802.1d 的规定。

② 局端和远端

局端（业务节点到 OLT）和远端（用户终端到 ONU）可能采用铜缆传输，对于传统以太网线路，除了以上监测项外，还要求监测：载波冲突检测、碰撞次数检测、连续碰撞失效帧检测、发送/接收坏包数检测。

● IP 层测试项

IP 层测试项主要是指 IP 层的 ping 测试。

● 其他测试/监测项

除了上述按照层次划分的测试/监测项外，还包括电源、环境、软件运行等监测项，可以参照相关标准。

7.3.3 EPON 故障定位

1．故障定位原则

（1）故障的判断应该遵循粗颗粒度判断准确率要求相对较高，细颗粒度判断的准确率要求相对较低的原则。

（2）尽可能将故障定位的工作在局端集中完成。

（3）尽可能利用告警相关性分析对局端和远端告警信号进行故障定位，如果测试系统使用 OTDR 模块，尽量减少 OTDR 的使用频率。

（4）尽可能利用告警相关性分析告警信号，在用户提出故障申报之前，对故障进行快速定位。

（5）利用告警相关性分析区分设备故障或线路故障。

（6）利用告警相关性分析区分故障端口是本端还是对端，是收故障还是发故障。

（7）尽可能在不影响业务的情况下进行在线测试。

判断主干光纤或者是支路光纤故障的原则是依据异常 ONU 的数量（一个、多个或全部）。图 7.32 和表 7.4 概括了一些典型的情况。

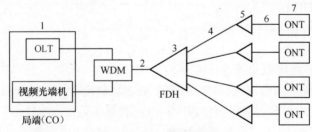

图 7.32　EPON 网络结构图

表 7.4　　　　　　　异常 ONU（或 ONT）分布与故障区域的关系

受影响的 ONT	可能的故障定位
全网络中所有的 ONT 或者一些 ONT	CO 中（区域 1）
	在馈线（区域 2）
	在主光分配集线器中 FDH（区域 3）

续表

受影响的 ONT	可能的故障定位
在一条分支中所有的 ONT 或者一些 ONT	在主光分配集线器中 FDH（区域 3） 在配线段（区域 4） 在第二级 FDH 中（区域 5）
一个 ONT	在末端 FDH 中（区域 5） 在引入线（区域 6） 在光网络终端（区域 7）

图 7.27 为 EPON 的结构图，通过对用户端 ONT 设备的工作情况的管理与分析，可以初步将故障点范围缩小。

进一步分析，可得出表 7.5。

表 7.5 **依据异常 ONU（或 ONT）分布进行故障定位的方法**

问题	可能原因	故障定位方法
一个 ONT 故障；光功率过低	最后一级光分路器的接头污损或者过度微弯	检查光接头
一个 ONT 不工作；无光功率	最后一级光分路器后的光纤断裂	OTDR 确定光纤故障点
一个 ONT 故障；ONT 光功率正常	ONT 的硬件问题	排查 ONT 处理器
连接到一个光分路器的一些或者全部光分路器故障；ONT 的光功率过低	光分路器之前的接头污损或者微弯	检查光接头
连接到同一个光分路器的所有的 ONT 故障；无光功率	最后一级光分路器之前的光纤断裂	OTDR 确定光纤故障点
所有 ONT 不工作；无光功率	主干段光纤断裂，或者局端问题	排查 OLT 电源、端口、处理器；OTDR 确定光纤故障点
误码率升高	ONT 的电源不足，或者 ONT 的硬件问题	排查 ONT 电源、处理器
间断性问题	ONT 硬件问题	排查 ONT 处理器

2．故障和告警的关系

在网络管理领域，故障被定义为产生功能异常的原因。故障也是产生告警事件的原因。告警是由在特定事件发生时，被管对象发出的通知所构成的一种事件报告，用于传递告警信息。但它只是表明可能有故障发生，并不一定有故障发生。一般包括以下 5 种类型的告警。

设备告警：与设备硬件有关的告警。

服务质量告警：反映传输性能的告警，如性能劣化、越门限等。

通信告警：与传输状态有关的告警，如信号丢失、帧丢失、信号劣化和通信协议告警。

环境告警：与环境有关的告警，如火警、门禁告警、温度/湿度告警等。

处理失败告警：和软件处理有关的告警。

故障和告警的关系是密不可分的。故障是网络运行出现异常状况的本质，而告警是体现这个本质的各种具体现象。由于网络上的某个环节（设备、光缆）出现了故障，从而引发或导致在网络的其他设备上发现异常，并产生告警事件，通过设备控制板或网管系统界面反映给网络运行维护人员。

发生在网络中某个网元上的故障往往会波及相邻的其他网元，从而引发大量的告警，使网络中充斥着大量的、重复的、无用的告警信息。而少量的、对网络状态影响重大的告警藏匿于这些无用的告警之中，以至于网络监控人员很难从大量的告警中找到真正出故障的网元来及时进行分析和解决。在这种情况下，收到的告警报告中包含很多冗余信息，准确分离和定位产生故障的原因非常困难。

所谓的事件关联性，主要表现如下：发生的告警不是孤立存在的，在一定范围内是由其他告警引起的；所引起表象告警的问题可能表现出来也可能没有表现出来；作为已经引起告警的事件可能会在当时或未来引发其他的事件发生；这些关联的事件存在某些内在的逻辑关系。

告警相关性分析是指对告警进行合并和转化，将多个告警合并成一条具有更多信息量的告警，确定能反映故障根本原因的告警，准确定位故障。

3．故障分类

在 EPON 系统中，按照分段的思想对具体的实体故障进行分类，见表 7.6。

表 7.6　　　　　　　　　　EPON 系统实体故障状态分类

线路故障	ODN 故障	干路光纤故障	主干光纤断裂
			光纤性能劣化
		分/合路器故障	
		光交接箱故障	
		支路光纤故障	支路光纤断裂
			光纤性能劣化
	E1 线路故障	线路故障	
		线路性能劣化	
	以太网线路故障	线路故障	
		线路性能劣化	
设备故障	OLT 设备故障	电源问题	
		接口故障	PON 端口故障 → 发射机失效
			PON 端口故障 → 接收机失效
			E1 端口失效
			以太网端口失效
			其他端口失效
		插板故障	

续表

设备故障	ONU 设备故障	电源问题		
		接口故障	PON 端口故障	发射机失效
				接收机失效
			E1 端口失效	
			以太网端口失效	
			其他接口失效	
		插板故障	电源板故障	
			背板故障	
			接口卡故障	
			主控板故障	
			处理器故障	
			交换板故障	
处理故障	Down 机故障			
	协议故障		VLAN	
			VLAN Trunk	
			STP	
			其他协议故障	
质量下降	略			
环境	略			

4．故障定位方法

（1）EPON 远端环回测试（Remote Loopback）

802.3ah 中的 OAM 提供了一种可选的、可以在远端控制的数据链路层环回模式。OLT 对某 ONU 发起环回测试请求，ONU 作出回应后在其 PON 端口环回，OLT 发送的数据到达该 ONU 的 PON 端口后，不经过以太网口或 E1 口到达终端，而是直接从 PON 端口环回到 OLT。

远端环回可以用来故障定位和连接性能测试。远端环回测试可以检测 ODN 线路、PON 端口是否正常，部分设备功能是否正常。利用远端环回测试我们可以将故障定位到业务节点到 OLT 段故障、OLT 到 ONU 段故障或者 ONU 到用户数字终端段故障。

（2）自环测试

E1 口、FE 口或 GE 口自发自收，构成自环测试。当将故障定位到业务节点到 OLT 段、ONU 到用户数字终端段时，通过对自环线路好坏的测试我们可以区分线路和设备故障：自环线路完好，则是线路故障，如果自环线路存在问题，则是端口故障。

（3）外环测试

① OLT 端（E1、以太网端口）外环回

原理描述：

OLT 端设置外环回，从局端过来的信号到达 OLT 的端口后，不经过 OLT 的 PON 端口进入 ODN，而是直接从 OLT 端口环回到局端。

功能描述：

OLT 端外环回可以检测 OLT 到局端的线路、端口是否正常。

② ONU 端外环回

原理描述：

ONU 端设置外环回，从用户终端过来的信号到达 ONU 的端口后，不经过 ONU 的 PON 端口进入 ODN，而是直接从 ONU 端口环回到用户终端。

功能描述：

ONU 端外环回可以检测 ONU 到用户终端的线路、端口是否正常。

7.4 本章小结

光接入技术特别是 PON 技术的推广应用是涉及面广泛的巨大系统工程。它涉及设备开发、网络规划设计、工程实施、业务运营、网络维护等各环节，涉及系统制造商、器件、光缆制造商、电信规划设计部门、网络、业务运营商、标准化组织单位等。本章对光接入网概念、关键技术、现状及发展趋势进行了介绍阐述，就 PON 的 ODN 网络规划和运行维护方面进行了分析并给出了一般性的建议，具体到接入网的实际情况，还需要综合考虑用户群个别特征、已有资源等实际情况进行具体部署。

参考文献

[1] 陈雪. 无源光网络技术. 北京邮电大学出版社，2006

[2] 陈亚华，刘锦高. 基于混合增添遗传算法的无源光网优化规划. 通信学报，2002（6）

[3] 徐海峰. 基于分布式遗传算法的以太无源光网络规划. 光通信技术，2007（4）

[4] 赵晓蕴. 无源光网络（PON）ODN 规划设计与运行维护研究. 北京邮电大学硕士论文，2006（4）

[5] 李晓莉，陈雪. 基于模式识别聚类思想的 PON ODN 规划设计. 光通信技术，2003（12）

[6] 徐敏，刘锦高. 基于模式识别聚类思想的无源光网络规划. 光通信研究，002（3）

[7] 蒙红云. WDM-PON 技术研究. 光通信技术，2008（5）

[8] 范异君，陈雪，张治国. EPON 与 WiMAX 融合宽带接入方案的分析比较，光通信技术，2009（3）

[9] 张曙，刘德明，吴广生. 基于 ROF 技术的 EPON 和 WiMAX 融合方案的研究. 中兴通讯技术，2010（6）

[10] 孙强，周虚. 光接入网技术及其应用. 清华大学出版社. 北京交通大学出版社，2005

[11] 张勇. PON 无源光接入网上行链路调度算法研究. 北京邮电大学博士论文，2007（6）

[12] 潘志宏，林永傍，黄红斌，刘伟平. 10G GPON 技术研究及实现方案. 光通信技术，2010（5）

[13] 沈成彬，张军. 下一代 PON 技术的应用及进展. 电信科学，2009（10）

[14] 李秉钧. 下一代 PON 标准与技术的进展. 通讯世界，2009（5）

[15] 程强. 下一代 PON 接入技术的演进. 移动通信，2009（8）

[16] 敖立，陈洁，张文钺. 下一代光接入技术展望. 现代传输，2010（1）

[17] 李博，刘芳，宋文生. 下一代光无源网络（NG-PON）主流技术. 光通信技术，2009（9）

第8章　网络模拟与网络仿真工具

随着光网络技术的快速发展与广泛应用，光网络规划与优化日益成为人们关注重点。在这种情况下网络流量在网络设备与网络链路中的具体传输情况，越来越被人们所重视，成为规划与优化过程中必要的数据支持。网络模拟与网络仿真工具使用网络模拟与网络仿真技术，对网络进行模拟与仿真从而为规划人员对网络进行规划与优化提供参考。本章主要介绍了包括 OPNET、WDM 超长距离仿真软件、传输网规划与优化软件在内的几款国内外网络模拟与网络仿真工具，希望读者可以管中窥豹对网络模拟与网络仿真工具有所了解。

8.1　概述

8.1.1　网络模拟与仿真技术概述

网络模拟与仿真技术是一种通过建立网络设备和网络链路的统计模型，并模拟网络流量的传输，从而获取网络设计或优化所需要的网络性能数据的仿真技术。

网络仿真技术具有以下特点：（1）全新的模拟实验机理使其具有在高度复杂的网络环境下得到高可信度结果的特点；（2）网络模拟与仿真的预测功能是其他任何方法都无法比拟的；（3）使用范围广，既可以用于现有网络的优化和扩容，也可以用于新网络的设计，而且特别适用于中大型网络的设计和优化；（4）初期应用成本不高，而且建好的网络模型可以延续使用，后期投资还会不断下降。

全光通信网的研究进展为高速信息公路的建设准备了技术基础。随着对光网络研究的深入，光传送网络的实用性研究吸引了人们的注意力。各国政府和大型通信公司纷纷投资建立光传送试验网，并已经取得重要进展。但是实验网的规模毕竟有限，难以从全网上研究网络的构架（如透明网络的规模、透明光岛之间的连接等），难以探讨复杂网络环境下的路由算法、网络的动态重构方案。另外，光信号的在线监测一直是个难题，光学仪表价格昂贵，很难支持在线监测。

网络仿真工具将可以克服以上缺点，可以在使用人员的直接控制之下，对网络的规模，仿真内容进行直接的控制，可以对大到全国性网络，小到单个节点的结构进行设计和性能仿真，从而为光网络的规划、设计、维护和管理提供仿真手段。

现在出现了很多网络仿真工具，见表 8.1。

表 8.1　　　　　　　　　　　主要的网络仿真工具

Networking	
OPNET Modeler	VPI Transport Maker
NS2	OMNet++
MetreWAND	Cnet Simulator

Networking	
GLASS	Artifex
COSSAP	CCSS
QualNet	Glomosim
SeaWind	Matlab
SPW	NEST
ARTHUR	CATO

Glomosim、Qualnet 和 SeaWind 适合无线网络的仿真；CCSS、COSSAP 和 SPW 对数字信号处理系统仿真较理想；OPNET、NS、VPI transport maker、GLASS、Cnet、OMNet++、MetreWAND、Artifex 适用于光网络的仿真。

Cnet Simulator 可用于仿真网络环境，开放源代码。Cnet 可以提供仿真的应用层和物理层，由开发者提供其余的各层。在 Tcl/Tk 下，Cnet 提供了一个图形化网络表示方法。用 Cnet 搭建的网络必须把网络节点数量级控制在 10^2 以内。由于适用于它搭建的网络规模是受限制的，目前 Cnet 主要用于教学，很少用作商业或研究。

OMNet++是开源的，对于非商用的仿真是免费的。它是基于 component 仿真软件，大的模块可以由小的模块聚合而成，自动生成仿真过程图形界面。OMNet++是 Event Oriented 类型仿真工具，拥有一个开放的仿真体系结构和嵌入式的仿真内核。初步应用是仿真通信网络。OMNet++是仿真工具 OPNET 的仿制品。

MetroWAND 和 Artifex 都是美国光通信模拟设计和仿真软件开发商 Rsoft 开发的网络仿真规划工具。两者都提供了可视化平台。MetroWAND 是用于开发基于 PC 机的大型网络的网络规划的工具。MetroWAND 能在城域网环境中仿真和分析 SONET/SDH/DWDM 系统。

Artifex 是支持离散系统设计的强大的建模和仿真软件，适用与设计和仿真通信网络、交换设备、协议以及探索和确认一个包含重多因素的方案、缓存、包划分、拥塞控制、防护和恢复

本小节针对对 OPNET、NS-2 和 VPI 等网络仿真软件进行综合、深入的调研，着重在软件的总体评价、功能描述、体系结构和网络规划与优化开发调研与评估 4 个方面对这 4 款常见的软件进行介绍。

8.1.2　VPI 公司软件简介

VPI 公司的光网络仿真模块 VPI photonics 可以为光设备、元件、子系统以及传输系统提供最佳的设计和仿真工具。该模块包含有用于研究、设计、模拟、验证和评价有源和无源光器件、光放大器、密集波分复用传输系统及接入网的全部工具，包括 VPIlinkConfigurator^{TM}、VPItransmissionMaker^{TM}WDM、VPItransmissionMaker^{TM}Optical、Amplifiers、VPItransmission Maker^{TM}Active Photonics、VPItransportMaker^{TM}。其中最主要的是 VPItransmissionMaker^{TM}WDM 和 VPItransportMaker^{TM}。

VPItransmissionMaker^{TM}WDM 主要是为 WDM 光纤传输系统进行建模仿真，可以帮助用户设计 WDM 光纤传输系统。图 8.1 为 VPItransmissionMaker^{TM}WDM 软件界面图而 VPItransportMaker^{TM} 则可以提供基于 SDH/WDM 的传送网设计。它包括了各种网络结构，包括环形格形或者环形/格形混合网络。网络规划优化工程师可以选择合适的路由、保护、恢复

策略，根据整个网络资源情况选择合适的网络设备，然后用其来规划优化网络拓扑，软件可以评估规划结果，并进行各种分析。

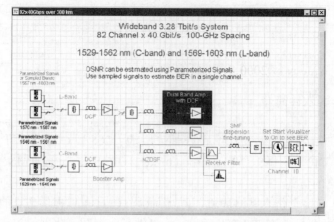

图 8.1　VPItransmissionMaker^{TM}WDM 软件界面图

VPI TransportMaker(TPM) 由 VPI systems 公司开发，用于光传输网络的规划。VPItransportMaker 分为两大功能组：Optical Ring 和 Optical Mesh，两者在各自设计引擎上有所区别。VPItransportMaker 的 Mesh 和 Ring 模块共享诸如用户界面、数据处理、脚本引擎和 API。图 8.2 为 VPItransportMaker^{TM} 网络软件界面图。VPI TransportMaker 提供规划设计技术和算法来对 SONET/SDH 和 WDM 传输网络（包括 Ring 和 Mesh）进行规划设计和优化。其基本功能有：

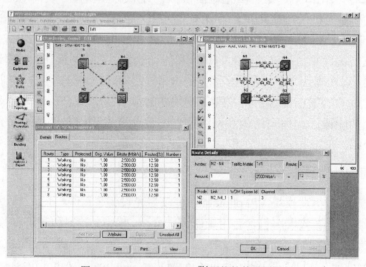

图 8.2　VPItransportMaker^{TM} 网络软件界面图

① 提供多层网络模式，覆盖 PDH/SDH/SONET，WDM（channel、band 和 section），光纤，电缆以及管道。

② 可视化的界面。

③ 拥有 Ring 和 Mesh 网设计引擎,迅速纠正不理想的网络布局,选择和分配 SDH/SONET 和 WDM Ring 系统。

④ 丰富的表格和图形报表，包括容量需求、电路路由细节、网络的可靠性、节点流量分析等。

⑤ 专用的设计引擎。考虑到各种波长交换和转换选项，进行波长路由和分配。

⑥ 对于高容量、长距离的异构网络设计，这种网络要求合理的搭配标准设备和超长距离传输设备。

支持的平台：Windows®2000（SP2 或者更高），Windows XP。

8.1.3　OPNET 公司软件简介

OPNET 公司是业内领先的网络软件公司，其开发的软件应用于网络的各个层面。主要产品有：OPNET Modeler™、OPNETWireless Module™、OPNET Development Kit™、OPNET WDMGuru™。

其中 OPNET WDMGuru™ 可以为运营商和网络设备商提供各种网络设计方案，从而设计出更可靠、更有效的 WDM/SDH 网络。

OPNET Modeler 是 OPNET Technology 公司为技术人员（工程师）提供一个网络技术和产品开发平台，可以帮助设计和分析网络、网络设备和通信协议。如图 8.3 所示。

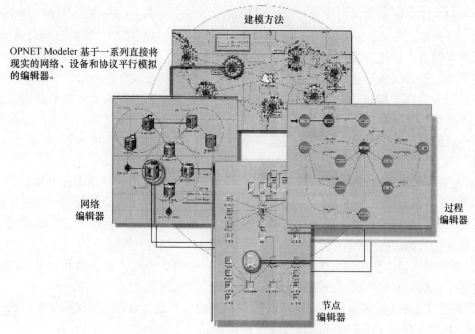

图 8.3　OPNET Modeler 结构示意图

OPNET Modeler 包含的主要功能有：

（1）OPNET 能够准确地分析复杂网络的性能和行为，可以在网络模型中的任意位置处插入标准的或用户指定的探头，以采集数据和进行统计；

（2）OPNET 具有各个设备厂商提供的各种标准库模块；

（3）具有第三方（运营商）提供的各种库模块，包括路由器、交换机、服务器、客户机、

ATM 设备、DSL 设备、ISDN 设备等；

（4）OPNET 允许用户使用 FSM（有限状态机）开发自己的协议，并提供了丰富的 C 语言库函数，OPNET 还提供 EMA（外部模块访问）接口，方便用户进行二次开发；

（5）网络设备厂家（HP、Cisco、3Com、Xylan 等）提供的模型参数全部基于哈佛测试实验室（Harvard test lab）的测试结果；

（6）OPNET 可在网络层次进行运行仿真和工作，支持 Solaris、Windows NT 和 HP-UX，以及灵活的 license 管理：浮动的 license 和可租借的 license；

（7）OPNET 具有丰富的统计量收集和分析功能，它可以直接收集常用的各个网络层次的性能统计参数，能够方便地编制和输出仿真报告；

（8）提供了和网管系统、流量监测系统的接口，能够方便地利用现有的拓扑和流量数据建立仿真模型，同时还可对仿真结果进行验证；

（9）从其他流行工具导入数据：包括 HP 的 OpenView 以及 Network Associates 的 Sniffer；详细协议模型的全面模型库：包括 ATM、帧中继、TCP/IP、RIP、OSPF、BGP-4、IGRP 等；高效的仿真引擎以及内存管理；

（10）集成的分析工具：显示仿真结果的全面工具，轻松刻画和分析各种类型的曲线，可将曲线导出到电子表格中，动画：在仿真中或仿真后显示模型行为的动画。

OPNET Modeler 采用离散事件驱动的模拟机理（discrete event driven），与时间驱动相比，计算效率得到很大提高；它提供了 3 层建模机制，最底层为过程模型，以状态机来描述协议；其次为节点模型，由相应的协议模型构成，反映设备特性；最上层为网络模型。三层模型和实际的网络、设备、协议层次完全对应，全面反映了网络的相关特性。采用混合建模机制，把基于包的分析方法和基于统计的数学建模方法结合起来，既可得到非常细节的模拟结果，也大大提高了仿真效率。在"过程层次"模拟单个对象的行为，在"节点层次"将其互连成设备，在"网络层次"将这些设备互连成网络。几个不同的网络场景组成"项目"以比较不同的设计。

① 网络编辑器（Network Editor）：以图形化的方式展示了通信网络的拓扑结构。

② 节点编辑器（Node Editor）：通过刻画功能模块之间的数据流来展示网络设备和系统的体系结构。每个模块可以生成，发送和接受来自其他模块的包。模块一般代表应用业务，协议层和物理资源。

③ 过程编辑器：使用强大的 FSM 来支持规范、协议、应用、算法以及排队策略。每个状态包括任意的 C/C++代码以及专门为协议编程设计的库函数。

④ 有限状态机：使用有限状态机来对协议和其他过程进行建模。在有限状态机的状态和转移条件中使用 C/C++语言对任何过程进行模拟。

8.1.4　UC Berkeley 公司软件介绍

NS2 是一个由 UC Berkeley 开发的用于仿真各种 IP 网络的仿真软件。该软件的开发是针对基于 UNIX 系统下的网络设计和仿真而进行的。

NS2 设计的出发点是基于网络仿真，它集成了多种网络协议、业务类型、路由排队管理机制、路由算法。此外，NS 还集成了组播业务和应用于局域网仿真有关的部分、MAC 层协议。其仿真主要针对路由层、传输层、数据链路层展开，因此 NS2 可以进行对固定、无线、卫星以及混合等多种网络的仿真。但它最适用于 TCP 层以上的模拟。NS2 的特点是源代码公开，可扩展性强，速度和效率优势明显。

NS2 的仿真原理—网络组件。所有的基本网络组件可以划分为两类：分类器（Classifier）和连接器（Connector）。它们都是 NSobject 的直接子类，也是所有基本网络组件的父类。分类器的派生类组件对象包括地址分类器和多播分类器等。连接器的派生类组件对象包括队列、延迟、各种代理和追踪对象类。应用程序是建立在传输代理上的应用程序的模拟。NS2 中有两种类型的"应用程序"，数据源发生器和模拟的应用程序。NS 是离散事件驱动的网络仿真器。它使用 Event Scheduler 对所有组件希望完成的工作和计划该工作发生的时间进行列表和维护。

NS2 与 OPNET 优缺点比较：

（1）OPNET Modeler 操作方便，对节点的修改主要就是对其属性的修改。但如果需要特殊的节点就不如 NS2 方便。NS2 没有现成的节点可以用 C++编，可以按照自己的意图来构造想要的节点。同时，由于是商业软件，OPNET 版本推出不如 NS2 快。

（2）NS2 是自由软件，免费，这是它与 OPNET 相比最大的优势所在，因此它的普及度较高，是 OPNET 强有力的竞争对手。

OPNET 是商业软件，所以界面非常好。功能上很强大，界面错落有致，统一严格。NS2 虽然功能也很强大，但是界面不如 OPNET，格式上不统一，说明手册不详尽，不容易上手。

对 OPNET Modeler、NS2、VPI-transport maker 和 GLASS 仿真软件做进一步的调研后，我们对比了这 4 种仿真软件在 ASON 网络规划与优化方面的合适度，见表 8.2。

表 8.2　　　　　　　　　　各规划软件性能比较

软件名称	软件功能	稳定性	界面	应用范围	是否支持 ASON
OPNET Modeler	强大	好	简洁，可视化	广泛	不直接支持，需二次开发
NS2	较强，很灵活	中等	零散	广泛	不直接支持，需二次开发
VPI transport maker	强大，主要用于光传输网规划	好	简洁，可视化	广泛	不直接支持
GLASS	较少	较差	提供可视化工具	主要用于科研	部分支持，支持 GMPLS 协议

不难看出，OPNET 具有明显的优势，它功能强大，系统稳定，而且易于开发，且本课题组已经在 OPNET Modeler 搭建了一系列仿真平台，积累了利用 OPNET Modeler 开发的相关经验。

8.1.5　小结

总的来说，目前光网络模拟与网络仿真技术已经有了一定发展，并有一定成果。在网络模拟与网络仿真技术基础上的网络模拟与网络仿真工具已经形成了系列化，都能够完成网络研究开发中的大部分工作。较为成熟的网络模拟与网络仿真工具具有集成化的特点，在系列化的基础上，加强了各个模块之间的配合，可以共享网络信息，完成更多功能。同时目前的光网络模拟与网络仿真工具的一些开发商已经有相当长时间的开发，积累的经验比较丰富，产品也比较成熟，能够满足网络规划与优化过程中的多数需求。

8.2 OPNET 网络仿真（ASON）

随着计算机性能的不断提高，使用软件来仿真复杂网络的实际运行状况成为可能，并且已经在设备研制及网络规划等领域得到了广泛的应用。ASON Simulator 1.0 为在 OPNET Modeler 平台上开发的 ASON 仿真系统。该系统已经实现了 ITU-T 所定义的大部分 ASON 功能。OPNET Modeler 平台的最大的特点是它提供了大量的实际网络设备模型，包括智能光节点、路由器和交换机等，用户可以利用这些模型通过 GUI 构造任意拓扑的网络，能够比较好地仿真实际网络的运行状况，是普通的基于 C/C++开发的算法仿真平台所无法比拟的。基于 OPNET Modeler 平台的 ASON Simulator 1.0 能够进行 ASON 和 GMPLS 的协议、ASON 组网技术、多粒度交换系统、ASON 生存性以及业务承载等方面的仿真研究。

8.2.1 ASON 仿真系统实现的功能

在 ASON Simulator 仿真系统中可以实现两种类型的节点用于波长路由光传送网的仿真，分别是用户节点和网络节点。其中用户节点主要充当主叫方和被叫方的角色，处理相应的呼叫和连接，没有路由计算和自动发现的功能。而网络节点实现的功能比较丰富，能够实现 ASON 标准所有求的路由、信令、自动发现和链路资源管理等功能。使用这两类节点可以构建任意的网络环境，用于 ASON 网络的仿真。

ASON Simulator 仿真系统运行在 Windows XP 平台，使用的是 OPNET Modeler 8.0 版本。根据 ITU-T 的 G.8080 和 G.7715 建议的要求，通过扩展 OSPF-TE 开发的路由协议能够实现链路连接关系（即网络拓扑）和波长使用信息的可靠、及时地分发。在 LSA 的结构中已经预留了大量的字节，能够用于向全网通告其他流量工程的信息，比如 QoS、SRLG 相关的数据。工具中具有扩展的 FSP、FAR、FPLC、分步式波长预留算法，以及 DRWR 和重路由的算法可以供用户选择用于确定路由和分配波长，工具中还给出了相应的接口，用户也可以开发自己的 RWA 算法加载到仿真系统当中。信令协议是根据 G.7713 的要求[10-12]在 RSVP-TE 的基础上开发的，目前系统中能够提供后向波长预留、前向波长预留、准并行等信令过程，可以满足不同目的的仿真需求。系统中的网络节点能够实现自动发现[13]，发现的内容包括邻居节点和链路的相关特性。链路资源由专门的软件模块来管理[14]，该模块负责跟踪、维护和通告本地 SNP/SNPP 的状态。ASON Simulator 1.0 所能实现的功能见表 8.3。

表 8.3	ASON Simulator 1.0 仿真系统实现的功能	
类别	实现方式	实现内容
路由功能	按照 G.8080 和 G.7715 的要求来管理路由信息数据库，通过扩展 OSPF-TE 来实现信息的分发	通过 Opaque LSA 来分发波长利用以及网络拓扑信息，使用 OSPF 可靠的泛洪机制来同步路由信息数据库
信令功能	按照 G.8080 和 G.7713 的要求，通过扩展 UNI1.0 和 GMPLS RSVP-TE 来实现对连接和呼叫的控制	在 UNI 和 NNI 参考点，实现了对连接和呼叫的创建、拆除操作，实现的信令过程包括并行信令、串行信令、准并行信令以及前向/后向预留信令
RWA 算法	根据 ASON 分布式控制的特点，扩展已经广泛应用到 WDM 网络中的 RWA 算法到 ASON 当中，另外提出新的 RWA 算法	可以直接调用的算法包括：FSP、FAR、FPLC-CLD、FPLC-PLD、BWR-N、FWR-N、FWR-U-N、DRWR，以及 RR 算法等
自动发现	按照 G.8080 和 G.7714 的要求，扩展 GMPLS LMP 协议来实现自动发现	实现了波长级的自动邻居发现和自动拓扑发现（需要和 OSPF 相互配合）
链路资源管理	按照 G.8080 的要求，扩展 GMPLS LMP 协议来管理链路资源，主要是对波长链路的管理	实现了对 SNP 的各种状态的管理，能够模拟传送平面交叉连接的配置，以及用户数据的传送
业务发生器	调用 OPNET Modeler 提供的产生各种分布的函数来模拟业务模型	实现了满足泊松（Poisson）过程的业务到达模型
结果统计分析	采用矢量统计、标量统计和动画 3 种方式来分析数据	能够从时间、业务强度等角度分析仿真结果，另外还能够通过动画展示仿真数据

8.2.2　ASON 仿真系统的设计及实现

ASON Simulator 仿真系统的设计和开发过程中遵循以下原则。

① 根据现有的技术标准和实际业务需求来设计控制协议和节点设备，最大限度地保证仿真系统提供的运行环境接近于实际网络运行的状况，同时保证仿真的网络具有通用型，使结果更具有通用性。

② 立足于开发通用的 ASON 仿真系统，在这个平台上不仅能够验证控制协议和算法的性能，还可以仿真各种网络优化和规划的方案，能够很好地为实际网络规划和设备制造提供有用参考。

③ 采用模块化的程序设计方法，尽量减少各模块之间的耦合度，提高软件的可扩展性和健壮性。

④ 简化网络模型，优化节点结构，尽可能多地使用 OPNET Modeler 提供的对象，提高开发的速度，减小编程的复杂度。

⑤ 合理设计仿真参数，选择合适的结果收集和处理方法，保证能够从多角度、多方位展示试验结果，便于仿真性能评估。

本小节通过对 ASON 仿真系统的设计及实现进行介绍，系统地阐述了网络模拟仿真中的智能网络功能模块、特点及原理。

1. ASON 仿真系统中节点的结构

ASON 仿真系统的节点结构根据 ASON 的功能要求系统划分了多个组件单元来实现不同的功能。参照这种功能单元的划分，可以来设计软件的功能模块，不过需要注意的是，这二者之间的并不是一一对应的。从编程的角度出发，这里设计了用户节点和网络节点两种设备模型，它们主要的差别是所实现功能的不同，图 8.4

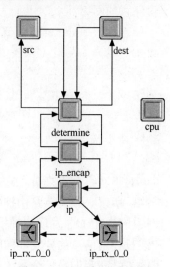

图 8.4　ASON 用户节点结构图

和图 8.5 分别表示了这两种节点的结构。

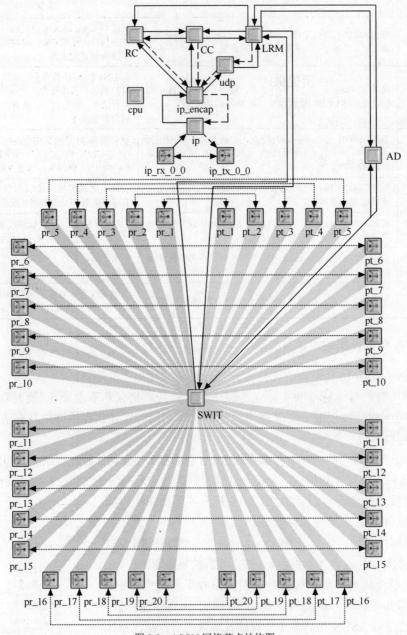

图 8.5　ASON 网络节点结构图

对于网络节点来讲，它需要处理连接和呼叫、实现自动发现、管理链路资源和实施路由控制，所以必须具有路由控制器模块（RC）、连接控制/呼叫控制模块（CC）、链路资源管理器模块（LRM）、发现代理模块（AD）和交换单元（SWIT）等模块。其中 RC 负责网络拓扑和波长使用信息的分发，同时还要接收用户连接创建请求，为连接计算路由和分配波长。这里的 CC 充当的是信令系统的角色，主要进行呼叫和连接的处理，实现不同的信令处理流程来创建或拆除连接和呼叫。AD、UDP 和 SWIT 3 个模块主要负责自动发现的实施。而 LRM

不仅参与实施自动发现，还要管理波长链路的本地状态。另外，在仿真系统的设计当中，LRM 还要模拟部分传送平面的功能，包括交叉连接配置和用户数据的传送。用户节点在仿真系统中只需要处理呼叫，如果作为源端则主要负责产生和发起呼叫处理请求，作为目的端则主要负责决定是否接受用户的请求，这些功能分别由 SRC 和 DEST 模块来完成，DETERMINE 模块则具体负责节点行为的调度。除了仿真系统定义的模块之外，构建一个完整的仿真节点还需要使用由 OPNET Modeler 所提供的一些内部功能模块，比如使用 IP 和 IP_Encap 模块在节点间传递信息，通过 CPU 模块完成一些配置和管理方面的工作等。

2．各功能模块的实现

ASON Simulator 1.0 采用的是离散事件驱动的仿真机制，有事件的时候进行处理，没有事件的时候则推进仿真时间线。这种机制更能动态地模拟实际系统的行为，同时有利于程序实现。和离散事件驱动的机制相配合，ASON Simulator 1.0 通过状态转移图（STG，State Transition Graph）来描述节点中各个模块所实现的功能，依靠 C 或 C++编写的进程来执行相应的操作。在 ASON Simulator 1.0 的状态转移图中，定义了非强制和强制两种状态。非强制状态是一种稳定状态，在转移条件不满足时，非强制状态是不会进行状态转移的，而强制状态是一种非稳定状态，它在完成相应的操作后必须回到相应的非强制状态中去。在这一部分当中，我们将通过状态转移图来简要介绍仿真系统路由、信令和链路资源管理模块功能的实现。

（1）路由模块

图 8.6 表示了 RC 模块的状态转移图，其主要功能是路由信息分发和执行 RWA。它负责接收 LRM 本地链路状态更新信息，并通过 GMPLS OSPF-TE 进行本地资源状态信息的分发，以达到全网路由信息数据库（RDB）的同步，RDB 中包含链路的波长使用情况。同时，RC 模块负责接收来自 CC 的业务请求，根据 RDB 中保存的资源信息，通过调用 RWA 算法，为 CC 返回所需的路由并分配可用的波长。

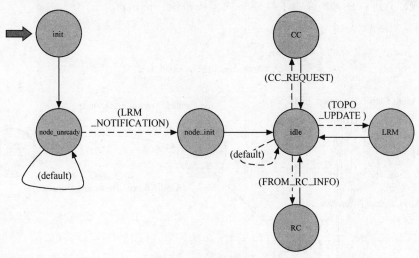

图 8.6　RC 的状态转移图

在图 8.6 中，node_unready 和 idle 状态为非强制状态，而其余的几种状态均为强制性的状态，当 LRM 完成本地的自动邻居发现后，会通知 RC 模块，然后 RC 模块在状态 node_init

完成 RDB 的初始化，随即转到 idle 状态等待，当接收到 LRM 的链路更新信息、CC 的请求、或其他节点 RC 模块通告信息的时候，RC 会进入不同的状态完成相应的操作。这里 LRM 的链路更新主要来自于本地 LRM 模块的邻居发现、维护中监测到的链路资源变化信息、以及回应 CC 模块的连接建立/拆除请求后占用/释放波长所引起的链路资源的变化，RC 模块将根据这些信息更新本地的 RDB，然后创建相应的 LSA 向邻居泛洪。当本地 RC 接收到其他节点 RC 模块发送的 LSA 后，会作出判断，当确定接收的 LSA 比本地新时，就会更新本地的 RDB，并将此信息继续向其他邻居转发以达到全网的同步。当 RC 接收到 CC 的业务请求时，即转入执行 RWA 算法的过程。

（2）信令模块

信令处理模块包括用户节点中的 SRC、DEST 和 determine，以及网络接点中的 CC 模块。其中 determine 中只有一个进程，而 SRC、DEST、CC 模块则既有父进程，又有子进程。父进程对与本节点相关的所有业务进行管理，在必要时调用相应业务所对应的子进程来处理，而子进程只是负责某个业务的具体处理。两类进程的状态图中都有一个中心状态，当无事件发生时，该进程就处于此状态等待事件的发生，也即等待中断的到来。一旦有事件发生，就由相应信息决定下一步要进行的动作，动作完之后又回到中心状态进行等待。与中断相关联的有许多信息都可以用来判断下一步的操作，例如所收到数据包的格式、数据包的来源、中断的类型、中断号等。

① 用户节点

A．用户节点的 SRC 模块

图 8.7 表示的是该模块父进程的状态转移图。父进程按照业务模型配置的参数（业务到达的间隔时间以及每个业务的持续时间）安排发起创建呼叫和拆除呼叫的操作。子进程具体负责对一个业务的处理，根据父进程的调度来执行相关的动作。例如，当父进程安排的业务持续时间点达到时，通过父进程的调用，子进程便进入状态 Teardown，形成 PathTear 消息开始拆除连接；当父进程接收到其他节点发送过来的 PathErr 消息的时候，就调用子进程进入 Error 状态进行处理，图 8.8 说明了具体的状态转移操作的情况。

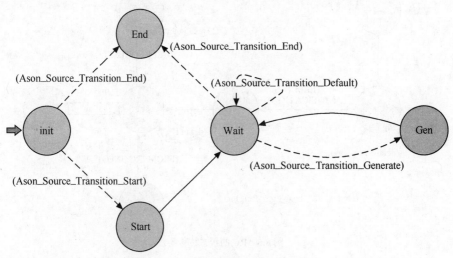

图 8.7　用户节点的 SRC 模块中的父进程

B．用户节点的 DEST 模块

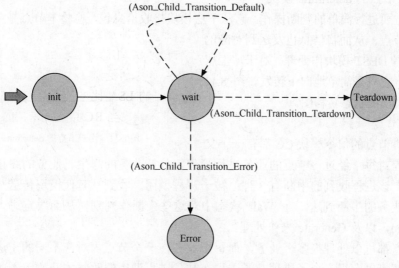

图 8.8 用户节点的 SRC 模块中的子进程

当节点对于某业务来说是目的节点时才会进入 DEST 模块的父进程，该父进程主要负责对收到的创建呼叫或者删除呼叫的请求作出判断，然后交给子进程进行处理，如图 8.9 所示。而子进程将根据父进程的要求来完成相关的操作。例如，当节点收到 PathTear 消息，CallPath 消息，或 ConPath 消息的时候，父进程就会调用子进程进入相应的 Rel_Path、Call_Path、或 Conn_Path 状态执行呼叫或连接的处理流程，子进程的状态转移图见图 8.10。

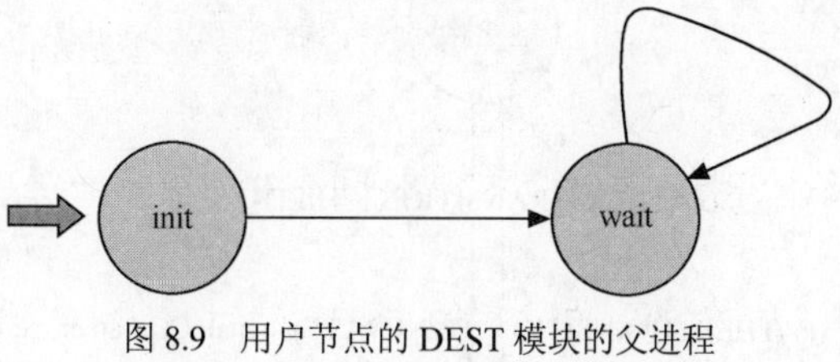

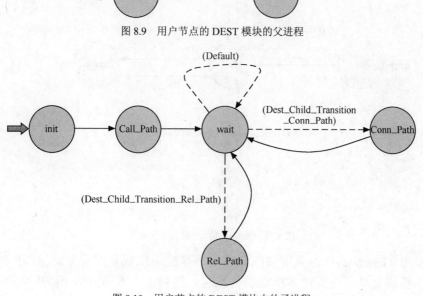

图 8.9 用户节点的 DEST 模块的父进程

图 8.10 用户节点的 DEST 模块中的子进程

C. 用户节点的 determine 模块

该模块主要进行简单的判断操作。它从下层模块接收信息包，检验本节点是业务的目的节点还是源端节点，从而将信息包发送到对应的 SRC 模块或者 DEST 模块作处理。对于从上层来的信息包，它只是简单地向下转发。图 8.11 表示的是该模块的状态转移图。

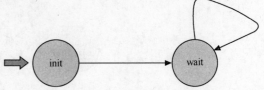

图 8.11　用户节点的 determine 模块

② 网络节点

每个网络节点的信令模块 CC 都有一个父进程，该进程对每个经过该节点的业务进行管理，包括业务的产生、业务的终止、以及统计量的收集等。该进程收到的中断有 3 种：被子进程调用，收到从其他模块传送来的信息包，以及发起新业务的中断到达。在 Wait 状态中对这些中断作判别，从而决定进入相应的状态 Child、Stream，以及 Generate 来作处理。

每个节点都可以处理很多个业务，而每个业务在一个节点内对应不同的子进程，这样一来每个节点都可以有很多个子进程。子进程在被父进程调用的时候才开始工作，它根据父进程传递来的参数决定执行相应的动作，这里完成的工作包括对各种 Path、Resv、PathErr、PathTear 等消息的处理，以及部分统计量的设定等。

目前在 ASON 仿真系统中已经实现了波长预留、串行、并行以及准并行的信令过程，这里仅以波长预留信令为例，说明网络节点 CC 模块功能实现的方法和过程，图 8.12 和图 8.13 分别是这个信令过程的父进程与子进程的状态转移图。

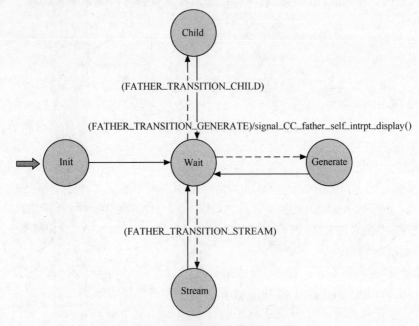

图 8.12　资源预留信令模块的父进程

父进程的 Generate 状态负责按照业务模型参数的配置安排业务发起和拆除的时间。Stream 状态负责处理所有到达本模块的信息包，包括来自本节点的 RC 模块和 LRM 模块的信息包，以及来自其他节点的 Path、Resv、PathTear、PathErr、ResvErr 等消息包。当父进程被子进程调用的时候就进入 Child 状态进行相关操作。父进程依据收到的中断类型以及信息包的种类判断子进程应该作何动作,并在调用子进程的时候传递相应的数据告知子进程。

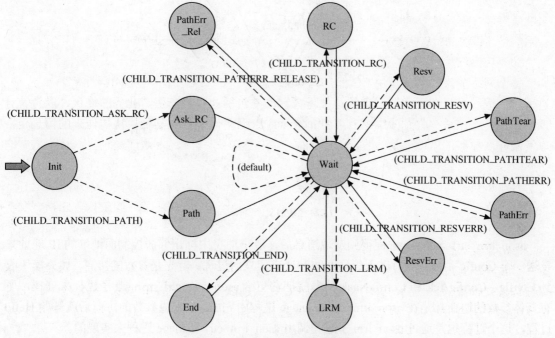

图 8.13　资源预留信令模块的子进程

每个子进程在创建的时候都会判断本节点是业务的源端还是非源端,如果是源端节点,就要进入 Ask_Rc 状态向本地的路由模块请求显式路由,如果是非源端节点,就进入 Path 状态来处理上一个节点传送来的 Path 消息。作为源端节点,一旦收到 RC 模块传送来的显式路由信息,就会同本地的 LRM 进行交流来完成资源的预留工作,然后发送 Path 消息到下一个节点。同 LRM 的交流是在 LRM 状态中完成的,包括资源的预留、分配以及释放工作。在资源的预留或分配的过程中,有可能会出现资源已被占用的情况,其相应的操作是在 PathErr,ResvErr 等状态中完成的。只有业务的源端节点收到 Resv 消息的时候才标识着该业务创建成功。当业务持续一段时间后,父进程安排的业务结束时间点到达了,子进程就进入 End 状态进行拆除操作,即形成 PathTear 消息向下一节点发送,同时释放该业务使用的本地资源,另外还要通知父进程删除相关记录。

（3）链路资源管理模块

链路资源管理模块是基于 IETF 的链路管理协议（LMP）来实现的,它首先调用父进程 ason_lrm,这个进程在初始化时就完成了本地各种数据链表的创造,并配合上下路模块不断的将承载着发现消息的上路（下路）信号与本地的某个出口（入口）光纤相连。一旦本地收到对方发来的 LRM 消息,LRM 模块就在父进程中判断,从而执行不同的操作。这里仅以自动发现的过程来说明链路资源管理模块的实现,如图 8.14 所示,如果父进程收到的消息是发现消息,它就会调用 ason_lrm_ctrl_manage 进程来处理,图 8.15 表示了这个处理过程。

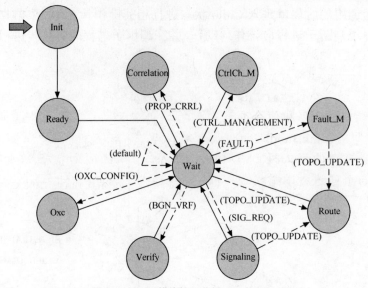

图 8.14　LRM 模块的父进程（ason_lrm）

　　ason_lrm_ctrl_manage 进程得到发现消息后，取出消息中标识邻居控制面地址的 IP 地址来发送一个 Config 消息，然后进入邻居间控制通道建立的过程。首先是参数的协商，如果模块收到 Config、ConfigAck 和 ConfigNack 消息就把它交给 ason_lrm_ctrl_manage 子进程来处理，所有具体参数的协商都是在 ason_lrm_ctrl_manage 进程中完成。在完成参数的协商后就开始 Hello 过程，这个过程也是通过 ason_lrm 子进程调用 ason_lrm_ctrl_manage 进程来实现的。

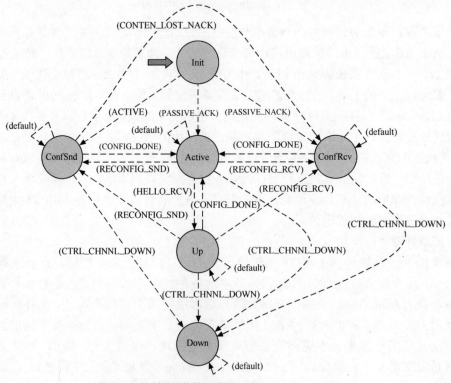

图 8.15　控制通道的管理进程（ason_lrm_ctrl_manage）

在控制通道建立后，LRM 模块就针对本地节点所形成的 TE 链路进行链路属性关联的操作。本地节点将对方发送过来的发现消息在本地节点进行端口匹配的操作后，将匹配所形成的入口链路资源表映射到 LinkBuild 消息中，发给发现消息的发送端，这个消息周期性发送是在 ason_lrm_link_corrlt 子进程中完成的，该子进程的处理流程如图 8.16 所示。这样发现消息的发送端通过检查 LinkBuild 消息就可以形成本地的链路资源表，此链路资源表将在后来的路由计算和信令交互中起着至关重要的作用，链路资源表形成后，LinkBuildAck 消息或 LinkBuildNack 消息将被作为回应发送给本地节点，LinkBuild 消息的接收、链路资源表的形成以及对 LinkBuild 消息的回应都是在发现消息发起者的 ason_lrm_link_corrlt 子进程中完成的。通过以上 3 个进程的相关处理，最终就实现了本地资源的自动发现。

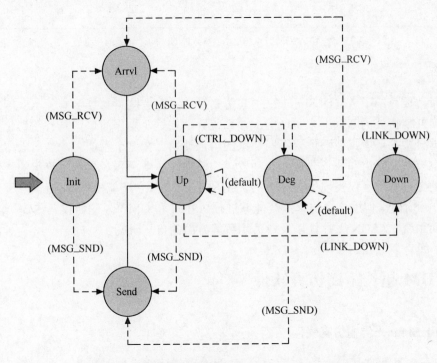

图 8.16　TE 链路属性关联的进程（ason_lrm_link_corrlt）

3．仿真界面

利用上述 3 种智能光网络节点和两种辅助节点可以配置成多种仿真和规划需要的自动交换光网络、智能多粒度网络、智能光组播网络。控制面拓扑和传送面拓扑可以相同也可以不同，网络拓扑可以配置成任何需要的形式，包括各种环网和格状网。各节点的位置可以按经纬度配置，各种背景地图可以辅助判断节点要放置的位置。各个节点运行的协议、算法、业务配置及资源情况可以根据需要配置。图 8.17 为由 ASON 节点和路由器构成的 NSFNET 拓扑的网络，背景为美国地图。

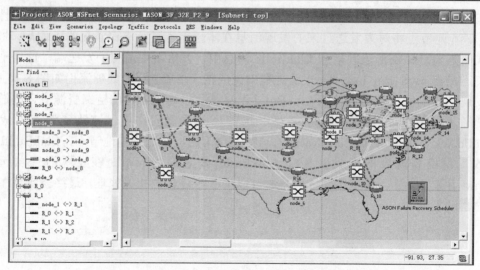

图 8.17　由 ASON 节点和路由器构成的 NSFNET 拓扑的网络

8.2.3　小结

这一章主要介绍了 ASON Simulator 1.0 仿真系统，它是按照 ITU-T 有关 ASON 的建议，在扩展 GMPLS 协议的基础上来实现的。该系统界面友好，操作简单，具有图形化的开发、调试和数据分析的环境，能够适合不同层次的用户使用。在这个系统中，当前版本的功能包括路由信息分发、路由和波长分配、自动发现、链路资源管理和多种信令流程的处理等等，需要指出的是该系统不仅实现了大多数的 ASON 控制功能，它还能模拟部分传送平面的特性，比如传递 Test 消息。使用这个仿真系统能够进行 ASON 和 GMPLS 的协议、ASON 组网技术、多粒度交换系统、ASON 生存性以及业务承载等方面的仿真研究。

8.3　WDM 超长距离仿真软件

8.3.1　OpticSimu 光传输仿真软件

OpticSimu 是北京邮电大学光通信中心先进光网络研究室自主开发的光传输系统仿真软件，其主要功能是实现光传输系统的设计和性能仿真，最终目标是期望能够对大到光网络，小到具体光器件进行设计和性能仿真。图 8.18 为 OpticSimu 系统软件主界面。

随着通信业务，特别是数据业务对带宽需求的不断增长，DWDM 大容量超长距离光传输系统由于其无可比拟的优点成为骨干网上的首选技术，而且随着光通信用器件价格的进一步下降，一些 DWDM 系统已经应用于实际网络中，但是，由于应用场合的情况复杂，以及系统庞大，需要根据具体的系统性能要求对光传输系统的配置进行优化，找出最优的配置方案。

光纤通信系统仿真软件可以对影响大容量超长距离光传输系统的因素进行仿真研究，并找出系统配置方案的最优配置值，为进行 DWDM 超长距离光纤传输系统的设计提供帮助。

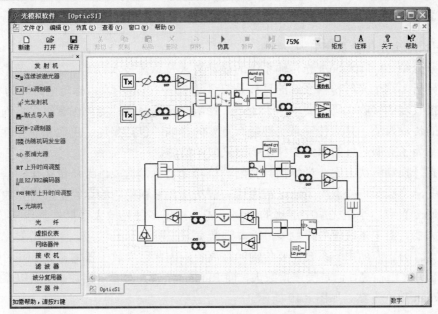

图 8.18　OpticSimu 光传输系统仿真软件

整个模拟软件系统分成 6 个功能子系统，它们分别是人机接口子系统、文件管理子系统、配置管理子系统、性能模拟子系统、辅助事务子系统，下面对这些模块实现的功能进行简单描述，并对各模块之间的关系进行说明。

（1）人机接口子系统有 3 个主要功能，第一个是显示用户配置的光网络的结构，即网络配置显示模块；第二个是获得用户输入数据，进行有效性检查后入数据库或者直接传送给相关模块，即组件参数设定模块；第三个是模拟、仿真结果的显示，此时它承担了一个虚拟仪表的作用。

（2）数据管理子系统是将配置管理系统生成的光网络系统的各项数据存放在文件中，并完成文件的打开和保存功能，另外还要完成仿真结果的保存和打开。

（3）配置管理子系统的主要内容是根据用户需求产生、删除、配置需要的节点、网络，从而产生一个用户需要的光网络系统。

（4）性能模拟子系统是模拟软件系统的核心模块，它的主要内容是根据设置或者缺省的参数对光网络节点，传输链路和波长信道的传输性能进行模拟或者仿真。在模拟过程中，主要应该考虑系统的噪声特性（包括发射机、接收机、Raman 放大器和 EDFA 产生的噪声信号），传输线路（光纤）的色散和各种非线性现象产生的劣化作用。

（5）辅助事务子系统主要负责模拟软件系统的异常告警模块实现和在线帮助系统。由于模拟软件系统要模拟仿真实际光传输系统或者网络的工作情况，在传输线路或者系统出现故障的情况下，可以考虑在网络配置图中进行告警显示。在线帮助系统为用户提供使用指导或者进行故障或者性能的辅助分析。

（6）除了上述的各个功能模块以外，程序还包括相对独立的组件库和参数库。组件库包含了该组件的一些基本外部特征和功能。

本小节通过对仿真实例的描述介绍了软件的使用方法与仿真结果展示，以及部分光传输网络理论。

8.3.2 仿真实例

1. 超长距离光传输系统中的设计

这一节介绍 80 × 10Gbit/s 光传输系统的设计要求及总体技术方案，在下一节中将给出仿真结果及分析。这个光纤传输系统的目标是容量是 80 × 10Gbit/s，目标传输距离为 3000km，在最终的接收端的接收误码率要求小于 10^{-5}。影响光传输系统性能的因素很多，而光纤是光传输系统的传输媒质，其对传输系统性能有重要的影响，包括损耗、色散和非线性效应。下面主要介绍为了克服光纤的以上 3 种影响而采取的措施。

（1）光纤损耗解决方案：光纤损耗会削弱信号光功率，造成信号质量劣化。信号劣化到了一定限度，将被噪声掩盖而无法正常通信。解决损耗累积问题的途径是采用光放大器。长期以来人们一直致力于全光型中继器的研制，先后推出多种光放大器形式，包括 EDFA 和 Raman 放大器。由于系统信号路数多，所占频谱宽，占用 C 和 L 波段，因此需要光放大器有足够的带宽。另一方面由于系统需要传输的距离长，因此需要放大器增益大，同时噪声指数低，由于 EDFA 增益高，但是噪声指数大，而 Raman 光放大器噪声指数小，所以系统中采用 EDFA+Raman 放大方案。如图 8.19 所示。

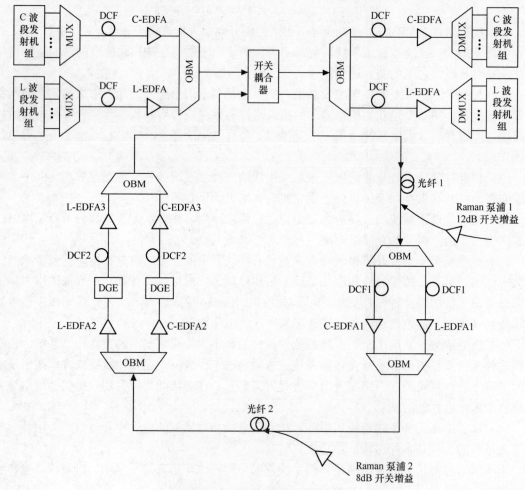

图 8.19　80 × 10Gbit/s 系统配置原理图

（2）光纤色散解决方案：色散会使光信号脉冲展宽，造成相互重叠，影响接收，所以需要色散补偿光纤进行色散及色散斜率补偿。但是，并不是 100%补偿就能使系统的性能最优，色散补偿也需要结合其他特性共同考虑，例如非线性效益。因此，不同的系统需要采取不同的色散补偿量，以达到最佳的性能。

（3）光纤非线性效应：包括 SPM、XPM、FWM 和 SBS 等。光纤非线性效应的影响非常复杂，为了克服非线性效应，就必须限制光纤的入纤功率。下一节就对光纤的入纤功率的大小进行仿真，以确定系统的最佳入纤功率。

实际系统设计中以上各种因素不是孤立考虑的，而是结合在一起考虑的，因为它们也是相互影响的。

2．80×10Gbit/s 系统仿真方案说明

利用 WDM 光网络仿真软件，可以对 DWDM 超长传输系统进行各种仿真实验，研究系统中各种元器件的特性及其对传输系统性能的影响，包括衰减、色散、非线性效应、啁啾等。本章主要是涉及以下 2 个仿真实验进行了仿真和总结。

① 采用 0.22dB/km 衰减的 G.652 光纤进行 80 波 3 000km 传输，仿真中采取不同的色散补偿量，研究色散补偿量对传输系统性能的影响。

② 采用 0.22dB/km 衰减的 G.652 光纤进行 80 波 3 000km 传输，仿真中采取不同的入纤功率，研究入纤功率对传输系统性能的影响。

仿真软件中传输系统配置如图 8.20 所示。

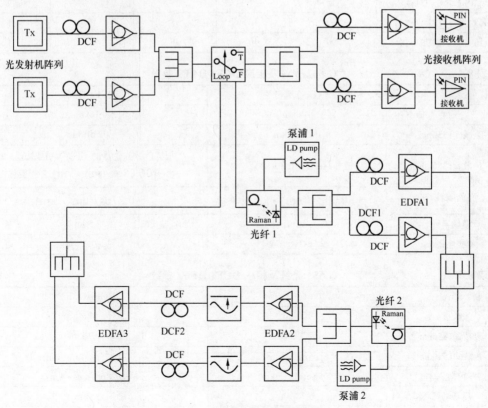

图 8.20　仿真软件中传输系统配置

　　该系统是 80×10Gbit/s 信号进行 3000km 传输的 DWDM 高速大容量超长距离传输系统。该系统进行了一定的预补偿和后补偿。信号在一个 200km 的环路上传输 15 圈后，由光接收机接收。

　　系统中入纤信号平均功率为 1mW/信道（5.3.3 节例外），信号经光纤传输后，须分成两个波段（即 C 波段和 L 波段）分别进行色散补偿和放大。进行色散补偿时，要尽量减小输入 DCF 的信号功率，因为 DCF 的模场半径比较小，比较容易引起非线性效应。系统设计时应合理分配 Raman 的开关增益和 EDFA 的增益，这里设定 Raman 的开关增益为 12dB，EDFA 的增益为 20dB，限定 DCF 的输入功率为−11dBm/信道，其插损由 EDFA 来补偿。因为光纤工作在反常色散区，考虑到光纤非线性光学效应与色散的相互作用，所以色散补偿采用欠补偿方案。色散补偿后对两个波段的信号分别进行放大，然后重新合在一起，输入到下一段传输光纤中，此时的入纤功率也为 1mW/信道。

　　由于 Raman 和 EDFA 的增益曲线不是理想平坦的，经过一定距离传输后，各路信号的功率会出现较大的起伏，所以要对信号进行均衡。在系统中每 200km 对信号进行一次均衡，为了弥补均衡器的插损，在信号经过第二个 100km 传输光纤后，先用 EDFA 对信号进行一定的放大，再输入均衡器，使均衡器的输出功率为−11dB/信道，再输入 DCF 对信号进行色散补偿，之后再由 EDFA 放大，输入下一段光纤。

　　表 8.4 至表 8.8 给出了具体参数的默认值，若非特别声明，参数均取默认值。

表 8.4　　　　　　　　　　　　　光发射机参数

	信号频率范围（THz）	信号间隔（GHz）	信号路数	光信噪比（dB）	消光比（dB）	每路信号功率（mW）
C 波段	187.1～191	100	40	38	15	1
L 波段	192.1～196	100	40	38	15	1

表 8.5　　　　　　　　　　G.652 光纤及相应 DCF1/DCF2 参数

	G.652 光纤	DCF1/DCF2
长度	100km	16km
衰减@1550nm	0.22dB/km	0.5dB/km
色散@1550nm	17ps/(nm·km)	根据色散补偿量的不同在 −103.63～−106.25ps/(nm·km) 之间变化
零色散斜率	0.08ps/(nm²·km)	−0.27ps/(nm²·km)
模场半径	5μm	2.5μm
非线性指数	2.5e-20m²/W	3e-20m²/W

表 8.6　　　　　　　　　　G.655 光纤及相应 DCF1/DCF2 参数

	G.655 光纤	DCF1/DCF2
长度	100km	8km
衰减@1550nm	0.22dB/km	1dB/km
色散@1550nm	6ps/(nm·km)	−73.875ps/(nm·km)
零色散斜率	0.05ps/(nm²·km)	−0.28ps/(nm²·km)
模场半径	3.78μm	2.5μm
非线性指数	2.5e-20m²/W	3e-20m²/W

表 8.7 　　　　　　　　　　　　　　　　　　　EDFA 参数

EDFA 名称	光纤衰减为 0.22dB/km		光纤衰减为 27dB/km	
	增益（dB）	噪声指数（dB）	增益（dB）	噪声指数（dB）
EDFA1	20	5	12	5
EDFA2	13	5	17	5
EDFA3	20	5	17	5
EDFA4	20			5

表 8.8 　　　　　　　　　　　　　　　　　　　其他器件参数

接收机阵列	接收机阵列中包含解复用器，解复用器的 3dB 带宽为 50GHz
合路器	插损 1dB
波带分离器	插损 1dB
均衡器	设置参数使输出功率为 -11dBm/channel
循环器	循环 15 圈，使总共传输距离为 3000km

下面分别给出两个仿真实验的仿真结果。

3．色散补偿量对系统性能的影响

为研究不同色散补偿量下传输系统的性能，共进行了 7 次仿真。每 100km 传输光纤后的 DCM 补偿量从 97% 到 100% 每次递增 0.5%（以 1550nm 处的色散为基准）。

（1）眼图

表 8.9 给出了传输 3000km 后第 1、40、41、80 路（分别对应 L 波段最长、最短波长和 C 波段最长、最短波长）在不同色散补偿量下的光眼图。

表 8.9 　　　　　　　　　不同色散补偿量下 3000km 后的光信号眼图

色散补偿量	187.1THz	191.0THz	192.1THz	196.0THz
97%	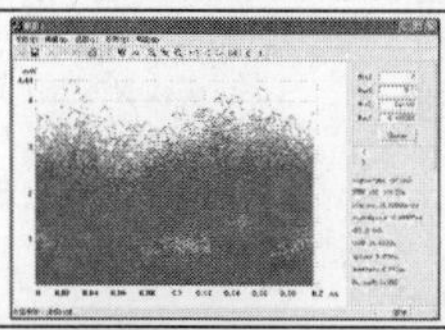	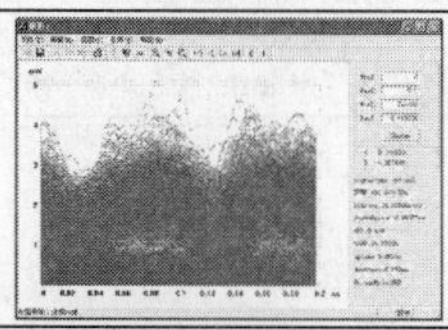	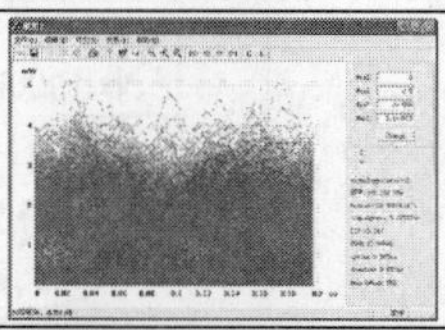	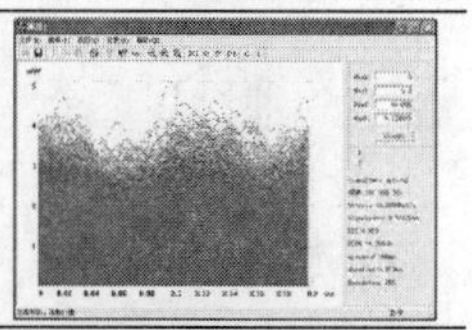
97.5%	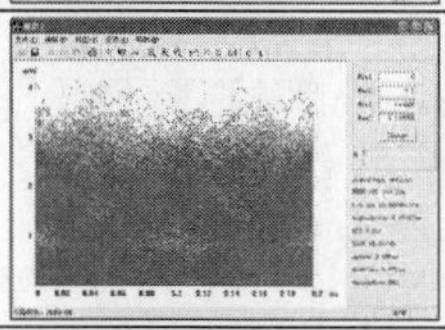	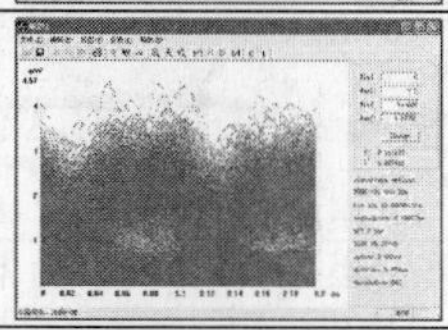	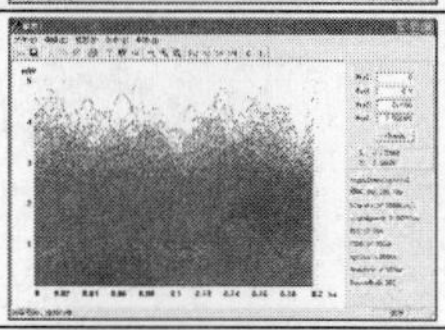	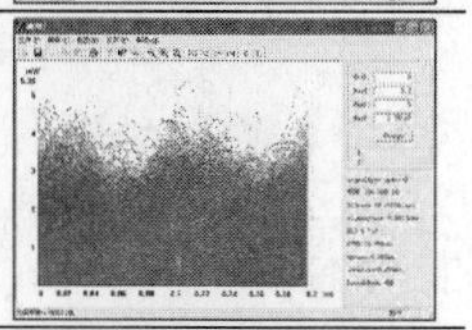
98%	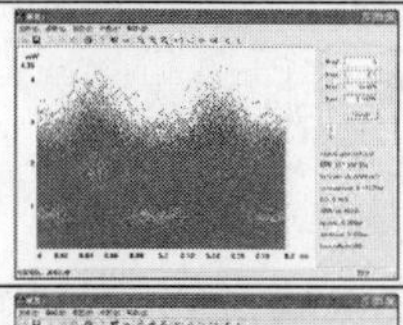	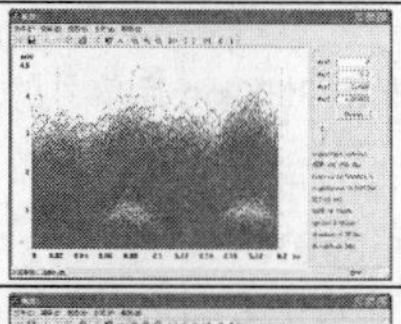	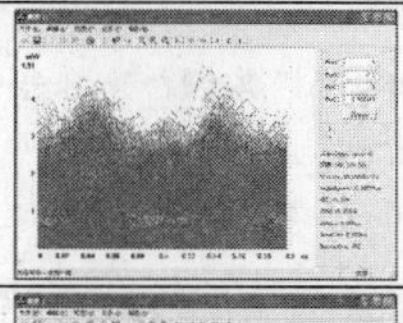	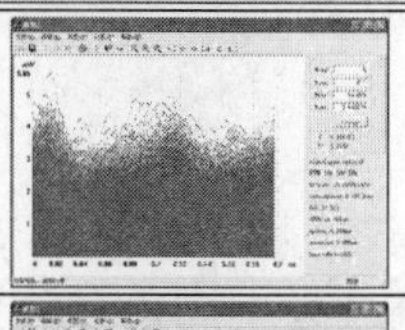
98.5%	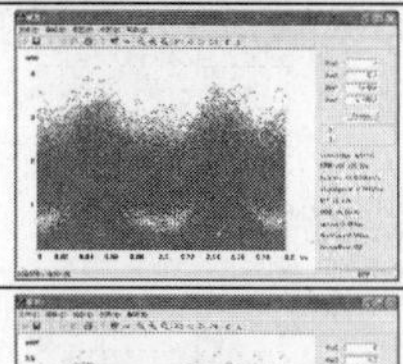	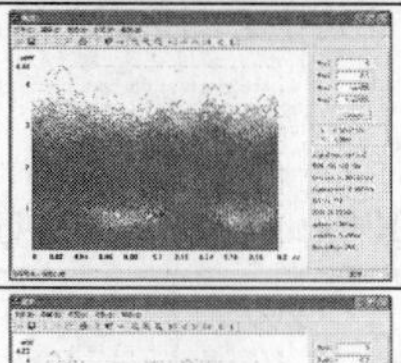	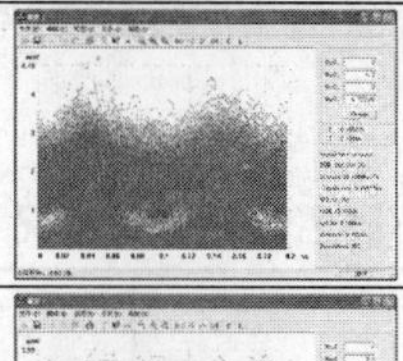	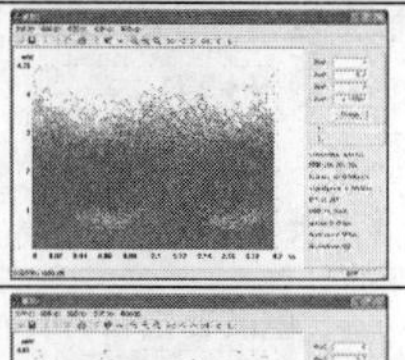
99%	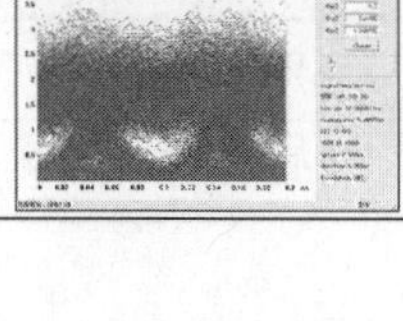	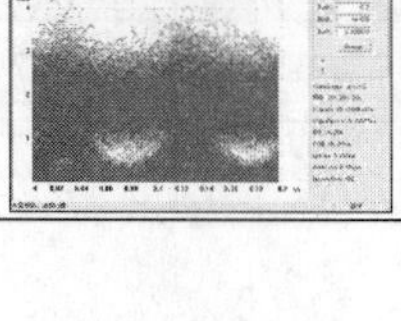	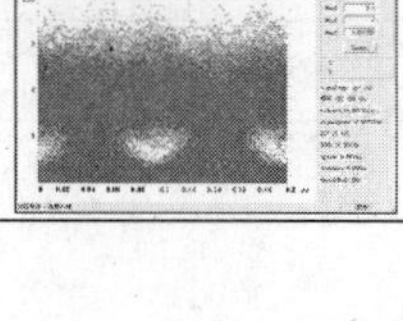	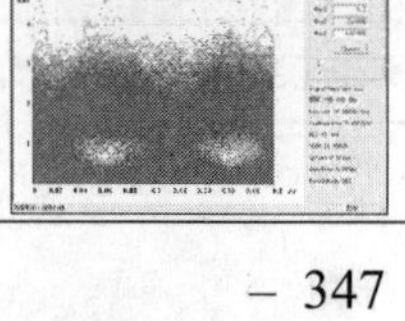

续表

色散补偿量	187.1THz	191.0THz	192.1THz	196.0THz
99.5%				
100%				

可以看出，在当前的仿真配置情况下，色散补偿量为 99%～99.5%时是比较合适的。当色散补偿量较小时，残余色散过多，引起脉冲的展宽，发生交叠；而当色散补偿量过大时，非线性影响又变得突出。

（2）光信噪比

由于改变色散补偿量并不影响信号功率，从而也不影响光信噪比，所以在不同色散补偿量情况下，信号的光信噪比随距离的变化情况应该一致。图 8.21 为传输过程中，各路信号的 OSNR 统计情况。

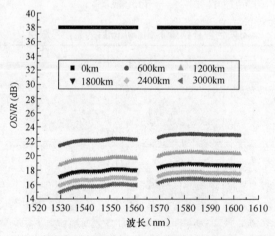

图 8.21　不同色散补偿量情况下 3000km 后信号的 OSNR 统计图

（3）误码率

在不同色散补偿量情况下，各路信号经 3000km 传输后，接收误码率的统计情况如表 8.10 和图 8.22 所示。

表 8.10　　　　不同色散补偿量情况下 **3000km** 后信号的接收误码率统计

色散补偿百分比	97%	97.5%	98%	98.5%	99%	99.5%	100%
最坏误码率（$\log BER_{worst}$）	-2.78	-2.68	-3.50	-4.57	-5.90	-6.01	-5.20
平均误码率（$\log BER_{avg}$）	-3.87	-3.93	-4.74	-5.86	-7.15	-7.29	-6.12

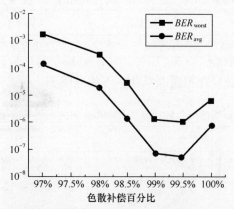

图 8.22　不同色散补偿量情况下 3000km 后信号的接收误码率统计图

（4）结论

在光纤的反常色散区，非线性效应产生的非线性相移对色散有一定的抑制作用，这种作用随信号功率的增加而加强。超长传输系统中采用分布式的信号放大方式，因此非线性效应更为突出。从上面的仿真结果可以看到，色散补偿量为 99.5%时眼图和误码率（误码率拟合曲线的最佳补偿点约为 99.25%）均达到最佳，这说明超长传输系统的色散补偿应采取欠补偿方式。

4．发射功率对系统性能的影响

在光纤传输系统中，提高光发射机的发射功率，一方面有利于提高信号的光信噪比，降低对接收机的灵敏度要求；但另一方面却增加了光纤非线性光学效应对信号的影响，加大了光放大器的压力。如何选取光发射机的发射功率是系统设计的关键问题之一，本节将对该问题进行一些研究。

本节采用 0.22dB/km 衰减的 G.652 光纤进行 80 波 3000km 传输仿真实验，系统配置同上。仿真中采取不同的入纤功率，分别选取单路信号平均发射功率为−2dBm、−1dBm、0dBm、1dBm、2dBm，研究入纤功率对传输系统性能的影响。由于采取了不同的入纤功率，需要对一些器件的参数进行调整，需要重新配置的参数见表 8.11。

表 8.11　　　　　　　　各 Raman 泵浦在不同信号入纤功率时的功率（mW）

入纤功率	−2dBm 输入		−1dBm 输入		0dBm 输入		1dBm 输入		2dBm 输入	
波长（nm）	泵浦 1	泵浦 2	泵浦 1	泵浦 2	泵浦 1	泵浦 2	泵浦 1	泵浦 2	泵浦 1	泵浦 2
1425	372.8	250.7	378.3	245.8	396.2	240	395.5	259.4	407.82	269.4
1457	196.6	128.3	197.7	129.8	199.4	126.9	201.4	133.7	203.9	136.5
1439	425.5	266.7	426.7	268.5	429	250	431.5	273.2	435.1	276.7
1495	269.6	228.6	265.8	224.5	261.2	210.1	255.2	213.2	247.5	205.5

色散补偿光纤（DCF）在信号输入功率为 2dBm、1dBm、0dBm 时色散为−105.19ps/(nm·km)，

补偿光纤色散的 99%；信号输入功率为-1dBm 或-2dBm 时色散为-105.72ps/(nm·km)，补偿光纤色散的 99.5%。

（1）眼图

表 8.12 给出了传输 3000km 后第 1、40、41、80 路信号（分别对应 L 波段最长、最短波长和 C 波段最长、最短波长）在不同入纤功率下的光眼图。

表 8.12 　　　　　　　　　　　不同信号入纤功率下 3000km 后的光信号眼图

输入功率	187.1THz	191.0THz	192.1THz	196.0THz
2dBm	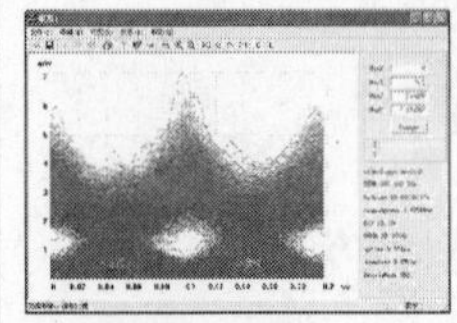	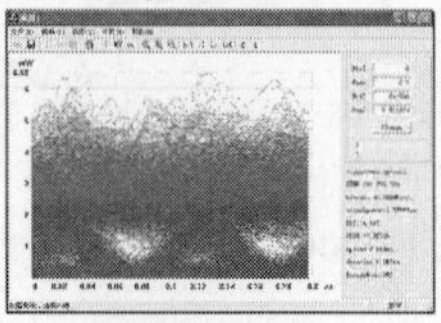	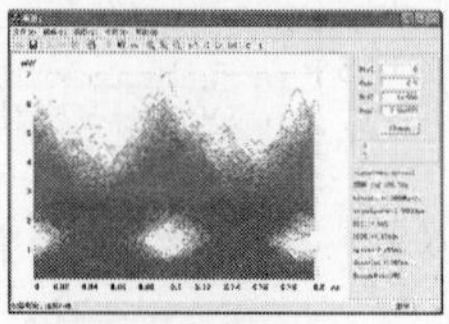	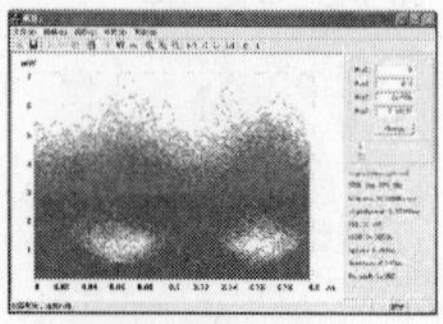
1dBm	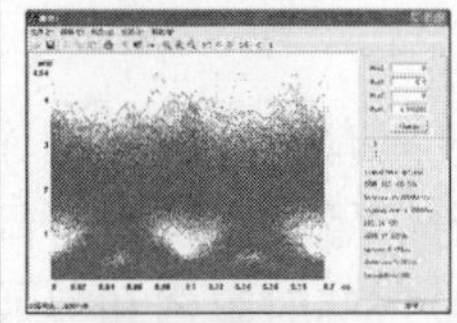	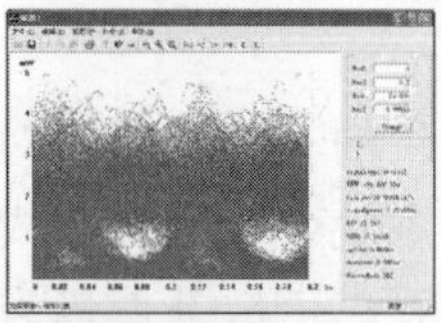	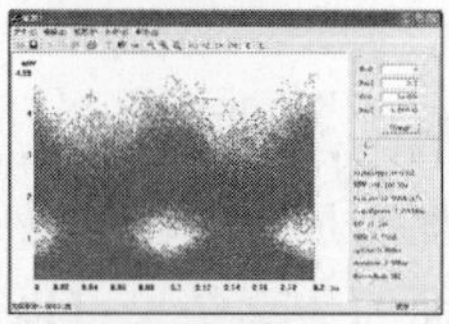	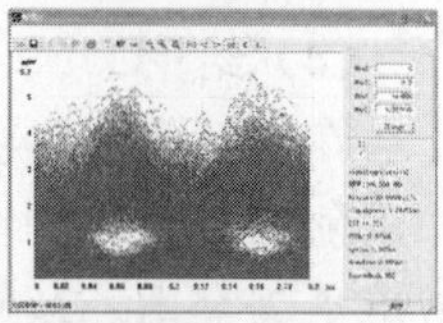
0dBm	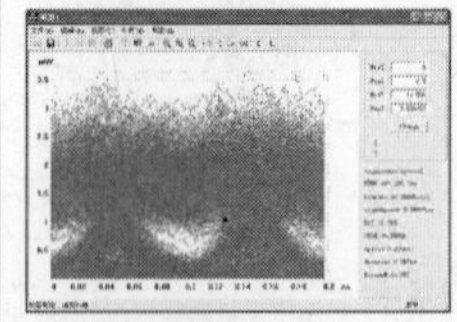	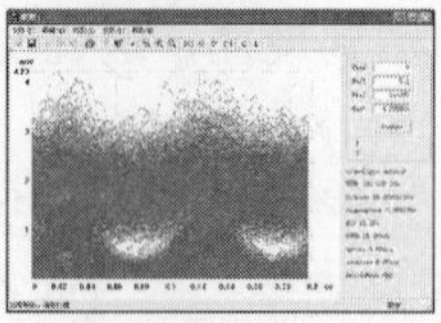	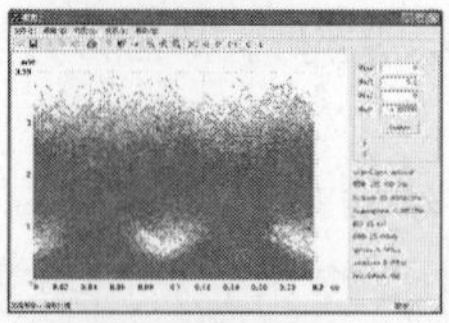	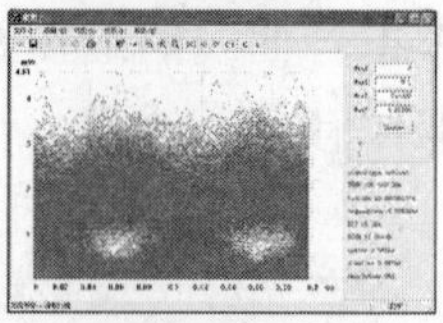
-1dBm	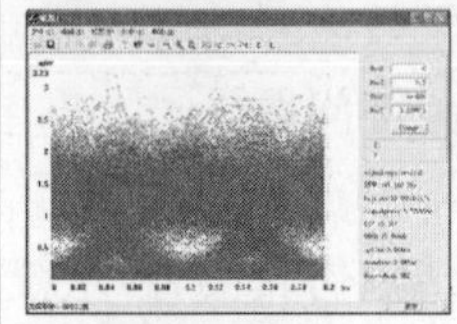	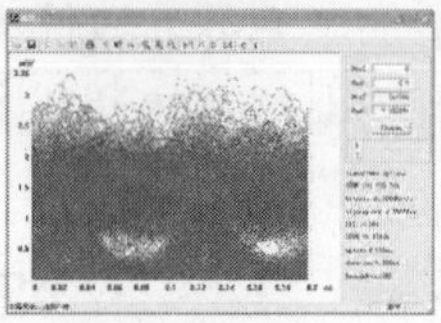	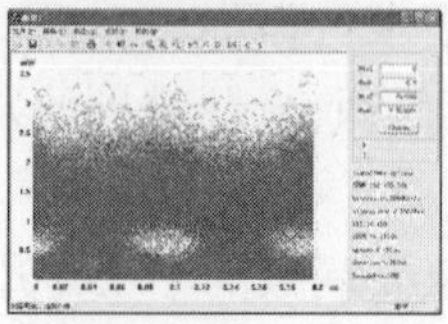	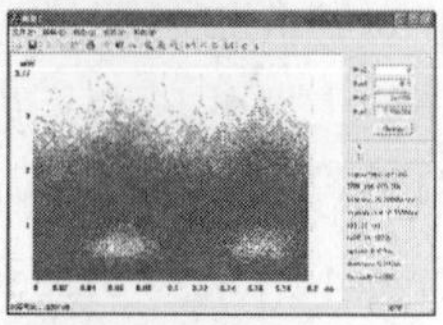
-2dBm	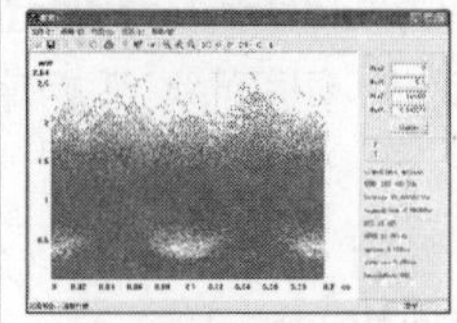	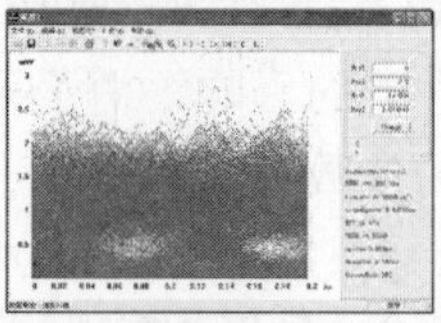	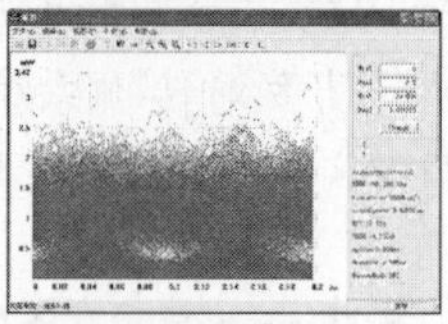	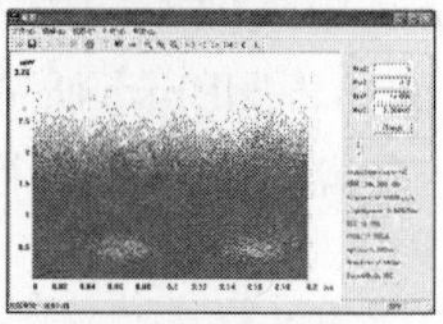

比较而言，信号功率较小时眼图的形状更加理想。随着信号功率的增加，非线性效应的影响逐渐体现出来，波形起伏增大，眼图上沿变厚。但是，这并不意味信号功率较小时传输性能更好，因为功率小则信号对噪声的容忍能力更弱，必然使得误码率增加。因此，存在一个适中的发射功率使得系统性能最佳。

（2）光信噪比

图 8.23 是光信号经过 3000km 传输后，不同入纤功率下的 OSNR。可以看出：

① 提高信号入纤功率有利于提高信号出纤的 OSNR，但从后面的误码率统计情况可以看出，由于非线性作用的影响，高 OSNR 并不一定意味着低的误码率，只有适当提高入纤功率对误码率是有利的。

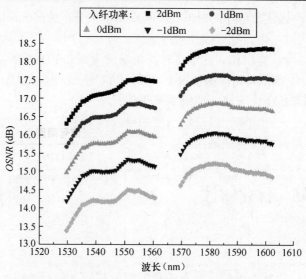

图 8.23　不同入纤功率下 3000km 后信号的 OSNR 统计图

② 各路信号 OSNR 的总体趋势是长波长的要优于短波长的。信号间的 SRS 作用与信号功率有关，当信号功率下降时 SRS 效应变弱，因此图中下面 3 条曲线长波长处的 OSNR 略微呈现下降的趋势。

（3）误码率

信号在不同入纤功率的情况下，经过 3000km 传输后，其接收误码率的统计情况如表 8.13 和图 8.24 所示。

表 8.13　　　　　　　不同信号入纤功率下 3000km 后的信号的接收误码率

信号入纤功率	2dBm	1dBm	0dBm	−1dBm	−2dBm
最坏误码率（$\log BER_{worst}$）	−5.18	−5.99	−5.90	−5.90	−4.84
平均误码率（$\log BER_{avg}$）	−7.05	−7.68	−7.15	−6.90	−6.20

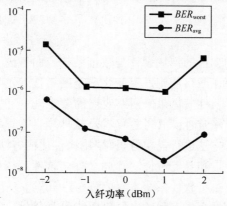

图 8.24　不同入纤功率下 3000km 后信号的接收误码率统计图

由上图可以看到，单路入纤功率为 1dBm 时系统最坏误码率和平均误码率都达到最小。

（4）结论

在图 8.24 中可以看出，存在一个最优的发射功率，当发射功率比这个值大的时候，误码率会上升；当发射功率比这个值小的时候，误码率也会上升。经过分析，我们认为原因如下。

① 发射功率增大时，则光纤非线性效应增强，使信号严重劣化。

② 发射功率增大时，提供相同的增益时，拉曼放大器和 EDFA 的噪声指数升高。

③ 发射功率减小，OSNR 相同的情况下，噪声功率较小，拉曼放大器和 EDFA 的噪声指数也会升高，则输出光信噪比下降，误码率升高。

因此要选取适中的入纤功率，以降低系统的接收误码率。从上面的仿真结果来看，发射平均功率为 1dBm/信道时系统信能最佳。

8.4 传输网规划与优化软件

8.4.1 传输网规划与优化软件

传输网规划与优化软件以国内运营商的骨干网为基础，包括光缆、SDH、OTN/WDM、ASON 四层。目前该软件的各模块运行稳定，数据可靠，针对运营性强。

作为规划工作的辅助工具，规划软件在设计过程中需要紧密结合业务发展与网络发展情况，充分考虑网络规划的整体思路、工作流程与业务需求。定义网络拓扑和使用合适的路由，保护恢复的多样方法，考虑各种约束和要求，包括现有的网络拓扑结构，逻辑业务网络结构，其中传送网络为业务网络提供带宽，设备规范，和实际的业务分布模式，网络规划的功能是在一定的用户需求下实现对网络的规划设计，目标是给出一个"最优"的网络实现方案。工程人员根据这个方案能够实际地建设一个符合要求的光网络。

软件的特点主要体现在以下几方面。

（1）面向应用性：软件在开发过程中充分考虑了对当前的传输网结构与未来网络的发展趋势的适应性，考虑网络规划与可研阶段的工作需要，为软件使用者提供功能强大的网络规划设计辅助工具，解决了满足现状和可预见未来的规划工作的需求。

（2）标准化和开放性：软件的设计开发使用目前国际上最成熟、最先进的技术，具备外部应用接口，支持标准格式的文件导入/导出并可扩展，解决了规划过程中大量的数据人工处理的问题。

（3）可扩展性：在规划软件的模块设计与数据结构方面考虑了系统将来的扩展和升级，接口安全封装和预留，确保在网络结构发生变化或是网络技术发生改变时，可对软件进行扩展以满足新的需求，解决了软件满足未来网络发展的要求。

（4）先进性、管理性和稳定性：开发过程符合软件项目管理要求与软件工程要求，系统应采用面向对象的系统分析方法进行需求分析，采用构件化的方法进行应用软件系统的实现，以保证软件系统本身的先进性和易管理性，除此之外，软件系统具有完善的安全维护机制，保障软件稳定可靠运行，解决了软件系统本身的规范性问题。

（5）面向工程性：强大的面向工程的多层网络规划与优化，支持业务、ASON、SDH 和WDM 以及物理层多层网络的联合规划与优化策略，支持 ASON 的经济性分析、建网规划以及功能实现与优化，满足了工程的需求问题。

（6）面向研究性：通过规划软件研发，对规划方法学与规划流程进行总结提升，对规划工作中的潜在知识进行系统的归纳整理，因此，软件本身可以充当网络架构设计以及路由和生存性算法策略的仿真平台，在网络结构设计研究以及资源配置智能化方面提供研究基础，更好地适应技术发展的需要，有效地提升规划部门的研发实力。

8.4.2　传输网规划与优化软件功能概述

　　该软件对网络进行分层：ASON 层、SDH 层、OTN/WDM 层以及 Fiber 层，如图 8.25 所示。不同层网络有其自身的组织结构、路由策略、资源分配方法。业务层针对 IP/MPLS 业务承载，在 SDH 层上，考虑链网、环网、格网的规划与优化，在 WDM 层上，主要考虑链网、环网的网络规划与优化，在 Fiber 层上，考虑到不同的光缆沟。对于 ASON 控制层，综合考虑经济性分析、建网规划以及功能实现。不同层之间可以根据各种业务疏导算法进行层间的映射，主要包括：SDH 层到 WDM 环网的适配和疏导两种方式，ASON 层到 WDM 环网

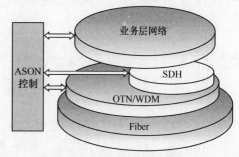

图 8.25　软件网络分层图

的适配和疏导两种方式。并进一步通过层间算法，支持多层联合规划。

　　1. SDH 层规划主要功能

　　（1）支持用户手工配置或直接导入 SDH 层的环形拓扑。根据 SDH 网络特点，SDH 层拓扑结构一般为环形网络，主要是：1∶1 通道环，1+1 通道环，二纤复用段环以及四纤复用段环。SDH 层节点设备一般为 ADM 设备或者 DXC 设备。

　　（2）根据已知业务，进行路由计算，并根据业务的粒度，进行资源的分配，主要是 SDH 设备端口的分配，支持虚级联。

　　（3）可以显示路由情况，以及各个 SDH 设备的端口使用情况。

　　（4）如果业务量比较大或者是动态业务环境下，不同单独显示某一条业务的详细路由信息，可以显示整个网络的资源使用情况，以及各个 SDH 设备的使用情况。

　　（5）SDH 生存性的仿真。设置故障链路，模拟保护倒换过程，将相关数据返给用户。

　　2. WDM 层规划主要功能

　　（1）支持用户手工配置或者直接导入 WDM 层拓扑结构（链、环网）。

　　（2）根据已知业务，基于不同的路由和波长分配策略，进行路由和波长分配计算，支持多业务等级的路由计算，支持基于 SRLG 与 SRTG 的路由策略，支持智能化的手工路由和资源调整。

　　（3）可以显示路由情况，已知各个 WDM 设备上的端口使用情况，完成网络容量测算与分析。

　　（4）多粒度的仿真，波长，波带以及光纤。

　　（5）如果业务量比较大或者是动态业务环境下，不同单独显示某一条业务的详细路由信息，可以显示整个网络的资源使用情况和阻塞率，以及各个 WDM 设备的使用情况，并根据规划结果输出波道组织图。

　　（6）支持基于迭代的滚动规划，支持迭代的优化。滚动以超前建设为原则，采用逐年规划的形式，迭代指的是在一次滚动中，根据优化目标或者网络环境的改变对结果进行二次优化的过程。

　　（7）生存性的仿真。支持仿真 WDM 链路故障，统计受影响业务，模拟保护倒换，返回

成功率等评价数据。

（8）网络评估与评价。利用层次分析法客观的分析与评价网络的效能，并能就网络的各项性能参数的优化提出可行的建议。

3．Fiber 层规划主要功能

（1）支持对光缆网资源的管理，对光缆网的一些具体参数（如长度、光纤类型、纤芯数量等）可以在链路属性中进行配置、查看和修改。

（2）支持网络结构与承载关系分析。支持 SRLG 的确立和自动生成。

4．ASON 层规划主要功能

（1）路由支持基于 SRLG 与 SRTG 策略，支持智能化的手工路由调整，支持多业务等级的路由计算，支持 ASON 设备端口配置。

（2）ASON 的经济性分析，基于经济性模型，站在 ASON 经济性角度对网络拓扑资源进行规划和优化，给出建设建议。

（3）ASON 保护恢复实现、验证。模拟 ASON 生存性，提供验证参数以及统计分析结果。

（4）跨层、跨域的联合优化。支持以层域为特点的 ASON 网络的优化，调配层域间的资源配置，考虑共享，明确约束关系。

8.4.3　软件的总体架构和各功能模块

按照功能划分，软件可以分成以下几部分：界面框架子系统、资源管理子系统、数据测算子系统、辅助事务管理子系统，数据库模块和外部应用模块，以上系统模块的关系如图 8.26 所示。

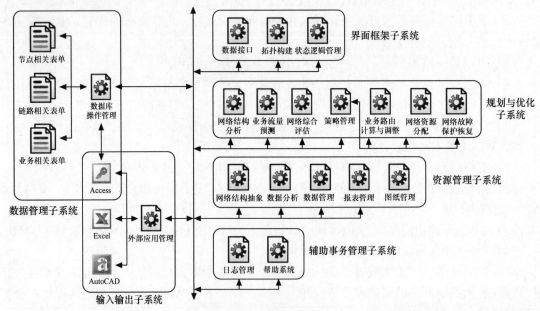

图 8.26　功能模块关系图

从图 8.26 中可以看到，各功能模块不但可以直接从操作界面上获取数据，也可以从数据库中获得仿真数据。图中的数据总线负责数据库模块与其他模块的数据交互工作。数据库一般保存静态数据，主要包括传输实体的模型信息和相关的参数或者缺省参数信息，动态数据

[54] S. Xu, L. Li, S. Wang. Dynamic routing and assignment of wavelength algorithms in multi-fiber wavelength division multiplexing networks. IEEE Journal on Selected Areas in Communications,Vol. 18, Oct. 2000, pp. 2130-2137.

[55] S. Subramaniam, K. N. Barry. Wavelength assignment in fixed routing WDM networks. in Proceedings IEEE ICC, 1997, pp. 406-410.

[56] H. Zang, J. P. Jue, B. Muhkerjee. A review of routing and wavelength assignment approaches for wavelength-routed optical WDM networks. Optical Networks Magn., Vol. 1, Jan. 2000, pp. 47-60.

[57] L. Li, A. K. Somani. Dynamic wavelength routing using congestion and neighborhood information. IEEE/ACM Trans. Networking, Vol. 9, No.2 , Oct. 1999, pp. 779-786.

[58] L. Li, A. K. Somani. Blocking performance analysis of fixed path least congestion routing in multi-fiber WDM networks. in Proc. SPIE Photonics East'99, Boston, MA, 1999.

[59] S. Xu, L. Li, S. Wang. Dynamic routing and assignment of wavelength algorithms in multi-fiber wavelength division multiplexing networks. IEEE Journal on Selected Areas in Communications, Vol. 18, Oct. 2000, pp. 2130-2137.

[60] X. Zhang, C. Qiao. Wavelength assignment for dynamic traffic in multi-fiber WDM networks. in Proc. ICCCN'98 Vol. S18-2, Lafayette, LA, 1998, pp. 479-485.

[61] S. Xue, et al.. Wavelength assignment for dynamic traffic in WDM networks. in Proc. IEEE Institute of Electrical and Electronics Engineers, 2000, pp. 375-379.

[62] M. Kodialam, et al.. Integrated dynamic IP and wavelength routing in IP over WDM networks, IEEE INFOCOM, Anchorage, Alaska, Apr. 2001,pp. 358-366.

[63] Bin Wang, Xu Su. A Bandwidth Guaranteed Integrated Routing Algorithm in IP over WDM Optical Networks. Kluwer Photonic Network Communications, 5:3, 2003, pp. 227-245.

[64] Zheng Q ,Mohan G. An efficient dynamic protection scheme in integrated IP/WDM networks. IEEE ICC 2003 , pp. 1494-1498.

[65] He Rongxi , et al.. A dynamic routing and wavelength assignment algorithm in IP/MPLS over WDM. IEEE ICCCAS2002 , pp.855-859.

[66] V. Paxon, et al.. Wide-area traffic: The failure of Poisson modeling. Proc of the ACM Sigcomm'94, 1994, pp. 257-268.

[67] Mingxia Bo, Xiaofei Pan, Fanghua Ma, Wanyi Gu. Analysis of Dynamic Performance in IP over WDM Networks under Self-similar Traffic. SPIE Asia and Pacific Optical Conference, Nov. 2005.

[68] B. Rajagopalan. RFC 3717. IP over Optical Networks: A Framework, March 2004.

[69] Zheng Q, Mohan G. An efficient dynamic protection scheme in integrated IP/WDM networks. IEEE ICC 2003, pp. 1494-1498.

[70] Jinwook Burm, Kerry I. Litvin, William J. Schaff, et al.. Optimization of high-speed metal- semiconductor-metal photo detectors. IEEE Photonics Technology Letters,Vol.6,No.6, June 1994.

[71] Yuki KOIZUMI, et al.. An integrated routing mechanism for cross-Layer traffic

engineering in IP over WDM Networks. IEICE Transaction on Communication, 2007, Vol. E90-B: 1142-1151.

[72] E. Modiano, P. J. Lin. Traffic grooming in WDM networks. IEEE Commun. Mag., Vol. 39, pp.124-129, July 2001.

[73] K. Zhu, B. Mukherjee. Online approaches for provisioning connections of different bandwidth granularities in WDM mesh networks. OFC2002, pp. 549-551, Mar. 2002.

[74] J.Q., Hu, B. Leida. Traffic grooming, routing, and wavelength assignment in optical WDM mesh networks. INFOCOM2004, Vol. 1, pp.495-501, Mar. 2004.

[75] W. Yao, B. Ramamurthy. Dynamic traffic grooming using fixed-alternate routing in mesh optical networks. In First Workshop on Traffic Grooming in WDM Networks 2004 (WTG2004), Oct. 2004.

[76] Shanguo Huang, Mingxia Bo, Jie Zhang, Wanyi Gu. Dynamic Traffic Grooming with Adaptive Routing in Optical WDM Mesh Networks. SPIE Asia and Pacific Optical Conference, Nov. 2005.

[77] Dahai Xu, Yizhi Xiong, Chunming Qiao. Failure Protection in Layered Networks with Shared Risk Link Groups [J]. IEEE Network, 2004, 18(3):36-41.

[78] M. Kurant, P. Thiran. Survivable Routing of Mesh Topologies in IP- over-WDM Networks by Recursive Graph Contraction. *IEEE Journal on Selected Areas in Communications*, Vol. 25,No. 5, JUNE 2007.

[79] Chang Liu, Lu Ruan. A New Survivable Mapping Problem in IP- over- WDM Networks. IEEE Journal on Selected Areas in Communications, Vol. 25, No. 4, APRIL 2007.

[80] Eytan Modiano, Aradhana Narula-Tam. Survivable Lightpath Routing: A New Approach to the Design of WDM-Based Networks. IEEE Journal on Selected Areas in Communications,Vol. 20, No. 4, MAY 2002.

[81] Bingli Guo, Shanguo Huang, et al.. Dynamic Traffic Survivable Mapping in IP over WDM Network. IEEE Journal of Lightwave Technology, accepted.

[82] Berto R , Poggio T. Face recognition : Feature versus templates [J] . IEEE Trans on PAMI ,1993 ,15 (10) :1042 - 1052.

[83] Lam K M , Yan H. An analytic - to - holistic approach for face recognition based on a single frontal view[J] . IEEE Trans on PAMI ,1998 ,20 (7) :673 - 687.

[84] SREENATH N, MURTHY C S R, GURUCHARAN B H, et al.. A two2stage app roach for virtual topology reconfiguration of WDM op ti2cal networks[J]. Optical network magazine, 2001, 3 (2) : 58 - 71.

标准与规范：

[85] ITU-T G. 807. Requirements for Automatic Switched Transport Networks (ASTN) , Jul. 2001.

[86] G.8080/Y.1304. Architecture for the Automatically Switched Optical Network (ASON), ITU-T, Nov. 2001.

[87] G.8080/Y.1706. Architecture and requirements for routing in the automatically switched optical networks (ASON), ITU-T, Jun. 2002.

[88] Distributed Call and Connection Management: Signaling mechanism using GMPLS RSVP-TE .ITU-T Recommendation G.7713.2, Mar.2003.

[89] Distributed Call and Connection Management: Signaling mechanism using GMPLS CR-LDP .n ITU-T Recommendation G.7713.3, Mar.2003.

[90] Jim Jones. Draft UNI 2.0 Specification oif2003.293.02.

[91] Seisho Yasukawa, et al.. Extended RSVP-TE for Point-to-Multipoint LSP Tunnels, IETF draft, draft-yasukawa-mpls-rsvp-p2mp-04. February 2004.

[92] Rahul Aggarwal, et al.. Establishing Point to Multipoint MPLS TE LSPs. IETF draft, draft-raggarwa-mpls-p2mp-te-02.txt, February 2004.

[93] Seisho Yasukawa. Requirements for Point to Multipoint extension to RSVP-TE. IETF draft, draft-yasukawa-mpls-rsvp-p2mp-04, March 2004.

[94] Extensions to RSVP-TE for Point to Multipoint TE LSPs, draft-raggarwa-mpls-rsvp-te-p2mp-00, July 2004.

[95] Requirements for Point to Multipoint Traffic Engineered MPLS LSPs, draft-ietf-mpls-p2mp-requirement-03, July 2004.

[96] Requirements for Point to Multipoint extension to RSVP-TE, draft-ietf-mpls-p2mp-requirement-02, March 2004.

[97] ITU-T, G.8110. MPLS Layer Network Architecture.Nov.2006.

[98] ITU-T, G.8110.1. Architecture of Transport MPLS (T-MPLS) Layer Network.Nov.2006

[99] ITU-T, G.8112. Interfaces for the Transport MPLS (T-MPLS) Hierarchy.Nov.2006.

[100] ITU-T, G.8121. Characteristics of Transport MPLS equipment functional blocks.Nov.2006

[101] ITU-T, Y.1720/G. 8131. Protection switching for MPLS networks.Apirl.2007.

[102] ITU-T, G.tmpls-mgmt-info Protocol-neutral management information model for the T-MPLS network element.Apirl.2007.

[103] ITU-T, Y.1711. Operation and maintenance mechanism for MPLS networks.Apirl.2007.

[104] ITU-T, Y.17tom. Operation and maintenance mechanism for T-MPLS layer networks. Apirl.2007.

[105] ITU-T, Y.17tom. Requirements for OAM function in T-MPLS based networks.Apirl.2007.

[106] ITU-T, G.7712. Architecture and specification of data communication network.Apirl.2007.

[107] ITU-T, G.8080. Architecture for the automatically switched optical networks (ASON). Apirl.2007.

[108] RFC 5317. Joint Working Team (JWT) Report on MPLS Architectural Considerations for a Transport Profile 2009.

[109] RFC 5654. MPLS-TP Requirements 2009.

[110] RFC 5921. A Framework for MPLS in Transport Networks 2010.

[111] RFC 5860. Requirements for OAM in MPLS Transport Networks 2010.

[112] RFC 5960. MPLS Transport Profile Data Plane Architecture 2010.

[113] RFC 5586. Assignment of the Generic Associated Channel Header Label (GAL) 2009.

[114] RFC 5951. MPLS TP Network Management Requirements 2010.

[115] RFC 5950. MPLS-TP Network Management Framework 2010.

[116] 李芳，等. 分组传送网(PTN)总体技术要求（征求意见稿），2009.

在线网络资源

[117] http://www.ietf.org

[118] http://www.tpack.com

[119] http://www.itu.int/ITU-T/studygroups/com15

[120] http://www.transport-mpls.com/t-mpls-forum

[121] http://www.itu.int/ITU-T/studygroups/com15/index.asp

[122] http://www.fibrechannel.com

[123] http://www.nlr.net/

[124] http://www.canarie.ca

[125] www.lucent.com

[126] http://www.cisco.com/global/TW/networking/security/product.shtml

[127] http://www.bb2all.org/Documents/2/NOBEL.pdf

[128] www.vpisystems.com/

[129] www.opnet.com/